普通高等教育"十三五"规划教材
卓越工程师培养计划系列教材
国家精品课程教学成果
精品资源共享课教学成果

嵌入式系统及应用

罗 蕾 李 允 陈丽蓉 桂盛霖 编著

U0216768

电子工业出版社·

Publishing House of Electronics Industry

北京 · BEIJING

内 容 简 介

嵌入式技术是 IT 领域中发展最快的内容，并将长期保持巨大的技术发展和商业应用机会。本书从嵌入式系统的软硬件内容入手，全面介绍嵌入式系统的硬件基础、嵌入式实时内核和虚拟化技术，以便掌握嵌入式系统方面的基本原理和开发方法。全书分为 8 章。第 1 章嵌入式系统导论；第 2 章嵌入式硬件系统；第 3 章 ARM 汇编程序设计；第 4 章嵌入式软件系统；第 5 章任务管理与调度；第 6 章同步、互斥与通信；第 7 章中断、时间、内存与 I/O 管理；第 8 章虚拟化技术。

本书提供了部分教学视频，读者可以通过扫描书中的二维码观看。

本书可作为高等院校计算机、信息安全、通信、电子、自动化、电气工程、仪器科学与技术等专业关于嵌入式系统课程的教材，也可供应用嵌入式系统的技术人员学习和参考。

图书在版编目（CIP）数据

嵌入式系统及应用 / 罗蕾等编著. —北京：电子工业出版社，2016.4

ISBN 978-7-121-28220-1

Ⅰ. ①嵌…　Ⅱ. ①罗…　Ⅲ. ①微型计算机—系统设计—高等学校—教材　Ⅳ. ①TP360.21

中国版本图书馆 CIP 数据核字（2016）第 039744 号

策划编辑：章海涛
责任编辑：郝黎明
印　　刷：北京虎彩文化传播有限公司
装　　订：北京虎彩文化传播有限公司
出版发行：电子工业出版社
　　　　　北京市海淀区万寿路 173 信箱　邮编　100036
开　　本：787×1 092　1/16　印张：19.75　字数：556 千字
版　　次：2016 年 4 月第 1 版
印　　次：2024 年 6 月第 15 次印刷
定　　价：45.00 元

凡所购买电子工业出版社图书有缺损问题，请向购买书店调换。若书店售缺，请与本社发行部联系，联系及邮购电话：（010）88254888，88258888。

质量投诉请发邮件至 zlts@phei.com.cn，盗版侵权举报请发邮件至 dbqq@phei.com.cn。

本书咨询联系方式：192910558（qq 群）。

前　言

从发展趋势来看，计算已经进入"后 PC"或是"无处不在的计算"时代，计算将逐渐弥漫在社会生活的方方面面，以实现任何时间、任何地点提供任何服务的理想目标。无处不在的计算将大量使用形式多样的嵌入式系统。实际上，嵌入式系统早已成为学术界和工业界共同关注的热点，信息世界与物理世界、信息化与工业化融合的趋势推动了嵌入式系统的持续发展。

随着信息技术的不断发展，舰船、航空、航天等武器装备，以及通信网络、交通、能源、医疗、金融等关键基础设施的智能化程度越来越高，软件规模越来越大，并逐渐发展成为复杂的网络系统。另外，目前正处于设备智能化、互联化发展的关键时期，智能家居、可穿戴设备、智能汽车、智能交通、移动医疗、智能电网、智能机器人、工厂自动化、工业控制、智能监控，甚至智慧城市都处于蓬勃发展的局面。据 IDC 预测，到 2020 年将有 2000 亿台智能设备连接至互联网。因此，嵌入式系统相关的应用与研究正面临着历史性的发展机遇。

嵌入式系统是计算机的应用系统，是以应用为中心、以计算机技术为基础、软件硬件可裁剪、适应应用系统对功能、可靠性、成本、体积、功耗严格要求的专用计算机系统。同时，嵌入式系统也是先进的计算机技术、半导体技术、电子技术和各个行业的具体应用相结合后的产物，属于技术密集、资金密集、高度分散、不断创新的知识集成系统。嵌入式系统最早应用于国防和工业控制等领域，随后应用领域越来越广泛，包括了消费电子、工业控制、网络设备、航空航天和武器装备等众多领域，是现代社会智能化发展的基础内容。

嵌入式技术的发展以及对未来工业革命将产生的巨大影响已经引起世界各国的高度关注。欧洲目前在航空、汽车电子、工业、通信和消费电子方面的嵌入式技术占有领导位置，为了继续保持对美国和日本的竞争对手的领先优势，欧盟早在 2004 年就成立了 ARTEMIS（Advanced Research and Development on Embedded Intelligent Systems）组织，在欧洲范围内整合资金和技术优势，把嵌入式技术上升到一个重要的战略高度进行发展。欧盟认为，嵌入式技术是 IT 领域中发展最快的内容，并将保持巨大的技术发展和商业应用机会，掌握嵌入式技术的领导位置，将具有强大的经济和政治利益。

目前，中国正在由世界的制造大国向制造强国转变。业界普遍认为，嵌入式系统就是这样一个符合中国国情的技术突破点。事实上，市场也急需专业化的嵌入式软件人才。为适应这种需求，国内高校大多已开设嵌入式系统相关的各种课程。电子科技大学自 1990 年以来开始从事嵌入式软件的研究、开发和教学工作，承担并完成了国家"863"、国防预研、电子发展基金、"核高基"重大专项等多项嵌入式软件系统方面的课题，开展了汽车电子、航空电子、舰船电子、智能手机等领域的产业化应用，并培养了大量嵌入式系统方面的专业化人才。以此为基础，我们开展了本教材的编写工作。

教材以嵌入式系统的核心——嵌入式实时操作系统为重点，以应用为目的，全面介绍嵌入式系统在硬件和软件方面的相关内容，使读者既能对嵌入式系统及开发方法有一个全景的把握，又能深入理解和使用嵌入式实时操作系统。

教材的内容

教材共分 8 章，包括嵌入式系统软/硬件基础、嵌入式实时操作内核和虚拟化技术等三方面的内容。

第 1 章　嵌入式系统导论，讲述嵌入式系统方面的基本概念，介绍嵌入式系统的发展历程、嵌入式系统的特点、嵌入式系统的分类和应用领域、嵌入式实时系统的实时性和可靠性，以及嵌入式系统的发展趋势等方面的内容。

第 2 章　嵌入式硬件系统，介绍嵌入式系统的硬件组成情况，包括嵌入式系统的处理器、总线和存储器等方面的内容。在处理器方面，重点围绕 ARM 体系架构进行了阐述。

第 3 章　ARM 汇编程序设计，介绍 ARM 处理器的指令集、汇编语言和程序设计。

第 4 章　嵌入式软件系统，讲述嵌入式软件的特点和分类、嵌入式软件的体系结构、运行流程，嵌入式操作系统结构、组成、功能、特点和发展趋势，嵌入式软件开发工具的分类、交叉开发环境，嵌入式软件实现阶段的开发过程及开发工具的发展趋势。

第 5 章　任务管理与调度，讲述什么是任务、任务的分类、主要特性及内容，任务管理机制，嵌入式实时系统常见的几种调度算法，优先级反转及解决方法，基于多核的任务调度，以及与任务有关的性能指标。

第 6 章　同步、互斥与通信，讲述任务间、任务与中断处理程序间常见的同步、互斥与通信机制（信号量、邮箱、消息队列、事件和异步信号），并对多核系统的同步、互斥与通信机制进行了介绍。

第 7 章　中断、时间、内存与 I/O 管理，讲述中断分类、中断处理过程及中断管理机制等，硬件时钟设备（实时时钟 RTC 和定时器/计数器）及与操作系统的关系，时间管理机制，嵌入式实时系统对存储管理的需求，存储管理的具体方法，以及嵌入式系统 I/O 管理的特点及机制。

第 8 章　虚拟化技术，讲述虚拟化技术分类和微内核虚拟化技术，并对主要的虚拟化产品进行介绍。

其中，第 1 章～第 4 章由罗蕾编写，第 5 章、第 7 章由李允编写，第 2 章、第 3 章、第 6 章由陈丽蓉编写，第 8 章由桂盛霖编写。全书由罗蕾统稿。由于编者水平有限，加之时间仓促，书中难免存在不妥与错漏之处，敬请读者批评指正。您可通过以下方式同我们联系：lluo@uestc.edu.cn，lrchen@uestc.edu.cn，liyun@uestc.edu.cn。

本书提供了部分教学视频，读者可以通过扫描封面或者文中相应位置的二维码来观看。

本书为任课教师提供配套的教学资源（包含电子教案），需要者可登录华信教育资源网（http://www.hxedu.com.cn），注册之后进行下载。

致谢

本书编写过程中得到了电子工业出版社的大力支持，并得到了电子科技大学本科生、研究生课程建设等方面的支持，在此表示感谢。

感谢电子科技大学嵌入式软件工程中心各位老师和研究生的支持。

作　者

目　　录

第1章　嵌入式系统导论

1.1　嵌入式系统概述

计算机是 20 世纪人类社会最伟大的发明之一，也是 20 世纪科学技术发展的三大主题之一。从 1946 年第一台计算机 ENIAC（Electronic Numerical Integrator and Computer）在美国宾夕法尼亚大学诞生到现在，计算机的发展经历了三大阶段。

第一阶段：大型机阶段，始于 20 世纪 50 年代，IBM、Burroughs 和 Honeywell 等公司率先研制出大型机。

第二阶段：个人计算机阶段，始于 20 世纪 70 年代。

第三阶段：进入 21 世纪，计算机迈入充满机遇的阶段—"后 PC 时代"或"无处不在的计算机"阶段。

施乐公司 Palo Alto 研究中心主任 Mark Weiser 认为："从长远来看，PC 和计算机工作站将衰落，因为计算机变得无处不在，如在墙里、在手腕上、在手写电脑中（像手写纸一样）等，随用随取、唾手可得"。

目前，全世界的计算机科学家正在形成一种共识：计算机不会成为科幻电影中的那种贪婪的"怪物"，而将变得小巧玲珑、无处不在。它们藏身在任何地方，又消失在所有地方，功能强大，却无影无踪。人们将这种思想命名为"无处不在的计算机"。无处不在的计算机是指计算机彼此互连（见图 1-1），而且计算机与使用者的比率达到或超过 100：1 的阶段。无处不在的计算机包括通用计算机和嵌入式计算机系统，其中 95% 以上是嵌入式计算机系统，并非通用计算机。

嵌入式计算机系统在应用数量上远远超过各种通用计算机，一台通用计算机的外部设备包含了 5～10 个嵌入式微处理器，如键盘、鼠标、硬盘、显示卡、显示器、Modem、网卡、声卡、打印机、扫描仪等。

通用计算机（表 1-1）是具有通用计算平台和标准部件的"看得见"的计算机，如 PC、服务器、大型计算机等。其硬件一般包括主机、存储设备（硬盘、光驱、磁带机等）及标准的计算机外部设备等，如显示设备（CRT 显示器、LCD 等）、输入设备（键盘、鼠标等）和联网设备等。图 1-2 为通用计算机的典型硬件组成。通用计算机既可作为开发平台又可作为运行平台，且应用程序可按用户需要随时改变，即重新编制。

嵌入式计算机系统即"看不见"的计算机，一般只是运行平台，不能独立作为开发平台。不严格地说：嵌入式计算机系统是任意包含可编程计算机的设备，但这种设备不是作为通用计算机而设计的，如 PC 可以用于搭建嵌入式计算机系统，但 PC 不能称为嵌入式计算机系统。通常，将嵌入式计算机系统简称为嵌入式系统。

嵌入式系统已渗透到日常生活的各方面，其形式和名称各异，目前没有统一定义，除了上述定义外，常用的定义归纳如下。

图 1-1　无处不在的计算机　　　　　　图 1-2　通用计算机硬件组成

表 1-1　通用计算机与嵌入式系统对比

特　征	通用计算机	嵌入式系统
形式和类型	"看得见"的计算机 按其体系结构、运算速度和结构规模等因素，分为大、中、小型机和微机	"看不见"的计算机 形式多样，应用领域广泛，一般按应用分类
组成	通用处理器、标准总线和外设 软件和硬件相对独立	面向应用的嵌入式微处理器，总线和外部接口多集成在处理器内部 软件与硬件是紧密集成在一起的
开发方式	开发平台和运行平台都是通用计算机	采用交叉开发方式，开发平台一般是通用计算机，运行平台是嵌入式系统
二次开发性	应用程序可重新编制	大部分嵌入式系统不能再编程；部分嵌入式系统（如智能手机、Java手机）已提供应用开发平台，可支持第三方应用程序
发展目标	变为功能计算机，普遍进入社会	变为专用计算机，实现"普及计算"

① 嵌入式系统是以应用为中心，以计算机技术为基础，软件、硬件可裁剪，适应应用系统对功能、可靠性、成本、体积、功耗严格要求的专用计算机系统。

② IEEE（国际电气和电子工程师协会）定义："Device used to control，monitor，or assist the operation of equipment，machinery or plants"。

③ 嵌入式系统是将先进的计算机技术、半导体技术和电子技术与各行业的具体应用相结合后的产物。这决定了它必然是一个技术密集、资金密集、高度分散、不断创新的知识集成系统。

嵌入式系统一般由嵌入式硬件和软件组成，且软件与硬件是紧密集成在一起的。硬件以嵌入式微处理器为核心集成存储器和系统专用的输入/输出设备；软件包括初始化代码及驱动、嵌入式操作系统和应用程序等，这些软件有机地结合在一起，形成了系统特定的一体化软件。

1.1.1　嵌入式系统的发展历程

嵌入式计算机系统出现于 20 世纪 60 年代。几十年来，随着计算机技术、电子信息技术等的发展，嵌入式计算机的各项技术蓬勃发展，市场迅速扩大，嵌入式计算机已深入到生产、生活的每个角落。

1.　嵌入式系统的出现和兴起（1960—1970 年）

第一代电子管计算机（1946—1957 年）是像 ENIAC 那样占地 170 m²、重达 30 t、耗电 140 kW·h 的"庞然大物"，无法满足嵌入式计算所提出的体积小、质量轻、耗电少、可靠性高、实时性强等一系列要求。20 世纪 60 年代，以晶体管、磁芯存储为基础的计算机开始用于航空等军用领域。第一台机载专用数字计算机是奥托内蒂克斯公司为美国海军舰载轰炸机"民团团员"号研制的多功能数字分析器，它由几个体积相当大的黑盒子组成，中央处理装置处理所有主要电子系统传来的信号，开始有了数据总线的雏形。同时，嵌入式计算机开始应用于工业控制。1962年，美国的一个乙烯厂实现了工业装置中的第一个直接数字控制。

嵌入式系统的兴起是在 1965 至 1970 年，当时计算机已开始采用集成电路，即通常所说的第三代计算机。在军事和航空航天领域的需求推动下，计算机的硬件、软件技术达到了可以把人送上月球再返回地面的可靠性要求。

第一次使用机载数字计算机控制的是 1965 年发射的 Gemini 3 号，第一次通过容错来提高可靠性的是 1968 年的阿波罗 4 号、土星 5 号。阿波罗中的嵌入式计算机系统提供了人机交互功能，通过该系统和人的紧密结合来引导飞行。在该时期，计算机系统结构取得了许多重大发展，出现了并行控制、流水线、操作系统等新技术和影响广泛的 IBM 360 系列机。

1963 年，DEC 公司推出的第一台商用小型机由 PDP8 发展到 PDP11 系列。它的单总线结构、高速通用寄存器、强有力的中断系统、交叉存取技术，很好地适应了工业控制系统实时嵌入式应用的需求，成为工业生产集中控制的主力军。在军用领域中，为了满足可靠性、体积、质量的严格要求，还需为各武器系统设计各种专用的嵌入式计算机系统。

2．嵌入式系统开始走向繁荣（1971—1989 年）

（1）微处理器问世

嵌入式系统的大发展是在微处理器问世之后。1971 年 11 月，Intel 公司成功地把算术运算器和控制器电路集成在一起，推出了世界上第一片微处理器 Intel 4004。它本来是专为袖珍计算器而设计的，由于体积小、质量轻、价格低廉和成功的设计促使 Intel 把它进一步通用化，推出了 4 位的 4040、8 位的 8008。

1973 至 1977 年间，各厂家推出了许多 8 位的微处理器，包括 Intel 8080/8085、Motorola 的6800/6802、Zilog 的 Z80 和 Rockwell 的 6502 等。微处理器不但可以用来组成微型计算机，而且可以用来制造仪器仪表、医疗设备、机器人、家用电器等嵌入式系统。据统计，兼容 8085 微处理器的出货量超过了 7 亿，这些芯片大部分用于嵌入式工业控制。此时，人们再也不必为设计一台专用机而研制专用的电路、专用的运算器，只需以微处理器为基础进行设计。

微处理器的广泛应用形成了一个广阔的嵌入式应用市场，计算机厂家除了要继续以整机方式向用户提供工业控制计算机系统外，开始大量以插件方式向用户提供 OEM 产品，再由用户根据自己的需要构成专用的工业控制微型计算机，嵌入到自己的系统设备中。为了灵活兼容，形成了标准化、模块化的单板机系列。流行的单板计算机有 Intel 公司的 iSBC 系列、Zilog公司的 MCB 等。这样，人们不必从选择芯片开始来设计一台专用的嵌入式计算机，只要选择一套适合自己应用的 CPU 板、存储器板和各式 I/O 插件板，就可以组建一台专用计算机。用户和厂家都希望从不同的厂家选购最适合的 OEM 产品，插入外购或自制的机箱中即可形成新的系统，即希望插件是互相兼容的，这导致工业控制微机系统总线的诞生。1976 年，Intel 推出了 Multibus；1983 年，将其扩展为带宽达 40MBps 的 Multibus Ⅱ；1978 年，Prolog 设计的简单 STD 总线广泛用于小型嵌入式系统；1981 年，Motorola 推出的 VME_Bus 则与 MultibusⅡ瓜分了高端市场。

（2）单片机、DSP 出现

随着微电子工艺水平的提高，集成电路设计制造商开始把嵌入式应用所需要的微处理器、I/O 接口、A/D 转换、D/A 转换、串行接口及 RAM、ROM 都集成到一个 VLSI 中，制造出了面向 I/O 设计的微控制器，即单片机。

最早的单片机 Intel 8048 出现在 1976 年。20 世纪 80 年代初，Intel 在 8048 的基础上开发出了著名的 8051，Motorola 推出了 68HC05，Zilog 公司则转向生产其 Z80 单片机。这些单片机包含 8 位微处理器、RAM、ROM、8 位并口、全双工串口及 2 个 16 位定时器的单片机，迅速渗入到消费电子、医用电子、智能控制、通信、仪器仪表、交通运输等领域。根据不同的应用要求，工艺不断改进，运行速度不断提高，功耗降低。不同的外设接口被配置到芯片内，衍生了几十个品种。如果 8 位处理器处理速度太慢，则可以选择 16 位的单片机。

此外，为了高速、实时地处理数字信号，1982 年诞生了首枚 DSP 芯片。DSP 是在模拟信号变换成数字信号以后进行高速实时处理的专用处理器，其处理速度比当时最快的 CPU 快 10～50 倍。20 世纪 80 年代后期，第三代 DSP 芯片问世，运算速度进一步提高，其应用范围逐步扩大到通信、控制及计算机等领域。

（3）软件技术的进步

20 世纪 80 年代后期，嵌入式计算机的大发展要归功于软件技术的进步。最初的嵌入式计算机都是专用的，软件也是专门用汇编语言甚至机器语言编制的。在微处理器出现的初期，为了保障嵌入式软件的时间、空间效率，软件也只能用汇编语言编写。这样，嵌入式系统的开发只能由非常专业的计算机人才用原始的工具来完成，效率低、周期长。由于微电子技术的进步，对软件的时空效率的要求不再那么苛刻，嵌入式计算机的软件开始使用 PL/M、C 等高级语言。在军用领域，为了改变各种武器系统使用不同的专用语言和软件使系统费用不断增加的状况，美国推行了三军通用的 Ada 语言，开发可重用的通用软件，提高软件生产效率。

嵌入式系统大多是实时系统，对于复杂的嵌入式系统来说，除了需要高级语言开发工具外，还需要嵌入式实时操作系统的支持。20 世纪 70 年代的小型计算机为了适应实时应用领域的需求，由计算机生产厂家为自己的机器配置了实时操作系统。

20 世纪 80 年代初，开始出现一批软件公司，推出了商品化的嵌入式实时操作系统和各种开发工具，如 Ready System 公司的 VRTX 和 XRAY、Integrated System Incorporation（ISI）公司的 pSOS 和 PRISM+、WindRiver 公司的 VxWorks 和 Tornado、QNX 公司的 QNX 等。这些操作系统具有强实时、可剪裁、可配置、可扩充和可移植的特点，支持主流的嵌入式微处理器。在开发工具方面，这些操作系统提供了不同种类的面向软件、硬件开发的工具，如硬件仿真器、源码级的交叉调试器等。商用嵌入式实时操作系统和开发工具的出现和推广应用，使嵌入式系统的开发从作坊式向分工协作规模化的方向发展，促使嵌入式应用扩展到更广阔的领域。

3．嵌入式系统应用走向纵深（1990 年至今）

进入 20 世纪 90 年代，在分布控制、柔性制造、数字化通信和数字化家电等巨大需求的牵引下，嵌入式系统的硬件、软件技术进一步发展，应用领域进一步扩大。现在，手机、数码照相机、VCD、数字电视、路由器、交换机等都是嵌入式系统，豪华轿车也拥有约 50 个嵌入式微处理器，它们控制着从发动机火花塞、传动轴到避免由于关门时产生的压力而使司机耳朵胀痛的控制系统等众多部件。一架先进的飞机上可能有十几台嵌入式系统、上百个单片机。如果没有机载计算机，F-16 战斗机就不可能成为可靠的空中武器平台。当飞行员通过传统的控制系统控制飞机时，机载计算机使飞机保持在空中飞行的前提下尽可能满足飞行员的各种要求。波音 777 客机上约有 1000 个微处理器。

4 位、8 位、16 位微处理器芯片已逐步让位于 32 位嵌入式微处理器芯片。面向不同应用领域，功能强大、集成度高、种类繁多、价格低廉、低功耗的 32 位芯片已大量应用于各种各样的军用和民用设备。DSP 一直在向高速、高精度、低功耗的方向发展。DSP 与通用嵌入式微处理器集成已成为现实，并已大量应用于嵌入式系统，如手机、IP 电话等。就通信设备而言，32 位芯片使得开发高度智能化的通信设备成为可能，如数字移动电话、宽带网交换机、路由器和卫星系统等。在工业控制领域，嵌入式计算机大量应用于嵌入式系统，PC104、CPCI（Compact PCI）总线因其成本低、兼容性好也已被广泛应用。

随着微处理器性能的提高，嵌入式软件的规模也发生了指数型增长。32 位芯片能够执行由上百万行 C 语言代码构成的复杂程序，使得嵌入式应用具备高度复杂和智能化的功能。软件的实现从某种意义上决定了产品的功能，已成为新产品成功与否的关键因素，如图 1-3 所示。

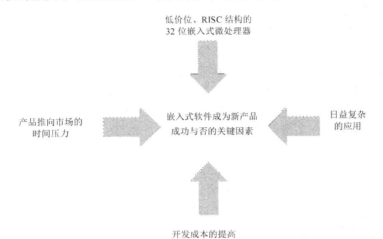

图 1-3　嵌入式软件的地位

为此，嵌入式系统已大量采用嵌入式操作系统。嵌入式操作系统的功能不断扩大和丰富，由 20 世纪 80 年代只有内核发展为包括内核、网络、文件、图形接口、嵌入式 Java、嵌入式 CORBA 及分布式处理等丰富功能的集合。嵌入式操作系统在嵌入式软件中的作用越来越大，所占的比例逐步提高，从最初的 10%左右，到 20 世纪 90 年代初的 30%左右，到 20 世纪 90 年代中期的 60%左右，再到 20 世纪 90 年代后期的 80%左右，如图 1-4 所示。

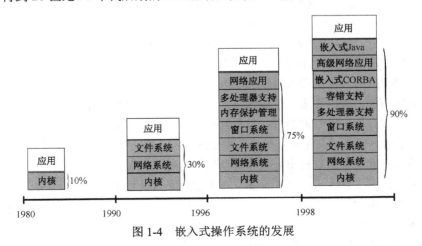

图 1-4　嵌入式操作系统的发展

此外，嵌入式开发工具更加丰富，其集成度和易用性不断提高，目前不同厂商已开发出不同类型的嵌入式开发工具,可以覆盖嵌入式软件开发过程的各个阶段,提高嵌入式软件的开发效率。

1.1.2 嵌入式系统的特点

(1)嵌入式系统通常是形式多样、面向特定应用的软/硬件综合体

嵌入式系统一般用于特定的任务,其硬件和软件都必须高效运行,去除冗余,而通用计算机是一个通用的计算平台。

嵌入式微处理器与通用微处理器的最大不同是,嵌入式微处理器大多专用于某种或几种特定的应用,工作在为特定用户群设计的系统中。嵌入式微处理器通常都具有低功耗、体积小、集成度高等特点,能够把通用微处理器中许多由板卡完成的功能集成在芯片内部,从而有利于嵌入式系统设计趋于小型化,移动能力大大增强,与网络的耦合也越来越紧密。

嵌入式软件是应用程序和操作系统两种软件的一体化程序。对于通用计算机系统,操作系统等系统软件与应用软件之间界限分明。换句话说,在统一配置的操作系统环境下,应用程序是独立的运行软件,可以分别装入执行。但是,在嵌入式系统中,这一界限并不明显。这是因为应用系统配置差别较大,所需操作系统繁简不一,I/O 操作也不标准,这部分驱动软件常常由系统设计者完成。这就要求采用不同配置的操作系统和应用程序,链接装配成统一运行的软件系统。也就是说,在系统总体设计目标指导下,它们被综合考虑、设计与实现。

(2)嵌入式系统得到多种处理器类型和体系结构的支持

通用计算机采用少数的处理器类型和体系结构,而且处理器掌握在少数大公司中。而嵌入式系统可采用多种类型的处理器和处理器体系结构。在嵌入式微处理器产业链上,IP 设计、面向应用的特定嵌入式微处理器的设计、芯片的制造已形成巨大的产业,它们分工协作,形成多赢模式。目前,有上千种嵌入式微处理器和几十种嵌入式微处理器体系结构可以选择,主流的体系有 ARM、MIPS、PowerPC、X86、SuperH 等。

(3)嵌入式系统通常极其关注成本

嵌入式系统通常需要注意的成本是系统成本,特别是量大的消费类数字化产品,其成本是产品竞争的关键因素之一。嵌入式系统的系统成本包括:① 一次性的开发成本,即 NRE(Non-Recurring Engineering)成本;② 每个产品的成本,即硬件物料清单(Bill Of Material,BOM)、外壳包装成本和软件版税等。所以:

$$批量产品的总体成本 = NRE 成本 + 每个产品的成本×产品总量$$

$$每个产品的最后成本 = 总体成本 / 产品总量 = NRE 成本 / 产品总量 + 每个产品的成本$$

(4)嵌入式系统有实时性和可靠性的要求

嵌入式系统有实时性的要求,表现如下:一方面,大多数实时系统是嵌入式系统;另一方面,嵌入式系统多数有实时性的要求,且软件一般是固化运行或直接加载在内存中运行的,具有快速启动的特点。嵌入式系统对实时的强度要求各不一样,可分为硬实时系统和软实时系统。

嵌入式系统一般要求具有出错处理和自动复位功能,特别是对于一些在极端环境下运行的嵌入式系统而言,其可靠性设计尤其重要。在大多数嵌入式系统中,一般包括一些硬件和软件机制来保证系统的可靠性。例如,硬件的看门狗定时器,它在软件失去控制后使之重新正常运行;软件的可靠性机制包括内存保护、两态、可调度和监控等。

(5)嵌入式系统使用的操作系统一般是适应多种类型处理器、可剪裁、轻量型、实时可靠、可固化的嵌入式操作系统

嵌入式操作系统像嵌入式微处理器一样，也是多种多样的：大多数商业嵌入式操作系统可同时支持不同种类的嵌入式微处理器；可根据应用的情况进行剪裁、配置；与通用计算机操作系统相比，其规模小，所需的资源有限，如内核规模为几十 MB；一般包括一个实时内核，调度算法一般采用基于优先级的可抢占的调度算法，一些操作系统提供了 HA（High Available）机制；能与应用软件一起固化在 Nor Flash 中直接运行，或全部加载到 RAM 中运行。

（6）嵌入式系统开发需要专门工具和特殊方法

多数嵌入式系统开发意味着软件与硬件的并行设计和开发，其开发过程一般分为几个阶段：产品定义 → 软件与硬件的设计与实现 → 软件与硬件集成 → 产品测试与发布 → 维护与升级。

嵌入式系统资源有限，一般不具备自主开发能力，产品发布后用户通常也不能对其中的软件进行修改，必须有一套专门的开发环境，提供专门的开发工具（包括设计、编译、调试、测试等工具），采用交叉开发的方式进行。交叉开发环境由宿主机和目标机组成，如图 1-5 所示。宿主机一般采用通用

图 1-5　交叉开发环境

计算机系统，是主要的开发环境，完成开发工具的大部分工作；目标机就是嵌入式系统，是所开发应用的执行环境，并配合宿主机的开发工作。

1.1.3　嵌入式系统的分类

嵌入式系统可按嵌入式处理器的位数、应用、实时性、软件结构等进行分类。

1. 按位数来分类

按嵌入式处理器的位数来分，嵌入式系统可分为 4 位、8 位、16 位、32 位和 64 位。目前，32 位嵌入式系统正成为主流发展趋势，高度复杂的、高速的嵌入式系统已开始采用 64 位嵌入式处理器。

2. 按应用来分类

目前，32 位的嵌入式处理器一般是面向特定领域应用而设计的，集成 CPU Core、面向特定领域应用的基本 I/O 和总线等，因此，嵌入式系统可分为信息家电类、移动终端类、通信类、汽车电子类、工业控制类等。

3. 按实时性来分类

嵌入式系统可分为嵌入式实时系统和嵌入式非实时系统。根据实时性的强弱，嵌入式实时系统可进一步分为硬实时、软实时系统。

硬实时系统对系统响应时间有严格的要求，如果系统响应时间不能满足，则会引起系统崩溃或致命的错误。如飞机的飞控系统，如果不能及时控制飞机的飞行，则可能造成致命的后果。

软实时系统对系统响应时间有要求，但是如果系统响应时间不能满足，不会导致系统出现致命的错误或崩溃。如一台喷墨打印机平均处理周期从 2 ms 延长到 6 ms，其后果不过是打印速度从 3 页/分钟下降到 1 页/分钟。

4. 按软件结构来分类

从嵌入式系统的设计角度来看，嵌入式软件结构可以分为循环轮询系统、

视频

前后台系统、单处理器多任务系统、多处理器多任务系统等。

（1）循环轮询系统

最简单的软件结构是循环轮询（Polling Loop），程序依次检查系统的每个输入条件，一旦条件成立，就进行相应的处理，如图 1-6 和图 1-7 所示。

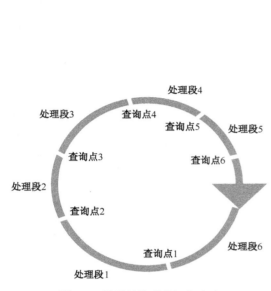

图 1-6　循环轮询系统运行方式

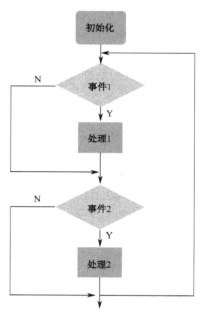

图 1-7　循环轮询系统程序流程

循环轮询系统通常的软件结构如下。

```
initialize()
while(true) {
    if (condition_1)  action_1();
    if (condition_2)  action_2();
    ……
    if (condition_n)  action_n();
}
```

该结构的优点如下：① 对于简单的系统而言，便于编程和理解；② 没有中断的机制，程序运行良好，不会出现随机问题。其缺点如下：① 有限的应用领域（由于其具有不可确定性）；② 对于有大量 I/O 服务的应用不容易实现；③ 程序规模大，不便于调试。

由此看来，循环轮询系统适用于慢速和非常快速的简单系统。

（2）前后台系统

前后台（Foreground/Background）系统又称为中断驱动系统，后台是一个一直在运行的系统，前台是由一些中断处理过程组成的。当有一个前台事件（外部事件）发生时引起中断，中断后台运行，进行前台处理，处理完成后又回到后台（通常后台又称为主程序）。

视频

前后台系统的一种极端情况如下：后台只是一个简单的循环，不做任何事情，所有其他工作都由中断处理程序完成。但大多数情况是中断只处理那些需要快速响应的事件，并且把 I/O 设备的数据放到内存的缓冲区中，再向后台发送信号，其他工作由后台来完成，如对这些数据进行运算、存储、显示、打印等处理。前后台系统的软件运行方式如图 1-8 所示，程序流程如图 1-9 所示。前后台系统需要考虑的是：中断的现场保护和恢复、中断嵌套、中断处理过程与主程序的协调（共享资源）问题。系统的性能主要由中断延迟时间（Interrupt Latency Time）、响应时间（Response Time）和恢复时间（Recovery Time）来刻画，如图 1-10 所示。

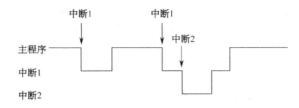

图 1-8　前后台系统软件运行方式

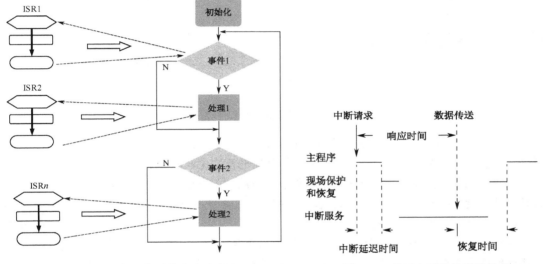

图 1-9　前后台系统程序流程　　　　图 1-10　前后台系统的系统性能

前后台系统应用领域广泛，主要应用在一些小型的嵌入式系统中，其优点如下：① 可并发处理不同的异步事件，设计简单；② 中断处理程序有多个，主程序只有一个；③ 不需学习 OS 相关的知识。其缺点如下：① 对于复杂的系统而言，其主程序设计复杂，系统复杂度提高，可靠性降低；② 实时性只能通过中断来保证，如果采用中断+主程序的方式来处理事件，则其实时性难以保证；③ 中断处理程序与主程序间的共享互斥问题需应用自己来解决。

（3）单处理器多任务系统

对于一个较复杂的嵌入式系统来说，当采用中断处理程序加一个后台主程序软件结构难以实时地、准确地、可靠地完成系统的需求时，或存在一些互不相关的过程需要在一个计算机中同时处理时，就需要采用多任务系统。对于降低系统的复杂性而言，保证系统的实时性和可维护性是必不可少的。嵌入式多任务系统的实现必须有嵌入式多任务操作系统的支持，操作系统主要完成任务切换，任务调度，通信、同步、互斥，实时时钟管理，中断管理等。

多任务系统实际上是由多个任务、多个中断处理过程、嵌入式操作系统组成的有机整体，如图 1-11 所示。在多任务系统中，每个任务是顺序执行的，并行性通过操作系统来完成，任务

• 9 •

之间、任务与中断处理程序之间的通信、同步和互斥也需要操作系统的支持。

　　单处理器多任务系统目前已广泛应用于 32 位嵌入式系统，其主要特点如下：① 多个顺序执行的任务并行运行；② 从宏观上看，所有的任务同时运行，每个任务运行在自己独立的 CPU 上；③ 实际上，不同的任务共享同一个 CPU 和其他硬件，因此需要嵌入式操作系统来对这些共享的设备和数据进行管理；④ 每个任务一般被编制成无限循环的程序，等待特定的输入，执行相应的处理；⑤ 这种程序模型将系统分成相对简单的、相互合作的模块。

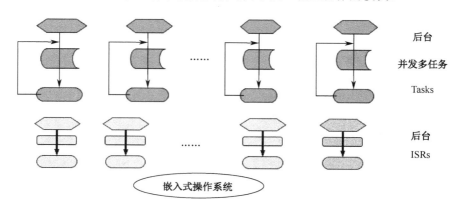

图 1-11　多任务系统程序组成

　　其优点如下：① 将复杂的系统分解成相对独立的多个任务，达到分而治之的目的，从而降低系统的复杂性；② 保证系统的实时性；③ 系统的模块化好，可维护性高。

　　其缺点如下：① 需要采用一些新的软件设计方法；② 需要对每个共享资源进行互斥；③ 导致任务间的竞争；④ 需要使用嵌入式操作系统，增加系统的开销。

　　（4）多处理器多任务系统

　　当有些工作用单处理器来处理难以完成时，就需要增加其他的处理器，这就是多处理器系统的由来。在单处理器系统中，多个任务在宏观上看是并发的，但在微观上看是顺序执行的；在多处理器系统中，多个任务可以分别在不同的处理器上执行，宏观上看是并发的，微观上看也是并发的。前者称为伪并发性，后者称为真并发性。

　　多处理器系统或称为并行处理器系统，可分为单指令多数据流（Single Instruction Multiple Data，SIMD）系统和多指令多数据流（Multiplone InstructiStream Multiple Data Stream，MIMD）系统。MIMD 系统又可分为紧耦合系统和松耦合系统两种，嵌入式系统大都是 MIMD 系统。紧耦合系统是多个处理器通过共享内存空间来交换信息的系统；而在松耦合系统中，多个处理器是通过通信线路来连接和交换信息的。

1.2　嵌入式系统的应用领域

　　嵌入式系统广泛应用于消费电子、通信、汽车、国防、航空航天、工业控制、仪表、办公自动化等领域。嵌入式系统市场广阔，现在带来的工业年产值已超过了 10 000 亿美元。形式多样的嵌入式系统正努力把 Internet 连接到人们生活的每个角落，其消费量将以亿为单位，嵌入式系统应用正逐步形成一个充满商机的巨大产业。据 IDC 预测，到 2020 年将有 2000 亿台智能设备连接至互联网。事实上，覆盖各领域、正在快速发展的智能化设备进一步促进了嵌入式系统的应用与发展。

1．消费电子领域

随着技术的发展，消费电子产品正向数字化和网络化方向发展。嵌入式计算机技术与各种电子技术紧密结合，渗入到各种消费电子产品中，涌现出各种新型的消费电子产品，提高了消费电子产品的性能和功能，使其简单易用、价格低廉、维护简便。

高清晰度数字电视将代替传统的模拟电视，数码照相机将代替传统的胶片相机，固定电话今后会被 IP 电话所替代，各种家用电器（电视机、冰箱、微波炉、电话等）将通过家庭通信控制中心与 Internet 连接，实现远程控制、信息交互、网上娱乐、远程医疗和远程教育等，从而转变为智能网络家电。

从手机的发展来看，随着移动通信技术的发展，移动通信系统将逐渐由提供话音为主的服务发展为以提供数据为主的服务，随着通信网络传输速率的提高，包括多媒体、彩色动画和移动商务等在内的新的无线应用也将逐渐涌现出来，使得以提供话音为主的传统手机逐渐发展成为融合了 PDA、电子商务、娱乐等特性的智能手机。另外，手机的数量不断增多，全球手机保有量已经超过全球的人口数量。

智能家居也逐渐从概念阶段逐步进入大众的生活。随着生活水平的不断提高，人们不断对居住环境提出更高的要求，越来越注重家庭生活中每个成员的舒适、安全和便利。智能家居将成为家庭版的物联网，实现家庭内部所有物体的相互通信将是智能家居未来发展方向，并将与智能城市系统、智能楼宇与智能小区实现无缝连接，为人们提供一个集服务、管理于一体的高效、舒适、安全、便利、环保的居住环境。

2．通信领域

通信领域大量应用嵌入式系统，主要包括程控交换机、路由器、IP 交换机、传输设备等。据预测，由于互连的需要，特别是宽带网络的发展，将会出现各种网络设备，如 xDSL Modem/Router 等，其数量将远远大于传统的网络设备。它们基于 32 位的嵌入式系统，价格低廉，将为企业、家庭提供更为廉价的、方便的、多样的网络方案。

3．工业控制、汽车电子、医疗仪器

随着工业、汽车、医疗卫生等各部门对智能控制需求的不断增长，需要对设备进行智能化、数字化改造，为嵌入式系统提供了很大的市场。

在工业控制领域，嵌入式系统主要应用在各种智能测量仪表、数控装置、可编程控制器、控制机、分布式控制系统、现场总线仪表及控制系统、工业机器人、机电一体化设备等系统中。

在汽车电子方面，具有网络互连功能的智能汽车已经成为一个复杂、可移动的信息物理系统，包括 ECU（电控单元）、车载终端、环境感知、通信和后台服务等方面的内容，并且在 ECU 之间、ECU 与车载终端、车载终端与互联网，以及车与行驶环境（其他车辆、路、信号灯等）之间都会进行互连互通，形成一个完整的人—车—路互连智能系统。同时，智能化的汽车已经属于多学科综合应用的领域，涉及软件、芯片、传感、通信、安全、语音识别、人工智能等方面的关键技术。随着汽车的信息化、智能化发展，电子系统及其软件在汽车中的重要性越来越大。汽车 90%的创新将由汽车电子来支撑，其中 80%取决于软件。此外，在中高端汽车中，汽车电子占整车成本已达到 30%以上，装备有 50～100 个 ECU、20 000 万行左右的源代码，其代码量与空客 A380 相当。

在医疗仪器领域，嵌入式系统主要应用在各种医疗电子仪器、X 光机、超声诊断仪、计算机断层成像系统、监护仪、辅助诊断系统、专家系统等中。

4．国防、航空航天领域

嵌入式系统最早应用在军事和航空航天领域，目前主要应用方向如下：各种武器控制系统（火炮控制、导弹控制、智能炸弹制导引爆装置），坦克、舰艇、轰炸机等陆海空军用电子装备，雷达、电子对抗军事通信装备，各种野战指挥作战专用设备等。

视频

1.3 嵌入式系统的发展趋势

以信息家电、移动终端、汽车电子、网络设备等为代表的互联网时代的嵌入式系统，不仅为嵌入式市场展现了美好前景，注入了新的生命，也对嵌入式系统技术提出了新的挑战，主要包括：支持日趋增长的功能密度、灵活的网络连接、轻便的移动应用、多媒体的信息处理、低功耗、人机界面友好互动、二次开发和动态升级等。面对这些需求，嵌入式系统的主要发展趋势如下。

1．形成行业的标准：行业性嵌入式软硬件平台

嵌入式系统是以应用为中心的系统，不会像 PC 一样只有一种平台，但它会吸取 PC 的成功经验，形成不同行业的标准。统一的行业标准具有开放、设计技术共享、软/硬件重用、构件兼容、维护方便和合作生产等特点，是增强行业性产品竞争能力的有效手段。

在工业控制等领域，嵌入式 PC 已成为一种标准的软/硬件平台，在硬件上兼容 PC，以 ISA、CPCI 为标准总线，并扩展 DOC（Disk On Chip）、DOM（Disk On Module）、Flash 等存储方式，其软件以 BIOS 为基础，可运行多种嵌入式系统。

近年来，一些地区和国家的若干行业协会纷纷制定了嵌入式系统标准。欧盟汽车产业联盟规定以 OSEK（车内电子设备的开放系统的接口）标准作为开发汽车嵌入式系统的公用平台和应用编程接口。航空电子工程协会（Airlines Electronics Engineering Committee，AEEC）制定了航空电子的嵌入式实时操作系统应用编程接口——ARINC653。我国数字电视产业联盟也在制定本行业的开放式软件标准，以提高中国数字电视产品的竞争能力。走行业开放系统道路、建立行业性的嵌入式软/硬件开发平台，是加快嵌入式系统发展的捷径之一。

根据应用的不同要求，今后不同行业会定义其嵌入式操作系统、嵌入式支撑软件、嵌入式硬件平台等行业标准。

2．多核处理器的使用范围将越来越广泛

多核处理器把多个处理器核集成到同一个芯片之上。得益于芯片上更高的通信带宽和更短的通信时延，多核处理器在并行性方面具有天然的优势，通过动态调节电压/频率、负载优化分布等，可有效降低功耗。研究表明，利用大量简单的处理器核提高并行性可以取得更好的性能功耗比。

嵌入式多核处理器的结构包括同构和异构两种。同构是指内部多核的结构是相同的，已经广泛应用于 PC 的多核处理器；而在异构多核处理器中，内部多核的结构可以是不同的，常见的处理方法包括 MCU+DSP、DSP+FPGA、MCU+FPGA 等。异构多核是嵌入式系统的一个重要发展方向，是将结构、功能、功耗、运算性能各不相同的多个核心集成在芯片上，并通过任务分工和划分将不同的任务分配给不同的核心，使每个核心处理自己擅长的任务。这种异构组织方式比同构的多核处理器执行任务更有效率，实现了资源的最优配置，降低了整体功耗。

3. 嵌入式应用软件的开发需要强大的开发工具和操作系统的支持

为了满足应用的需求，设计师们一方面采用更强大的嵌入式处理器（如 32 位、64 位 RISC 芯片或信号处理器）增强处理能力；另一方面，采用实时多任务编程技术和交叉开发工具技术，来控制功能复杂性、简化应用程序设计、保障软件质量和缩短开发周期。

目前，国外商品化的嵌入式实时操作系统已进入我国的有 WindRiver、GreenHills、Microsoft、QNX 和 Nucleus 等公司的产品。我国自主开发的嵌入式系统软件产品以北京科银京成技术有限公司的"道系统"（DeltaSystem）为代表。道系统不仅包括 DeltaOS 嵌入式实时操作系统，还包括 LambdaTOOL 系列开发工具套件及各种嵌入式应用组件等。

嵌入式系统将在现有的基础上，不断采用先进的操作系统技术，结合嵌入式系统的需求，向可适应不同嵌入式硬件平台，具有可移植、可伸缩、功能强大、可配置、良好的实时性、可靠性、高可用等方向发展。

嵌入式开发工具将向支持多种硬件平台、覆盖嵌入式软件开发过程各阶段、高效和高度集成的工具集等方向发展。

4. 嵌入式系统联网成为必然趋势

为了适应嵌入式分布处理结构和应用上网需求，嵌入式系统要求配备一种或多种标准的网络通信接口。针对外部联网要求，嵌入式系统必须配有通信接口，需要 TCP/IP 协议簇软件支持；由于家用电器相互关联（如防盗报警、灯光能源控制、影视设备和信息终端交换信息）和工业现场仪器的协调工作等要求，新一代嵌入式系统需具备 IEEE 1394、USB、CAN、Bluetooth、Wi-Fi 或 IrDA 通信接口，同时需要提供相应的通信组网协议软件和驱动软件。为了支持网络交互的应用，还需内置 XML 浏览器和 Web Server。

5. 嵌入式系统向新的嵌入式计算模型方向发展

① 支持自然的人机交互和互动的、图形化的、多媒体的嵌入式人机界面，操作简便、直观、无需学习。例如，司机操纵高度自动化的汽车主要通过转向盘、节气门和操纵杆来进行。

② 可编程的嵌入式系统。嵌入式系统可支持二次开发，如采用嵌入式 Java 技术可动态加载和升级软件，增强嵌入式系统功能。

③ 支持分布式计算。与其他嵌入式系统和通用计算机系统互连，构成分布式计算环境。

思考题 1

1.1　什么是嵌入式系统？嵌入式系统与通用计算机系统有何异同？

1.2　嵌入式系统的特点是什么？

1.3　按实时性来划分，嵌入式系统可分为几类？它们的特点是什么？

1.4　按软件结构来划分，嵌入式系统可分为几类？它们的优点、缺点各是什么，分别适用于哪些系统？

1.5　前后台系统的组成和运行模式如何？需要考虑的主要因素有哪些？其主要性能指标

是什么？

　1.6　单处理器多任务系统由哪些部分组成？其运行方式如何？

　1.7　嵌入式系统的主要应用领域有哪些？

　1.8　描述嵌入式系统的发展历程和发展趋势。

第 2 章　嵌入式硬件系统

本章将介绍嵌入式硬件系统的组成、嵌入式微处理器的特点、主流的嵌入式微处理器系列、总线、存储器等知识，重点针对 ARM 系列处理器的指令集体系架构、编程模型、处理器存储器子系统进行详细说明，为读者后续的学习打下基础。

2.1　嵌入式硬件系统的基本组成

嵌入式系统的硬件以嵌入式微处理器为核心，主要由嵌入式微处理器、总线、存储器、输入/输出接口和设备组成。

1. 嵌入式微处理器

嵌入式微处理器是嵌入式系统的核心，其基础是通用的微处理器，具有体积小、质量轻、成本低、功耗低、工作温度宽、抗电磁干扰、可靠性强等特点，在集成度、体系结构、指令集、性能、功耗管理和成本等方面都有适应嵌入式系统应用的特性。

每个嵌入式系统至少包含一个嵌入式微处理器。嵌入式微处理器的体系结构采用冯·诺依曼（Von Neumann）体系结构或哈佛（Harvard）体系结构，如图 2-1 所示。

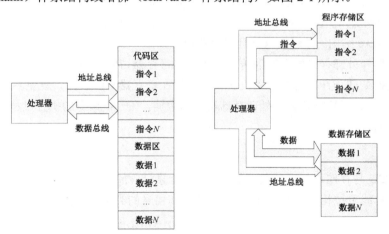

（a）冯·诺依曼体系结构　　　　（b）哈佛体系结构

图 2-1　冯·诺依曼体系结构和哈佛体系结构

传统的微处理器采用的是冯·诺依曼结构，将指令和数据存放在同一存储空间中，统一编址，指令和数据通过同一总线访问。哈佛结构则是不同于冯·诺依曼结构的一种并行体系结构，其主要特点是程序和数据存储在不同的存储空间中，即程序存储器和数据存储器是两个相互独立的存储器，每个存储器独立编址、独立访问。与之相对应的是系统中设置了两条总线（程序总线和数据总线），从而使数据的吞吐率提高了一倍。如果按照指令系统进行分类，则嵌入式微处理器可以分为精简指令集系统（Reduced Instruction Set Computer，RISC）和复杂指令集系统（Complex Instruction Set Computer，CISC）两大类，如表2-1所示。

表2-1　CISC 和 RISC 的对比

特点＼指令集	CISC	RISC
价格	由硬件完成部分软件功能，硬件复杂性增加，芯片成本高	由软件完成部分硬件功能，软件复杂性增加，芯片成本低
性能	减少代码量，指令的执行周期数较多	使用流水线降低指令的执行周期数，代码量较多
指令集	大量混杂型指令，有简单快速的指令，也有复杂得多的周期指令，符合 HLL（High Level Language）的要求	简单的单周期指令
高级语言支持	硬件完成	软件完成
寻址模式	复杂的寻址模式，支持内存到内存寻址	简单的寻址模式，仅允许 LOAD 和 STORE 指令存取内存，其他所有操作都基于寄存器到寄存器
控制单元	微码	直接执行
寄存器数量	较少	较多

RISC 的设计思想主要由以下几个准则体现。

① 指令集。RISC 处理器减少了指令种类，只提供简单的操作，使得一个周期就可以完成一条指令的执行。编译器或程序员通过几条简单的指令的组合来实现复杂的操作（如除法操作）。每条指令的长度都是固定的，允许流水线在当前指令的译码阶段去取其下一条指令；而在 CISC 处理器中，指令的长度通常不固定，执行也需要多个周期。

② 流水线。指令的处理过程被拆分成几个更小的、能够被流水线并行执行的单元。在理想情况下，流水线每周期前进一步，可获得较高的吞吐率。

③ 寄存器。RISC 处理器拥有更多的通用寄存器，每个通用寄存器都可存放数据或地址。寄存器可为所有的数据操作提供快速的局部存储访问，而 CISC 处理器都有特定目的的专用寄存器。

④ Load-Store 结构。处理器只处理寄存器中的数据。独立的 LOAD 和 STORE 指令用来完成数据在寄存器和外部存储器之间的传送。相对于寄存器访问，访问存储器很耗时，所以把存储器访问和数据处理分开。这样可以反复使用保存在寄存器中的数据，避免多次访问存储器。在 CISC 结构中，处理器能够直接处理存储器中的数据，在一条指令的执行过程中可能有多达 3 次的存储器访问。

2. 总线

总线是 CPU 与存储器和设备通信的机制，是计算机各部件之间传送数据、地址和控制信息的公共通道。总线可按相对于 CPU 的位置、功能和信号的类型来分类，如图2-2所示。

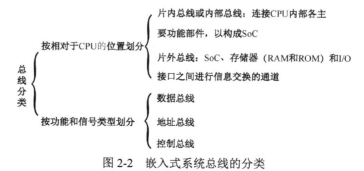

图2-2　嵌入式系统总线的分类

嵌入式系统的总线一般与嵌入式微处理器的核心集成在一起，从微处理器的角度来看，总线可分为片外总线（如 PCI、ISA、AMBA 的 APB 等）和片内总线（如 AMBA 的 AHB、AVALON、OCP、WISH BONE 等）。选择总线与选择嵌入式微处理器密切相关，总线的种类随不同的微处理器结构而不同。

3．存储器

嵌入式系统的存储器包括主存和外存（又称为辅存）。

大多数嵌入式系统的代码和数据存储在处理器可直接访问的存储空间中，即主存中，系统上电后，主存中的代码直接运行。主存储器的特点是速度快，一般为 ROM、EPROM、Nor Flash、SRAM、DRAM 等存储器件。

目前，有些嵌入式系统除了主存外，还有外存。外存是处理器不能直接访问的存储器，用来存放各种信息。相对于主存而言，外存具有速度慢、价格低、容量大的特点。嵌入式系统主要采用电子盘作为外存，电子盘的主要种类有 DoC、Nand Flash、Compact Flash、Smart Media、Memory Stick、Multi Media Card、SD（Secure Digital）卡等。

4．输入/输出接口和设备

嵌入式系统面向应用，不同的应用所需的接口和外设不同。嵌入式系统的大多数输入/输出接口和部分设备已经集成在嵌入式微处理器中，输入/输出接口主要有中断控制器、DMA 控制器、串行和并行接口等，设备主要有定时器、计数器、看门狗定时器、RTC（实时时钟）、UART（通用异步收发器）、GPIO（通用输入输出接口）、I^2C、USB、IrDA、MII、PWM、AD/DA、显示控制器、键盘和网络等。

2.2 嵌入式微处理器

经过近 30 年的发展，嵌入式微处理器在集成度（体现为制作工艺和晶体管个数）、主频、位数等方面都得到了很大程度的提高，如表 2-2 所示。

表 2-2　嵌入式微处理器的发展

年代 性能指标	20 世纪 80 年代 中后期	20 世纪 90 年代 初期	20 世纪 90 年代 中后期	21 世纪 初期
制作工艺	1～0.8 μm	0.8～0.5 μm	0.5～0.35 μm	0.25～0.13 μm
主频	< 33 MHz	<100 MHz	<200 MHz	< 1000 MHz
晶体管个数	> 500k	>2M	>5M	>22M
位数	8/16 位	8/16/32 位	8/16/32 位	8/16/32/64 位

嵌入式微处理器种类繁多，按位数，可分为 4 位、8 位、16 位、32 位和 64 位，16 位以下的嵌入式微处理器一般称为微控制器，32 位以上的称为微处理器。

按用途来分，嵌入式微处理器可分为嵌入式 DSP 和通用的嵌入式微处理器两种。嵌入式 DSP 专用于数字信号处理，采用哈佛结构，程序和数据分开存储，采用一系列措施保证数字信号的处理速度，如对 FFT（快速傅里叶变换）的专门优化。通用的嵌入式微处理器一般是集成了通用微处理器的核、总线、外部接口和设备的 SoC 芯片，有些将 DSP 作为协处理器集成。本章后面的部分只对通用的嵌入式微处理器（简称嵌入式微处理器）进行详细介绍。

2.2.1 嵌入式微处理器的特点

嵌入式微处理器的基础是通用微处理器，与通用微处理器相比，具有体积小、集成度高、质量轻、成本低、可靠性高、功耗低、工作温度范围宽、抗电磁干扰等特点。

1. 集成度高

用于桌面和服务器的微处理器的芯片内部通常只包括 CPU 核心、Cache、MMU、总线接口等部分，其他附加的功能，如外部接口、系统总线、外部总线和外部设备，独立在其他芯片和电路内。除集成 CPU 核心、Cache、MMU、总线等部分外，嵌入式微处理器还集成了各种外部接口和设备，如中断控制器、DMA、定时器、UART 等。这是符合嵌入式系统的低成本和低功耗需求的，一块单一的、集成了大多数需要的功能块的芯片可靠性更高、价格更低、功耗更少。

嵌入式微处理器是面向应用的，其片内所包含的组件的数目和种类是由它的市场定位决定的，在最普通的情况下，嵌入式微处理器包括：① 片内存储器，部分嵌入式微处理器具有；② 外部存储器的控制器，外设接口（串口、并口）；③ LCD 控制器，面向终端类应用的嵌入式微处理器具有；④ 中断控制器、DMA 控制器、协处理器；⑤ 定时器、A/D 转换器、D/A 转换器；⑥ 多媒体加速器，当高级图形功能需要时具有；⑦ 总线接口；⑧ 其他标准接口或外部设备。

嵌入式微处理器集成外围逻辑芯片主要有单芯片（Single Chip）和芯片组（Chip Set）两种方式。单芯片方式的示例如图 2-3 所示，是用于终端类应用的新唐公司的 NUC951ADN 芯片（基于 ARM926EJ-S）的内部功能模块结构。芯片组方式由微处理器主芯片和一些从芯片组成。图 2-4 为两芯片组的手持终端方案，主芯片提供计算和基本外部设备的控制功能，从芯片加入了新的接口（LCD 控制器、红外线接口、触摸屏功能块等）。

2. 体系结构

① 算术格式（Arithmetic Format）。由于低成本和低功耗的限制，大多数嵌入式微处理器使用定点算法，即数值被表示为整数或-1.0 和+1.0 之间的分数，这样的芯片比数值表示为尾数和指数的浮点版本的芯片便宜。当嵌入式系统中需要使用浮点运算时，可采用软件模拟的方式实现，但这样要占用更多的处理器时间。

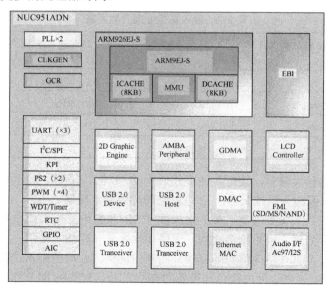

图 2-3　NUC951ADN 芯片的内部功能模块结构

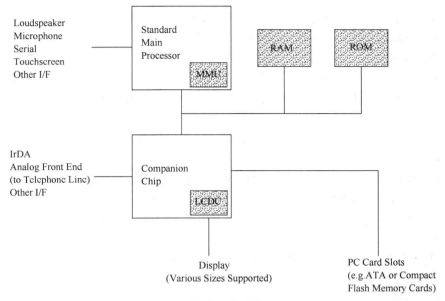

图 2-4　两芯片组的手持 PC 方案

② 功能单元（Functional Unit）。大多数嵌入式微处理器包括不止一个功能单元，典型的嵌入式微处理器包含一个 ALU、移位器和 MAC，处理器通常用一条指令完成乘法操作。

③ 流水线（Pipeline）。大多数嵌入式微处理器采用单周期执行指令，这样可能会产生比较长的流水线，如果产生分支，则要多花几个周期来处理。在通用处理器中采用分支预测（Branch Prediction）来减少分支的时间，这种技术非常有效。多数嵌入式处理器由于工作在实时性要求较高的系统中，所以没有采用分支预测技术，只有部分嵌入式处理器（如 ARMv7-A&R）的体系架构中引入了分支预测功能。

为了满足更好的并行性，超标量体系结构通用处理器中经常采用动态调度机制（Dynamic Scheduling），多数嵌入式微处理器中不采用这种机制，而采用其他机制来提高系统的并行性。

3．指令集

为了满足应用领域的需要，嵌入式微处理器的指令集一般要针对特定领域的应用进行剪裁和扩充。许多嵌入式微处理器扩展了特定领域的指令，如 DSP 指令集，因为目前很多应用系统需要类似于 DSP 的数字处理功能。

视频

① 乘加（MAC）操作：在一个周期中执行了一次乘法运算和一次加法运算。这种顺序的运算在 DSP 算法中很常见，如点积、卷积、相关性、积分。为了能在一个周期内执行这些操作，处理器需集成一个 MAC 单元或添加一个推进路径，使乘法器返回的结果能用于加法器。

② SIMD 类操作：允许使用一条指令进行多个并行数据流的计算。

③ 零开销的循环指令：采用硬件方式减少了循环的开销。仅使用两条指令实现一个循环，一条是循环的开始并提供循环次数，另一条是循环体。

④ 多媒体加速指令：像素处理、多边形、3D 操作等指令。

4．性能

嵌入式微处理器的性能根据应用系统的不同，可分为如下 3 类。

视频

（1）低端（低价，低性能）：一般低端嵌入式微处理器的性能最多能达到 50 MIPS，应用在对性能要求不高但对价格和功耗有严格要求的应用系统中。

（2）中端（低功耗）：中端的嵌入式微处理器可达到较好的性能（如 150 MIPS 以上），采用增加时钟频率、加深流水深度、增加 Cache 及一些额外的功能块来提高性能，并保持低功耗。

（3）高端：高端嵌入式微处理器用于高强度计算的应用，使用不同的方法来达到更高的并行度，方法举例如下。

① 单指令执行乘法操作：加入额外的功能单元和扩展指令集，使许多操作能在一个单一的周期内并行执行。

② 每个周期执行多条指令：桌面和服务器的超标量处理器都支持单周期多条指令执行，在嵌入式领域通常使用超长指令字（Very Large Instruction Word，VLIW）来实现，这样只需较少的硬件，总体价格会更低。例如，TI 的 TMS320C6201 芯片通过使用 VLIW 方法，能在每个周期同时执行 8 条独立的 32 位指令。

③ 使用多处理器：采用多处理器的方式满足应用系统的更高要求。一些嵌入式微处理器采用特殊的硬件支持多处理器，如 TI 的 OMAP730 包括 3 个处理器核——ARM9、ARM7、DSP。

5．功耗和管理

在嵌入式系统中功耗是很重要的问题，必须仔细考虑。大多数嵌入式系统有功耗的限制（特别是电池供电的系统），它们不支持使用风扇和其他冷却设备。

视频

嵌入式微处理器采用不同的技术来降低功耗。

① 降低工作电压：1.8 V、1.2 V 甚至更低，而且这个数值一直在下降。

② 提供不同的时钟频率：通过软件设置不同的时钟分频。

③ 关闭暂时不使用的功能块：如果某功能块在一个周期内不使用，则可以被完全关闭，以节约能量。

④ 提供功耗管理机制：具有功耗管理的处理器可以处于如下模式之一——运行模式（Running Mode），处理器处于全速运行状态；待命模式（Standby Mode），处理器不执行指令，所有存储的信息都是可用的，处理器能在几个周期内返回运行模式；时钟关闭模式（Clock-off Mode），时钟完全停止，要退出这个模式系统需要重新启动。

影响功耗的其他因素还有总线（特别是总线转换器，可以采用特殊的技术使它的功耗最小）和存储器的大小（如果使用 DRAM，则需要不断刷新）。为了使功耗最小，总线和存储器要保持在应用系统可接受的最小规模。

6．成本

价格是嵌入式系统关心的一个问题，特别是对于产量很大的系统，价格至关重要。为降低价格，需要在嵌入式微处理器的设计中考虑不同的折中方案。处理器的价格受如下因素影响。

视频

① 处理器的特点：功能块的数目、总线类型等。

② 片内集成的存储器的大小：通常集成的存储器容量越大，成本越高。

③ 芯片的引脚数和封装形式：如塑料四边引出扁平封装（Plastic Quad Flat Package，PQFP）通常比球栅阵列封装（Ball Grid Array Package，BGAP）便宜。

④ 芯片大小：取决于制造的工艺水平，工艺水平越高，在单位面积芯片上能容纳的晶体管数量越多，成本越低。

⑤ 代码密度：代码存储器的大小将影响价格，不同种类的处理器有不同的代码密度。CISC 芯片代码密度高，但其结构复杂，额外的逻辑控制单元使其价格变得很高；RISC 芯片拥有简单的结构，但其代码密度低（因为指令集简单的缘故）；VLIW 代码密度最低，因为它的指令倾向于采用多字节。

以下策略也可用来解决代码密度的问题。

① 采用指令长度固定的短指令，如 SuperH 系列处理器所有指令都为 16 位。

② 提供一种指令压缩的方法，如 ARM 处理器的 Thumb 扩展。Thumb 指令集是 32 位 ARM 指令集的一个子集，是以 16 位的宽度压缩相应的 32 位 ARM 指令而产生的。在执行以前，通过芯片上的逻辑块，它们被解压为 32 位等同的指令。

③ 使用不同的指令宽度，如 Infineon Carmel 使用 24 位、48 位和 144 位的指令，即可配置长指令字（Configurable Long Instruction Word，CLIW）。当代码大小是主要关心的问题时，它使用 24 位指令，这对操作数有一些限制。当程序大部分需要并行执行时，将采用 48 位或 144 位指令。

2.2.2 主流的嵌入式微处理器

嵌入式微处理器有许多不同的体系，即使在同一体系中也可能因具有不同的时钟速度和总线数据宽度、集成不同的外部接口和设备，而形成不同品种的嵌入式微处理器。据不完全统计，目前全世界嵌入式微处理器的品种总量已超过千种，有几十种嵌入式微处理器体系，主流的体系有 ARM、PowerPC、SH（SuperH）、MIPS、X86 等。嵌入式微处理器的选择是由具体应用来决定的。

1．ARM 系列嵌入式微处理器

ARM 公司是英国一家专门从事芯片 IP 设计与授权业务的公司，其产品有 ARM 内核及各类外围接口。ARM 内核是一种 32 位 RISC 微处理器，ARM 公司提供 CPU 内核的设计，然后授权给芯片厂商进行具体处理器芯片产品的二次设计及生产。ARM 芯片的主要特点是功耗小（一般为几 mW/MIPS）、代码密度高、性价比高。

视频

ARM 芯片主要适用于移动通信、手持计算、数字多媒体设备及其他嵌入式应用，在需要低功耗和小体积的应用中占据了较大的市场份额，如移动电话、大量的游戏机、手持 PC 和机顶盒等已采用了 ARM 处理器。许多芯片厂商都是 ARM 公司的授权用户（Licensee），如 Intel、SAMSUNG、TI、Freescale、Infineon、ST 等，ARM 已成为业界公认的嵌入式微处理器标准之一。目前，ARM 处理器有七大产品系列：ARM7、ARM9、ARM9E、ARM10E、ARM11、Cortex 和 SecurCore，性能可高达 2000 MIPS（Cortex^{TM} A8 Processor），如表 2-3 所示。

作为一种 RISC 体系结构的微处理器，ARM 处理器具有 RISC 体系结构的典型特征（拥有大的寄存器文件、加载/存储结构、简单的寻址模式），还具有以下特点：① 算术或逻辑操作指令中混合有移位操作，以使 ALU 和移位器获得最大的利用率；② 自动递增和自动递减的寻址模式，以优化程序中的循环；③ 批量的加载和存储指令，以增加数据吞吐量；④ 很多指令可以条件执行，以增大执行吞吐量。这些是对基本 RISC 体系结构的增强，使得 ARM 处理器可以在高性能、小代码量、低功耗和小芯片面积之间获得较好的平衡。

2．PowerPC 系列嵌入式微处理器

20 世纪 90 年代，IBM、Apple 和 Motorola 公司基于 IBM 的 Power 体系联合开发了 PowerPC

表 2-3　ARM 各产品系列信息

系　列	相应产品	性能特点
ARM7	ARM720T，ARM7EJ-S，ARM7TDMI，ARM7TDMI-S	3 级流水线 性能：0.9 MIPS/MHz，可达 130 MIPS（Dhrystone 2.1）
ARM9	ARM920T，ARM922T	5 级流水线 性能：1.1MIPS/MHz，可达 300 MIPS（Dhrystone 2.1），单 32 位 AMBA 总线接口，支持 MMU
ARM9E	ARM926EJ-S，RM946E-，ARM966E-S，ARM968E-S，ARM996HS	5 级流水线，支持 DSP 指令 性能：1.1 MIPS/MHz，可达 300 MIPS（Dhrystone 2.1），高性能 AHB，软核
ARM10E	ARM1020E，ARM1022E，ARM1026EJ-S	6 级流水线，支持分支预测，支持 DSP 指令 性能：1.35 MIPS/MHz，可达 430+ Dhrystone 2.1 MIPS，可选支持高性能浮点操作，双 64 位总线接口，内部 64 位数据通路
ARM11	ARM11MPCore，ARM1136J(F)-S，ARM1156T2(F)-S，ARM1176JZ(F)-S	8 级流水线（9 级 ARM1156T2(F)-S），独立的 LOAD-STORE 和算术流水线，支持分支预测和返回栈（Return Stack）；强大的 ARMv6 指令集，支持 DSP、SIMD 扩展，支持 ARM TrustZone、Thumb-2 核心技术 740 Dhrystone 2.1 MIPS，低功耗 0.6 mW/MHz（0.13 μm，1.2 V）
Cortex	Cortex-A5，Cortex-A8，Cortex-A9，Cortex-R4，Cortex-R4F，Cortex-M0，Cortex-M0+，Cortex-M3，Cortex-M4，Cortex-M7	ARM Cortex-A 系列：面向复杂 OS 和应用的应用处理器，支持 ARM、Thumb 和 Thumb-2 指令集 ARM Cortex-R 系列：面向嵌入式实时领域的嵌入式处理器，支持 ARM、Thumb 和 Thumb-2 指令集 ARM Cortex-M 系列：面向深嵌入、价格敏感的嵌入式处理器，只支持 Thumb-2 指令集
SecurCore	SecurCore SC100，SecurCore SC200	用于 Smart Card 和 Secure IC 的 32 位解决方案，支持 ARM 和 Thumb 指令集，软核，具有安全特征和低成本安全存储保护单元

芯片，并制造出基于 PowerPC 的多处理器计算机。PowerPC 架构的特点是可伸缩性好、方便灵活，其体系结构是为满足不同解决方案（从台式机 CPU，到高性能、高度集成的嵌入式 MPU）的需求而设计的。在嵌入式领域，PowerPC 处理器提供了极具吸引力的性价比、扩大的运行温度范围、多处理功能、高集成度，它的指令在整个产品线中兼容，并提供广泛的开发工具。

2004 年成立的 Power.org 团体是一个开放的标准化组织，旨在开发、推广 Power 体系技术和规范，验证实现，驱动 Power 体系技术的应用，促进完整的设计和生产体系，以解决许多硬件开发和创新时所面临的许多技术和商务问题。

Power.org 代表了国际化的半导体和电子组织，包括 SoC 公司、工具提供商、工厂、OS 供应商、OEM、独立硬件提供商（Independent Hardware Vendors，IHV）、独立软件提供商（Independent Software Vendors，ISV）和服务提供商，还包括个人开发者、教育科研机构和政府组织。

通过 Power.org Power Architecture Advisory Council（PAAC）的工作，Power 体系技术 2006 年提出了将现存 PowerPC 体系合并的规范。Power 体系技术保存了 PowerPC 1.10，并增加了 Power ISA 2.03 技术，使其为嵌入式和服务器设备定义了相同的资源。

（1）PowerPC 体系发展历程

虽然第一个 PowerPC 体系规范是专为桌面系统定义的，但是其规范分为以下 3 部分，以便不同类型的实现。

① Book I：用户指令集体系结构（User Instruction Set Architecture，UISA），定义了用于 PowerPC 设备的应用级的指令集和编程模型，可以满足所有 Power ISA 定义的系统需求。

② Book II：虚拟环境体系结构（Virtual Environment Architecture，VEA），定义了支持时

间基准资源、内存模式、多处理器的实现特征。

③ Book III：操作环境体系结构（Operation Environment Architecture，OEA），定义了用于桌面系统 OS 级的设备，如内存转化和中断。

这种模块化使得 PowerPC 可不受 Book III 的面向桌面操作系统特征的限制。为了满足不断发展的嵌入式市场的需要，面向桌面的 PowerPC 体系发展出另一个体系 Book E，它是一个独立的体系，既定义了 User 级别，又定义了 Supervisor 级别的组件，同时提供了不同于 Book II 和 Book III 的 MMU 的另一种模式—Book E 的 MMU，定义了严格的软件管理固定和可变页大小的机制。

（2）Power ISA

Power ISA 基于 PowerPC 体系的定义，将 Books I 和 II 作为基础分类（因为它们是共享的资源），而对 Book III 进行了分类，如图 2-5 所示。图 2-6 为 Power 体系的不同组件之间的关系。

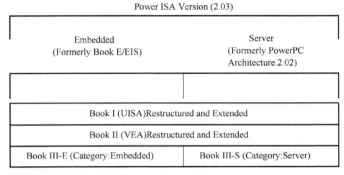

图 2-5　Power ISA2.03

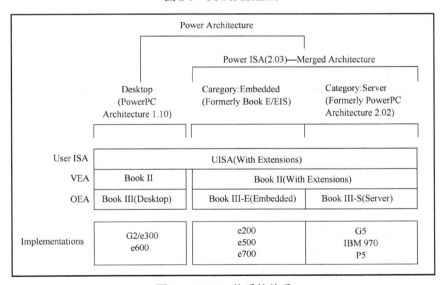

图 2-6　Power 体系的关系

PowerPC ISA1.10：定义于 20 世纪 90 年代的最原始的体系，这个成熟的体系使用 Freescale 的 G2、e300、e600 处理器核作为继续开发 PowerPC 处理器的基础。

Power ISA 2.03：定义了合并的体系，将定义在 Book E 上的嵌入式特征和 Freescale EIS（Book E Implementation Standards）与在 IBM 的 PowerPC 体系 2.02 中定义的服务器资源结合起来。

第一个合并体系 2.03 发布版本主要反映功能性，通过基于 Book E 的设备，如 Freescale 的 e200 和 e500 核及 IBM 970 处理器，用户可以很快熟悉其应用。它所包括的新体系特征在后续的处理器上呈现，如图 2-7 所示。

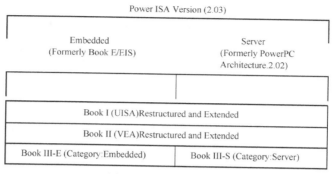

图 2-7　Power ISA2.03

（3）Freescale 的 PowerPC

Freescale 基于 Power 体系，提供了广泛用于消费电子、网络、汽车和工业控制领域的处理器产品线，覆盖了从基于 e600 核的高端、通用的计算应用，到基于 e200 的用于汽车的高精度控制的微控制器。

① 用于汽车（Automotive）领域的处理器：MPC5xx、MPC52xx、MPC55xx。

② 用于消费（Consumer）领域的处理器：MPC52xx、MPC7xxx、MPC8xx（PowerQUICC I）、MPC82xx（PowerQUICC II）、MPC83xx（PowerQUICC II Pro）。

③ 用于工业（Industrial）领域的处理器：MPC5xx、MPC52xx、MPC603e、MPC7xx、MPC7xxx、MPC8xx、MPC82xx、MPC83xx、MPC85xx、MPC86xx。

④ 用于网络（Networking）领域的处理器：MPC603e、MPC7xx、MPC7xxx、MPC8xx、MPC82xx、MPC83xx、MPC85XX（PowerQUICC III）、MPC86xx（Dual Core）。

Freescale 的 PowerPC 产品的特点是集成，它们将相关的加速器、I/O 和内存等与 CPU 核集成起来。PowerQUICC 通信处理器是代表，它包括了高速互连接口（如以太网口、RapidIO 技术）及数据通路加速器（如 QUICC Engine 技术）。图 2-8 为 MPC885 的体系结构。

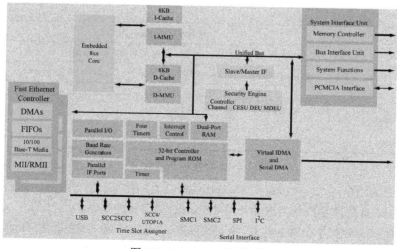

图 2-8　MPC885 体系结构

（4）IBM 的 PowerPC

IBM 针对嵌入式领域推出了 PowerPC 405 和 PowerPC 440 嵌入式核。

PowerPC 405 是 32 位的 RISC CPU 核，在 90nm CMOS 技术下可提供 400 MHz 和 608 DMIPS 性能、1.52 DMIPS/MHz。PowerPC 405 具有 5 级流水线、分离的指令和数据缓存、一个 JTAG 端口、跟踪 FIFO、多个定时器和内存管理单元，如图 2-9 所示。PowerPC 405 既可作为硬核又可以作为软核被授权，能与面向特定领域的外设通过 IBM 的 CoreConnect 总线体系连接，开发成客户化的 SoC。其外设可为内存控制器、DMA 控制器、PCI 桥和中断控制器。

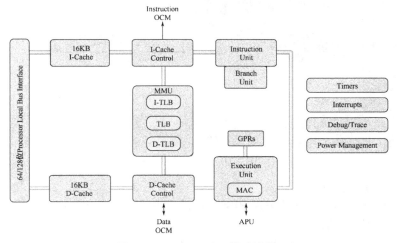

图 2-9　PowerPC 405 体系结构

PowerPC 440 是 32 位 RISC CPU 核，在 90nm CMOS 技术下可提供 667 MHz 和 1334 DMIPS 性能、2.0 DMIPS/MHz。PowerPC 440 采用了可伸缩和灵活的 Power 体系的 Book E，具有超标量 7 级流水线且每个周期可执行两条指令、分离的指令和数据缓冲、一个 JTAG 端口、跟踪 FIFO、多个时钟和 MMU。PowerPC 440 的核心参数如表 2-4 所示。

表 2-4　PowerPC 440 的核心参数

Technology	130nm	90nm	Fully synthesizable
Fabs supported	IBM,Chartered	IBM，Chartered，SAMSUNG	All
Ferformance (worst-case conditions)	553 MHz	667 MHz	300～3500 MHz (process and library dependent)
Performance(estimated)	1066 DMIPS	1334 DMIPS	600～700 DMIPS
Typical power dissipation (estimated)	1.5 mW/MHz@1.4V	0.76 mW/MHz+200 mW DC @1.4V	Prccess dependent
Power supply	1.4 V	1.1 V	Prccess dependent
Temperature range	−40℃～+105℃	−40℃～+105℃	−40℃～+105℃
Die dize,CPU+L1	9.8 mm^2	6.0 mm^2	process and library dependent

3. SuperH 系列嵌入式微处理器

SuperH 是一种性价比高、体积小、功耗低的 32 位或 64 位 RISC 嵌入式微处理器核，广泛用于消费电子、汽车电子、通信设备等领域。SuperH 产品线包括 SH1、SH2、SH2-DSP、SH3、SH3-DSP、SH4、SH5、SH6，而 SH5、SH6 是 64 位的。其处理器核的发展如图 2-10 所示。

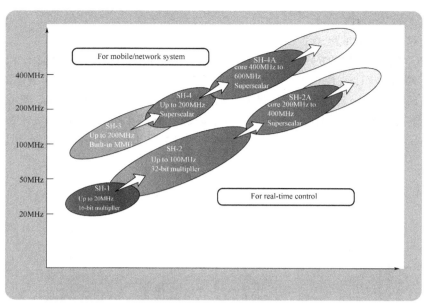

图 2-10   SuperH 的发展

SuperH 体系的特点如下。

① 指令的流水线执行。由于采用 RISC 结构和简单指令的流水线执行，使得多数指令能被高速执行（1 个时钟周期）。

② 基于 16 位固定长度的指令集。所有指令是 16 位固定长度的，这样可有效节约 ROM 空间和取指时间，如果是连接的 32 位内存，则可以同时取两个 16 位的指令。

③ 延迟分支指令（Delayed Branch Instruction）。SuperH 采用延迟分支指令，分支能马上执行，以减少对流水线的破坏，如图 2-11 所示。

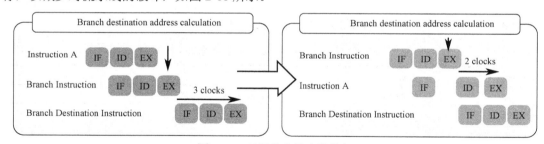

图 2-11   延迟分支指令的执行

④ 通用寄存器配置。SuperH 有 16 个通用寄存器，在典型的控制程序中，16 个寄存器可以覆盖 97%的功能，相比 32 个通用寄存器而言，任务切换的速度更快。

（1）SH-1/SH-2

① 带片上 Flash 的高性能 CPU。

② 片上 32 位乘法器，SH2 带有 32 位乘法器，能高速地执行 DSP 功能。

（2）SH-2A

① 改进了实时性能：通过增加除法指令、位操作和其他指令改进了运行性能。

② 改进运行频率：在 160～200 MHz 下，可以实现 360 MIPS 的性能。

③ 改进指令执行周期的性能：5 级流水线能使两个指令同时执行。

④ 减少中断响应时间：通过使用中断特定的寄存器组，减少中断响应时间。

⑤ 改进代码效率；通过增加新指令，减少程序代码空间。

（3）SH-3/SH3-DSP

① SH-3 指令与 SH-1 和 SH-2 向上兼容，SH-3 DSP 有 DSP 的扩展指令，如图 2-12 所示。

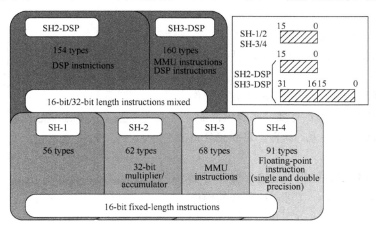

图 2-12　SuperH 指令集版本关系

② MMU：具有片上 MMU 并能支持更多种类的操作系统。

③ Cache：具有大容量指令/数据 Cache，能存储低速外部内存的数据，为 CPU 实现有效处理。

（4）SH-4

图 2-13 为 SH-4 核体系结构，其主要特点如下。

① 双 CPU 结构：可提供 1.5 DMIPS/MHz 的性能。

② 可选的 128 位矢量浮点单元。

③ 16 位指令集，可降低代码容量：SH-4 的指令集是基于通用的 SHcompact RISC 指令集的，继承了 32 位 CPU 技术，同时提供了 16 位的编码。

④ 有效的 Cache 体系：SH-4 系列具有 2 路联想分离 Cache 结构。

⑤ 可选的内存管理单元：可支持虚拟寻址、可变页，既可支持 RTOS 页，又可支持复杂的操作系统，如 Linux 和 Windows CE.NET 等。

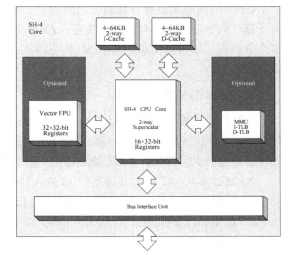

图 2-13　SH-4 核体系结构

⑥ SH-4 向上兼容 SuperH 家族，可获得广泛的第三方产品的支持，瑞萨公司提供了基于 GNU 的 C/C++语言工具集。

⑦ 有效的能耗管理：SH-4 具有 Sleep、Standby、Power Down 等模式，基于 SH-4 的 SoC 能设计并支持多种电压和主频，以减少功耗。

（5）SH-5

SH-5 系列是 SuperH 第一个 64 位的产品，提供了高性能的 2/4/8 路 SIMD 操作，实现了 32 位的寻址，以降低嵌入式系统的成本，其后续产品提供了 64 位的寻址能力。

SH-5 的指令集包括 16 位的 SHcompact 和 32 位的 SHmedia 指令，SHmedia 指令包括 SIMD 指令。SH-5 的体系结构如图 2-14 所示。

SH-5 的主要特点如下。

① 64 位 RISC CPU：具有 1.5 DMIPS/MHz（Dhrystone 2.1）。

② 可选的 128 位向量 FPU。

③ 具有 SHcompact 的 RISC 16 位指令集，提供高密度代码。

④ 32 位的 SIMD 指令集 SHmedia：可操作 2/4/8 路的 SIMD 指令，提供有效的多媒体性能。

⑤ 有效的 Cache 体系：具有 4 路联想分离 Cache 结构。

⑥ 集成了 MMU，能提供虚拟存储和可变页，既可支持 RTOS 页，又可支持复杂的操作系统，如 Linux 和 Windows CE.NET 等。

⑦ 有效的能耗核。

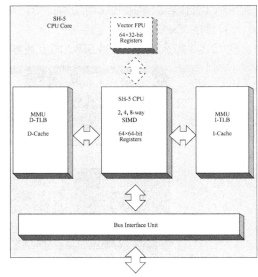

图 2-14　SH-5 体系结构

2.2.3　ARM 指令集体系架构

CPU 的指令集是硬件和软件之间的"分水岭"，根据分层的思想，指令集向上要有力支持编译器，向下要方便硬件的设计实现。ARM 是典型的 RISC 体系，根据 RISC 的设计思想，其指令集的设计尽可能简单。与 CISC 体系相比，RISC 可以通过一系列简单的指令来实现复杂指令的功能。

1．ARM ISA 的主要版本

ARM CPU 的指令集体系架构（Instruction Set Architecture，ISA）从最初的版本发展到现在，先后出现了 v1、v2、v3、v4、v4T、v5TE、v5TEJ、v6、v7、v8 等版本。ARM v1～v3 版本的处理器未得到大量应用，ARM 处理器的广泛应用是从 v4 版本开始的，目前 v8 是最新版本。

ARM ISA 从 v4T 版本开始支持 32 位 ARM 和 16 位 Thumb 指令集，支持 Java 加速（Jazelle）、安全（TrustZone）、智能能源管理（Intelligent Energy Manager，IEM）、单指令多数据操作（Single Instruction Multi Data，SIMD）和 NEON 技术。ARM ISA 具有向下兼容的特点，如图 2-15 所示。

（1）ARMv4

ARMv4 是目前 ARM 支持的最旧的架构，其实现包括 ARM7 核心家族和 Intel 的 StrongARM 处理器。ARMv4 是基于 32 位地址空间的 32 位指令集。ARMv4 在 ARMv3 的基础上扩展了如下功能：① 支持 HalfWord 的存取；② 支持 Byte 和 HalfWord 的符号扩展读；③ 支持 Thumb 指令；④ 提供 Thumb 和 Normal 状态的转换指令；⑤ 进一步明确了会引起 Undefined 异常的指令。在功能和结构上，ARMv4 较前面几个版本有较大的变化，但是不再支持 26 位的寻址方式。因此，ARMv4 对以前的 26 位体系结构的 CPU 不再兼容。

（2）ARMv4T

ARMv4T 增加了 16 位 Thumb 指令集，这样使得编译器能产生紧凑代码（相对于 32 位代码，内存能节省 35%以上），并保持 32 位系统的好处。Thumb 在处理器中仍然要被扩展为标准

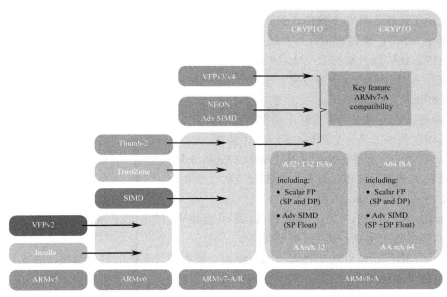

图 2-15　ARM ISA 各版本的特性（来自 ARM 官方网站）

的 32 位 ARM 指令来运行。用户采用 16 位 Thumb 指令集的最大好处是可以获得更高的代码密度和降低功耗，并且使得利用 16 位宽度的存储器可以达到 32 位存储器的高性能。

（3）ARMv5TE

1999 年推出的 ARMv5TE 增强了 Thumb 体系，并在 ARM ISA 上扩展了增强的 DSP 指令集。增强的 Thumb 体系改进了 Thumb/ARM 的相互作用、编译能力、混合及匹配 ARM 与 Thumb 例程，以更好地平衡代码空间和性能。

增强的 DSP 指令包括饱和算术，并且针对 Audio DSP 的应用提高了 70%性能。E 扩展表示在通用的 CPU 上提供了 DSP 能力。

ARMv5 在 ARMv4 的基础上增加了如下功能：① 改进了 Thumb 和 Normal 状态的切换效率；② 增加了前导零计数指令；③ 增加了软件断点指令；④ 增加了协处理器指令的可选范围；⑤ 更明确了乘法指令对标志寄存器的设置。

（4）ARMv5TEJ

2000 年推出的 ARMv5TEJ 增加了 Jazelle 扩展，以支持 Java 加速技术。Jazelle 技术比仅仅基于软件的 JVM 的性能提高了近 8 倍，并减少了 80%的功耗。

（5）ARMv6

2001 年推出的 ARMv6 增加了很多新的指令，并在许多方面做了改进，如内存系统、异常处理和较好地支持多处理器（ARMv6K）。ARMv6 还包括多媒体指令，以支持 SIMD 软件的执行。SIMD 扩展使得广大软件应用（如 Video 和 Audio Codec）的性能提高了 4 倍。此外，Thumb-2（从 ARMv6T2 开始）和 TrustZone 技术也可用于 ARMv6。ARMv6 的第一个实现是 2002 年推出的 ARM1136J（F）-STM 处理器，2003 年又推出了 ARM1156T2(F)-S 和 ARM1176JZ(F)-S 处理器。

（6）ARMv7

ARMv7 定义了 3 种处理器配置。

1）Profile A（ARMv7-A）：应用处理器，面向复杂、基于虚拟内存的操作系统和应用，具有 MMU 和 Cache，追求最快的频率、最高的性能和合理的功耗。其主要特性如下。

① 实现了传统的具有多种模式的 ARM 架构。

② 基于 MMU，支持虚拟存储系统架构（Virtual Memory System Architecture，VMSA）。ARMv7-A 的具体实现可被称为 VMSAv7 的一个实现。

③ 支持 ARM 和 Thumb 指令集。

2）Profile R（ARMv7-R）：实时控制处理器，针对实时系统的应用，具有 MPU 和 Cache，追求实时响应、合理的性能和功耗。其主要特性如下。

① 实现了传统的具有多种模式的 ARM 架构。

② 基于 MPU，支持保护存储系统架构（Protected Memory System Architecture，PMSA）。一个 ARMv7-R 的具体实现可被称为 PMSAv7 的一个实现。

③ 支持 ARM 和 Thumb 指令集。

3）Profile M（ARMv7-M）：微控制器，不具有处理器存储器子系统，性能要求一般，追求最低的成本和极低的功耗。其主要特性如下。

① 实现了面向低延迟中断处理的编程模型，带有硬件支持的寄存器栈，并支持使用高级语言编写中断处理程序。

② 实现了 ARMv7 PMSA 的一个变体。

③ 支持 Thumb 指令集的一个变体。

所有 ARMv7 配置都实现了 Thumb-2 技术，同时包括 NEON 技术的扩展，提高了 DSP 和多媒体处理的吞吐量，可使其达 400%，并提供浮点支持，以满足下一代 3D 图形、游戏及传统嵌入式控制应用的需要。

（7）ARMv8

ARMv8-A 将 64 位的支持引入到 ARM 架构中，包括 64 位通用寄存器、SP（堆栈指针）和 PC（程序计数器）、64 位数据处理和扩展的虚拟地址，支持两种执行态——64 位执行态 AArch64 和 32 位执行态 AArch32，支持如下 3 个主要的指令集。

① A32（或 ARM）：32 位固定长度指令集，通过架构变体增强部分 32 位架构的执行环境，现在称为 AArch32。

② T32（Thumb）：以 16 位固定长度指令集的形式引入，随后在引入 Thumb-2 技术时增强为 16 位和 32 位混合长度的指令集。部分 32 位架构执行环境现在称为 AArch32。

③ A64：提供与 ARM 和 Thumb 指令集类似功能的 32 位固定长度指令集，随 ARMv8-A 一起引入，是一种 AArch64 指令集。

ARM ISA 不断改进，以满足前沿应用程序开发人员日益增长的要求，同时保留了必要的向后兼容性，以保护软件开发的投资。在 ARMv8-A 中，对 A32 和 T32 进行了一些增补，以保持与 A64 指令集一致。

2. 体系结构的扩展

ARM 体系架构的扩展主要包括两部分：指令集架构的扩展、体系结构的其他扩展。

（1）指令集架构的扩展

指令集架构的扩展主要是指对指令集架构有影响的扩展，包括对 ARM 和 Thumb 指令集中指令的扩展或实现了一个附加的指令集。

Jazelle 是执行 Java 字节码的扩展。

❖ ThumbEE 是 Thumb 指令集的一个变体，其目标是动态生成代码，是 ARMv7-A 配置所要求的扩展，是 ARMv7-R 配置的可选扩展。

❖ Floating-Point 是对指令集体系架构的一个浮点协处理器扩展。由于历史原因，浮点扩展也被称为 VFP 扩展。有以下版本的 VFP 扩展：VFPv1、VFPv2、VFPv3，以及带半精度扩展的 VFPv3、VFPv4。

❖ 高级 SIMD 是指令集的一个扩展，支持双字和四字寄存器的单指令多数据的整数和单精度浮点操作。有以下高级 SIMD 版本：Advanced SIMDv1、带半精度扩展的 Advanced SIMDv1、Advanced SIMDv2。

（2）体系结构的其他扩展

安全扩展（Security Extensions）是对 ARMv6K 架构和 ARMv7-A 架构配置的一个可选扩展，它提供了一套安全特性，以支持安全应用的开发。

① 多处理器扩展（Multiprocessing Extension）：对 ARMv7-A 和 ARMv7-R 配置的可选扩展，提供了一套增强多处理器功能的特性。

② 大物理地址扩展（Large Physical Address Extension）：对 VMSAv7 的可选扩展，提供地址转换系统，支持最长达 40 位物理地址的精细粒度的转换，要求实现多处理器扩展。

③ 虚拟化扩展（Virtualization Extensions）：对 VMSAv7 的可选扩展，为虚拟化一个 VMSAv7 实现的非安全状态提供硬件支持。这样能够支持虚拟机监控器的系统性使用，以便切换客户操作系统。包含虚拟化扩展的 ARMv7-A 的实现被称为 ARMv7VE。

④ 通用 Timer 扩展：对 ARMv7-A 或 ARMv7-R 的可选扩展，提供一个系统 Timer 及其低延迟寄存器接口。

⑤ 性能监测器扩展（Performance Monitors Extension）：ARMv7 体系为实现所定义的性能监测器保留了 CP15 寄存器空间，并定义了一个推荐的性能监测器的实现。

2.2.4　典型 ARM CPU Core 体系结构

下面以 ARM7TDMI 为例展示典型的 ARM CPU Core 的结构。ARM7TDMI（如图 2-16 所示）采用 3 级指令流水线、冯·诺依曼架构，CPI 约为 1.9。

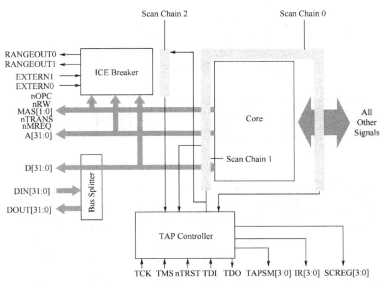

图 2-16　ARM7TDMI 的结构

TDMI 的基本含义如下：T—支持 16 位压缩指令集 Thumb；D—支持片上 Debug；M—内嵌

硬件乘法器；I—嵌入式 ICE，支持片上辅助调试。其中，Core 部分的结构如图 2-17 所示。

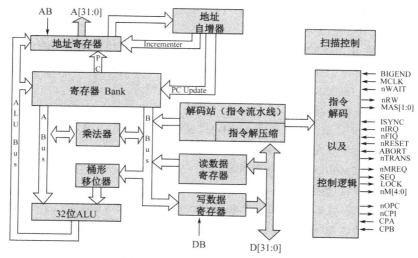

图 2-17　ARM7TDMI Core 的结构

　　下面就指令流水线的概念进一步说明。为了增加处理器指令流的速度，嵌入式微处理器通常采用流水线技术。流水线技术将指令执行的过程分为若干个阶段，以 ARM7TDMI 的 3 级流水线为例，指令的执行分解为指令预取、指令译码、指令执行 3 个阶段，如图 2-18 所示。ARM9TDMI 有 5 级流水线，与 ARM7TDMI 的 3 级流水线的对比如图 2-19 所示。

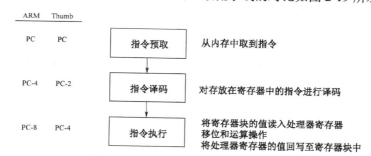

图 2-18　ARM 处理器的 3 级流水概念

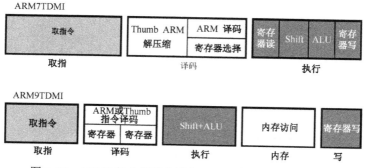

图 2-19　ARM7 的 3 级流水线与 ARM9 的 5 级流水线对比

　　指令流水线允许多个操作同时处理，而非顺序执行。在处理器内核中都有一个程序计数器，它指向的是正被取指的指令，而非正在执行的指令。

　　在 RISC 处理器中，大多数指令能在单个系统时钟周期内完成，针对不同的体系结构版本，通常有一个衡量指令执行性能的综合指标——CPI，即每个指令的周期数（Cycle Per Instruction）。在理想流水线的情况下，这个指标值为 1。"理想流水线"是指在指令序列中，没有需要访问存储器的操作，不存在分支指令。图 2-20 为 3 级流水线的理想情况，其中用 6 个时钟周期执行了 6 条指令，所有操作都在寄存器中（单周期执行），CPI 为 1。图 2-21 为 ARM 处理器需要访问存储器的流水线情况，其中 LDR 是一条访存指令。由于 LDR 指令的执行，它花费了 5 个时钟周期，其后面 2 条指令执行过程中不得不插入等待周期，从而影响了指令执行的并行度。6 个时钟周期执行了 4 条指令，CPI= 1.5。

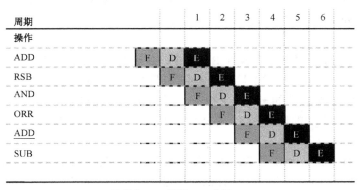

图 2-20　理想的 3 级流水线（无访问存储器的操作）

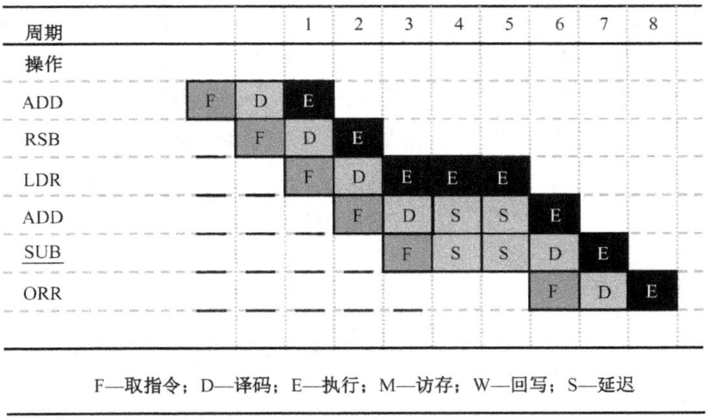

图 2-21　ARM 的 LDR 流水线

2.3　ARM 编程模型

本节以 ARMv4、ARMv7-A&R 为对象，描述 ARM 处理器的编程模型，以便读者能够对 ARM 处理器的编程模型有较为全面的认识。

2.3.1　基于 ARMv4 的编程模型

1．数据宽度（类型）

ARM 32 位嵌入式微处理器支持以下数据宽度类型：① 字节型数据（Byte），数据宽度为 8

位；② 半字数据类型（HalfWord），数据宽度为 16 位，存取时必须 2 字节对齐；③ 字数据类型（Word），数据宽度为 32 位，存取时必须 4 字节对齐。

2．工作状态和工作模式

ARMv4 的处理器有两种工作状态：ARM 状态，32 位，执行字对齐的 ARM 指令；Thumb 状态，16 位，执行半字对齐的 Thumb 指令。在满足一定条件下，ARM 状态和 Thumb 状态之间可以互相切换，以最大限度满足系统对于指令执行性能和空间占用的需求或取得平衡。

进入 Thumb 状态的方法如下：执行 BX 指令，并设置操作数寄存器的状态（位[0]）为 1；Thumb 状态进入异常（IRQ、FIQ、UNDEF、ABORT、SWI 等），当异常处理返回时，自动转换为 Thumb 状态。

进入 ARM 状态的方法如下：执行 BX 指令，并设置操作数寄存器的状态（位[0]）为 0；进入异常时，将 PC 放入异常模式链接寄存器中，从异常向量地址开始执行也可进入 ARM 状态。

BX 指令是 ARM 处理器的一种分支指令，它在完成程序跳转的同时，处理器根据操作数（指示的分支目的地址）位[0]的设置情况，完成向 ARM 或 Thumb 状态的转换。状态的切换不影响处理器的模式。

在 ARM 的后期版本中出现了 Thumb-2 指令集，增加了混合模式的能力，定义了一个新的 32 位指令集，能在传统的 16 位指令运行的 Thumb 状态下运行。这样能在一个系统中更好地平衡 ARM 和 Thumb 代码的能力，使系统能更好地利用 ARM 级别的性能和 Thumb 代码密度的优势。

从 ARMv4 的 CPU 开始，共有 7 种工作模式，如图 2-22 所示。用户模式（User）：正常程序执行模式，用于应用程序。系统模式（System）：运行特权操作系统任务（ARMv4 以上版本）。异常模式，包括 5 种：① FIQ ——快速中断处理，用于支持高速数据传送或通道处理；② IRQ ——用于一般中断处理；③ Supervisor ——特权模式，用于系统初始化或操作系统功能；④ Abort ——存储器保护异常处理；⑤ Undefined ——未定义指令异常处理。

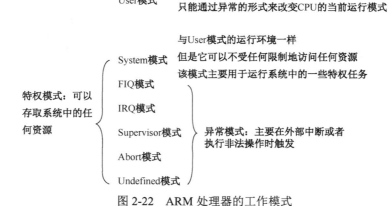

图 2-22　ARM 处理器的工作模式

大多数应用程序在 User 模式下执行，当特定的异常出现时，进入相应的 5 种异常模式之一。每种模式都有某些附加的寄存器保存相应的状态，以避免异常出现时 User 模式的状态不可靠。除 User 模式外，其他模式都被称为特权模式，可以存取系统中的任何资源。在 User 模式下，程序不能访问某些受保护的资源，也不能直接改变 CPU 的模式，只能通过响应异常的方式来改变 CPU 的当前运行模式。软件可以控制 CPU 模式的转变，异常和外部中断也可以引起模式的改变。FIQ、IRQ、Supervisor、Abort、Undefined 被称为异常模式，在外部中断或者程序执行非法操作时，会触发这些模式。System 模式与 User 模式的运行环境一样，但是它可以不受任何限制地访问任何资源，该模式主要用于运行系统中的一些特权任务。

CPU 的工作模式对于软件开发的关系和意义在于：① 由于系统资源的访问限制，一些操作只能在特权模式下进行，如对于处理器核中状态寄存器的某些位，只能在特权模式下使用特殊的指令来访问（在后面介绍 ARM 指令集时有举例说明）；② 不同模式使用不同的寄存器集合，在每种模式下都使用独立的栈空间，便于模式的快速切换，提高响应性能，每种模式只能访问自己特有的寄存器子集。

3．寄存器

（1）ARM 寄存器

ARM CPU Core 作为典型的 RISC 处理器，拥有较多寄存器。在 ARM CPU Core 中，程序员可见的寄存器共 37 个，其中包括 31 个通用寄存器（含程序计数器、堆栈指针及其他通用寄存器）和 6 个状态寄存器。这些寄存器不能同时看到，不同的处理器状态和工作模式确定了哪些寄存器对编程者是可见的。ARM 状态下寄存器的内容如图 2-23 和图 2-24 所示，Thumb 状态下寄存器的内容如图 2-25 和图 2-26 所示。ARM 状态与 Thumb 状态寄存器的关系如图 2-27 所示，可见在 Thumb 状态下只使用了部分低端寄存器。

异常发生时伴随的模式切换意味着被调用的异常处理程序会访问：自己的堆栈指针寄存器（SP_<mode>），自己的链接寄存器（LR_<mode>），自己的备份程序状态寄存器（SPSR_<mode>），如果是 FIQ 异常处理，5 个其他通用状态寄存器（R8_FIQ～R12_FIQ）和原来模式下的寄存器是相同的。因此，必须注意：如果在异常处理程序中 R0～R12（在 FIQ 中是 R0～R7）要被破坏，则需事先保存这些寄存器，并在返回前重新载入它们，以恢复到异常发生前的状态。这可以通过将工作（即被破坏）寄存器的内容压栈，而在返回前出栈来完成。

System & User	FIQ	Supervisor	Abort	IRQ	Undefined
R0	R0	R0	R0	R0	R0
R1	R1	R1	R1	R1	R1
R2	R2	R2	R2	R2	R2
R3	R3	R3	R3	R3	R3
R4	R4	R4	R4	R4	R4
R5	R5	R5	R5	R5	R5
R6	R6	R6	R6	R6	R6
R7	R7	R7	R7	R7	R7
R8	R8_fiq	R8	R8	R8	R8
R9	R9_fiq	R9	R9	R9	R9
R10	R10_fiq	R10	R10	R10	R10
R11	R11_fiq	R11	R11	R11	R11
R12	R12_fiq	R12	R12	R12	R12
R13	R13_fiq	R13_svc	R13_abt	R13_irq	R13_und
R14	R14_fiq	R14_svc	R14_abt	R14_irq	R14_und
R15(PC)	R15(PC)	R15(PC)	R15(PC)	R15(PC)	R15(PC)

图 2-23　ARM 状态的通用寄存器和程序计数器

CPSR	CPSR	CPSR	CPSR	CPSR	CPSR
	SPSR_fiq	SPSR_svc	SPSR_abt	SPSR_irq	SPSR_und

图 2-24　ARM 状态下的程序状态寄存器

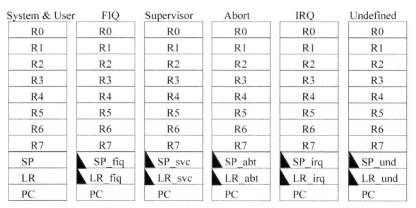

图 2-25　Thumb 状态的通用寄存器和程序计数器

图 2-26　Thumb 状态的程序状态寄存器

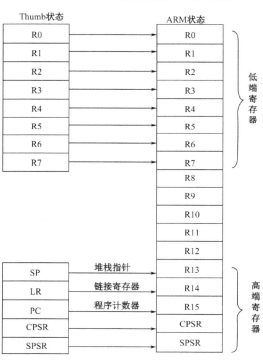

图 2-27　ARM 状态与 Thumb 状态寄存器的关系

　　各模式分组的堆栈指针寄存器是需要在系统初始化（即系统复位后进行的动作）时被设置好的，这样才能在进入不同的模式时由硬件自动切换至不同的堆栈空间。初始化时需注意：堆栈指针必须保持 8 字节对齐。

　　以下给出了部分示例代码。

示例代码　ARM 各工作模式的堆栈指针初始化

```
; 堆栈初始化程序
InitStack
MOV  R0, LR                      ; 保存该程序段完成后返回的地址
; 管理模式堆栈的设置
MSR  CPSR_c, #0x000000D3         ; 切换到管理模式并禁止中断
LDR  R1, = SvcStack              ; 这是一条伪指令，将 SvcStack 所定义的符号地址值赋给 R1
MOV  SP, R1                      ; 设置管理模式堆栈指针
; 中断模式堆栈的设置
MSR  CPSR_c, #0x000000D2         ; 切换到中断模式
LDR  R1, = IrqStack              ; 这是一条伪指令，将 IrqStack 所定义的符号地址值赋给 R1
MOV  SP, R1                      ; 设置中断模式堆栈指针
; 快速中断模式堆栈的设置
MSR  CPSR_c, #0x000000D1         ; 切换到快速中断模式
LDR  R1, = FiqStack              ; 这是一条伪指令，将 FiqStack 所定义的符号地址值赋给 R1
MOV  SP, R1                      ; 设置快速中断模式堆栈指针
; 中止模式堆栈的设置
MSR  CPSR_c, #0x000000D7         ; 切换到中止模式
LDR  R1, =AbtStack               ; 这是一条伪指令，将 AbtStack 所定义的符号地址值赋给 R1
MOV  SP, R1                      ; 设置中止模式堆栈指针
; 未定义模式堆栈的设置
MSR  CPSR_c, #0x000000DB         ; 切换到未定义模式
LDR  R1, =UndStack               ; 这是一条伪指令，将 UndStack 所定义的符号地址值赋给 R1
MOV  SP, R1                      ; 设置未定义模式堆栈指针
; 系统模式堆栈的设置
MSR  CPSR_c, #0x0000005F         ; 切换到系统模式并打开中断
LDR  SP, = UsrStack              ; 系统模式使用与用户模式相同的堆栈
MOV  PC, R0                      ; 程序返回
```

此处给出示例代码的目的是更具体地描述相关内容。关于代码中出现的 ARM 处理器的指令，读者可参考本书第 3 章的内容或者其他参考资料。在 v6 版本的 ARM 内核中，对于异常处理提供了一些增强的特性，如增加了 SRS 和 RFE 指令，用来保存和重新加载 R14 和 SPSR 寄存器（在保存之前必须先校正返回地址）；增加了 CPS 指令，可方便地改变处理器模式、修改 CPSR 寄存器的 I、F 位；ARM1156T2-S 在进入中断后可处于 Thumb 状态（使用 Thumb-2 代码）。

（2）通用寄存器

通用寄存器是 R0～R15，可以被分为如下 3 类。

① 没有对应影子寄存器（影子寄存器是指该寄存器在不同的模式下对应的物理寄存器不同）的寄存器 R0～R7。在所有模式下，R0～R7 对应的物理寄存器都是相同的。这 8 个寄存器是真正意义上的通用寄存器，在 ARM 体系结构中，对它们没有做任何特殊的假设，它们的功能都是等同的。所以，在中断或者异常处理程序中，一般需要对这几个寄存器进行保存，因为不能假定后续的程序不会使用某个寄存器。

② 有对应影子寄存器的寄存器 R8～R14。寄存器 R8～R12 只有在 FIQ 模式下才有影子寄存器，所以 R8～R12 分别有 2 个物理寄存器。R13、R14 在 FIQ、IRQ、Supervisor、Abort、Undefined 模式下都有相应的影子寄存器，所以 R13、R14 分别有 6 个物理寄存器。R8～R12 没有特殊用途，与 R0～R7 的功能一样，只是在 FIQ 模式时，因为 R8～R12 有影子寄存器，所以 FIQ 中断处理程序几乎可以不用保存任何寄存器而仅用 R8～R12 完成所需的功能。R13（也被称为 SP 指针）被用于栈指针，通常在系统初始化时需要对所有模式下的 SP 指针赋值，当 CPU 处于不同的模式时，栈指针会被自动切换成相应模式下的值。R14 有两个用途：一是在调用子程序时保存调用返回地址，二是在发生异常时保存异常返回地址。

③ 程序计数器 R15（或者 PC）。R15 被用于程序计数器，可以被读写。当读 PC 时，得到的值是当前 PC 值加 8 或者 12（由于指令流水线的缘故，要根据 CPU 的具体实现来确定，因此一般建议不要读取 PC 的值）；当写 PC 时，相当于将程序跳转到指定的地址执行。

在 ARM 状态下，由于所有指令都是 32 位宽的，指令必须按字对齐，因此 PC 的值存储在位[31:2]中，而位[1:0]无定义；在 Thumb 状态下，由于所有的指令都是 16 位宽的，指令必须按半字对齐，因此 PC 的值存储在位[31:1]中，而位[0]无定义。

（3）程序状态寄存器（CPSR）

当前程序状态寄存器在所有的模式下都是可以读写的，主要包括条件标志、中断使能标志、当前处理器的模式、其他状态和控制标志，其格式如图 2-28 所示，位 0 是低位，位 31 是高位。

图 2-28　CPSR 寄存器

① 条件标志：包括 N、Z、C、V。N：Negative 标志，ALU 产生负数结果。Z：Zero 标志，ALU 产生结果是 0。C：Carry 标志，ALU 操作产生进位或借位。V：oVerflow 标志，ALU 结果溢出。上述各位被设置为 1 时，表示相应的条件成立。

② 中断标志：包括 I、F。I：置 1，表示禁止 IRQ 中断的响应；置 0，表示允许 CPU 响应 IRQ 中断。F：置 1，表示禁止 FIQ 中断的响应；置 0，表示允许 CPU 响应 FIQ 中断。ARM/Thumb：控制标志。T：置 0，表示执行 32 位的 ARM 指令；置 1，表示执行 16 位的 Thumb 指令。

③ 模式控制位：包括 M0～M4，其功能如表 2-5 所示。

表 2-5　ARM 处理器模式控制位的设置

M[4:0]	模式	Thumb 状态可见寄存器	ARM 状态可见寄存器
10000	User	R7～R0 LR，SP PC，CPSR	R14～R0 PC，CPSR
10001	FIQ	R7～R0 LR_fiq，SP_fiq PC，CPSR，SPSR_fiq	R7～R0 R14_fiq～R8_fiq PC，CPSR，SPSR_fiq
10010	IRQ	R7～R0 LR_irq，SP_irq PC，CPSR，SPSR_irq	R12～R0 R14_irq，R13_irq PC，CPSR，SPSR_irq
10011	Supervisor	R7～R0 LR_svc，SP_svc PC，CPSR，SPSR_svc	R12～R0 R14_svc、R13_svc PC，CPSR，SPSR_svc
10111	Abort	R7～R0 LR_abt，SP_abt PC，CPSR，SPSR_abt	R12～R0 R14_abt，R13_abt PC，CPSR，SPSR_abt
11011	Undefined	R7～R0 LR_und，SP_und PC，CPSR，SPSR_und	R12～R0 R14_und，R13_und PC，CPSR，SPSR_und
11111	System	R7～R0 LR，SP PC，CPSR	R14～R0 PC，CPSR

④ 其他控制位：即 DNM（RAZ），它们是留作以后扩展用的，一般要求程序不要使用或修

改这些位。图 2-29 所示为这些位在后续 ARM 版本中的扩展情况：Q 标志是溢出标志，它只在 5TE 架构及以后被定义，表示饱和是否产生；J 位也只在 5TEJ 架构及以后被定义，J=1 表示处理器处于 Jazelle 状态，即执行 8 位的 Jazelle 指令集状态。

图 2-29　PSR 寄存器位的扩展

ARMv6 还引入了下列标志：GE[3:0]——被一些 SIMD 指令使用；E 位——用于控制内存数据的大小端模式；A 位——关闭不精确的数据异常中断；IT[abcde]——用于 Thumb-2 指令组的条件执行。

PSR 寄存器可以被分成 4 个域：f（标志域）、s（状态域）、x（扩展域）和 c（控制域）。可以在指令中指定特定的域，以便对该寄存器进行局部操作。例如：

```
MRS   r0,CPSR           ; 将CPSR寄存器的内容读取到通用寄存器r0中
ORR   r0 , r0, #0x1F    ; 把r0后面的5位赋值为11111
MSR   CPSR_c, r0        ; 把r0低8位的值复制到CPSR控制域中，其他位不受影响
```

4．中断与异常

（1）中断与异常的定义

处理器有若干种工作模式。ARM 处理器有 7 种工作模式，使用不同的寄存器分组，除 User 模式外，其余 6 种都是特权模式，能够访问系统中的所有资源（从指令的角度看，能使用所有的指令访问特定分组的所有寄存器位），而其中的 5 种都属于异常模式。这里的异常是一种广义的概念，包含了软件中断、外部设备中断和处理器内部异常三大类情况。

外部中断：由于 CPU 外部的原因而改变程序执行流程的过程，属于异步事件，又称为硬件中断，可以被屏蔽。

软件中断（又称为自陷）：通过处理器拥有的软件指令，可预期地使处理器正在运行的程序的执行流程发生变化，以执行特定的程序。自陷是显式的事件，需要无条件执行。典型的自陷指令有 Motorola 68000 系列中的 Trap 指令、ARM 中的 SWI 指令和 Intel 80x86 中的 INT 指令。

异常：由 CPU 内部的原因（如遇到非法指令）或外部的原因（如访存的错误）引起的事件。

与外部中断不同，软件中断和异常都是同步事件，并且是不可屏蔽的。异常没有对应的处理器指令，当异常事件发生时，处理器也需要无条件地挂起当前运行的程序，执行特定的处理程序。ARM 处理器把上述 3 种事件以异常模式来处理，并且通过异常向量来响应：当异常发生时，CPU 自动到指定的向量地址读取指令并执行，即 ARM 的每个异常向量中存放的是一条指令（一般是跳转指令）。这与其他类型的处理器是不同的：当 x86 处理器有异常发生时，会到指定的向量中读取要执行的程序的地址，即 x86 的向量中存放的是相应处理程序的地址。

ARM CPU 将引起异常的事件类型分为 7 种，如表 2-6 所示。

图 2-30 为 ARM 处理器异常向量空间的情况。通常，它位于以 0x00000000 开始的低位地址空间中，从 ARM720T 开始，向量表可以位于以 0xFFFF0000 开始的高位地址空间。异常被赋予了优先级，以此决定了它们被响应的顺序（如果同时有多个异常产生），如图 2-31 所示。

（2）异常响应过程

ARM 处理器响应异常的过程如下：

① 复制 CPSR 寄存器的内容至对应模式下的 SPSR_<mode>寄存器中。

表 2-6 ARM 引起异常的事件类型（注：数字越小，优先级越高）

异常事件类型	异常响应进入的模式	优先级	一般向量地址	高向量地址
Reset	Supervisor	1	0x00000000	0xFFFF0000
Undefined Instruction	Undefined	6	0x00000004	0xFFFF0004
Software Interrupt	Supervisor	6	0x00000008	0xFFFF0008
Prefetch Abort	Abort	5	0x0000000C	0xFFFF000C
Data Abort	Abort	2	0x00000010	0xFFFF0010
IRQ（Interrupt）	IRQ	4	0x00000018	0xFFFF0018
FIQ（Fast Interrupt）	FIQ	3	0x0000001C	0xFFFF001C

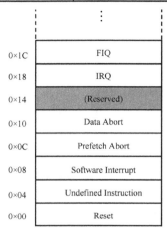

0×1C	FIQ
0×18	IRQ
0×14	(Reserved)
0×10	Data Abort
0×0C	Prefetch Abort
0×08	Software Interrupt
0×04	Undefined Instruction
0×00	Reset

高优先级　Reset
　　　　　Data Abort
　　　　　FIQ
　　　　　IRQ
　　　　　Prefetch Abort
低优先级　SWI
　　　　　Undefined Instruction

图 2-30　ARM 处理器的异常向量空间　　　图 2-31　ARM 处理器异常的优先级

② 将返回地址保存到对应模式下的 LR_<mode>寄存器中。

③ 对 CPSR 寄存器的一些控制位进行设置，无论发生异常时处理器处于 Thumb 状态还是 ARM 状态，响应异常后处理器都会切换到 ARM 状态，即 CPSR[5]=0，将模式位 CPSR[4:0]设置为被响应异常进入的模式的编码，设置中断屏蔽位，如果异常模式为 Reset 或 FIQ，则

```
CPSR[6]=1                              ; 禁止快速中断
CPSR[7]=1                              ; 禁止正常中断
```

④ 将程序计数器设置为异常向量的地址。

当执行特定的异常返回指令从异常处理程序返回时（复位异常不需要返回），处理器将执行下列动作：将 SPSR_<mode>中的内容恢复到 CPSR 中，将 PC 设置为 LR_<mode>的值。同异常响应过程一样，上述过程只能在 ARM 状态下完成。

当 ARM CPU 从非异常模式切换到异常模式时，返回地址被保存在异常模式分组的 LR 寄存器中。由于指令流水线的缘故，处理器在进入异常模式时，默认将 PC-4 作为初始的返回地址保存起来，在完成异常处理返回时（Reset 异常除外），要根据具体异常事件类型对返回地址进行进一步调整。

根据上述原则，下面描述 ARM 处理器进入各种异常和异常返回时的情况。

① Reset 异常

当 Reset 被触发时，CPU 进入 Supervisor 模式并禁止 FIQ 和 IRQ。

```
R14_svc = 不确定的值
SPSR_svc = CPSR
CPSR[4:0] = 0b10011                    ; 进入管理模式
```

```
CPSR[5] = 0                                    ; 在ARM状态中执行
CPSR[6] =        1                             ; 禁止快速中断FIQ
CPSR[7] =        1                             ; 禁止普通中断IRQ
```
如果配置的是高端向量，则 PC=0xFFFF0000，否则 PC=0x00000000。

② 未定义指令（Undefined Instruction）异常

CPU 执行一条未被定义的指令时会触发该异常，有如下两种情形——CPU 执行一条协处理器指令时，未等到任何协处理器的应答；CPU 执行一条未被定义的指令时，也会触发该异常。

一旦发生该异常时，CPU 将完成如下动作。
```
R14_und = 未定义指令后的下一条指令地址
SPSR_und = CPSR
CPSR[4:0] = 0b11011                            ; 进入未定义模式
CPSR[5] = 0                                    ; 在ARM状态中执行
; CPSR[6]不改变
CPSR[7] = 1                                     ; 禁止普通中断IRQ
```
如果配置的是高端向量，则 PC=0xFFFF0004，否则 PC=0x00000004。

触发该异常后，IRQ 被禁止，但是 FIQ 的状态未被改变。

常用的异常返回方式如下。
```
MOVS   PC, R14                                  ; 跳过发生异常的指令
SUBS   PC, R14,#4                               ; 重新执行发生异常的指令
```
这种机制可用于通过软件仿真的方式扩展 Thumb 或 ARM 指令集。

③ 软件中断（Software Interrupt）异常

软件中断是执行 SWI 指令时被触发的，主要用于进入 OS 的系统调用。

在触发该异常后，CPU 完成如下动作。
```
R14_svc = SWI指令后的下一条指令地址
SPSR_svc = CPSR
CPSR[4:0] = 0b10011                            ; 进入管理模式
CPSR[5] = 0                                    ; 在ARM状态中执行
; CPSR[6]不改变
CPSR[7] = 1                                     ; 禁止普通中断IRQ
```
如果配置的是高端向量，则 PC=0xFFFF0008，否则 PC=0x00000008。

触发该异常后，IRQ 被禁止，但是 FIQ 的状态未被改变。

常用的异常返回方式如下。
```
MOVS   PC, R14
```
④ 指令预取（Prefetch Abort）异常

指令预取异常表示取指令失败了，CPU 在读取指令发生读内存错误时被标记为中止，当该指令还要被执行时触发该异常；如果只是在读取指令时发生了内存错误而该指令未被执行，则不会触发该异常。例如，在一条跳转指令的后面有一条被标记为读取错误的指令，如果在执行跳转指令后程序跳转到其他地方执行，则不会触发对该异常的响应。而如果 CPU 试图执行已被标记为无效的指令，则会触发该异常。响应该异常时，CPU 完成如下动作。
```
R14_abt = 中止指令后面一条指令的地址
SPSR_abt = CPSR
CPSR[4:0] = 0b10111                            ; 进入中止模式
CPSR[5] = 0                                    ; 在ARM状态中执行
; CPSR[6]不改变
CPSR[7] = 1                                     ; 禁止普通中断IRQ
```

如果配置的是高端向量，则 PC = 0xFFFF000C，否则 PC = 0x0000000C。

触发该异常后，IRQ 被禁止，但是 FIQ 的状态未被改变。

常用的异常返回方式如下。

```
    SUBS  PC, R14, #4
```

在 ARM 5 及以上版本中，BKPT 指令（断点指令）也会触发该异常。

⑤ 数据中止（Data Abort）异常

数据中止异常表示失败的数据访问，当 CPU 和存储系统之间进行加载/存储数据操作时，如果发生错误就会触发该异常。这种异常分为以下两种情况：一是内部中止异常，是由 CPU 内核自己引起的，如 MMU/MPU 错误，意味着需要采取正确的措施并重新执行合适的指令；二是外部中止异常，是由存储系统引起的，可能表示一个硬件错误，也可能是企图访问一个不存在的内存地址。

响应该异常时，CPU 完成如下动作。

```
    R14_abt = 中止指令后面一条指令的地址
    SPSR_abt = CPSR
    CPSR[4:0] = 0b10111                    ; 进入中止模式
    CPSR[5] = 0                            ; 在ARM状态中执行
                                           ; CPSR[6]不改变
    CPSR[7] = 1                            ; 禁止普通中断IRQ
```

如果配置的是高端向量，则 PC = 0xFFFF0010，否则 PC = 0x00000010。

响应该异常后，IRQ 被禁止，但是 FIQ 的状态未被改变。

常用的异常返回方式如下。

```
    SUBS  PC, R14, #8                      ; 返回到异常发生的指令
    SUBS  PC, R14, #4                      ; 跳过异常发生的指令
```

⑥ IRQ

当外部 IRQ 输入请求发生并且 IRQ 中断响应已经被使能，触发该异常。CPU 会完成如下动作。

```
    R14_irq=下一条指令地址
    SPSR_irq=CPSR
    CPSR[4:0]=0b10010                      ; 进入IRQ模式
    CPSR[5]=0                              ; 在ARM状态中执行
                                           ; CPSR[6]不改变
    CPSR[7]=1                              ; 禁止普通中断IRQ
```

如果配置的是高端向量，则 PC = 0xFFFF0018，否则 PC = 0x00000018。

触发该异常后，IRQ 被禁止，但是 FIQ 的状态未被改变。

常用的中断返回方式如下。

```
    SUBS  PC, R14, #4
```

⑦ FIQ

当外部 FIQ 输入请求发生并且 FIQ 中断响应已经被使能，触发该异常。FIQ 通常被用于快速传输数据，触发该异常后，CPU 会完成如下动作。

```
    R14_fiq = 下一条指令地址
    SPSR_fiq = CPSR
    CPSR[4:0] = 0B10001                    ; 进入FIQ模式
    CPSR[5] = 0                            ; 在ARM状态中执行
    CPSR[6] = 1                            ; 禁止快速中断FIQ
    CPSR[7] = 1                            ; 禁止普通中断IRQ
```

如果配置的是高端向量，则 PC = 0xFFFF001C，否则 PC = 0x0000001C。

触发该异常后，FIQ 和 IRQ 都被禁止。

常用的中断返回方式如下。

```
SUBS  PC, R14, #4
```

（3）异常返回形式和地址修正

除复位异常外，其他异常在处理完成后都是可以返回异常发生时被打断的程序继续执行的，这通常通过在异常处理程序的最后使用一条数据传输指令来完成，这条数据传输指令应该完成 PC 寄存器的更新工作，即将 PC 作为目的寄存器使用。具体的指令根据不同的异常而不同，这与返回地址的修正有关。

为了在异常返回时，CPSR 寄存器能恢复到发生异常前的状态，需要在指令后加后缀"S"。这样，在异常模式下，不仅将 PC 的值更新，还会将 SPSR 寄存器的内容加载到 CPSR 中。

前面描述各种异常进入和退出的情况时，已经列出了异常返回时通常使用的数据传输指令，并且在指令中对之前保存在链接寄存器中的返回地址（发生异常时 PC 寄存器的值减去 4）进行了修正。校正异常返回地址的一大原因是 ARM 处理器的流水线。计算返回地址需要把握两点：发生异常时 PC 的值是否已更新，异常返回后被中断的当前指令是否还需要执行。下面以 ARM7 的 3 级流水线为例进行介绍，为了向后兼容，ARM7 以后更新的内核版本具有相同的动作。

① 从软件中断或未定义指令异常返回

当发生软件中断或未定义指令异常时，异常是由当前指令产生的，该指令尚未执行，此时 PC 的值还未更新，按正常 3 级流水线的情况，在 ARM 状态下，PC 值为当前指令地址+8，在 Thumb 状态下为当前指令地址+4。异常返回时，当前指令不再执行，因此，下一条要执行的指令地址在 ARM 状态下为当前指令地址+4，在 Thumb 状态下为当前指令地址+2。由于发生异常时已经事先将 PC-4 保存在链接寄存器中，因此返回地址就是 LR 中的内容，使用的指令为 "MOVS PC, LR"，如图 2-32 所示。

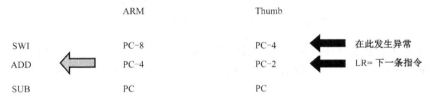

图 2-32　软件中断或未定义指令异常返回地址修正原理

注意： 图 2-32 中的 标记表示从异常返回后即将执行的指令。

② 从 FIQ 或 IRQ 异常返回

CPU 响应 FIQ 或 IRQ 异常时，当前指令已经执行完成，ARM 状态下 PC 值已经被更新为当前指令地址+12，Thumb 状态下为当前指令地址+6，异常返回时应执行当前指令的下一条指令，因此，返回指令为 "SUBS PC, LR, #4"，如图 2-33 所示。

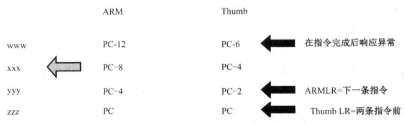

图 2-33　FIQ 或 IRQ 异常返回地址修正原理

③ 从指令预取异常返回

当从内存预取某条指令出错时，处理器会对这条指令进行标记；当在流水线中即将执行该指令时，触发指令预取异常，此时 PC 值还未被更新。当异常返回时，触发异常的指令需要重新执行，因此，返回指令为"SUBS　PC, LR, #4"，如图 2-34 所示。

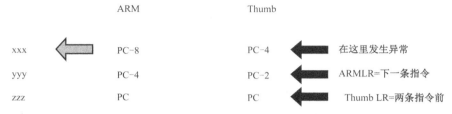

图 2-34　从指令预取异常返回地址修正原理

④ 从数据访问中止异常返回

当发生数据访问中止异常时，当前指令已经执行（但是读取数据已失败），PC 值已经被更新为当前指令地址+12（在 Thumb 状态下为当前指令地址+6），而当异常返回时，当前指令需要重新执行，因此，返回指令为"SUBS　PC, LR, #8"，如图 2-35 所示。

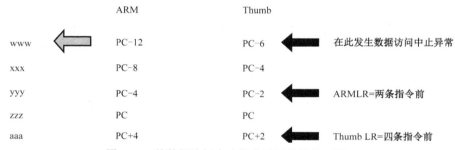

图 2-35　从数据访问中止异常返回地址修正原理

如果在异常处理过程中，链接寄存器的内容被压入堆栈保存，且在压栈前返回地址已经被校正，则可使用带"^"修饰符的数据出栈指令（LDM 指令）来完成返回的工作，即"LDMFD sp!, {pc}^"。

（4）异常向量表的内容

ARM 的异常向量通常是一条完成程序跳转的指令，有如图 2-36 所示的几种实现方式。

如果异常处理程序的起始地址位于 32MB 范围内，则可以直接使用分支指令来完成跳转，图 2-36 中的 IRQ 异常向量处就采用 B IRQ_Handler 指令直接完成了向 IRQ Handler 的跳转。

如果异常处理程序位于一个"合适"的起始地址处，则可以使用数据传输指令 MOV，将该起始地址加载到 PC 中。"合适"的地址是指该地址值是一个合法的 ARM 指令立即数，能够通过一个 0～255 内的数，利用循环右移偶数位得到（符合 MOV 指令对于立即数的编码规范）。在图 2-36 中，软中断异常的处理程序从 0x30000000 处开始，0x30000000 可以通过 0x30 循环右移 8 位得到（或 0x3 循环右移 4 位），因此在其向量中放置的是"MOV　PC, #0x30000000"。

如果某个异常的处理程序的起始地址超过了距离异常向量 32MB 的跳转范围，且该地址不是一个合法的 ARM 指令立即数，则需要采用 LDR 指令配合 DCD 数据定义指令来完成向 PC 的加载。如图 2-36 中所示的未定义指令异常，可以在其向量中放置指令"LDR　PC, [PC, #0xFF0]"。

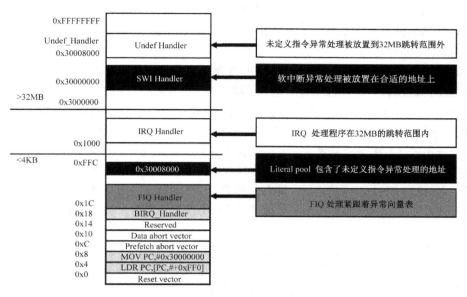

图 2-36　ARM 异常向量表中的指令

可以在 4KB 内存空间内的某个位置（图 2-36 中的 0xFFC 处）放入未定义指令异常处理程序入口的符号地址 Undef_Handler（其值为 0x30008000），当处理器执行该指令时，由于流水线的缘故，PC 的值实际为 0xC，加上 0xFF0，即可得到放置在 0xFFC 处的异常处理程序入口地址。

上述情况有些复杂，为简单起见，目前很多软件开发人员倾向于采用单一的方式来定义异常向量的内容，即上述的最后一种方法，如下面的程序代码所示。不管异常处理程序位于什么位置，在向量表中全部使用了 LDR 指令，并在 4KB 空间内定义所有异常处理程序入口的符号地址。

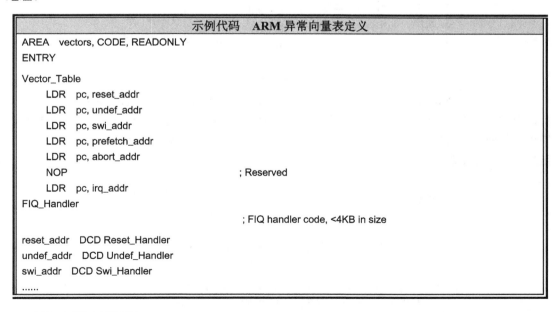

（5）中断响应过程

ARM CPU Core 能响应两个外部中断请求信号——FIQ 和 IRQ，这提供了非常基本的优先级分级功能。FIQ 中断比 IRQ 中断的优先级更高，主要体现在以下两方面：① 当多个中断发生时，FIQ 首先被处理；② 在响应 FIQ 中断时屏蔽了 IRQ 中断（和 FIQ 中断），直到 FIQ 中断处理程序完成，IRQ 中断才会被处理。

以下特性能够让 CPU Core 尽快地响应 FIQ 中断：① FIQ 向量在异常向量表的最后，这样可使 FIQ 处理程序直接从 FIQ 向量处开始，省去了跳转的时间开销；② FIQ 模式下有 5 个额外的寄存器（R8_FIQ～R12_FIQ），这些寄存器在进入和退出 FIQ 时不需保存和恢复，节省了时间。

FIQ 中断源可以有多个，但是为了更好的系统性能，应该避免 FIQ 中断的嵌套，避免在 FIQ 中断处理程序内又有另一个异常发生。但是在实际的应用系统中，绝大多数的系统有两个以上的外部中断源，因此需要一个中断控制器来接收来自各种外部设备的中断请求，并控制这些中断信号进入 ARM CPU Core 的方式，即对外部设备中断进行优先级分级管理、控制中断请求的屏蔽和打开。因此，相应的外设中断处理过程也可分为两个阶段：第一级的中断处理程序，以及第二级即具体设备的中断处理程序。第一级中断处理程序是当 ARM CPU Core 响应 IRQ 或 FIQ 请求信号后通过异常向量得以执行的，其主要作用是读取中断控制器的内容以确定中断源，并调用第二级中断处理程序，即调用具体设备的中断处理程序。注意，在中断处理程序中必须包含清除外设中断标志的代码，而且必须在重新使能中断之前，如图 2-37 和图 2-38 所示。

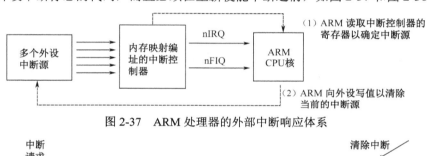

图 2-37　ARM 处理器的外部中断响应体系

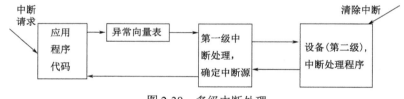

图 2-38　多级中断处理

在 ARM 的高版本（v6 以上）核中，其体系结构中提供了对向量中断控制器（VIC）的支持，当发生外设中断请求时，其处理程序的入口地址可以通过中断控制器直接得到，这样可以简化中断处理的过程，不再需要第一级中断处理，省略了通过向量表跳转、确认中断源和优先级的过程，如图 2-39 和图 2-40 所示。

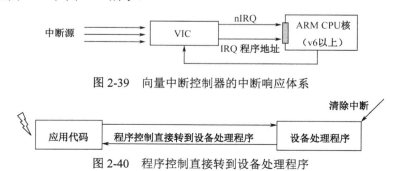

图 2-39　向量中断控制器的中断响应体系

图 2-40　程序控制直接转到设备处理程序

（6）软中断调用

软中断异常通常被用于操作系统功能调用，其处理过程也可以分为两个阶段，如图 2-41 所示。

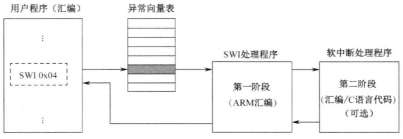

图 2-41　软中断响应过程

第一阶段：在用户代码中通过 SWI 指令进行软中断调用，用户可以显式地在汇编程序中使用 SWI 指令。处理器遇到 SWI 指令，就会通过异常向量表获取 SWI 异常处理程序的入口地址，从而进入第一阶段的 SWI 处理程序。这段程序通常是汇编形式的，因为 ARM 处理器内核未提供直接将软中断号传递给处理程序的硬件机制，需要软中断处理程序自己从 SWI 指令中提取软中断号。注意，在提取软中断号之前，必须确定调用软中断功能函数之前处理器是 ARM 状态还是 Thumb 状态，其方法如下：在 SPSR 中检查 T 标志位，因为 SPSR 寄存器保存了进入 SWI 异常之前处理器的状态，如果 T 位为 1，则之前处理器处于 Thumb 状态，否则为 ARM 状态。

在进入 SWI 异常的过程中，处理器将返回地址保存在 LR 寄存器中，通过前面关于返回地址的描述可以知道，LR 寄存器在 ARM 状态下的值为 PC-4，在 Thumb 状态下为 PC-2；而 SWI 指令的地址在 ARM 状态下在 LR-4 处，在 Thumb 状态下则在 LR-2 处。

ARM 状态和 Thumb 状态下的软中断指令格式是不相同的，如图 2-42 所示。

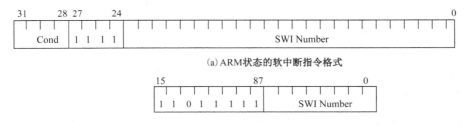

图 2-42　软中断指令格式

因此，第一阶段的汇编级软中断处理程序代码如图 2-43 所示。通过寄存器传递的参数数量是有限的，在图 2-43 中，通过 R0 传递了软中断号参数，而更多的参数则可以事先放在堆栈中，然后传递一个指向参数的指针（如 R1）。第二阶段的软中断处理程序是可选的。

（7）复位异常

复位异常的处理是非常重要的，也是必需的，系统上电、复位时，都会进入复位异常处理过程，它具有最高的优先级。通常，复位异常处理完成的工作包括：① 安装异常向量表；② 初始化存储系统，并对相关的存储管理硬件进行初始化，如内存管理单元或内存保护单元（如果有）；③ 初始化所有模式下的堆栈并设置堆栈指针寄存器；④ 初始化 C 语言代码要求的变量；⑤ 初始化所有共享的 I/O 设备；⑥ 使能系统中断；⑦ 设置处理器的模式和状态；⑧ 调用 main() 函数进入应用代码。

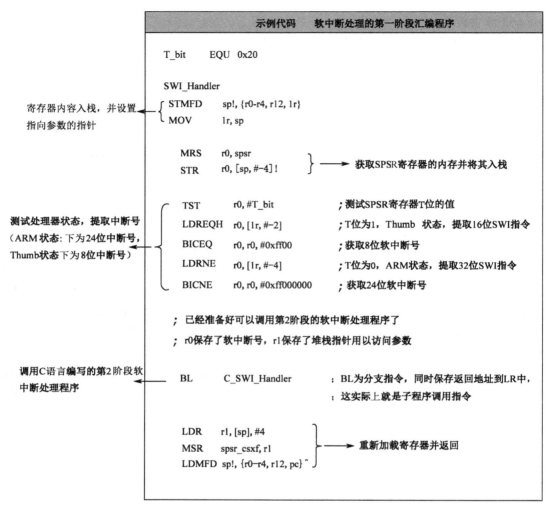

图 2-43　第一阶段的汇编级软中断处理程序代码

（8）未定义指令异常

未定义指令异常通常发生在如下情形：① 处理器试图执行一条真正的未定义指令，如为高版本指令集ARM处理器编写的汇编程序在一个低版本指令集的ARM处理器上执行时可能会遇到这种情况；② 处理器遇到一条协处理器指令，而在系统中该协处理器硬件实际上并不存在；③ 处理器遇到一条协处理器指令，虽然该协处理器硬件是存在的，但是并未被使能；④ 处理器遇到一条协处理器指令，该协处理器硬件是存在的，但是因为未处于相应的特权模式，处理器拒绝执行该指令，如访问 ARM 的 CP15 协处理器（系统控制协处理器）；⑤ 遇到其他特权指令，但未处于相应的特权模式，处理器拒绝执行该指令。

对于未定义指令异常的处理通常包括：① 在异常处理程序中仿真协处理器或其他硬件的功能（如支持向量浮点运算）；② 报告错误并退出。

（9）中止异常处理

中止异常表示内存访问出现了问题，包括指令预取和数据访问两种情况。如何处理中止异常取决于所在系统的具体情况：在一个没有内存管理或保护单元的简单系统中，这通常代表一个严重的错误，如硬件故障、代码错误等，此时的处理措施是使系统复位（通过软件复位，即跳转到复位程序)。

如果系统有 MMU/MPU 之类的硬件部件,并提供相应的内存管理机制,则可以确定中止异常的具体原因并采取适宜的措施,例如,为程序的运行分配更多的内存;为程序试图访问的数据或代码加载一个新的页面;对于引起中止异常的内存地址,如果程序没有相应的访问权限(如域错误或访问特权级的内存),则终止程序的运行。

在响应中止异常的过程中,确定引起异常的指令地址是很关键的。如前所述,在 ARM 状态下,引起指令预取中止异常的指令地址在 LR_abt−4 处,而引起数据访问中止异常的指令地址通常在 LR_abt−8 处。对于后者需要注意,如果是一个不精确的中止异常,则需要使用 MMU 寻找引起异常的具体地址。ARM 的 CP15 协处理器与 MMU 的访问和控制有关,在 v4 和 v5TE 版本中,MMU 提供了 FSR(故障状态寄存器)和 FAR(故障地址寄存器),分别对应 CP15 的 5 号和 6 号寄存器,而 v6 版本提供了分离的状态寄存器(IFSR 和 DFSR),分别用来指示指令和数据的故障状态。

如果不能确定引起异常的指令地址,则中止异常可能是不可恢复的。

2.3.2 ARMv7−A&R 的应用级编程模型

在 ARMv7 体系架构中,将处理器的编程模型分为应用级和系统级两个层次进行描述,为处理器的具体实现及不同层次的软件开发者[应用软件的开发人员和系统软件(如操作系统)的开发人员]提供了不同的视角。

1. ARMv7−A&R 应用级编程模型概念

从应用的视角来看,ARMv7−A&R 的编程模型涉及如下内容:① ARM 核心数据类型和算术;② ARM 核心寄存器;③ 应用程序状态寄存器(APSR);④ 执行态寄存器;⑤ 高级 SIMD 和浮点扩展,浮点数据类型和算术;⑥ 在{0, 1}上的多项式算术;⑦ 协处理器支持;⑧ Thumb 执行环境;⑨ Jazelle 直接字节码执行支持;⑩ 异常、调试事件和检查。

其中,高级 SIMD 和浮点扩展主要是指,如果处理器的实现上包含了高级 SIMD 扩展和(或)浮点扩展,则其 ARM 和 Thumb 指令集包含向量指令和(或)浮点指令。这些指令在独立的寄存器文件上操作,如果这两种扩展都实现,则它们共享同一个寄存器文件。

在 ARMv7−A&R 配置中,根据具体实现的体系架构的扩展,支持多个执行特权级。PL0 是其中最低的级别,也被称为非特权级别。应用级编程模型针对的是运行在 PL0 级的软件。当一个操作系统支持在 PL1 和 PL0 两个级别上运行时,应用通常运行在非特权级。这意味着:① 允许操作系统以单独或共享的方式给应用分配系统资源;② 提供了一定程度的保护,以隔离其他进程和任务,以及保护操作系统不受故障应用的影响。

对于 ARM 架构的安全扩展和虚拟化扩展,应用级的软件通常是感知不到的。一个处理器的实现包含了安全扩展,应用软件通常是执行在非安全状态下的。

在 ARM 的较早版本的架构和实现中只支持两个特权级别(特权和非特权级),则 PL1 是其中的特权级。

2. ARM 核心数据类型

所有 ARMv7−A 和 ARMv7−R 处理器支持如下内存数据类型:Byte,8 位;HalfWord,16 位;Word,32 位;DoubleWord,64 位。处理器寄存器都是 32 位的,指令集中包含支持如下寄存器数据类型的指令:① 32 位指针;② 无符号或有符号 32 位整数;③ 零扩展格式中的无符号 16

位或 8 位整数；④ 符号扩展格式中的有符号 16 位或 8 位整数；⑤ 打包到一个寄存器中的两个 16 位整数；⑥ 打包到一个寄存器中的 4 个 8 位整数；⑦ 保存在两个寄存器中的无符号或有符号 64 位整数。

LOAD 和 STORE 操作可以向存储器中加载或存储字节、半字或字类型的数据，以及双字或若干个双字的数据。无符号 n 位整数的取值是 $0 \sim 2^n-1$，使用正常的二进制格式；有符号 n 位整数的取值是 $-2^{n-1} \sim +2^{n-1}-1$，使用二进制的补码格式。直接支持 64 位整数的指令是有限的，多数的 64 位操作要求两个或更多指令的一个执行序列以合成这些数据。

3．寄存器

（1）核心寄存器

从应用级的角度而言，ARM 处理器包含 13 个通用的 32 位寄存器（R0～R12），以及 3 个 32 位特殊用途的寄存器（SP、LR 和 PC，也被称为 R13～R15）。SP 是栈指针寄存器，LR 是链接寄存器，PC 是程序计数器。这些寄存器的含义与 ARMv7 以前的 ARM 架构版本中的含义相同。

（2）应用程序状态寄存器

应用程序状态寄存器（Application Program Status Register，APSR）用于报告应用程序的执行态，其结构如图 2-44 所示。

31	30	29	28	27	26　24	23　20	19　16	15　　　　…　　　…　　　…　0
N	Z	C	V	Q	RAZ/SBZP	Reserved, UNK/SBZP	GE[3:0]	Reserved, UNK/SBZP

图 2-44　APSR 寄存器结构

条件标志：N、Z、C、V 分别为第 31、30、29 和 28 位，即负条件标志、零条件标志、进位条件标志和溢出条件标志。

饱和溢出标志：Q，第 27 位，当其被设置为 1 时，表示在某些指令执行中发生了溢出或饱和，通常与数字信号处理有关。

大于或等于标志：GE[3:0]，第 16～19 位，在并行加法和减法指令执行中用于指示独立的字节或半字操作的结果，这些标志可控制后续的 SEL 指令。

RAZ/SBZP：第 24～26 位。软件可以使用 MSR 指令对 APSR 的最高字节进行写入操作，而不需要使用之前版本所要求的"读—修改—写"序列。如果这样做，则必须向位[26:24]写入 0。

因此，在 ARMv7-A 和 ARMv7-R 中，APSR 与 CPSR 相同，但 APSR 只能用于访问 N、Z、C、V、Q 和 GE[3:0]位。

（3）执行态寄存器

执行态寄存器用于：① 控制指令被解释为 Thumb 指令、ARM 指令、ThumbEE 指令或 Java 字节码；② 在 Thumb 状态和 ThumbEE 状态，控制条件码用于后续的 1～4 条指令；③ 控制数据是被解释为大端还是小端内存格式。

在 ARMv7-A 和 ARMv7-R 中，执行态寄存器是当前程序状态寄存器的一部分。在应用级没有能直接访问执行态寄存器的指令，但是它会根据指令执行的效果而改变。

① 指令集状态寄存器（ISETSTATE）：其格式为 J　T（1　0）。

表 2-7　指令集状态寄存器中 J 位和 T 位的编码

J 位和 T 位决定了处理器当前的指令集状态，表 2-7 是这些位的编码组合。在 ThumbEE 状态下，处理器执行 Thumb 指令集的一个变体，目的是使用与具体执行环境有关的动态编译技术。该特性在 ARMv7-A 中是要求的，而在 ARMv7-R 中是可选的。

表 2-7　指令集状态寄存器中 J 位和 T 位的编码

J	T	指令集状态
0	0	ARM
0	1	Thumb
1	0	Jazelle
1	1	ThumbEE

② IT 块状态寄存器（ITSTATE）：其格式为

$$\begin{array}{|c|}\hline 7 \qquad\qquad 0 \\ \text{IT[7:0]} \\ \hline \end{array}$$

该域保持了 Thumb IT 指令的 If-Then 的执行态位，以便应用于该 IT 指令之后的 1～4 条指令形成的 IT 块。当没有活动的 IT 块时，IT[7:0]=0b00000000。当执行一条 IT 指令时，这些位根据该指令中的 <firstcond>条件码、Then 和 Else 参数被设置。允许时，在一个 IT 块中的指令是条件执行的，其所使用的条件码就是 IT[7:4]的当前值。当 IT 块中的一条指令正常完成时，ITSTATE 前进到表 2-8 中所定义的下一行。一些指令（如 BKPT）是不能条件执行的，因而它们总是会执行，而忽略当前的 ITSTATE。

表 2-8　IT 块状态寄存器执行态位的效果

IT 位（未列出的 IT 位的组合是被保留的）						说明
[7:5]	[4]	[3]	[2]	[1]	[0]	
cond_base	P1	P2	P3	P4	1	4 指令 IT 块的入口点
cond_base	P1	P2	P3	1	0	3 指令 IT 块的入口点
cond_base	P1	P2	1	0	0	2 指令 IT 块的入口点
cond_base	P1	1	0	0	0	1 指令 IT 块的入口点
000	0	0	0	0	0	不在一个 IT 块中，正常执行

ITSTATE 只在 Thumb 和 ThumbEE 状态下影响指令的执行。在 ARM 和 Jazelle 状态下，ITSTATE 必须为 00000000，否则将会产生不可预知的行为。

③ 端映射寄存器（ENDIANSTATE）：通过 ENDIANSTATE 的控制，ARMv7-A 和 ARMv7-R 支持对数据内存的大端和小端的配置（有关大端和小端的概念参看本章 2.3.5 节的内容）。ARM 和 Thumb 指令集都包含操作 ENDIANSTATE 的指令：SETEND BE ——设置 ENDIANSTATE 为 1，以进行大端操作；SETEND LE ——设置 ENDIANSTATE 为 0，以进行小端操作。

4．高级 SIMD 和浮点扩展

高级 SIMD 和浮点扩展是 ARMv7 的两个可选扩展。

高级 SIMD 扩展执行打包的 SIMD 的整数或单精度浮点操作；浮点扩展执行单精度（32 位）或双精度（64 位）的浮点操作，也支持在存储器中存储半精度（16 位）的数据类型（支持单精度和半精度数据类型之间的转换）。两种扩展都允许产生浮点异常，如溢出或被零除。

ARMv7 浮点扩展的实现可以是非自陷异常模式的 VFPv3 或 VFPv4 版本，也可以是它们的变体，即支持自陷异常模式的 VFPv3U 和 VFPv4U 版本。如果采用自陷方式处理浮点异常，则浮点扩展的实现要求在系统中安装相关的支持代码。

高级 SIMD 的实现可以是 Advanced SIMDv1 或 Advanced SIMDv2。注意：在 ARMv7 之前，浮点扩展被称为向量浮点结构，被用于向量操作。从 ARMv7 开始，ARM 建议将高级 SIMD 扩展用于单精度向量浮点操作，要求支持向量操作的实现必须实现高级 SIMD 扩展。

（1）高级 SIMD 和浮点扩展寄存器

从 VFPv3 开始，高级 SIMD 和浮点扩展使用相同的寄存器组，它与 ARM 的核心寄存器组不同，并被称为扩展寄存器。

扩展寄存器组包含 32 个或 16 个双字寄存器：① VFPv2 的实现包含 16 个双字寄存器；② VFPv3 的实现包含 32 个或 16 个双字寄存器，分别表示为 VFPv3-D32 和 VFPv3-D16；③ VFPv4 的实现包含 32 个或 16 个双字寄存器，分别表示为 VFPv4-D32 和 VFPv4-D16；④ 如果实现了高级 SIMD，则只包含 32 个双字寄存器；⑤ 如果高级 SIMD 和浮点扩展都有实现，则浮点扩展必须被实现为 VFPv3-D32 或 VFPv4-D32。然而，高级 SIMD 和浮点扩展对于扩展寄存器组的视图并不相同。

VFPv3 和 VFPv4 支持自陷异常模式的变体 VFPv3U 和 VFPv4U 都可被实现为带 32 个或 16 个的双字寄存器，分别表示为 VFPv3U-D32、VFPv3U-D16、VFPv4U-D32、VFPv4U-D16。

（2）扩展寄存器组的高级 SIMD 视图

高级 SIMD 将该寄存器组看做 16 个 128 位的四字寄存器（Q0～Q15）或者 32 个 64 位双字寄存器（D0～D31）。这两个视图可以被同时使用。例如，一个程序可能在 D0 和 D1 中保持 64 位的向量，并在 Q1 中保持 128 位的向量。

（3）扩展寄存器组的浮点视图

在 VFPv4-D32 或 VFPv3-D32 中，扩展寄存器组包含 32 个双字寄存器，可以被看做 32 个 64 位的双字寄存器（D0～D31）或 32 个 32 位的单字寄存器（S0～S31）。这两个视图也可以同时使用。图 2-45 展示了高级 SIMD 和浮点寄存器的不同视图，以及它们之间的关系。

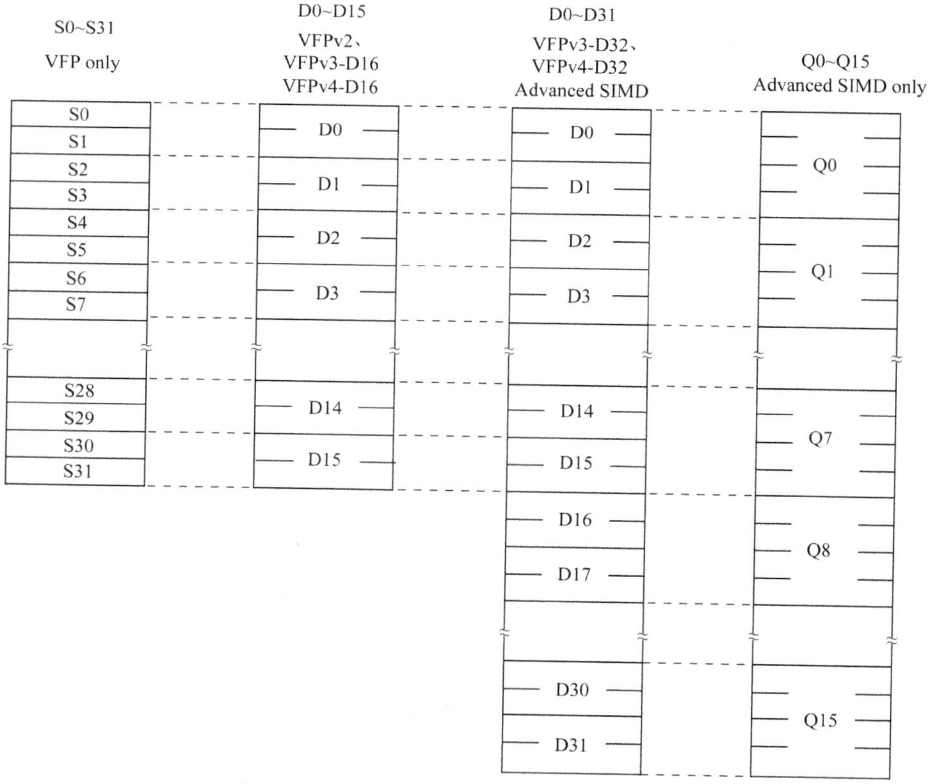

图 2-45　高级 SIMD 和浮点扩展寄存器视图

（4）高级 SIMD 和浮点的系统寄存器

高级 SIMD 和浮点扩展有一个共享的系统寄存器空间，在应用级只有一个可访问的寄存器，即浮点状态和控制寄存器（Floating-Point Status and Control Register，FPSCR）。对 FPSCR 进行写操作将对处理器操作的各方面产生影响。

（5）浮点异常

高级 SIMD 和浮点扩展在 FPSCR 的相应位中记录如下浮点异常。

FPSCR.IOC：无效操作（Invalid Operation）。该位被设置为 1 意味着一个操作的结果不具有数学意义或无法表示，如无穷大乘以 0。

FPSCR.DZC：被零除。

FPSCR.OFC：溢出（上溢）。

FPSCR.UFC：溢出（下溢）。

FPSCR.IXC：不精确。

FPSCR.IDC：输入不规范。

在高级 SIMD 扩展和 VFPv3 或 VFPv4 的浮点扩展下，这些都是非自陷的异常，即相应的数据处理指令不会产生任何自陷的异常。而在 VFPv2、VFPv3U 和 VFPv4U 版本的浮点扩展下，通过设置 FPSCR 中的自陷使能位，可以自陷的方式处理这些异常。

同一个操作可能产生多个异常，可能的异常组合情况如下：不精确的溢出（上溢）、不精确的溢出（下溢）、输入不规范及其他异常。

当一个操作所导致的所有异常都没有自陷时，FPSCR 中的相关位会被设置；而当一个操作所导致的异常有自陷时，该指令的行为取决于异常的优先级。不精确异常的优先级是最低的，输入不规范异常的优先级是最高的。当高优先级异常自陷后，其相应的自陷处理程序被调用。在这种情况下，低优先级异常将被忽略。而如果高优先级异常没有自陷，则其默认的结果会被评估，且低优先级异常会使用这个默认结果被正常处理。

（6）在 $\{0, 1\}$ 上的多项式算术

一些高级 SIMD 指令可以操作在 $\{0, 1\}$ 上的多项式。多项式数据类型表示一个形如 $b_{n-1}x^{n-1} + \cdots + b_1 x + b_0$ 的作用在 x 上的多项式，这里 b_k 代表该数据值的第 k 位。系数 0 和 1 的操作使用布尔算术的规则：

$$0 + 0 = 1 + 1 = 0$$
$$0 + 1 = 1 + 0 = 1$$
$$0 \times 0 = 0 \times 1 = 1 \times 0 = 0$$
$$1 \times 1 = 1$$

也就是说：在 $\{0, 1\}$ 上进行两个多项式的加法，等同于进行按位的异或操作；在 $\{0, 1\}$ 上进行两个多项式的乘法，等同于整数的乘法，除了部分乘积是被异或而非相加的之外。

能执行 $\{0, 1\}$ 上多项式算术的指令是 VMUL 和 VMULL。

5．协处理器支持

协处理器可以附属于 ARM 处理器。一个协处理器通过扩展指令集或提供配置寄存器来扩展内核的处理功能。一个或多个协处理器可以通过协处理器接口与 ARM 内核相连。

协处理器可以通过一组专门的、提供"加载/存储"类型接口的 ARM 指令来访问。协处理器也能通过提供一组专门的新指令来扩展指令集，如处理向量浮点运算的指令。这些新指令是在 ARM 流水线的译码阶段被处理的。如果在译码阶段发现是一条协处理器指令，则把它送给

相应的协处理器。如果该协处理器不存在，或 ARM 不认识这条指令，则发生未定义指令异常。软件开发者可以用软件来仿真协处理器的行为（使用未定义指令异常的服务程序来实现）。

ARM 处理器最多支持 16 个协处理器，即 CP0～CP15。以下是 ARM 保留的具有特定用途的协处理器。

协处理器 15（CP15）：提供系统控制功能，包括体系结构和特性的标识，以及控制、状态信息和配置支持。针对 ARMv7-A 和 ARMv7-R 中存储系统架构的不同实现（VMSA 和 PMSA，具体请参见本章 2.2.6 节的内容），CP15 具有不同的内容。CP15 还提供了性能监测寄存器。

协处理器 14（CP14）：提供调试支持、Thumb 执行环境、直接 Java 字节码执行等功能。

协处理器 10 和 11（CP10 和 CP11）：它们提供对浮点和向量操作的支持，以及对浮点和高级 SIMD 架构扩展的控制和配置。因此，在实现了高级 SIMD 扩展和（或）浮点扩展的处理器中，软件必须同时使能 CP10 和 CP11，以允许任何浮点或高级 SIMD 指令的执行。

协处理器 8、9、12 和 13：被 ARM 保留以将来使用。任何试图对这些协处理器进行访问的指令都是未定义的。

多数的 CP14 和 CP15 功能不能被执行在 PL0 级上的软件所访问，执行在 PL1 级上的软件可以使能与浮点、高级 SIMD 及执行环境支持的有关所有加载、存储、分支和数据操作指令的非特权执行。

协处理器 0～7：提供芯片供应商特定的特性。

6．Thumb 执行环境

Thumb 执行环境（Thumb Execution Environment，ThumbEE）是 Thumb 指令集的一个变体，其目的是支持动态生成的代码，即在执行之前或执行期间，从一种可移植的字节码或其他中间的或本地表示的代码编译到设备上的代码。ThumbEE 提供对 Just-In-Time（JIT），Dynamic Adaptive Compilation（DAC）及 Ahead-Of-Time（AOT）等编译器的支持，但是不能自由地与 ARM 和 Thumb 指令集进行交互。

ThumbEE 特别适用于具有可管理的指针和数组类型的语言。当处理器处于 ThumbEE 指令集状态时，它执行 ThumbEE 指令。ThumbEE 扩展是 ARMv7-A 配置所要求的实现，是 ARMv7-R 配置的可选实现。

在 ThumbEE 状态下，处理器执行与 Thumb 状态几乎相同的指令集，但一些指令具有不同的行为，一些指令被去掉了，并增加了一些 ThumbEE 指令。其主要区别如下。

① 在 Thumb 状态和 ThumbEE 状态中都附加了改变指令集的指令。

② 新的 ThumbEE 分支指令可跳转到相应的处理程序。

③ ThumbEE 状态中的一个附加指令可检查数组的边界。

④ 一些对加载、存储及控制流指令的其他改变。

ThumbEE 是一个非特权的、用户级的设施，对于它的使用没有特定的安全保证。

7．Java 直接字节码执行支持

从 ARMv5TEJ 开始，ARM 体系架构要求每个系统都包含 Jazelle 扩展的一个实现。Jazelle 扩展提供了硬件加速 JVM 执行字节码在体系结构上的支持。Jazelle 扩展最简单的实现就是不对字节码的执行进行任何加速，JVM 使用软件例程来执行所有的字节码。这样的实现被称为 Jazelle 扩展的一个平凡实现，相比不实现 Jazelle 扩展的情况，它具有最小的附加开销。相应的，提供了硬件加速字节码执行的实现被称为重大的 Jazelle 实现，它在硬件上实现了字节码的一个子集。

虚拟化扩展要求 Jazelle 的实现是平凡的。

ARMv7 提供了一个与 BX 相似的 ARM 指令—BXJ，以使处理器进入 Jazelle 状态。BXJ 指令只有一个寄存器操作数，以指定当进入 Jazelle 状态失败时处理器是进入 ARM 状态还是 Thumb 状态，以及相应的分支目的地址。

8. 异常

在 ARMv7 体系架构中，一个异常会导致处理器进入某种模式，以便在 PL1 或 PL2 特权级别执行软件，并执行相应的异常处理程序。

ARMv7 有以下类型的异常：复位、中断、存储系统中止、未定义指令、管理调用（Supervisor Call，SVC）、安全监测调用（Secure Monitor Call，SMC）及 Hypervisor 调用（HVC）。

多数的异常处理细节对应用级软件是不可见的，应用级软件可见的方面如下。

① SVC 指令导致一个管理调用异常。这提供了非特权软件调用操作系统或其他只在 PL1 级可访问的系统软部件的一种机制。

② 在安全扩展的一个实现中，SMC 指令导致一个安全监测调用异常，但仅在软件执行于 PL1 或更高级时才有效。非特权软件只能通过操作系统定义的方法触发安全监测调用异常，或者通过其他运行于 PL1 或更高级别的系统软部件。

③ 在有虚拟扩展的实现中，HVC 指令导致一个 Hypervisor 调用异常，但仅在软件执行于 PL1 或更高级时才有效。非特权级软件只能通过 Hypervisor 中定义的方法触发一个 Hypervisor 调用异常，或者通过其他运行于 PL1 或更高级别的系统软部件。

另外，在有高级 SIMD 和浮点扩展的处理器中，会产生浮点相关的异常；在有 Jazelle 扩展的处理器中，有与 Jazelle 相关的异常。

2.3.3 ARMv7-A&R 系统级编程模型

1. ARMv7-A&R 系统级编程模型概念

系统级编程模型中包含了应用级编程模型的视图，并提供了操作系统所需的特性，以便提供一个应用编程的环境。系统级编程模型包含了支持操作系统和处理硬件事件的所有系统特性。在系统级编程模型中，模式、状态、特权级和异常等 ARM 体系架构的核心概念有了更丰富的内容。

（1）模式

ARMv7 体系的 A 配置和 R 配置提供了支持正常软件执行和处理异常的一系列模式。当前处理器模式决定了：处理器可用的寄存器集合、执行软件的特权级。

（2）状态

在 ARMv7 体系中，"状态"包含以下概念。

指令集状态：ARMv7 提供了 4 种指令集状态，即 ARM 状态、Thumb 状态、Jazelle 状态和 ThumbEE 状态，它们决定了正在被执行的指令集。

执行态：执行态由指令集状态和一些控制位组成。

安全状态：在 ARMv7 体系中，安全状态的数量依赖于一个处理器实现中是否包含安全扩展。一个包含了安全扩展的处理器实现提供了两个安全状态：安全状态和非安全状态。每个安全状态都有自己的系统寄存器和存储地址空间。安全状态是独立于处理器模式的，除了以下例外情况：

① 监控器模式：只在安全状态存在，支持安全和非安全状态之间的转换；

② Hyp 模式：虚拟化扩展的一部分，只在非安全状态中存在，因为虚拟化扩展只支持非安全状态的虚拟化。一些系统控制资源只能在安全状态下访问。在没有安全扩展的实现中，只提供一个单一的安全状态。

调试状态是指处理器正被暂停以用于调试目的，因为当处理器被配置为调试模式时发生了一个调试事件。

（3）特权级

特权级是软件执行的一个属性，在一个特定的安全状态中，特权级取决于处理器模式。

安全状态：在安全状态中有如下两个特权级。

        PL0：软件执行在用户模式下。

        PL1：软件执行在除用户模式以外的其他模式下。

非安全状态：在非安全状态中有如下两个或三个特权级。

        PL0：软件执行在用户模式下。

        PL1：软件执行在除用户模式和 Hyp 模式之外的其他模式下。

        PL2：在有虚拟化扩展的实现中，软件执行在 Hyp 模式下。

执行在 PL0 级的软件也可被称为非特权执行。

特权级定义了软件访问当前安全状态中系统资源的能力。

（4）异常

ARMv7 体系架构提供了一系列不同的异常，定义了每个异常进入的模式，安全扩展和虚拟化扩展增加了配置设置，以决定一个异常应该进入的模式。因此，异常进入的模式取决于：异常的类型、响应异常前一刻的处理器模式、在安全扩展和虚拟化扩展中的配置设置。

在包含了安全扩展的处理器实现中，可以从任何非安全模式（包括 Hyp 模式）响应异常而进入安全监控模式。在 ARMv7 中，特权级是在每个安全状态中独立定义的，因此有关特权级的规则与从非安全模式进入安全模式的异常无关，不存在从安全模式进入非安全模式的异常。因此，从非安全的 Hyp 模式响应的异常只能进入非安全 Hyp 模式或安全监控模式。

2. 处理器模式和 ARM 核心寄存器

表 2-9 为 ARMv7 体系结构所定义的处理器模式。特权级给出了在相应模式中软件执行的特权级，编码给出了相应的 CPSR.M 域的值，安全状态栏仅应用于实现了安全扩展的处理器。

表 2-9　ARMv7-A&R 处理器模式

处理器模式/简写	编码	特权级	是否实现	安全状态
User/usr	10000	PL0	总是	支持两种安全状态
FIQ/fiq	10001	PL1	总是	支持两种安全状态
IRQ/irq	10010	PL1	总是	支持两种安全状态
Supervisor/svc	10011	PL1	总是	支持两种安全状态
Monitor/mon	10110	PL1	带安全扩展	只有安全状态
Abort/abt	10111	PL1	总是	支持两种安全状态
Hyp/hyp	11010	PL2	带虚拟化扩展	只有非安全状态
Undefined/und	11011	PL1	总是	支持两种安全状态
System/sys	11111	PL1	总是	支持两种安全状态

处理器模式可以在软件的控制下改变，或者通过一个外部或内部的异常进入。

有关 User 模式、System 模式、FIQ 模式、IRQ 模式、Supervisor 模式、Abort 模式、Undefined 模式的定义与 ARMv7 版本之前的 ARM 体系架构相同，其附加的内容如下。

① User 模式：处于 User 模式下的程序运行在 PL0 级，只能以非特权方式访问系统资源（包括内存），不能访问受保护的资源；除产生异常外，不能改变处理器模式。

② Supervisor 模式：除了复位外，Supervisor 模式是通过执行 SVC 指令产生一个 Supervisor 调用异常而进入的。

③ Hyp 模式：非安全状态下的 PL2 模式，作为虚拟化扩展的一部分实现。Hyp 模式是从非安全状态响应一个必须在 PL2 特权级的异常进入的。在一个非安全 PL1 模式下，执行 HVC 指令产生 Hypervisor 调用异常，并总是进入 Hyp 模式。Hyp 模式提供了控制几乎所有虚拟化扩展功能的方法。在非调试状态下，进入 Hyp 模式的机制一是从非安全 PL1 或 PL0 模式响应异常进入，二是从安全 Monitor 模式的异常返回。在 Hyp 模式下，唯一的异常返回方式是执行 ERET 指令。

④ Monitor 模式：安全监控调用异常进入的模式。在 PL1 模式中，执行 SMC 指令将产生该异常。Monitor 模式是一个安全模式，意味着它总是处于安全状态中。运行在 Monitor 模式中的软件可以访问系统寄存器的安全和非安全副本，即监控模式提供了在安全和非安全状态间转换的方法。

在实现了安全扩展的处理器中，多数模式的名称前冠以安全或非安全，如处理器同时处于 Supervisor 模式和安全状态中，则为安全 Supervisor 模式；如果处理器处于 User 模式和非安全状态，则为非安全 User 模式。然而，Monitor 模式总是处于安全状态，而 Hyp 模式总是处于非安全状态。

图 2-46 展示了包含安全扩展和虚拟化扩展的 ARMv7 处理器实现中模式、特权级和安全状态之间的关系。

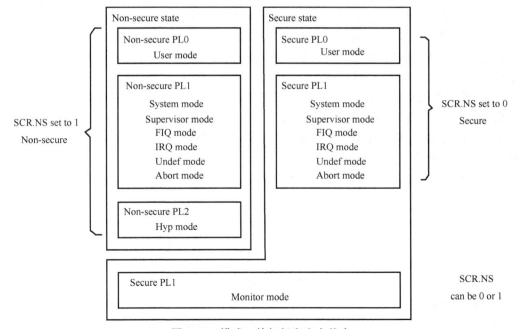

图 2-46　模式、特权级和安全状态

图 2-47 展示了 ARMv7 中的寄存器视图,其中空白的单元表示使用的是 User 模式的寄存器。与之前的版本不同,Hyp 模式使用与 User 模式和 System 模式相同的 LR 寄存器,然而该模式下有另一个特殊的寄存器 ELR_hyp,用以保存该特殊异常的返回地址。

Application level view	User	System	Hyp	Supervisor	Abort	Undefined	Monitor	IRQ	FIQ
R0	R0_usr								
R1	R1_usr								
R2	R2_usr								
R3	R3_usr								
R4	R4_usr								
R5	R5_usr								
R6	R6_usr								
R7	R7_usr								
R8	R8_usr								R8_fiq
R9	R9_usr								R9_fiq
R10	R10_usr								R10_fiq
R11	R11_usr								R11_fiq
R12	R12_usr								R12_fiq
SP	SP_usr		SP_hyp	SP_svc	SP_abt	SP_und	SP_mon	SP_irq	SP_fiq
LR	LR_usr			LP_svc	LP_abt	LP_und	LP_mon	LP_irq	LR_fiq
PC	PC								
APSR	CPSR								
			SPSR_hyp	SPSR_svc	SPSR_abt	SPSR_und	SPSR_mon	SPSR_irq	SPSR_fiq
			ELR_hyp						

图 2-47　ARMv7-A&R 系统级寄存器视图

在应用级编程模型中提供了应用程序状态寄存器(APSR),它是当前程序状态寄存器(CPSR)的别名。CPSR 的系统级视图扩展了该寄存器,增加了系统级的信息。

每个异常模式下都有一个 CPSR 的备份寄存器(Saved Program Status Register,SPSR),以便异常返回时能从 SPSR 中恢复 CPSR 的信息。另外,在异常处理过程中,SPSR 的内容还能够帮助程序判断响应异常之前的指令集状态、特权级等。

CPSR 中保持着处理器的状态和控制信息,包括当前的指令集状态、Thumb 程序的 If-Then 指令的执行态位、当前的端设置、当前的处理器模式、中断和异步中止的禁止位。

CPSR 和 SPSR 的格式如图 2-48 所示。可见,在 ARMv6 版本基础上,IT 位扩展为 8 位。J 位和 T 位的组合决定了处理器当前的指令集状态:ARM、Thumb、Jazelle、ThumbEE。模式编码也得到了扩展,以支持 ARMv7 的 9 种工作模式。

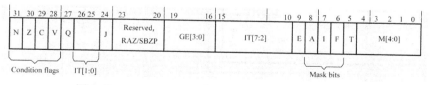

图 2-48　ARMv7-A&R 系统级程序状态寄存器的结构

3. 异常处理

(1)异常向量

对于未实现安全扩展的处理器(如所有的 ARMv7-R),只有一个单一的向量表;对于实现了安全扩展的处理器，有如下向量表。

① 一个用于安全 Monitor 模式下的异常的监控器向量表。

② 一个用于除 Monitor 模式之外其他安全 PL1 模式下的异常，是安全状态的向量表。

③ 一个用于非安全 PL1 模式的异常，是非安全状态的向量表。

实现了虚拟化扩展的处理器，必须包含安全扩展，还包含一个额外的向量表，因此它有如下向量表。

① 一个监控器向量表。

② 一个安全向量表。

③ 一个非安全向量表。

④ 一个 Hyp 向量表，用于 Hyp 模式下的异常。

表 2-10 展示了 4 个向量表的整体情况。

表 2-10　ARMv7-A&R 异常向量表

异常向量偏移	Hyp 向量表	监控器向量表	安全向量表	非安全向量表
0x00	未使用	未使用	复位	未使用
0x04	从 Hyp 模式产生的未定义指令异常	未使用	未定义指令	未定义指令
0x08	从 Hyp 模式产生的超级管理调用	安全监控器调用	管理调用	管理调用
0x0C	从 Hyp 模式产生的预取中止	预取中止	预取中止	预取中止
0x10	从 Hyp 模式产生的数据中止	数据中止	数据中止	数据中止
0x14	Hyp 自陷，或进入 Hyp 模式	未使用	未使用	未使用
0x18	IRQ 中断	IRQ 中断	IRQ 中断	IRQ 中断
0x1C	FIQ 中断	FIQ 中断	FIQ 中断	FIQ 中断

（2）异常响应过程

ARMv7 响应异常的过程如下。

① 硬件决定异常需要进入的模式。

② CPSR 的值被保存在异常所进入模式的 SPSR 中。

③ 一个可能的异常返回地址被保存，返回地址取决于异常的类型，异常是进入 PL1 还是 PL2 模式，以及一些进入到 PL1 模式的异常被响应时的指令集状态。

④ 对包含了安全扩展的实现，如果异常是从 Monitor 模式产生的，则 SCR.NS 被设为 0，否则 SCR.NS 保持不变。

注意：SCR 是处理器的安全配置寄存器（Secure Configuration Register，SCR），SCR.NS 是其中的"非安全"位（第 0 位），除了 Monitor 模式外，该位的值决定了处理器的安全状态。该值为 0 时，表示处理器处于安全状态；该值为 1 时，表示处理器处于非安全状态。在 Monitor 模式下，无论该位的值是多少，处理器都处于安全状态。

CPSR 被更新为异常处理所需要的新的上下文信息，包括如下信息。

① 设置 CPSR.M 为异常所进入的模式编码。

② 设置 CPSR 中的掩码位，可以禁止相应的异常，阻止未受控的异常处理嵌套。

③ 设置指令集状态为异常入口所需的状态。

④ 设置异常入口所需的大小端状态。

⑤ 清除 IT[7:0]位为 0。

⑥ 从适宜的异常向量中加载 PC 的值。

⑦ 从 PC 所指向的地址继续执行程序。

表 2-11 展示了异常入口处 CPSR.{A, I, F} 值的设置。

表 2-11　异常入口 CPSR.{A, I, F} 的值

异常模式	非安全、无虚拟化扩展	其他
Hyp	—	如果 SCR.EA==0，则 CPSR.A=1； 如果 SCR.IRQ==0，则 CPSR.I=1； 如果 SCR.FIQ==0，则 CPSR.F=1
Monitor	—	CPSR.A=1 CPSR.I=1 CPSR.F=1
FIQ	如果 SCR.AW==1，则 CPSR.A=1 CPSR.I=1 如果 SCR.FW==1，则 CPSR.F=1	CPSR.A=1 CPSR.I=1 CPSR.F=1
IRQ、Abort	如果 SCR.AW==1，则 CPSR.A=1 CPSR.I=1	CPSR.A=1 CPSR.I=1
Undefined、Supervisor	CPSR.I=1	CPSR.I=1

其中，SCR.EA 位控制是否将外部中止异常响应为 Monitor 模式（该位的值为 1 时，响应为 Monitor 模式），SCR.IRQ 位、SCR.FIQ 位分别控制是否将 IRQ、FIQ 响应为 Monitor 模式（该位的值为 1 时，响应为 Monitor 模式），SCR.FW 位控制是否可在非安全状态下修改 CPSR.F 位（该位的值为 1 时，允许在非安全状态下修改 CPSR.F 位），SCR.AW 位控制是否可在非安全状态下修改 CPSR.A 位（该位的值为 1 时，允许在非安全状态下修改 CPSR.A 位）。

（3）异常返回

在 ARM 体系架构中，异常返回将恢复 PC 和 CPSR 的值，以便回到异常返回后执行所需的状态。异常返回指令可能如下。

① 从一个 PL1 模式的异常返回。

② 带 S 位设置和以 PC 作为目的寄存器的数据处理指令，如 SUBS PC, LR, #imme。如果不需要对返回地址做减法运算，则指令中的立即数为 0，或者使用等效的 MOVS 指令。

③ 从 ARMv6 开始，使用 RFE 指令。如果需要对返回地址进行修正（减法），则需要在将 LR 值保存到内存中之前进行。

④ 在 ARM 中状态下，使用形如 LDM 的指令。如果需要对返回地址进行修正（减法），则需要在将 LR 值保存到内存中之前进行。

⑤ 从一个 PL2 模式的异常返回：提供 ERET 指令。Hyp 模式是唯一的 PL2 模式，它和 ERET 指令都是虚拟化扩展实现的一部分。

2.3.4　处理器存储器子系统

1. 片上系统

片上系统（即 System on Chip，SoC）是一个面向应用领域的、面向应用系统的集成电路，包含完整系统的绝大部分功能部件。SoC 嵌入式微处理器就是这样一种超大规模集成电路系统，它将许多功能模块集成在一个单一的芯片上。

SoC 的系统具有如下特点：① 可以大幅度缩小整个系统所占的体积，在大批量生产的情况下，生产成本大大降低；② 通过改变系统内部工作电压，能有效降低芯片的功率消耗；③ 通过减少芯片的对外引脚数，简化制造过程；④ 芯片外部的驱动接口单元数量减少，相应的电路

板级的信号传递量也减少，大量的信号和数据在芯片内部传递和处理，能加快微处理器的处理速度，并降低系统噪声干扰，提高可靠性；⑤ 大量利用可重复的 IP（Intellectual Property，包括各种元器件库、宏单元及特殊的专用 IP，如微处理器核心 IP、通信接口 IP、多媒体压缩解压缩 IP 及输入输出接口 IP 等）来构建系统，缩短产品开发周期，并大幅降低嵌入式微处理器及系统开发的复杂度。

从上述描述可知，在 SoC 系统的设计中，大量可重复利用的 IP 是非常重要的。ARM 公司的 RISC 架构 ARM Core、MIPS 公司的 MIPS32/64 RISC Core、Freescale 的 PowerPC 等是目前市场上知名的嵌入式微处理器 IP，在嵌入式微处理器的设计中起到了非常重要的作用。许多芯片设计厂商购买这些微处理器 IP，再根据目标处理器的类型、功能和市场（应用领域）的定位，加上购买或自己设计的一些外设 IP，即可快速地形成一个高度集成的 SoC 嵌入式微处理器。

在有关 SoC 的概念定义中，ARM 公司提出了如图 2-49 所示的典型 SoC 结构。

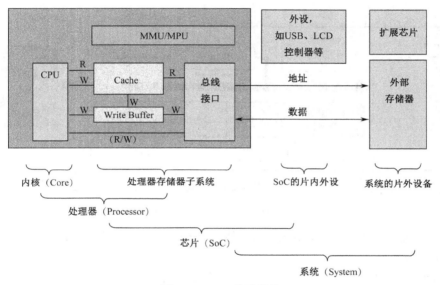

图 2-49　SoC 体系结构

一般，SoC 主要包括处理器内核（微处理器 Core）、处理器存储器子系统、片内外设和接口 4 部分。如前所述，处理器内核比较常见的架构有 ARM、MIPS、PowerPC、SH、x86 等几大系列，芯片设计厂商根据所设计的目标处理器的类型、功能和市场（应用领域）的定位，采用以上内核，加上不同的片内外设，封装为一个专用的 SoC 芯片，供不同的应用领域使用。处理器内核即为传统计算机体系结构中所定义的 CPU，主要负责执行指令，完成数据的运算和处理，以及对外设的控制。它的性能好坏会直接影响系统整体的性能。

在根据性能要求选定处理器内核之后，SoC 芯片的设计重点放在了片内外设的设计和选择上。如上所述，这些集成在片内的设备往往是根据实际需要定制的，因此即使是同一种体系结构的、选择相同内核的嵌入式微处理器，都有各种各样的实现。换言之，SoC 嵌入式微处理器是面向应用的，其片内所包含的组件的数目和种类是由它的市场定位决定的。

SoC 嵌入式微处理器一般集成了如下部件：① 片内存储器，有些嵌入式微处理器片内会集成一定数量的 RAM/ROM 存储器，其类型和容量与所设计的处理器定位有关，性能要求越高的处理器，其内部集成的存储器容量越大；② 外部存储器的控制器；③ 通信接口（串口，并口）；④ LCD 控制器，面向终端类应用的嵌入式微处理器通常会集成 LCD 控制器，以更方便地实现具有人机界面的系统；⑤ 中断控制器、DMA 控制器、协处理器；⑥ 定时器、A/D 转换器、D/A 转换器；⑦ 多媒体加速器，当需要高级的图形功能时；⑧ 总线控制器；⑨ 其他标准的接口或外设。

有关 CPU Core 的知识已在前面的章节中进行了详细讲解，下面具体说明 SoC 体系结构中的处理器存储器子系统。

2．处理器存储器子系统

SoC 芯片内部的存储结构被称为处理器存储器子系统，ARM 的处理器存储器子系统除了高速缓存外，还包括写缓冲（Write Buffer）、紧耦合内存（Tightly Coupled Memory）、内存管理/保护单元（MMU/MPU）和协处理器（Coprocessor），图 2-50 以 ARM926EJ-S 为例展示了其典型的内部结构。

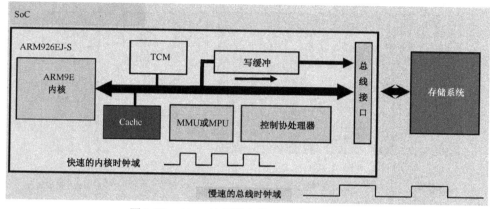

图 2-50　ARM 处理器存储器子系统结构示意

在 SoC 微处理器内核外围集成的存储部件直接体现了 SoC 处理器集成度高的特点。这些部件的主要功能如下。

① Cache：访问速度最快的本地内存，存放最近被访问过的内存的副本。

② Write Buffer：使用写缓冲能减少写数据到外部内存的次数，当数据写到 Write Buffer 后不需要 CPU 的任何干预，而由 Write Buffer 的控制逻辑自动将数据写到内存的目的地址中。Write Buffer 较小，通常只有几十字节。

③ TCM：TCM 是一种快速的本地内存，它对应了内存中特定的地址范围。

④ MMU：能够控制内存的访问权限，以及各内存区域的属性（是否可以被高速缓存、是否能被缓冲），并提供虚拟地址到物理地址的转换。

⑤ MPU：比 MMU 的功能弱一些，能够控制内存的访问权限，以及各内存区域的属性（是否可以被高速缓存、是否能被缓冲），但不提供虚拟地址到物理地址的转换。

在一个体系结构中，CPU Core 一般保持不变，因而具有相同的指令集，但它们外围的 Cache、Write Buffer 及各种片内外部设备都是可以定制的，所以才会出现同一种体系结构的芯片有很多变种。图 2-51 是另一种 ARM Processor 的结构示例（包括 CPU Core 和处理器存储器子系统），ARM720T 是其中一种典型的 ARM Processor。

（1）Cache

Cache 中存放的是当前使用得最多的程序代码和数据，即内存中部分内容的副本。在嵌入式系统中，Cache 全部集成在嵌入式微处理器内，可分为数据 Cache、指令 Cache 或混合 Cache，

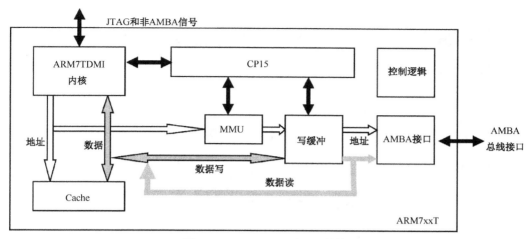

图 2-51　ARM7xxT 处理器结构

不同处理器的 Cache 的大小不一样。一般中高档的嵌入式微处理器才内置 Cache。

Cache 用于加快 CPU 对内存的访问速度，ARMv4 系列较低端的 CPU（如 EP7211、EP7212、EP7312、L7200、S3C4510 等）中都只采用了 8KB 的混合 Cache，用以存放数据和指令；较高端的 CPU（如 AAEC-2000、EP9312 和 SA-1110 等）中分别具有 16 KB 的数据和指令 Cache（例中的几款 CPU 的主频都在 200 MHz 以上）。Cache 的结构框图如图 2-52 所示。

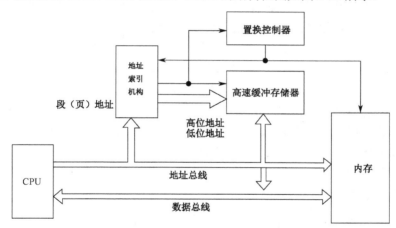

图 2-52　Cache 结构框图

Cache 命中：CPU 每次读取内存时，Cache 控制器都要检查 CPU 送出的地址，判断 CPU 要读取的数据是否在 Cache 中，如果在则称为命中。

Cache 未命中：若读取的数据不在 Cache 中，则对内存进行操作，并将有关内容置入 Cache。

Cache 的写入方法有如下 2 种。① 通写（Write Through）：写 Cache 时，Cache 与对应内存的内容同步更新。② 回写（Write Back）：写 Cache 时，只有写入 Cache 的内容被移出时才更新对应内存的内容。

ARM 处理器的 Cache 的工作原理如图 2-53 所示。TLB（Translation Lookaside Buffer，传输后备缓冲区转换）是存储管理单元的一个组成部分，它能够降低内存访问的平均时间，其行为就像是对地址转换表的高速缓冲。ARM 处理器的存储系统架构提供了 TLB 的维护操作，以便对 TLB 的内容进行管理。

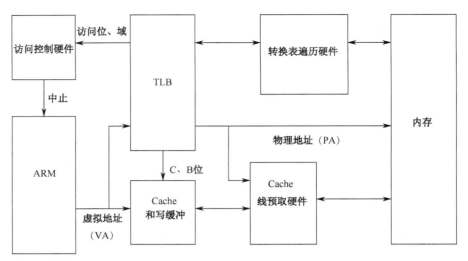

图 2-53　ARM 处理器的 Cache 的工作原理

图 2-53 中的 C（Cacheable）、B（Bufferable）位用于对 Cache 与写缓冲的使能，如表 2-12 所示。

表 2-12　C/B 位的设置

C	B	通写 Cache	只能回写的 Cache	回写/通写 Cache
0	0	Uncached / Unbuffered	Uncached / Unbuffered	Uncached / Unbuffered
0	1	Uncached / Buffered	Uncached / Buffered	Uncached / Buffered
1	0	Cached / Unbuffered	Unpredictable	Write-through Cached / Buffered
1	1	Cached / Buffered	Cached / Buffered	Write-back Cached / Buffered

越靠近处理器的存储器延迟越小，但会受到尺寸和实现代价的限制。距离处理器越远的存储器越容易实现大容量，却有延迟增大的问题。为了优化系统整体的性能，与以前的版本不同，ARMv7 的存储系统可以包含最多达 7 个级别的 Cache。图 2-54 展示了 ARMv7-A VMSA 的一个实现（支持虚拟地址）。

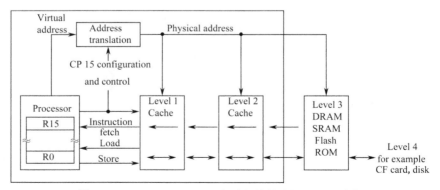

图 2-54　ARMv7-A VMSA 存储架构的多级 Cache 结构

（2）写缓冲

写缓冲是一块高速缓存，用于缓解 CPU 写内存时的等待延迟，一般情况下其大小与 Cache Line 相等。

与写缓冲相关的问题主要是 CPU 与 CPU 之间、CPU 与设备之间的同步问题，以及设备访问时序的问题。

读/写缓冲都是为了提高系统的性能而设置的。在有些 CPU 实现中只有二者之一，而有些同时具有这两种缓冲。它们与 Cache 的主要区别在于如下两点。

① 写缓冲：数据写到写缓冲后不需要 CPU 的任何干预，而由写缓冲的控制逻辑自动将数据写到内存的目的地址中。Cache 的回写则需要 CPU 的干预。写缓冲较小，通常只有几十字节。

② 读缓冲：当读数据时，读缓冲自动多读取一些字节，但是不占用 CPU 的总线时间，所以能加快读数据的速度。当使用 Cache 时，如果要从内存中读取数据，则每个数据都会占用 CPU 的时间，这是它与读缓冲的最大不同点。读缓冲通常也较小，只有几十字节。

3．MMU/MPU

MMU 主要用于对内存访问进行控制和对一些读写属性进行控制。通过 MMU 可以将物理内存地址映射成系统所需要的逻辑地址，可以对内存区域的读写进行保护，这样可以防止程序对某些地址空间的非法访问。另外，还可以控制内存区域的 Cache 和缓冲的属性。MMU 对 CPU 的实现来讲也是一个可选项，有些 CPU 没有 MMU 功能。

ARM 处理器基本上采用页目录、页表的方式实现 MMU，图 2-54 为 ARM MMU 的具有两级转换表的页转换机制。

MMU 支持基于节或页的内存访问。节由 1MB 的内存块组成，而页可以分为 3 种页大小。① 微页：由 1KB 大小的内存块组成。② 小页：由 4KB 大小的内存块组成。③ 大页：由 64KB 大小的内存块组成。

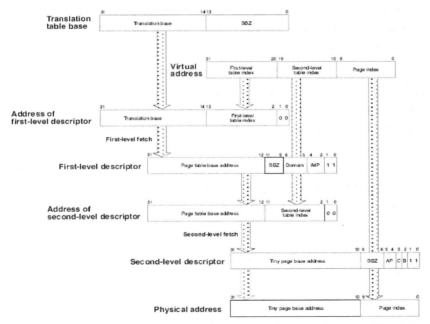

Figure 3-8 Tiny page translation in a fine second-level table

图 2-55　具有两级转换表的页转换机制

（1）协处理器

ARM 处理器的协处理器 15（CP15）由于被用于控制 Cache、TCM 和 MMU 等，因而成为处理器存储器子系统的一个组成部分。

（2）ARMv7-A&R 存储系统架构

在 ARMv7 中，除 ARMv7-M 不具备处理器存储器子系统外，ARMv7-A 及 ARMv7-R 体系架构支持不同的存储系统微结构及存储层次的实现，这取决于将要实现的系统的需求。

ARMv7-A 配置要求包含一个虚拟存储系统架构，ARMv7-R 配置要求包含一个保护存储系统架构。这两种存储系统架构都提供了将内存划分为不同区域的机制，每个区域都有特定的存储类型及（一组）属性。它们具有不同的能力及编程模型。

在 VMSA 的实现中，转换表定义了虚拟存储区域，以及每个区域的属性。每次存储访问涉及一或两个转换阶段。对于需要两个转换阶段的访问，每个转换阶段的属性被组合以获取最终的区域属性。在 PMSA 的实现中，属性是每个 MPU 内存区域定义的一部分。

存储系统模型提供了以下功能的相关设施。

① 在进行非对齐的存储访问时产生异常。

② 限制应用对特定存储空间的访问。

③ 将虚拟地址转换为物理地址。

④ 实现字和半字数据在大端和小端之间的转换。

⑤ 控制对存储器的访问顺序。

⑥ 控制高速缓存。

⑦ 同步多个处理器对共享存储器的访问。

注意： 在应用级，ARMv7-A 和 ARMv7-R 存储系统之间的区别是透明的。

（1）VMSA

ARMv7 的 VMSA 可以包含安全扩展、多处理器扩展、大物理地址扩展及虚拟化扩展。具有这些扩展的 VMSA 被称为扩展的 VMSAv7。一个 VMSA 的实现也可以不包含这些扩展或其中的一部分。在 VMSAv7 中，MMU 控制了处理器访问存储器时的地址转换、访问权限/许可、存储区域属性判定和检查等。

① 地址转换。在 ARMv7-A 的存储系统中包含了一个由 CP15 寄存器控制的内存管理单元。该存储系统支持虚拟地址，由 MMU 实施虚拟地址到物理地址的转换。一个实现了虚拟化扩展的 ARMv7-A 处理器为运行在应用级的进程提供了两个阶段的地址转换：虚拟地址到中间物理地址的转换，以及中间物理地址到物理地址的转换。操作系统定义了从虚拟地址到中间物理地址（Intermediate Physical Address，IPA）的映射，虚拟地址一般为 32 位，其实际宽度可以由处理器的具体实现定义；IPA 地址一般为 40 位，由转换表和相关系统控制寄存器定义其实现的地址空间的宽度。Hypervisor 定义了从 IPA 到物理地址的映射，该转换对操作系统是不可见的。

在只提供一个转换阶段的处理器实现中，转换表实现从虚拟地址到物理地址的直接转换。图 2-56 展示了 VMSA 的地址转换机制及相关的 MMU。

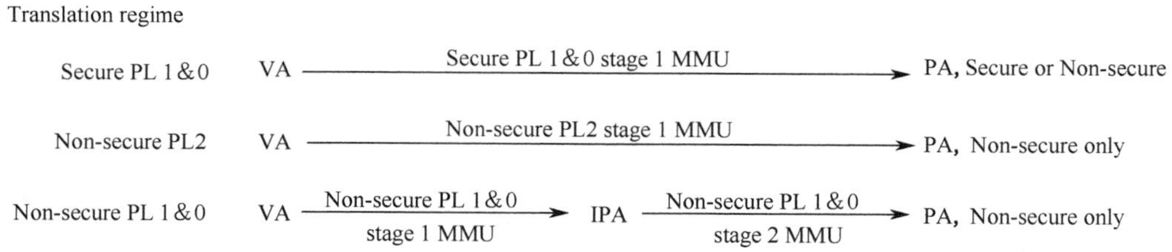

图 2-56　VMSA 的转换机制及相关的 MMU

图 2-56 表明：

❖ 在不带安全扩展的 VMSAv7 上，仅支持单个的 PL1&0 阶段 1 的 MMU。这个 MMU 的操作可以被分解为两组转换表。

❖ 带安全扩展但没有虚拟化扩展的 VMSAv7，支持安全 PL1&0 阶段 1 MMU 和非安全 PL1&0 阶段 1 MMU，每个 MMU 的操作都可分解为两组转换表。

❖ 带虚拟化扩展的 VMSAv7，处理器的实现支持所有类型的 MMU，包括安全 PL1&0 阶段 1 MMU、非安全 PL2 阶段 1 MMU、非安全 PL1&0 阶段 1 MMU、非安全 PL1&0 阶段 2 MMU。

系统控制协处理器 CP15 的寄存器控制了 VMSA，包括定义转换表的位置、使能和配置 MMU、报告内存访问的任何故障。

如果一个处理器的实现包含了安全扩展，则针对安全和非安全的操作定义了两个独立的地址映射，提供了两个独立的 40 位地址空间，地址转换表的表项决定了从安全状态到安全或非安全状态访问的地址映射。任何从非安全状态的访问都只能进行非安全的地址映射。

一个地址转换实现了从输入地址到输出地址的映射。

② 存储区域属性。ARMv7 定义了附加的存储区域属性，它定义了访问权限，能够：

❖ 基于访问的特权级，限制对数据的访问（不可访问、只读、只写、可读写）；

❖ 基于处理器或线程的特权级，限制对指令的预取或执行；

❖ 在实现了安全扩展的系统上，只允许有相应安全属性的内存访问。

这些属性在 VMSA 实现的 MMU 中定义。

注意：在 PMSA 的实现中，这些属性在 MPU 中定义。

③ 执行特权、处理器特权级和访问特权级。在一个安全状态中，ARMv7 体系架构定义了不同的执行特权级：

❖ 在安全状态中，特权级有 PL1 和 PL0；

❖ 在非安全状态中，特权级有 PL2、PL1 和 PL0，PL0 表示当前安全状态中的非特权执行。

当前处理器模式决定了执行特权级，因此执行特权级可被称为处理器特权级。

而每个内存访问具有一个访问特权级，可以是特权或非特权的。各特权级的特性如下。

PL0：应用软件的特权级，执行在用户模式下。因此，执行在用户模式下的软件称为非特权软件。该软件不能访问处理器体系架构中的一些特性，如它不能改变很多配置设置。执行在 PL0 级的软件只能进行非特权的内存访问。

PL1：执行在除用户模式和 Hyp 模式外的其余模式下的软件为 PL1 级软件。通常，操作系统软件执行在 PL1 级。执行在 PL1 级的软件能够访问处理器体系架构的所有特性，并能改变这些特性的配置设置（除了虚拟化扩展相关的特性外，这些特性只能在 PL2 级被访问）。执行在 PL1 级的软件在默认情况下进行内存的特权访问，但它们也可以进行非特权的内存访问。

PL2：执行在 Hyp 模式下的软件为 PL2 级。执行在 PL2 级的软件可以执行所有 PL1 级的操作，并能访问一些附加的功能。Hyp 模式通常用于超级管理器，后者能够控制执行在 PL1 级的客户操作系统，并在它们之间进行切换。

Hyp 模式只作为虚拟化扩展的一部分实现，并且只能在非安全状态中。这意味着：不包含虚拟化扩展的实现只有两个特权级，即 PL0 和 PL1；在安全状态中执行也只有 PL0 和 PL1 两个特权级。

注意：执行在 PL2 级的非安全 Hyp 模式（简称非安全 PL2 级）不表示比安全状态的 PL1

级（简称安全 PL1 级）有更高的特权级。安全 PL1 级可以改变所有模式的非安全操作的配置和控制设置，而非安全模式不能改变安全操作的配置和控制设置。

④ 存储系统的中止异常。如果处理器试图在权限不允许的情况下访问内存中的数据，则会导致数据中止异常。例如，处理器处于 PL0 级，并试图访问已被标识为只能在特权级访问的内存区域。

如果一个处理器的实现包含了安全扩展，则有一个附加的内存属性，用来判断特定的内存区域是安全还是非安全的。该实现会检查这个属性，以保证被标识为安全的内存区域不能进行非安全的访问。

VMSA/PMSA 存储系统的中止情况有如下几类。

❖ 调试异常：根据处理器的调试配置产生的异常。

❖ 对齐错误：如果用于内存访问的地址不具有相应操作所要求的对齐方式，则会产生此错误。

❖ MMU/MPU 错误：对于 MMU，对当前转换机制的错误的检查顺序会导致 MMU 错误；对于 MPU，当其检测到一个访存的限制时产生 MPU 错误异常。

❖ 外部中止：除调试异常、对齐错误和 MMU 错误之外，其余的存储系统错误都属于这类错误。

（2）PMSA

PMSA 基于存储保护单元，它提供了一个比基于 MMU 的 VMSA 更简单的存储保护方案。一个 PMSAv7 的处理器通过 MPU 类型寄存器的存在来识别。MPU 最主要的简化是不使用转换表，而由系统控制协处理器 CP15 的寄存器定义保护区域（Protection Regions）。保护区域取消了以下要求：① 执行转换表遍历的硬件；② 建立和维护转换表的软件。

使用保护区域的好处是使得内存的检查是完全确定的。然而，其控制是基于区域而非基于页的，这意味着控制的精度明显低于 VMSA。

PMSA 的第二个重要简化是不支持虚拟地址到物理地址的转换，而采用平面地址映射。被访问的物理存储器地址与处理器产生的虚拟地址是相同的。

PMSA 具有如下特性。

① 对于每个已定义的区域，CP15 寄存器规定了区域的尺寸、基地址和内存属性（如存储器类型、访问许可等）。256 字节及以上尺寸的区域可以被分为 8 个子区域，以改进存储访问控制的精度。最小的区域尺寸由处理器的具体实现定义。

② 存储区域的控制—请求读和写区域配置寄存器—只能在 PL1 级进行。

③ 区域可以重叠。如果一个地址被定义在多个区域中，一个固定的优先级方案定义了被访问地址的属性。这个方案将优先级赋予具有最高编号的区域。

④ 取决于 PMSA 的配置，访问一个未在任何区域中定义的地址，将可能导致一个存储中止；如果是在 PL1 模式中进行的访问，则使用默认的存储映射。

⑤ 所有的地址都是物理地址，不支持地址转换。

⑥ 指令和数据的地址空间可以是统一的，使用单一的区域描述符进行指令和数据的访问；也可以是分离的，使用不同的指令区域描述符和数据区域描述符。

当处理器实现了 PMSA 时，软件可以使用 CP15 的寄存器来配置 MPU 存储区域。对于每个存储区域，都有如下 3 个寄存器：一个基址寄存器，定义区域在存储映射图中的起始地址；一个区域尺寸和使能寄存器，具有一个该区域的使能位，并定义了区域的尺寸及其中 8 个子区域的禁止位；一个区域访问控制寄存器，定义了区域的内存属性。

2.3.5 存储器数据模式及 I/O 编址

ARM CPU 的寻址空间为 4G（2^{32}）8 位的字节，运行在 ARM CPU 上的所有程序共享 4GB 的物理或者虚拟空间，因此它是一种平面的内存模式。该地址空间也可以被认为是 1G（2^{30}）32 位的字或 2G（2^{31}）16 位的半字。

1．存储器数据模式——大小端问题

ARM 内核的寄存器是 4 字节，内存中的数据是按照字节来存放和寻址的，因此需要通过大小端的设置来明确寄存器的内容和内存内容的格式关联。ARM 处理器都是小端的，可以被配置成访问大端的内存系统。大端数据存放格式如图 2-57 所示。小端数据存放格式如图 2-58 所示。

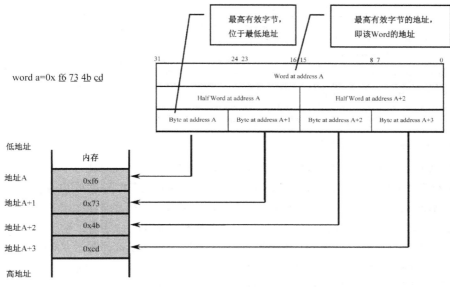

图 2-57　大端数据存放格式

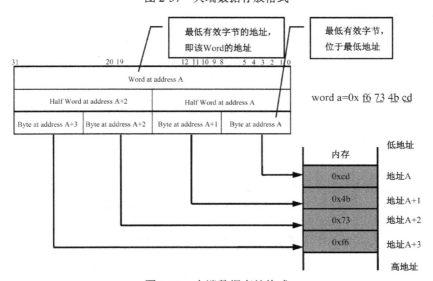

图 2-58　小端数据存放格式

对于支持双字内存数据类型的 ARMv7，图 2-59 展示了两种端模式下存储系统中的如下关系：位于地址 A 的双字；位于地址 A 和地址 A+4 的字；位于地址 A、A+2、A+4、A+6 的半字；位于地址 A、A+1、A+2、A+3、A+4、A+5、A+6 和 A+7 的字节。

Big-endian memory system

MSByte	MSByte-1	MSByte-2	MSByte-3	LSByte+3	LSByte+2	LSByte+1	LSByte
Doubleword at address A							
Word at address A				Word at address A+4			
Half Word at address A		Half Word at address A+2		Half Word at address A+4		Half Word at address A+6	
Byte.A	Byte.A+1	Byte.A+2	Byte.A+3	Byte.A+4	Byte.A+5	Byte.A+6	Byte.A+7

Little-endian memory system

MSByte	MSByte-1	MSByte-2	MSByte-3	LSByte+3	LSByte+2	LSByte+1	LSByte
Doubleword at address A							
Word at address A+4				Word at address A			
Half Word at address A+6		Half Word at address A+4		Half Word at address A+2		Half Word at address A	
Byte.A+7	Byte.A+6	Byte.A+5	Byte.A+4	Byte.A+3	Byte.A+2	Byte.A+1	Byte.A

图 2-59　大小端关系（Byte.A+1 是"位于地址 A+1 的字节"的简写）

2．指令内存的大小端问题

在 ARMv7-A 中，指令在存储器中总是以小端方式存储的。在 ARMv7-R 中，指令的端模式可以在系统级进行控制。在 ARMv7 之前，ARM 体系包含对 BE-32 大端内存模式的策略性支持，但在 ARMv7 中不再支持 BE-32 操作。因此，如果目标代码包含了大端字节顺序的指令，则需要对目标文件中的指令进行字节顺序转换，以便在 ARMv7 上运行。对于 ARMv7-A 配置上的应用，通常可以在程序代码的链接阶段使用工具完成该转换；而对于 ARMv7-R 上的一些不能在链接阶段被转换字节顺序的应用代码，则依靠处理器在运行时转换。因此，ARMv7-R 允许对指令的大小端进行配置（CP15 控制寄存器 SCTLR 中的 IE 位指示了指令的端配置）。

3．I/O 端口编址方式

I/O 端口的编址方式（即 I/O 端口的地址安排方式）有两种，如图 2-60 所示。

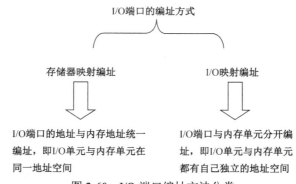

图 2-60　I/O 端口编址方法分类

ARM CPU 的 I/O 端口都是存储器映射的编址方式，即对 I/O 端口的访问与对内存的访问方式完全一样。存储器映射编址与 I/O 映射编址的对比如表 2-13 所示。

表 2-13 存储器映射编址与 I/O 映射编址的对比

编址方式 优缺点及示例	存储器映射编址	I/O 映射编址
优点	① 可采用丰富的内存操作指令访问 I/O 单元 ② 无需单独的 I/O 地址译码电路 ③ 无需专用的 I/O 指令	① I/O 单元不占用内存空间 ② I/O 程序易读
缺点	① 外设占用内存空间 ② I/O 程序不易读	I/O 操作指令仅有单一的传送指令, I/O 接口需有地址译码电路
举例	ARM 系列嵌入式微处理器	Intel 80x86 系列处理器, I/O 端口与内存单元分开编址, I/O 端口有自己独立的地址空间, 其大小为 64KB

2.4 嵌入式系统总线

微处理器需要与一定数量的部件和外部设备连接, 如果将各部件和每一种外部设备分别用一组线路与 CPU 直接连接, 则连线会错综复杂, 甚至难以实现。为了简化硬件电路设计、简化系统结构, 常用一组线路配置以适当的接口电路, 将 CPU 与各部件和外部设备连接起来, 这组共用的连接线路被称为总线。

总线是指一组进行互连和传输信息—指令、数据和地址的信号线, 是连接系统各个部件之间的桥梁。采用总线结构可便于部件和设备的扩充, 制定了统一的总线标准后更容易使不同设备间实现互连。

嵌入式系统的总线一般分为片内总线和片外总线。片内总线就是嵌入式微处理器内的 CPU 与片内其他部件连接的总线, 片外总线集成在嵌入式微处理器内或通过外接芯片扩展, 用于连接外部设备, 如图 2-61 所示。

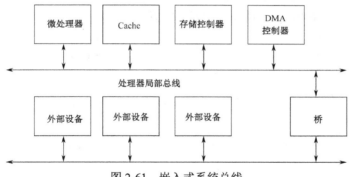

图 2-61 嵌入式系统总线

2.4.1 AMBA 总线

AMBA（Advanced Microcontroller Bus Architecture）是 ARM 公司研发的一种总线规范, 目前为 3.0 版本, 是 ARM 系列嵌入式微处理器所采用的片内总线。由于 ARM 公司将其设计的 CPU Core 以 IP 授权的方式提供给第三方芯片设计厂商使用, 因而采用此统一的规范, 就能更快速地设计出基于 ARM CPU Core 的芯片产品。基于 AMBA 总线的 ARM SoC 结构如图 2-62 所示。

AMBA 总线规范中定义了如下 3 种总线。

① 高级高性能总线（Advanced High-performance Bus, AHB）: 用于高性能系统模块的连接, 支持突发模式数据传输和事务分割; 可以有效地连接处理器、片上和片外存储器, 支持流水线操作。

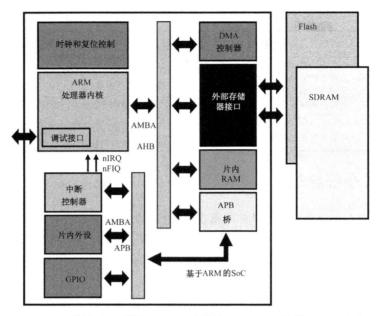

图 2-62　基于 AMBA 总线的 ARM SoC 结构

②　高级系统总线（Advanced System Bus，ASB）：也用于高性能系统模块的连接，支持突发模式数据传输，这是较老的系统总线格式，后来由 AHB 替代。

③　高级外设总线（Advanced Peripheral Bus，APB）：用于较低性能外设的简单连接，一般接在 AHB 或 ASB 系统总线上的第二级总线。

一个典型的基于 AMBA 总线的系统如图 2-63 所示。

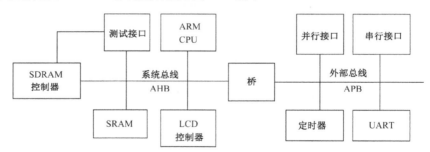

图 2-63　基于 AMBA 总线的系统

1．AHB

（1）AHB 总线的组成

AHB 总线主要由主单元、从单元、仲裁器和译码器组成。

①　AHB 主单元：总线的主单元可以初始化读或写。只有主单元可在任何时刻使用总线。AHB 可以有一个或多个主单元。主单元可以是 RISC 处理器、DSP 及 DMA 控制器，以启动和控制总线操作。

②　AHB 从单元：从单元可以响应（并非启动）读或写总线操作。总线上的从单元可以在给定的地址范围内对读写操作进行相应的反应。从单元向主单元发出成功、失败信号或等待各种反馈信号。从单元通常是其复杂程度不足以成为主单元的固定功能块，如外存接口、总线桥接口及任何内存都可以是从单元，系统的其他外设也包含在 AHB 的从单元中。

③ AHB 仲裁器：仲裁器用来确定控制总线的是哪个主单元，以保证在任何时候只有一个主单元可以启动数据传输。一般来说，仲裁协议都是固定好的，如最高优先级方法或平等方法，可根据实际的情况选择适当的仲裁协议。

④ AHB 译码器：译码器用于传输的译码工作，提供传输过程中从单元的片选信号。

（2）AHB 总线工作过程

图 2-64 为一个典型的 AHB 总线的工作过程，包括以下两个阶段。

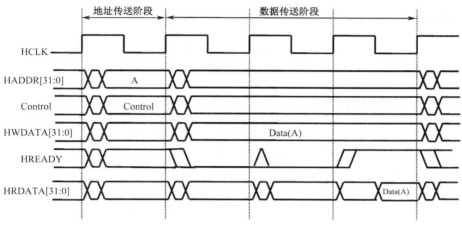

图 2-64　AHB 总线工作过程

① 地址传送阶段（Address Phase）：将只持续一个时钟周期。在 HCLK 的上升沿数据有效，所有的从单元都在这个上升沿来采样地址信息。

② 数据传送阶段（Data Phase）：需要一个或几个时钟周期。可通过 HREADY 信号来延长数据传输时间，当 HREADY 信号为低电平时，在数据传输中加入等待周期，直到 HREADY 信号为高电平时才表示这次传输阶段结束。

上面的地址传送阶段和数据传送阶段是相互分开的，但在实际应用中，地址传送阶段实际上发生在前一次传输的数据传送阶段。地址传送阶段和数据传送阶段之间的重合对于总线流水线操作及提高系统的性能很有好处。

（3）传输类型

主单元使用 HTRANS[1:0]来表示主单元在传输时所处的状态，有下列 4 种类型。

① IDLE 状态：表示当前主单元不会进行数据传输，从单元可以忽略本次传输。

② BUSY 状态：允许主单元在猝发传输中插入一个 IDLE 的等待态，表示主单元将会继续进行猝发传输，但是下一个传输不会马上发生。如果一个主单元处于 BUSY 状态，则地址和控制信号必须是猝发传输中的下一个传输信息。

③ NONSEQ 状态：表示主单元要传输单个数据或连续数据中的第一个数据，主单元传输的控制信号和上次传输的没有联系。

④ SEQ 状态：表示主单元传输的控制信息和数据与上次传输的信息有联系，控制信息和上次的相同，而地址等于上次传送的地址加固定值。

从单元通过使用 HREADY 信号在传输中插入适当的等待周期，如果这次传输从单元返回的 HREADY 为高电平，并且返回一个 OKAY 信号，那么表示这次传输成功完成。

从单元使用 HRESP[1:0]来表示从单元在传输中所处的状态，有下列 3 种类型。

① OKEY 状态：表示传输正常。如果 HREADY 为高电平，则传输顺利完成。

② ERROR 状态：表示传输错误，通过 ERROR 状态使主单元认识到传输无法成功完成。

③ RETRY 和 SPLIT 状态：都表示传输无法立即完成，请求主单元继续传输。

2. APB

APB 主要由 APB 桥和 APB 从单元组成，APB 桥是 APB 中唯一的主单元，是 AHB/ASB 的从单元。APB 桥的接口信号如图 2-65 所示。APB 桥将系统总线 AHB/ASB 和 APB 连接起来，并执行下列功能。

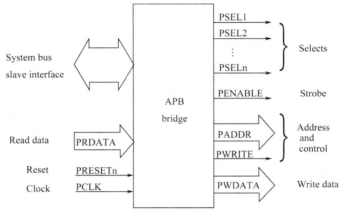

图 2-65　APB 桥的接口信号

① 锁存地址并保持其有效，直到数据传送完成。

② 译码地址并产生一个外部片选信号，在每次传送时只有一个片选信号（PSELx）有效。

③ 写传送（Write Transfer）时驱动数据到 APB。

④ 读传送（Read Transfer）时驱动数据到系统总线 AHB/ASB。

⑤ 传送时产生定时触发信号 PENABLE。

APB 从单元具有简单灵活的接口，接口的具体实现是依赖于特定设计的，有许多不同的可能。APB 从单元的接口信号如图 2-66 所示。在写传送时，当 PSELx 为高电平时，数据被锁定在每个 PCLK 的上升沿和 PENABLE 的上升沿。

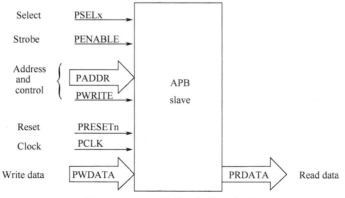

图 2-66　APB 从单元的接口信号

片选信号 PSELx 和地址信号 PADDR 可合并起来，共同决定需要操作的寄存器。

读传送时，当 PWRITE 为低电平并且 PSELx、PENABLE 同时为高电平时，数据传送到数据总线上。PADDR 用于确定读哪个寄存器。

2.4.2 PCI/CPCI 总线

随着嵌入式系统的发展，嵌入式系统已开始逐步采用微机系统普遍采用的外设组件互连（Peripheral Component Interconnect，PCI）总线，以便于系统的扩展。

1991 年，Intel 公司联合世界上多家公司成立的 PCISIG（Peripheral Component Interconnect Special Interest Group）协会是国际上微型机领域的行业协会，它致力于促进 PCI 总线工业标准的发展。PCI 总线规范先后经历了 1.0、2.0 和 2.1 版。PCI 总线是地址、数据多路复用的高性能 32 位和 64 位总线，是微处理器与外部控制部件、外部附加板之间的互连机构，它规定了互连的协议、电气、机械及配置空间规范，以保证全系统的自动配置，在电气方面还专门定义了 5V 和 3.3V 信号、环境，2.1 版本定义了 64 位总线扩展和 66MHz 总线时钟的技术规范。

从数据宽度上看，PCI 总线有 32 位、64 位之分；从总线速度上看，PCI 总线有 33 MHz、66 MHz 两种。目前流行的是 32 位 33 MHz，而 64 位系统正在普及中。改良的 PCI 系统 PCI-X 最高可以达到 64 位 133 MHz 的数据传输速率。

1．PCI 总线

与 ISA 总线不同，PCI 总线的地址总线与数据总线是时分复用的，支持即插即用（Plug and Play）、中断共享等功能。时分复用的好处是既可以节省接插件的管脚数，又便于实现突发数据传输。数据传输时，由一个 PCI 设备作为发起者（主控、Initiator 或主单元），另一个 PCI 设备作为目标（从设备、Target 或从单元）。总线上所有时序的产生与控制都由主单元来发起。PCI 总线在同一时刻只能供一对设备完成传输，这就要求有一个仲裁机构，来决定谁有权限拿到总线的主控权。

32 位 PCI 系统的管脚按功能可分为以下几类。

（1）系统控制

CLK：PCI 时钟，上升沿有效。

RST：Reset 信号。

（2）传输控制

FRAME #：标志传输开始与结束。

IRDY#：主单元可以传输数据的标志。

DEVSEL #：当从单元发现自己被寻址时设置低电平应答。

TRDY#：从单元可以传输数据的标志。

STOP #：从单元主动结束传输数据。

IDSEL：在即插即用系统启动时用于选中板卡的信号。

（3）地址与数据总线

AD[31：0]：地址/数据时分复用总线。

C/ BE # [3：0]：命令/字节使能信号。

PAR：奇偶校验信号。

（4）仲裁信号

REQ #：主单元用来请求总线使用权。

GNT #：仲裁机构允许主单元得到总线使用权。

（5）错误报告

PERR #：数据奇偶校验错。

SERR #：系统奇偶校验错。

如图 2-67 所示，当 PCI 总线进行操作时，发起者先置 REQ #，当得到仲裁器的许可时（GNT #），将 FRAME #置为低电平，并在 AD 总线上放置从单元的地址，同时 C/ BE #放置命令信号，说明要用的传输类型。PCI 总线上的所有设备都需对此地址译码，被选中的设备置 DEVSEL # 以声明自己被选中。当 IRDY#与 TRDY#都置为低时，传输数据。主单元在数据传输结束前，将 FRAME #置高以标明只剩最后一组数据要传输，并在传送完数据后放开 IRDY#以释放总线控制权。由此可见，PCI 总线的传输是高效的，发出一组地址后，理想状态下可以连续发送数据，峰值速率为 132MBps。

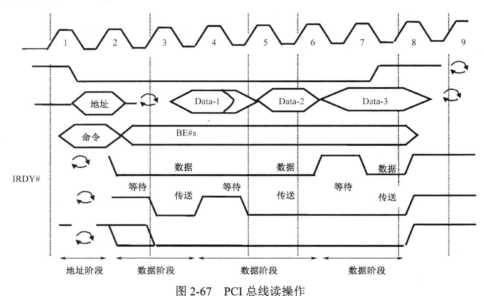

图 2-67　PCI 总线读操作

2．CPCI 总线

为了将 PCI 总线规范用在工业控制计算机系统上，1995 年 11 月，PICMIG 颁布了 CompactPCI（简称 CPCI）规范 1.0，后来相继推出了 PCI-PCI Bridge 规范、Computer Telephony TDM 规范和 User-defined I/O pin assignment 规范，1997 年推出了 CPCI 2.0 规范。

简言之，CPCI 总线规范 = PCI 总线的电气规范 + 标准针孔连接器（IEC-1076-4-101）+ 欧洲卡规范（IEC 297/IEEE 1011.1）。

目前，在嵌入式 PC、工控计算机及高端的嵌入式系统中已经大量采用 CPCI 接口，以逐步替代 VME 和 Multibus 总线。CPCI 总线工控机之所以被业界青睐，是因为其既具有 PCI 总线的高性能，又具有欧洲卡结构的高可靠性，是符合国际标准的真正工业型计算机，适合在可靠性要求较高的工业和军事设备上应用。

CPCI 总线工控机定义了两种板卡尺寸：3U（100mm×160mm）和 6U（233mm×160mm），主要具有以下特点。

① 标准欧洲卡尺寸，符合 IEEE 1101.1 结构标准。

② 气密性、高密度 2mm 针孔连接器，符合 IEC_1076 国际标准。

③ 板卡垂直地面安装，利于散热降温。

④ 板卡正向安装，反向拔出，四面固定。

⑤ 良好的抗振动和抗冲击特性。

⑥ 金属前面板，便于安装、固定和指示。

⑦ 现场 I/O 信号由板后通过针孔连接器引出，弹性连接，抗腐蚀、抗振动性能好。

⑧ 标准金属机箱（铝），EMC、ESD 性能好，抗干扰能力强。

⑨ 支持热插拔和热切换。

⑩ 多处理器和多操作系统支持。

⑪ 无源母板，标准插槽，可扩展性和伸缩性能好。

⑫ 支持混合总线系统。

2.4.3 USB **总线**

通用串行总线（Universal Serial Bus，USB）是重要的串行接口之一。USB 是在 1994 年由 Intel、NEC、微软和 IBM 等公司共同提出的，其目的在于将众多的接口（串口、并口、PS2 口 等），改为通用的标准。USB 仅仅使用一个 4 针插头作为标准插头，并通过这个标准接头连接 各种外设，如鼠标、键盘、游戏手柄、打印机、数码照相机等。USB 接口的特点是支持热插拔，支持单接口上连接多个设备等。

USB 的主要版本有 USB 1.1、USB 2.0、USB 3.0、USB 3.1。USB 3.1 是最新的 USB 规范。不同 USB 版本最主要的差别在于传输速度：USB 1.1 理论最大传输速度为 12 Mbps；USB 2.0 的理论最大传输速度达到了 480 Mbps，比 USB 1.1 快 40 倍左右；USB 3.1 的数据传输速度可提 升至 10 Gbps。与 USB 3.0 技术相比，USB 3.1 技术使用了一个更高效的数据编码系统，并提供 了一倍以上的有效数据吞吐率。USB 3.1 具有向下兼容性，兼容现有的 USB 3.0 软件栈和设备 协议、5Gbps 的集线器与设备、USB 2.0 产品。

1. USB 的体系结构

图 2-68 为 USB 的层次结构图，USB 系统提出了一些重要的概念以满足可靠性的要求，对 USB 的分层理解是必需的。它能使不同层次的实现者只关心 USB 相关层次的功能特性细节，而不必掌握从硬件结构到软件系统的所有细节。

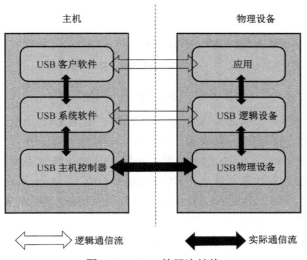

图 2-68　USB 的层次结构

2．USB 通信流

USB 是为主机软件和它的 USB 应用设备间的通信服务的，针对客户与应用间不同的交互情况，USB 设备对数据流有不同的要求。它允许不同的数据流相互独立地进入一个 USB 设备，每种通信流都采取了某种总线访问的方法来完成主机上软件与设备之间的通信。每个通信都在设备上的某个端点结束。不同设备的不同端点用于区分不同的通信流。

图 2-69 是图 2-68 的扩充，更详尽地描述了 USB 系统，支持逻辑设备层和应用层间的通信。实际的通信流要经过多个层次的多个接口：第一个层次的接口刻画了机械上、电气上及协议上的 USB 接口的定义（接口 1）；第二个层次的接口是 USB 设备的编程接口，通过此接口，可从主机侧对 USB 设备进行控制（接口 2）；第三个层次的接口引入了 USB 主机侧的两个通信接口。

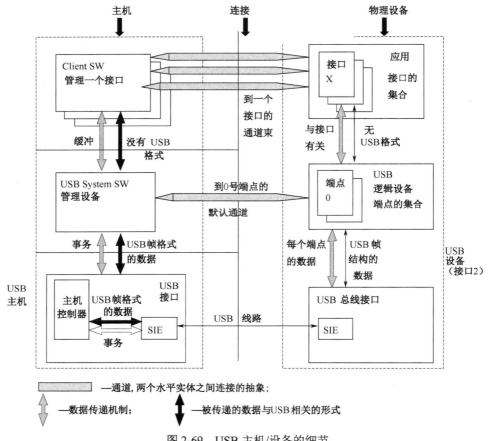

图 2-69　USB 主机/设备的细节

主机控制器的驱动程序（HCD）：位于 USB 主机控制器与 USB 系统软件之间。主机控制器可以有一系列不同的实现，而系统软件独立于任何一个具体实现。一个驱动程序可以支持不同的控制器，而不必特别了解这个具体的控制器。一个 USB 控制器的实现者必须提供一个支持其控制器的主机控制器驱动器实现。常见的 HCD 实现有 OHCI（Open Host Controller Interface，开放式主机控制接口），EHCI（Enhanced Host Controller Interface，增强型主机控制接口）和 UHCI（Universal Host Controller Interface，通用主机控制接口）。

USB 驱动程序（USBD）：USB 系统软件与客户软件之间的接口，提供给客户软件一些方便使用 USB 设备的功能，主要用于对 USB 总线进行管理，以及对当前 USB 总线上每个设备进行管理。

一个 USB 逻辑设备对 USB 系统来说就是一个端点集合。端点可以根据它们实现的接口来分类。USB 系统软件通过一个默认控制通道来管理设备。而客户软件用通道束管理接口。通道束的一端为端点，另一端为缓冲区。客户软件要求通信数据在主机上的一个缓冲和 USB 设备上的一个端点之间进行。主机控制器或 USB 设备（取决于数据传送方向）将数据打包后在 USB 上传。由主机控制器（HC）协调何时用总线访问在 USB 上传递数据。

（1）设备端点

一个端点是一个可唯一识别的 USB 设备的逻辑组成，它是主机与设备间通信流的一个结束点。一系列相互独立的端点在一起构成了 USB 逻辑设备。每个逻辑设备有一个唯一的地址，这个地址是在设备连接主机时，由主机分配的，而设备中的每个端点在设备内部都有唯一的端点号。这个端点号是在设备设计时被给定的。每个端点都是一个简单的连接点，或者支持数据流进设备，或者支持数据流出设备，两者不可兼得。

一个端点的特性决定了它与客户软件进行传送的类型。一个端点的特性主要包括端点的总线访问频率要求、总线延迟要求、带宽要求、端点的端点号、对错误处理的要求，端点能接收或发送的包的最大长度、端点的传送类型及端点与主机的数据传送方向。

端点号不为 0 的端点在被设置前处于未知状态，是不能被主机访问的。

所有 USB 设备都需要实现一个默认的控制方法。这种方法将端点 0 作为输入端点，同时也将端点 0 作为输出端点。USB 系统用这个默认方法初始化及使用逻辑设备（即设置此设备）。默认控制通道支持对控制的传送，一旦设备连接上，加上电，并收到一个总线复位命令，则端点 0 就是可访问的。

USB 设备可以有除 0 以外的其他端点，这取决于这些设备的实现。低速设备在 0 号输入及输出端点外，只能有 2 个额外的可选端点。而高速设备可具有的额外端点数仅受限于协议的定义（协议中规定，最多 15 个额外的输入端点和最多 15 个额外的输出端点）。

除默认控制通道的默认端点外，其他端点只有在设备被设置后才可使用，对设备的设置是设备启动过程的一部分。

（2）通道

一个 USB 通道是设备上的一个端点和主机上软件之间的联系，体现了主机上缓存和端点间传送数据的能力。

有两种不同且互斥的通道通信格式：一种是流（Stream），指不具有 USB 定义的格式的数据流；另一种是消息（Message），指具有某种 USB 定义的格式的数据流。

一个客户软件一般通过 I/O 请求包（IRP）来要求数据传送。然后或者等待，或者当传送完成后被通知。IRP 的细节是由操作系统来指定的。客户软件提出与设备上的端点建立某个方向的数据传送的请求，IRP 即可简单地理解为这个请求。一个客户软件可以要求一个通道回送所有的 IRP。当关于 IRP 的总线传送结束时，无论它是成功完成，还是出现错误，客户软件都将获得通知表示 IRP 完成了。

如果通道上没有正在传送的数据，也没有数据想使用此通道，则这个通道处于闲置状态。主机控制器对它不采取任何动作，也就是说，这个通道的端点会发现没有任何的总线动作是与它相关的。只有当有数据在通道上时，该通道才能发现总线对它的动作。

如果一个非同步通道遇到一个迫使它给主机发送 STALL 的情况，或者在任一个 IRP 中发现 3 个总线错误，则这个 IRP 将被中止。其他所有突出的 IRP 也一同被中止。通道不再接收任何

IRP，直到客户软件从此情况中恢复过来（恢复的方式取决于软件的实现），并且承认这个中止或出现的错误，并发送一个 USBD Call 来表明它已承认。一个合适的状态信息将通知客户软件 IRP 的结果—出错或中止。

通道的端点可以用 NAK 信号来通知主机自己正忙，NAK 不能作为向主机返还 IRP 的中止条件。在一个给定的 IRP 处理过程中，可以遇到任意多个 NAK，NAK 不构成错误。

（3）传送类型

USB 有 4 种数据传输方式：控制传输、同步传输、中断传输和批量传输。通常所有传送方式的主动权都在 PC 端，也就是主机端。

① 控制传输（Control Transfer）：控制传输是双向传输，数据量通常较小。USB 系统软件使用控制传输来进行查询、配置和给 USB 设备发送通用的命令。控制传输方式可以包括 8、16、32 和 64 字节的数据，这依赖于设备和传输速度。控制传输典型地用在主计算机和 USB 外设之间的端点 0 之间的传输，但是指定供应商的控制传输可能用到其他端点。

② 同步传输（Isochronous Transfer）：同步传输提供了确定的带宽和间隔时间，它被用于时间严格并具有较强容错性的流数据传输，或者用于要求恒定的数据传送率的即时应用中。例如，执行即时通话的网络电话应用时，使用同步传输模式是很好的选择。同步数据要求确定的带宽值和确定的最大传送次数。同步传输中即时的数据传递比完美的精度和数据的完整性更重要。

③ 中断传输（Interrupt Transfer）：中断传输方式主要用于定时查询设备是否有中断数据要传送。设备的端点模式器的结构决定了它的查询频率，其值为 1～255ms。这种传输方式典型地应用在少量的、分散的、不可预测数据的传输上。键盘、操纵杆和鼠标就属于这一类型。中断传输是单向的、对于主机来说只有输入的传输方式。

④ 批量传输（Bulk Transfer）：主要应用在数据的大量传送和接收，同时没有带宽和间隔时间要求的情况下，要求保证传输的质量。打印机和扫描仪属于这种类型。这种类型的设备适用于传输非常慢和大量被延迟的传输，可以等到所有其他类型的数据的传送完成之后再传送和接收数据。

USB 将其有效的带宽分成各个不同的帧，每帧通常是 1ms 长。每个设备每帧只能传送一个同步的传送包。在完成了系统的配置信息和连接之后，USB 的主机就会对不同的传送点和传送方式做一个统筹安排，用来适应整个 USB 的带宽。通常情况下，同步方式和中断方式的传送会占据整个带宽的 90%，剩余的会安排给控制方式传送数据。

2.5 嵌入式系统存储器

2.5.1 嵌入式系统的存储结构

目前，较为复杂的嵌入式系统的存储结构如图 2-70 所示。

嵌入式系统的存储器分为 3 种：高速缓存、主存（片内和片外）和外存。有关高速缓存的内容已在 2.2.6 节中讲述。

1. 主存

大多数嵌入式系统的代码和数据存储在处理器可直接访问的存储空间（即主存）中，系统上电后在主存中的代码将直接运行。嵌入式系统的主存可位于 SoC 芯片内部或外部，片内集成的存储器存储容量小、速度快，而片外的存储器容量大、速度慢。

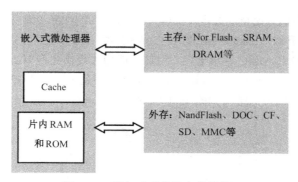

图 2-70　嵌入式系统的存储结构

可以用做主存的存储器有以下两类。ROM 类：Nor Flash、EPROM、E2PROM、PROM 等。RAM 类：SRAM、DRAM、SDRAM 等。

2. 外存

目前，有些嵌入式系统除了主存外还有外存。外存是处理器不能直接访问的存储器，用来存放用户的各种信息，存取速度相对主存而言要慢得多，但它可用来长期保存用户信息，具有价格低、容量大的特点。

在嵌入式系统中普遍采用各种电子盘作为外存，它们采用半导体芯片来存储数据，具有体积小、功耗低和极强的抗震性等特点。常用的电子盘有 NandFlash、DOC、DOM、CF、SM、SD、MMC 等。

2.5.2　NandFlash

NandFlash 是 Flash Memory 的一种。Flash Memory 即快闪存储器或快速擦写存储器。Flash Memory 由 Toshiba 于 1980 年申请专利，并在 1984 年的国际半导体学术会议上首先发表。目前，在 Flash Memory 技术主要发展了两种非易失性内存：一种是 nor（逻辑或），另一种是 nand（逻辑与）。前者是 Intel 于 1988 年发明的，后者是 Toshiba 于 1999 年创造的。NorFlash 具有随机存储速度快、电压低、功耗低、稳定性高等特点，主要用于主存。NandFlash 具有容量大、回写速度快、芯片面积小等特点，主要用于外存。表 2-14 是 NorFlash 和 NandFlash 的对比。

表 2-14　NorFlash 和 NandFlash 对比

	NorFlash	NandFlash
写入/擦除一个块的操作时间	较长：1～5s	短：2～4ms
读性能	较慢	快
写性能	较慢	快
接口/总线	SRAM 接口/独立的地址数据总线	8 位地址/数据/控制总线，I/O 接口复杂
读取模式	随机读取	串行地存取数据
成本	较高	较低，单元尺寸约为 NorFlash 的一半，生产过程简单，同样大小的芯片可以有更大的容量
是否可执行代码	是	否
容量及应用场合	1～64MB，主要用于存储代码	8MB～1GB，主要用于存储数据
擦写次数（耐用性）	约 10 万次	约 100 万次
位交换（位反转）	少	较多，关键性数据需要错误探测/错误更正 （EDC/ECC）算法
坏块处理	无，因为坏块故障率小	随机分布，无法修正
随机读写	能	不能
是否支持文件系统	否	是

NandFlash 强调降低每比特的成本（容量大），有更高的性能（读写速度快），并且像磁盘一样可以通过接口轻松升级。NandFlash 可独立成为外存，也可组成其他各种类型的电子盘，如 USB 闪存盘、CF、SD 和 MMC 存储卡等。目前有能力大规模生产 NandFlash 的只有少数厂家，如 SAMSUNG、Toshiba、Sandisk、Fujitsu 等，主要厂商是 SAMSUNG 和 Toshiba。

典型的 NandFlash 的内部结构如图 2-71 所示。

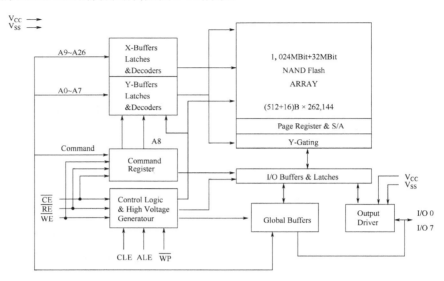

图 2-71　NandFlash 功能模块图

NandFlash 的基本操作包括读、写、块擦除、读相关寄存器、器件复位等。

1．读操作

在初始上电时，NandFlash 器件（如 K9F1208UOB）进入默认的"读方式 1 模式"。在这一模式下，页读操作通过将 00h 指令写入指令寄存器，再写入 3 个地址（1 个列地址、2 个行地址）来启动。一旦页读指令被器件锁存，则下面的页读操作不需要再重复写入指令。

写入指令和地址后，处理器可以通过对信号线 R/B 的分析来判断该操作是否完成。如果信号为低电平，则表示器件正"忙"；为高电平，则说明器件内部操作完成，要读取的数据被送入了数据寄存器。外部控制器可以在以 50ns 为周期的连续 RE 脉冲信号的控制下，从 I/O 口依次读出数据。连续页读操作中，输出的数据从指定的列地址开始，直到该页的最后一个列地址的数据为止。

2．写操作

K9F1208UOB 的写入操作也以页为单位。写入必须在擦除之后，否则写入将出错。

页写入周期总共包括 3 个步骤：先写入串行数据输入指令（80h），然后写入 3 字节的地址信息，最后串行写入数据。串行写入的数据最多为 528 字节，它们首先被写入器件内的页寄存器中，然后器件进入一个内部写入过程，将数据从页寄存器写入存储宏单元。

串行数据写入完成后，需要写入"页写入确认"指令 10h，这条指令将初始化器件的内部写入操作。如果单独写入 10h 而没有前面的步骤，则 10h 不起作用。10h 写入之后，K9F1208UOB 的内部写控制器将自动执行内部写入和校验中必要的算法和时序，这时系统控制器即可进行其他操作。

内部写入操作开始后，器件自动进入"读状态寄存器"模式。在该模式下，当 RE 和 CE 为低电平时，系统可以读取状态寄存器。可以通过检测 R/B 的输出，或读状态寄存器的状态位（I/O 6）来判断内部写入是否结束。在器件进行内部写入操作时，只有读状态寄存器指令和复位指令会被响应。当页写入操作完成后，应该检测写状态位（I/O 0）的电平。

内部写校验只对没有成功写 0 的情况进行检测。指令寄存器始终保持着读状态寄存器模式，直到其他有效的指令写入指令寄存器为止。

3. 块擦除操作

擦除操作是以块为单位进行的。擦除的启动指令为 60h，块地址的输入通过两个时钟周期完成。这时只有地址位 A14～A24 是有效的，A9～A13 被忽略。块地址载入之后执行擦除确认指令 D0h，它用来初始化内部擦除操作。擦除确认命令还用来防止外部干扰产生擦除操作的意外情况。器件检测到擦除确认命令输入后，在 WE 的上升沿启动内部写控制器开始执行擦除和擦除校验。内部擦除操作完成后，检测写状态位（I/O 0），从而了解擦除操作是否有错误发生。

4. 读状态寄存器操作

K9F1208UOB 包含一个状态寄存器，该寄存器反映了写入或擦除操作是否完成，或写入和擦除操作是否无错。写入 70h 指令，启动读状态寄存器周期。状态寄存器的内容将在 CE 或 RE 的下降沿送出至 I/O 端口中。

器件一旦接收到读状态寄存器的指令，则将保持状态寄存器为读状态，直到有其他指令输入。因此，如果在任意读操作中采用了状态寄存器读操作，则在连续页读的过程中，必须重发 00h 或 50h 指令。

5. 读器件 ID 操作

K9F1208UOB 器件具有一个产品鉴定识别码（ID），系统控制器可以读出这个 ID，从而起到识别器件的作用。读 ID 的步骤如下：写入 90h 指令，再写入一个地址 00h。在两个读周期下，厂商代码和器件代码将被连续输出至 I/O 口中。

同样，一旦进入这种命令模式，器件将保持为这种命令状态，直到接收到其他指令为止。

6. 器件复位

K9F1208UOB 器件提供一个复位指令，通过向指令寄存器写入 FFh 来完成对器件的复位。当器件处于任意读模式、写入或擦除模式的忙状态时，发送复位指令即可使器件中止当前的操作，正在被修改的存储器宏单元的内容不再有效，指令寄存器被清零并等待下一条指令的到来。当 WP 为高时，状态寄存器被清除为 C0h。

思考题 2

2.1 嵌入式硬件系统由哪些部分组成？

2.2 简述嵌入式微处理器的分类、特点。主流的嵌入式处理器有哪些？

2.3 ARM 有几种运行模式？哪些具有特权？如何改变处理器的模式？运行模式和寄存器的关系如何？什么是影子寄存器？

2.4 ARMv4 的处理器有几种异常？其异常处理方式和 x86 有什么不同？

2.5 ARMv7 的处理器有哪几种异常模式？其与 ARMv4 有什么不同？

2.6 ARMv7-A 和 ARMv7-R 中分别定义了怎样的存储系统架构？各自有什么特点？

2.7 ARM 和 x86 采用了哪种 I/O 编址方式？请比较其特点。

2.8 AMBA 属于哪种总线？请以一款 ARM 芯片为例分析 AMBA 的作用。

2.9 对比 NorFlash 和 NandFlash，并指出其在嵌入式系统中的作用。

2.10 分别写出在大端数据存放格式和小端数据存放格式下，下列变量在内存中的存放情况（该机器的字长为 32 位）。

变量 A：Word A=0xf6 73 4b cd，在内存中的起始地址为 0xb3 20 45 00。

变量 B：HalfWord B=218，在内存中的起始地址为 0xdd dd dd d0。

第3章 ARM 汇编程序设计

3.1 ARM 嵌入式微处理器指令集

3.1.1 ARM 指令集

ARM 属于 RISC 体系，根据 RISC 的设计思想，其指令集的设计应该尽可能简单。与 CISC 体系相比，RISC 可以通过一系列简单的指令来实现复杂指令的功能，并且许多指令能够在单周期内执行完成。但是 RISC 指令具有代码密度较低的弱点，为此 ARM 处理器实现了两种指令集，即 32 位的 ARM 指令集和 16 位的 Thumb 指令集。

Thumb 指令集可以说是 ARM 指令集功能的一个子集。通过引入一些指令编码约束机制，Thumb 指令集将部分的标准 32 位 ARM 指令压缩为具有相同功能的 16 位指令，在处理器中仍然要被扩展为标准的 32 位 ARM 指令来运行。因此，Thumb 指令能达到 2 倍于 ARM 指令的代码密度，同时保持了 32 位 ARM 处理器超越于 16 位处理器的性能优势。虽然指令长度有所压缩，但 Thumb 指令仍然在 32 位的 ARM 寄存器堆上进行操作。

另外，ARM 处理器允许在 ARM 状态和 Thumb 状态之间进行切换和互操作，最大限度地保证用户在运算性能和代码密度之间进行选择的灵活性。用户采用 16 位 Thumb 指令集最大的好处就是可以获得更高的代码密度和降低功耗。

后续的 ARM 核引入了新的指令集 Thumb-2，提供了 32 位和 16 位的混合指令，在增强灵活性的同时保持了代码高密度。另外，某些型号的 ARM 处理器对 Java 程序的高性能运行提供了支持，通过 Jazelle 技术提供的 8 位指令，可以更快速地执行 Java 字节码。最新的 ARMv8 架构还定义了 A64 指令集（一种全新的 32 位固定长度的指令集）。

1. ARM 指令集

ARM 指令集主要包括如下六大类指令。

① 数据处理指令：如 ADD、SUB、AND 等。

② 加载—存储指令：如 LDR 等。

③ 分支指令：如 B、BL 等。

④ 状态寄存器访问指令：如 MRS、MSR 等。

⑤ 协处理器指令：如 LDC、STC 等。

⑥ 异常处理指令：如 SWI 等。

ARM 指令集具有如下特点。

① 所有 ARM 指令都是 32 位定长的，内存中的地址以 4 字节边界对齐，因此 ARM 指令的有效地址的最后两位总是为 0，这样能够方便译码电路和流水线的实现。

② 加载 - 存储架构。由于 ARM 指令集属于 RISC 体系，因此具备 RISC 体系的典型特征，即除了专门的加载 - 存储类型的指令能够访问内存外，其余的指令只能把处理器内部的寄存器

或立即数作为操作数。因此，如果需要在内存和寄存器之间转移数据，则只能使用加载 - 存储指令。

③ 提供功能强大的一次加载和存储多个寄存器的指令：LDM 和 STM。这样，当发生过程调用或中断处理时，只用一条指令即可把当前多个寄存器的内容保存到内存堆栈中。

④ CPU 内核硬件中提供了桶形移位器，移位操作可以内嵌在其他指令中，因此，可以在一条指令中用一个指令周期完成一个移位操作和一个 ALU 操作。

⑤ 所有的 ARM 指令都是可以条件执行的，这是由其指令格式决定的，其格式如下。

31	cond	28	27	0

任何 ARM 指令的高 4 位都是条件指示位，根据 CPSR 寄存器中的 N、Z、C、V 位决定该指令是否执行。这样可以方便高级语言的编译器设计，很容易实现分支和循环。

下面是一些 ARM 指令的示例，指令右侧的方框是对指令的简要说明。

① 数据处理指令示例。

SUB	r0, r1, #5	r0 = r1 - 5
ADD	r2, r3, r3, LSL #2	r2 = r3 + (r3 * 4)
ANDS	r4, r4, #0x20	r4 = r4 AND 0x20（根据运算结果设置标志）
ADDEQ	r5, r5, r6	如果 EQ 条件为真，则 r5 = r5 + r6

② 分支指令示例。

B	<Label>	前向或后向分支跳转，其范围是相对于当前 PC 值(+/-32MB) 的空间

③ 内存访问指令示例。

LDR	r0, [r1]	将地址 r1 处的一个字加载到 r0 中
STRNEB	r2, [r3, r4]	如果 NE 条件为真，则将 r2 最低有效字节存储到地址为 r3+r4 的内存单元中
STMFD	sp!, {r4-r8, lr}	将寄存器 r4~r8 及 lr 的内容存储到堆栈中，然后更新堆栈指针

2. Thumb 指令集

Thumb 指令集是 16 位的指令集，对 C 代码的密度进行了优化，平均约达到 ARM 代码量的 65%。为了尽量降低指令编码长度，Thumb 指令集具体采用了如下约束。

① 不能使用条件执行，而标志一直根据指令结果进行设置。

② 源寄存器和目标寄存器是相同的。

③ 只使用低端寄存器，即不使用寄存器 R8～R12。

④ 对指令中出现的常量有大小的限制。

⑤ 不能在指令中使用内嵌的桶型移位器。

Thumb 指令对窄内存（即 16 位宽的内存）的性能进行了提高，相对于使用 32 宽的内存，Thumb 指令在 16 位宽内存的情况下有优于 ARM 指令的表现。

为了获得更好的运算速度和代码密度，可以通过使用 BX 指令来切换 ARM 状态和 Thumb 状态，以便 ARM 处理器在执行不同程序段的时候使用 ARM 或 Thumb 指令。在本章后面有关于 BX 指令的详细说明。

注意：Thumb 指令集并不是一个"常规"的指令集，因为对 Thumb 指令的约束有时是不一致的。所以，Thumb 指令集的代码一般是由编译器生成的而不是手动编写出来的。

3. Thumb-2 指令集

Thumb-2 技术是对 ARM 架构的非常重要的扩展，Thumb-2 指令集是 16 位 Thumb 指令集的一个超集，增加了新的、能在传统 Thumb 状态下运行的、32 位的指令。Thumb-2 技术使得16 位指令能够与 32 位的指令并存，增加了混合模式能力，这样能在一个系统中更好地平衡 ARM和 Thumb 代码的能力，使系统能更好地利用 ARM 级别的性能和 Thumb 代码密度的优势（代码性能可以达到纯 ARM 代码性能的 98%；相对 ARM 代码而言，Thumb-2 代码的大小仅有其 74%左右；代码密度比现有的 Thumb 指令集更高）。Thumb-2 指令集具有如下特性。

① 增加了 32 位的指令，因而实现了几乎 ARM 指令集架构的所有功能。

② 完整保留了 16 位的 Thumb 指令集。

③ 编译器可以自动地选择 16 位和 32 位指令的混合。

④ 具有 ARM 态的行为，包括可以直接处理异常、访问协处理器及完成 v5TE 的高级数据处理功能。

⑤ 通过 If-Then (IT)指令，1～4 条紧邻的指令可以条件执行。

在 ARM 系列的微处理器核中，ARM1156T2-S（ARMv6）和 Cortex（ARMv7）系列支持Thumb-2，而 Cortex-M（ARMv7-M）只支持 Thumb-2，实现的成本极低，因而具备了非常大的价格竞争优势。

4. Jazelle

Jazelle 技术使得 ARM 核可以执行 8 位的 Java 字节码，约 95%的 Java 字节码可以由硬件执行，从而使效率显著提高。例如，普通的 JVM 的性能为 0.7 Caffeinemarks/MHz，而具有 Jazelle的 ARM9EJ 的性能可以达到 5.5 Caffeinemarks/MHz。当然，这是以增加处理器核的复杂度为一定代价的，如相比于 ARM9E 核，ARM9EJ-S 核多了大约 12000 个额外的门电路。

如果处理器核支持 Jazelle，则它就多了一种 Jazelle 状态，如图 3-1 所示。当处理器在 Jazelle态执行时，由于所有的指令都是 8 位宽的，因此处理器对内存进行字访问时，一次可以读进 4条指令。

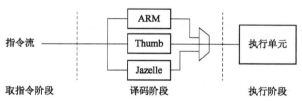

图 3-1　支持 Jazelle 的 ARM 处理器状态

为了很好地应用 Jazelle，需要得到相关的支持，ARM JTEK（Java Technology Enabling Kit）提供了相关的支持代码。

5. A64 指令集

A64 是一种支持 AArch64 执行态（在 ARMv8 中定义）的全新 32 位固定长度指令集。下面摘要说明了 A64 ISA 的特性。

① 基于 5 位寄存器描述符的简洁解码表。

② 指令语义与 AArch32（即之前的 ARM 指令集的执行态，也在 ARMv8 中定义）中的语义大致相同。

③ 31 个随时可供访问的通用 64 位寄存器。

④ 没有 GP 寄存器的模式备份组，改进了性能和能耗。

⑤ 程序计数器(PC)和堆栈指针(SP)不再是通用寄存器。

⑥ 可用于大多数指令的专用零寄存器。

A64 与 A32（ARM 指令集）的主要差异如下。

① 支持 64 位操作数的新指令：大多数指令可具有 32 位或 64 位的参数。

② 地址假定为 64 位，LP64 和 LLP64 是主要的目标数据模型。

③ 远比 AArch32 的条件{分支、比较、选择}少得多的条件指令。

④ 无任意长度的批量加载/存储指令，增加了用于处理寄存器对的 LD/ST 'P'指令。

A64 对高级 SIMD 和向量浮点的支持在语义上类似于 A32。它们共享一个浮点/向量寄存器文件（V0~V31）。A64 主要提供了如下 3 项增强功能。

① 更多的 128 位寄存器：32×128 位宽的寄存器，可被视为 64 位宽的寄存器。

② 高级 SIMD 支持 DP 浮点执行。

③ 高级 SIMD 全面支持 IEEE 754 的执行：舍入模式、非规范化数字、NaN 处理。

A64 指令集有一些针对 IEEE 754-2008 的附加浮点指令，如 MaxNum/MinNum 指令、使用 RoundTiesAway 的浮点到整数的转换。

A64 指令集中的寄存器封装模型也不同于 A32，所有向量寄存器均为 128 位宽，Vx[127:0]：双精度向量浮点使用 Vx[63:0]、单精度向量浮点使用 Vx[31:0]。

6．为什么需要学习汇编指令

在现代嵌入式系统的软件开发过程中采用性能优秀的编译器，能够将高级语言（如 C 语言、Java 语言等）的程序很好地编译成机器指令，程序人员的主要精力也放在如何编写出优秀的高级语言程序上，加之汇编程序在整个软件中所占的比例通常是很小的，因此让人感觉没有太大的必要来学习汇编指令。但是基于下列原因，汇编指令程序的编写依然是一项很重要的工作。

① 嵌入式系统的初始化代码需要用汇编指令来编写。初始化代码通常包括处理器的初始化、内存初始化等，其中涉及一些比较特殊的操作，如设置处理器在不同工作模式下的堆栈指针，需要使用特殊的访问处理器状态寄存器的指令，强制处理器切换到不同模式下进行操作。

② 一些中断服务例程，尤其是作为响应某种异常的第一级的中断派发程序，需要用汇编指令来编写，以提高效率。

③ 在软件的调试过程中，熟悉汇编指令更有助于查找疑难问题。

④ 某些指令本身就是不能直接由编译器产生的，而需要人工编写。

另外，对于某些关键程序，也需要通过手工编写汇编程序来优化，以获得最好的性能。手工编写汇编代码，可以直接控制使用 C 语言编程时不能有效使用的 3 个优化工具。

① 指令调整：调整一段代码中的指令序列，以避免处理器的暂停等待。ARM 指令执行是在指令流水线中进行的，所以一条指令执行的时间会受其相邻指令的影响。

② 寄存器分配：决定如何分配变量给 ARM 寄存器或者堆栈，以获得最好的性能。目标是要使访问存储器的次数降到最少。

③ 条件执行：可以使用 ARM 条件代码和条件指令的全部功能。

3.1.2　ARM v4T 架构指令体系

1．条件执行和标志位

通过在指令后面加上合适的条件标志符号，ARM 指令是可以条件执行的。这有效地减少了分支指令的数量，在增强指令代码密度的同时获得了好的性能。下面是条件执行的一段 ARM 指令序列。

```
    CMP     r0, r1                ; r0-r1, 比较r0和r1并设置标志位
    ADDGT   r2, r2, #1            ; 如果r0>r1，则r2=r2+1且标志位保持不变
    ADDLE   r3, r3, #1            ; 如果r0<=r1，则r3=r3+1且标志位保持不变
```

如上所示，比较指令（CMP）是默认会影响标志位的。但是对于数据处理指令，它们在默认情况下是不影响标志位的设置的，但是可在这些指令的后面加上"S"或其他影响条件位的后缀，以实现对标志位的置位。

```
loop
    ADD     r2, r2, r3            ; r2=r2+r3
    SUBS    r1, r1, #0x01        ; r1减1并设置标志位
    BNE     loop                  ; 如果Z标志被清除，则执行分支跳转
```

图 3-2 是使用和不使用条件执行的情况对比。

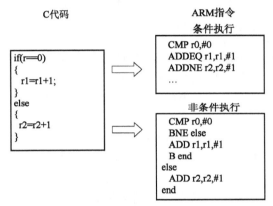

图 3-2　ARM 指令条件执行与非条件执行的对比

上例中，非条件执行的 ARM 指令需要使用 5 条指令来完成 C 代码的功能，它占用了 5 个字的内存空间，并且需要 5～6 个时钟周期完成。而条件执行的具有相同功能的 ARM 指令只需要 3 条指令，占用了 3 个字大小的内存空间，并且只需要 3 个时钟周期完成。条件执行的优势显现无疑。表 3-1 列出了可能出现在指令后缀的条件码。注意，其中的 AL 后缀是默认的，不需要被特别指出。

表 3-1　ARM 指令所使用的条件后缀

后　缀	描　　述	被测试的标志	后　缀	描　　述	被测试的标志
EQ	相等	Z=1	HI	无符号高于	C=1 & Z=0
NE	不相等	Z=0	LS	无符号低于或相同	C=0 | Z=1
CS/HS	无符号高于或等于	C=1	GE	大于或等于	N=V
CC/LO	无符号低于	C=0	LT	小于	N!=V
MI	为负	N=1	GT	大于	Z=0 & N=V
PL	为正或零	N=0	LE	大于或等于	Z=1 | N=!V
VS	溢出	V=1	AL	总是	—
VC	无溢出	V=0	—	—	—

2. 数据处理指令

ARM 的数据处理指令具体分为如下几类。

① 算术运算指令：ADD、ADC、SUB、SBC、RSB、RSC。
② 逻辑运算指令：AND、ORR、EOR、BIC。
③ 比较运算指令：CMP、CMN、TST、TEQ。
④ 数据传送指令：MOV、MVN。

注意：数据处理指令仅限于对存放在寄存器中的数据和立即数进行操作，对内存中的数据是无效的。

数据处理指令的通用语法如下。

```
<Operation>{<cond>}{S} Rd, Rn, Operand2
```

比较指令的结果仅仅是设置条件标志位，因此无需指定 Rd，例如：

```
CMP r0, r1
```

数据传送指令也不需要指定 Rd，例如：

```
MOV r0, r1
```

第二个操作数可以为一个寄存器或者一个立即数，例如：

```
ADD r0, r1, r2
AND r0, r1, #0xFF
```

另外，第二个操作数可以通过桶形移位器传输到 ALU 中，其原理如图 3-3 所示。

因此，第二个操作数如果采用寄存器方式，则可以附加移位操作，移位的值可分为以下两种情况。① 移位的值是 5 位的无符号整数（值为 0～31）；② 以其他寄存器的最低字节作为移位的值。

移位操作是数据处理指令的一部分，移位对指令的性能不会造成太大的影响。图 3-4 展示了几种可能的移位方式，其中 CF 指 CPSR 寄存器的进位标志位。

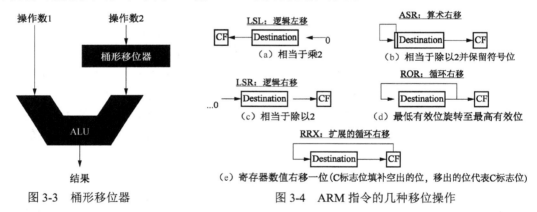

图 3-3　桶形移位器　　　　　　　　　　　图 3-4　ARM 指令的几种移位操作

移位操作可以很方便地用来实现乘以一个常数的操作，如下面的代码所示。

```
ADD r0, r5, r5 LSL 1
```

以上操作的结果是 r0 = r5 * 3。

如果第二个操作数是立即数，则需要满足以下条件之一：① 0～255 的 8 位立即数；② 通过一个 8 位的立即数循环右移偶数位得到的数。

有上述限制的原因是 ARM 指令都是 32 位的定长指令，指令编码中能用来表示操作数的长度有限，因此 ARM 指令中不能包含一个 32 位长的立即数常数。在数据处理指令的格式中，第二个操作数对应最低的 12 个有效位，如图 3-5 所示。

4 位的移位数乘以 2 形成了步长为 2、值为 0～30 的移位值，如为了表达一个值为 0xFF000000 的立即数，第二个操作数的实际编码为二进制的 010011111111。

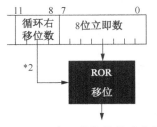

<table>
<tr><td>11</td><td>8</td><td>7</td><td></td><td>0</td></tr>
</table>

循环右移位数 | 8位立即数

*2

ROR
移位

图 3-5　ARM 立即数常数的形成规则

上述限制给汇编程序的编写带来了不便，为了加载更大的、不受限制的立即数，可以使用 LDR 伪指令，格式如下。

```
LDR rd, =const
```

汇编器遇到这条指令后将根据指定常数的具体情况，产生一条 MOV 或者 MVN 指令，或者产生一条 PC 相对寻址的 LDR 指令，将立即数从文字池（嵌入在代码中的常数域）里读出来。例如：

```
LDR r0, = 0x55             =>  MOV r0, #0x55              （a）
LDR r0, = 0x55555555  =>  LDR r0, [PC, #12位立即数]   （b）
...
```
DCD 0x55555555　文字池

在情况（a）中，由于 0x55 本身就是一个"合法"（能够直接在 ARM 指令编码中被完整编码）的 8 位立即数，因此汇编器会将其解释成一条数据处理指令；而在情况（b）中，0x55555555 是不能表达成一个"合法"的立即数的，即无法将其转换成一个由 8 位立即数循环右移偶数位得到的数，因此汇编器会在内存中距该条 LDR 伪指令"合适"的位置处（与当前 LDR 指令的距离能够被表示为一个 12 位的合法立即数）产生一个文字池，在其中定义了这个 32 位的常数（0x55555555），并将该条 LDR 伪指令转换成一条真正的内存加载 LDR 指令，其中要访问的内存地址被表示成 PC 相对寻址的形式。综上可知，汇编器总是能够将 LDR 伪指令转换成适宜的指令来完成对 32 位常数的加载，其中的细节不必编程者关心，因此推荐用这种方式将常数加载到寄存器中。

3．乘法和除法

ARM v4T 架构指令中有两类乘法，分别用来产生 32 位和 64 位的结果。产生 32 位结果的指令如下所示。

```
MUL r0, r1, r2                     ; r0 = r1 * r2
MLA r0, r1, r2, r3                 ; r0 = (r1 * r2) + r3
```

64 位的乘法提供了两种乘法指令：无符号乘和有符号乘。这类乘法指令需要两个目标寄存器，如下所示。

```
[U|S]MULL r4, r5, r2, r3           ; r5:r4 = r2 * r3
[U|S]MLAL r4, r5, r2, r3           ; r5:r4 = (r2 * r3) + r5:r4
```

大多数 ARM 核不提供整数除法指令，除法操作可以由 C 库函数例程或者移位操作实现。

4．分支指令

分支指令用来实现程序的跳转，格式如下。

```
B{L}{<cond>} label
```

其中，label 在指令编码中是一个 24 位的地址，该指令执行时地址被左移两位（由于 ARM 指令在内存中是按 4 字节对齐的），因此最终将产生一个 26 位的偏移地址，跳转的范围在当前指令地址-32MB～+32MB 中。另外，执行该指令将引起流水线的清空。

在进行子程序调用时，可在 B 指令后面加上{L}来实现子程序返回，因为这表示需要将返回地址事先保存在 LR 寄存器中。为了实现正确返回，子程序需要在执行的最后重新加载链接寄存器的内容至 PC 寄存器中，如图 3-6 所示。

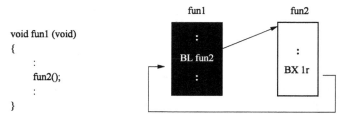

```
void fun1 (void)
{
    :
    fun2();
    :
}
```

图 3-6　用分支指令实现子程序调用和返回

5. 单寄存器数据传输（加载/存储指令）

单寄存器数据传输指令包括如下几类，主要用于存储器和内核寄存器之间的数据传输。

```
LDR    STR              ;加载/存储字的操作
LDRB   STRB             ;加载/存储字节的操作
LDRH   STRH             ;加载/存储半字的操作
LDRSB                   ;有符号的字节加载操作
LDRSH                   ;有符号的半字加载操作
```

可见，单寄存器数据传输指令的语法如下。

```
LDR{<cond>}{<size>} Rd, <address>
STR{<cond>}{<size>} Rd, <address>
```

例如，指令 LDREQB 表示寄存器加载操作（即从内存单元中复制数据到寄存器中），操作的数据类型为字节，操作的条件是 EQ（相等）。

上述指令中的地址通过一个基址寄存器和一个偏移量来确定，具体可分为以下几种情况。

① 对于字和无符号字节的访问，偏移量可以为：一个无符号的 12 位立即数（0～4095 字节），如 LDR r0, [r1, #8]；一个寄存器，并可对其进行移位操作。例如：

```
LDR r0, [r1, r2]
LDR r0, [r1, r2, LSL#2]
```

② 对于半字和有符号字节的访问，偏移量可以为：一个 8 位的立即数（0～255 字节），或者一个寄存器（但不能被移位）。

在 LDR/STR 指令的执行过程中，基址寄存器的值可以递增也可以递减，分为前序寻址和后序寻址两种情况。在前序寻址方式下，可在表示寻址的符号"]"后面加上符号"!"，以表示将基址寄存器值递增或递减，但是在后序寻址方式下，基址寄存器值是会自动更新的，不需要附加上述符号。前序寻址和后序寻址的区别如图 3-7 所示。

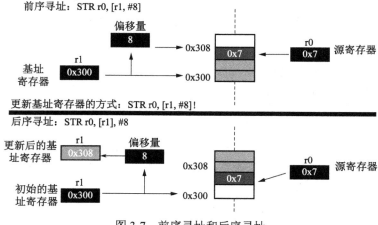

图 3-7　前序寻址和后序寻址

下面的代码片断展示了一种内存块复制的方法，其中用到了 LDR/STR 指令的后序寻址方式。假定 r5 寄存器中是源数据块的起始地址，r6 寄存器中是源数据块的结束地址，而 r8 寄存器中是目的数据块的起始地址。

```
loop
    LDR    r0, [r5], #4      ; 加载源数据块的4个字节到r0寄存器中，源数据地址递增4字节
    STR    r0, [r8], #4      ; 将r0的内容存储至目的地址中，目的地址递增4字节
    CMP    r5, r6            ; 比较源数据起始地址和结束地址，以确认是否复制完毕
    BLT    Loop              ; 如未复制完毕，则继续下一轮复制循环
```

由于 LDR/STR 都是单寄存器传输指令，因此在这个例子中每次循环只复制一个字，内存数据块复制原理如图 3-8 所示。

使用 LDR 指令也可以实现程序跳转，并可突破 ARM 分支指令跳转范围±32MB 的限制。用 LDR 指令直接将分支的地址加载到 PC 中即可实现跳转，使用 LDR 伪指令还可将任意的 32 位地址加载到 PC 中，以更方便地实现在 4GB 地址空间内的任意跳转。

6. 批量加载/存储指令

批量加载/存储指令的语法如下。

```
<LDMxx|STMxx>{<条件符>} <寻址模式> Rb{!}, <寄存器列表>
```

其中，LDM/STM 后面的 xx 代表 4 种可能的地址模式。

```
LDMIA/STMIA        ;访存后地址递增(Increment After，IA)
LDMIBPSTMIB        ;访存前地址递增(Increment Before，IB)
LDMDA/STMDA        ;访存后地址递减(Decrement After，DA)
LDMDBPSTMDB        ;访存前地址递减(Decrement Before，DB)
```

这 4 种地址模式的区别如图 3-9 所示。

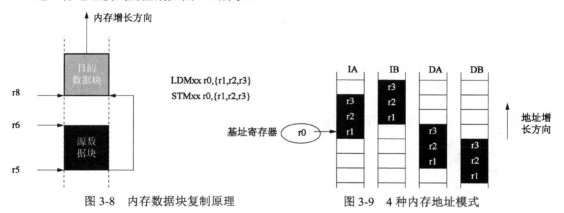

图 3-8　内存数据块复制原理　　　　图 3-9　4 种内存地址模式

注意：ARM 在将列表中各寄存器进行加载或存储操作时，不管寄存器在列表中的顺序如何，不管是地址递增还是递减的操作，它们与内存地址的对应关系总是低编号的寄存器对应低地址空间，高编号的寄存器对应高地址空间。

可以用批量的加载/存储指令对前面的内存块复制代码进行改造，如下所示。

```
loop
    LDMIA    r5!, {r0-r3}      ; 加载16字节
    STMIA    r8!, {r0-r3}      ; 存储至目的地址
    CMP      r5, r6            ; 检查复制是否完毕
    BLT      Loop              ; 循环
```

在这个例子中，每次循环复制 4 个字，减少了循环次数，加快了执行速度。

批量加载/存储指令常常用来实现堆栈的操作，上述 4 种地址模式分别对应下列 4 种堆栈工作方式。

① 空递增堆栈：堆栈指针指向下一个将要放入数据的空位置，且由低地址向高地址生长。

② 满递增堆栈：堆栈指针指向最后压入的数据，且由低地址向高地址生长。

③ 空递减堆栈：堆栈指针指向下一个将要放入数据的空位置，且由高地址向低地址生长。

④ 满递减堆栈：堆栈指针指向最后压入的数据，且由高地址向低地址生长。

实际上，ARM 的堆栈操作指令就是数据传输指令的一种。

STMFD：堆栈 push 操作，实际是批量存储指令，后缀"FD"的含义是"满递减（Full Decrement）"类型的堆栈，实际对应的是 STMDB 指令。

LDMFD：堆栈 pop 操作，实际是批量加载指令，实际对应的是 LDMIA 指令。

同样需要注意，寄存器在压栈时的顺序始终是最低编号寄存器的内容压入最低地址的堆栈空间，在列表中指定的寄存器顺序是无效的。

7．交换指令

交换（SWP）指令是加载－存储指令的一种特例，它把一个存储器单元的内容与寄存器内容相交换。交换指令是一个原子操作（不可被打断），在连续的总线操作中读/写一个存储单元，先读取内存再写内存。在操作期间阻止其他任何指令对该存储单元的读/写。其语法格式如下。

```
SWP{<cond>} {B} Rd, Rm, [Rn]
```

从指令的语法可以看到，这条指令可以有一个字节修饰符 B，所以交换指令可以有字节交换和字交换两种形式。SWP 指令的操作原理如图 3-10 所示。

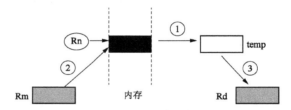

图 3-10　SWP 指令工作原理

SWP 指令可用于实现信号量和互斥操作，如下面的代码所示。

```
loop
    MOV  r1, =semaphore
    MOV  r2, #1
    SWP  r3, r2, [r1]                    ; 占用总线，直至交换完成
    CMP  r3, #1
    BEQ  Loop
```

在上述代码示例中，通过显式地使用 SWP 指令来保证在数据交换期间相应的存储单元不被其他代码改写，这是一个信号量操作的简单实现。SWP 指令在执行期间将"占用总线"直至交换完成。在该例中，由信号量指向的地址单元中或者是 0，或者是 1，如果为 1，则说明该服务正被另一个过程使用，程序将继续循环，直至该服务被释放—信号量所指单元的值变为 0。

注意：SWP 指令一般不能由 ARM 编译器编译高级语言程序得到，只能由手工编写汇编指令实现。

8．软中断指令

关于软中断指令（SWI）在本章前面的"中断与异常"中已经说明得比较详细了，这里作

为一类特别的指令描述一下。软中断指令将使处理器进入一个异常自陷，跳转到软中断异常向量执行。软中断处理例程通过检查软中断号以决定如何具体处理该中断。通过软中断机制，可以实现操作系统的若干功能调用，它们可被用户模式下的应用代码调用。

软中断指令的语法如下所示。其格式如图 3-11 所示。

```
SWI{<cond>} <SWI number>
```

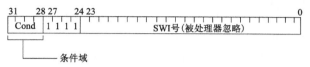

图 3-11　软中断指令的格式

9. 程序状态寄存器访问指令

程序状态寄存器（CPSR/ SPSR）是一个非常重要的特殊功能寄存器，用于实现对处理器工作模式、中断使能、指令执行等方面的控制。图 3-12 给出了 CPSR/SPSR 的位域结构，有关这些位域的功能说明详见本书 2.3 节。程序状态寄存器可读可写，但是需要使用专门的 MRS/MSR 指令在 CPSR / SPSR 寄存器与通用寄存器之间传输数据。MSR 指令允许全部或部分的寄存器内容被更新，通过写 CPSR 寄存器，可以实现开关中断、改变处理器模式等操作。

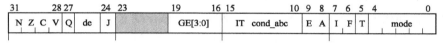

图 3-12　程序状态寄存器的位域

下面是一个典型的对 CPSR 寄存器进行"读→修改→写"操作序列，实现了使能 IRQ 中断的功能。在用户模式下，CPSR 寄存器所有的位都可以被读出，但仅有条件标志位可以被改变。

```
MRS  r0, CPSR        ; 将CPSR的内容读到r0中
BIC  r0, r0, #0x80   ; 将第7位清零以使能IRQ中断
MSR  CPSR_c, r0      ; 将修改后的值仅写入CPSR的'c'字节（控制域字节，即最低有效字节）
```

10. 协处理器指令

ARM 体系支持 16 个协处理器，每个协处理器的指令集都占用了 ARM 指令集的固定部分。如果系统中没有某个协处理器，则会触发未定义指令异常。

针对协处理器的操作，主要有以下 3 种指令。

（1）协处理器数据操作指令

CDP：初始化协处理器的数据处理操作。

（2）协处理器寄存器与 ARM 处理器寄存器的数据传输指令

MRC：协处理器寄存器到 ARM 处理器寄存器的数据传输指令。

MCR：ARM 处理器寄存器到协处理器寄存器的数据传输指令。

（3）协处理器寄存器与内存的数据传输指令

LDC：协处理器数据加载指令。

STC：协处理器数据存储指令。

3.1.3　ARM v5TE 架构指令体系

ARM v5TE 架构包含了 v4T 架构下的所有 ARM/Thumb 指令，并且新增了如下功能和特性：对 ARM/Thumb 的交互支持进行了改进，前导 0 计数指令，半字的符号乘法指令，对饱和运算

的支持，程序状态寄存器新增了 Q 标志位，双字的加载/存储指令，断点中断指令，高速缓存预加载指令。

1. 前导 0 计数指令

CLZ 是前导 0 计数指令，其语法如下。

```
CLZ{cond} Rd, Rm
```

其作用是计算 Rm 寄存器内容中第一个 1 之前的二进制 0 的个数，并存储到 Rd 寄存器中。如果 Rm 中所有的位都为 0，则返回 32；如果第 31 位为 1，则返回 0。

CLZ 指令可在软件除法和浮点运算中使用，也可将 Rm 左移<Rd>位以规范化 Rm，如图 3-13 所示。

2. 符号乘法操作指令

符号乘法操作指令的格式有如下几类。

```
SMULxy{cond} Rd, Rm, Rs
SMULWy{cond} Rd, Rm, Rs
SMLAxy{cond} Rd, Rm, Rs, Rn
SMLAWy{cond} Rd, Rm, Rs, Rn
SMLALxy{cond} RdLo, RdHi, Rm, Rs
```

其中，x、y 分别代表选择第一个操作数 Rm 和第二个操作数 Rs 的高半字（Top）或低半字（Bottom），W 代表选择 48 位乘积的高 32 位。SMLA 指令会影响 CPSR 寄存器的 Q 标志位，但该类指令不会影响 NZCV 标志位，并且指令后不允许加"S"后缀。其工作原理如图 3-14 所示。

3. 饱和运算指令

带符号数的取值范围如图 3-15 所示。

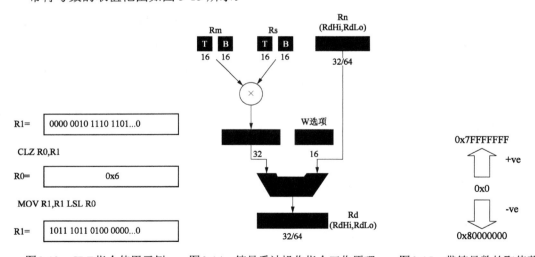

图3-13　CLZ指令使用示例　　图3-14　符号乘法操作指令工作原理　　图3-15　带符号数的取值范围

在有符号数的操作中，可能会出现数值的突变，如 0x7FF FFFFF 加 1 会导致正值向负值的转变，而从 0x80000000 减 1 会导致负值向正值的转变。这种突变在某些应用领域中是要尽量避免的，因为它会造成信号处理过程中出现不期望的"尖峰"信号，而使用饱和运算指令可以解决这个问题,如 0x7FFFFFFF 加 1 其结果仍然保持为 0x7FFFFFFF。饱和运算是指在相应数据处理指令的前面加上符号"Q",如下所示。

```
QSUB{cond} Rd, Rm, Rn          ;Rd = saturate(Rm - Rn)
QADD{cond} Rd, Rm, Rn          ;Rd = saturate(Rm + Rn)
QDSUB{cond} Rd, Rm, Rn          ;Rd = saturate(Rm - saturate(Rn×2))
QDADD{cond} Rd, Rm, Rn          ;Rd = saturate(Rm + saturate(Rn×2))
```

在这些指令的执行中,如果饱和发生,那么 Q 标志位会被置位。

4. 加载/存储 2 个寄存器指令

加载/存储 2 个寄存器指令能够一次加载或存储 2 个寄存器的内容,其指令格式如下。

```
LDR/STR{<cond>}D  <Rd>, <addressing_mode>
```

该指令将内存中相邻的两个字与寄存器对(r0, r1)、(r2, r3)、(r4, r5)、(r6, r7)、(r8, r9)、(r10, r11)或(r12, r13)进行数据传输。其中,Rd 需指定为偶数号的寄存器,因此紧跟其后的奇数号寄存器用来传输第二个字。

LDRD/STRD 指令使用与 LDRH/STRH 指令相同的寻址模式,给出的内存地址是两个字中较低的一个,较高的地址是由该地址加 4 得到的。因此,要求给出的地址必须是 8 字节对齐的。

5. 断点指令

断点指令是一个特殊的指令,执行该指令或者引起一个预取指令异常,或者使处理器进入调试状态,这通常被调试工具/软件利用,以实现对软件的调试功能。其指令格式如下。

```
BKPT  <#imm16>
```

该指令中的立即数是供调试工具使用的,它将被处理器忽略。

6. 高速缓存预加载指令

高速缓存预加载指令用于告诉存储系统对一个指定地址的数据访问即将到来,其格式如下。

```
PLD  [Rn, <offset>]
```

其中,offset(偏移量)可以为无符号的 12 位立即数(取值为 0～4095 字节)或寄存器,寄存器方式可以选择移位操作。

PLD 仅仅是一条提示指令,如果某 ARM 处理器的实现对该指令不支持,则相当于执行了一条空操作语句 NOP。

3.1.4 ARMv6 架构指令体系

ARMv6 增加了 81 条新的指令,主要为以下几类:打包数据类型指令;SIMD 指令;绝对差值求和指令;饱和运算指令;大/小端操作指令,支持混合端操作;异常进入与返回指令;ARMv6扩充的指令几乎都是可以条件执行的。

1. 打包数据类型指令

该类指令用以打包或拆分数据的操作,具体格式如下。

```
;将第一个操作数的低半字和第二个操作数的高半字组合成一个新字,并放入<Rd>
;第二个操作数可逻辑左移0～31位
PKHBT  {<cond>} <Rd>, <Rn>, <Rm> { LSL #<imm>}
;将第一个操作数的高半字和第二个操作数的低半字组合成一个新字,并放入<Rd>
;第二个操作数可算术右移 0～31位
PKHTB  {<cond>} <Rd>, <Rn>, <Rm> { ASR #<imm>}
```

```
;循环移位值可以为#8、#16 或 #24
UXT<type> {<cond>} <Rd>, {<Rn>}, <Rm> {<rotation>}
```
<type>可以是如下几种：
```
AB—Rd = Rn + (rotate(Rm) AND 0x000000FF)
AH—Rd = Rn + (rotate(Rm) AND 0x0000FFFF)
B—Rd = rotate(Rm) AND 0x000000FF
B16—Rd = rotate(Rm) AND 0x00FF00FF
H—Rd = rotate(Rm) AND 0x0000FFFF
```
其工作原理如图 3-16 所示。

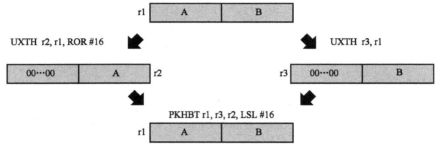

图 3-16　打包数据类型指令的工作原理

2．字节选择指令

字节选择指令将根据状态寄存器中 GE[3:0]位的值，决定目标寄存器中每个字节是选择第一个源寄存器的值还是第二个源寄存器的值。其格式如下。
```
SEL Rd, Rn, Rm
```
其执行结果遵循如下规则。

① IF GE[0]=1 Rd[7:0] = Rn[7:0] else Rm[7:0]。

② IF GE[1]=1 Rd[15:8] = Rn[15:8] else Rm[15:8]。

③ Rd[23:16]和 Rd[31:24]的值根据 GE[2]和 GE[3]位的值即可得到。

当一些数据操作指令（如 SADD8/16、SSUB8/16）设置了 GE[3:0]位后，SEL 指令可紧跟其后以提取所需的数据域的值。例如：
```
USUB8  Rd, Ra, Rb
SEL    Rd, Rb, Ra
```
上述指令将 Rd 中每个字节设置为 Ra 和 Rb 中值较小的字节。

3．SIMD 指令

SIMD 指令用来执行数据的并行处理。ARM v6 中的 SIMD 指令可分为以下 3 种：加法和减法、乘法、绝对差值求和。

（1）加法和减法的 SIMD 指令（一）

该类指令的一般形式如下。
```
<prefix> <Operation> <size> {<cond>} Rd, Rn, Rm
```
情况如下。

① ADD16 和 SUB16：第一个源操作数中的每个半字加上或减去第二个源操作数对应的半字。

② ADD8 和 SUB8：第一个源操作数中的每个字节加上或减去第二个源操作数对应的字节。

UADD8 指令的工作原理如图 3-17 所示。

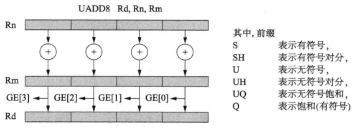

图 3-17　UADD8 指令工作原理

其中，前缀
S　　　　表示有符号，
SH　　　表示有符号对分，
U　　　　表示无符号，
UH　　　表示无符号对分，
UQ　　　表示无符号饱和，
Q　　　　表示饱和(有符号)

（2）加法和减法的 SIMD 指令（二）

第二类指令是 16 位加法和减法的组合，其形式如 ADDSUBX 或 SUBADDX。它们将根据加法是否产生进位或减法是否产生借位的情况设置 GE[3:0]位。UADDSUBX 指令的工作原理如图 3-18 所示，SUBADDX 可以此类推。

（3）乘法的 SIMD 指令

① SMUAD{X} Rd, Rm, Rs：有符号的双重乘加指令。

② SMUSD{X} Rd, Rm, Rs：有符号的双重乘减指令。

③ SMLA{L}D{X} Rd, Rm, Rs, Rn：有符号的双重乘加累加指令。

④ SMLS{L}D{X} Rd, Rm, Rs, Rn：有符号的双重乘减累加指令。

上述指令遵循以下规则：

① {X} 表示在计算前将 Rs 中的两个半字互换。

② {L} 表示 64 位的累加操作。

③ 如果发生累加溢出，则 Q 标志位置位。

图 3-19 以 SMUAD 指令为例说明其工作原理。

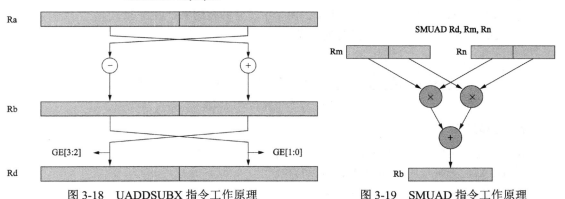

图 3-18　UADDSUBX 指令工作原理　　　　图 3-19　SMUAD 指令工作原理

4．绝对差值求和指令

在许多多媒体数字信号编码算法中，绝对差值求和运算是主要的操作，主要用于对象数组的运算（通常是 8 位的）。其典型用法和工作原理如图 3-20 所示。

5．SETEND 指令

SETEND 指令用于选择数据访问的大小端方式，以便当外设与处理器的大小端不一致时，在系统中使用混合大小端的数据。其语法格式如下。

```
SETEND {BE | LE}
```

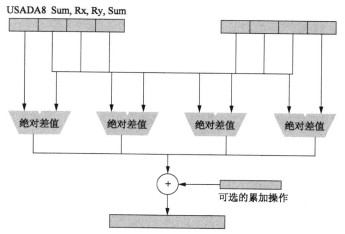

USADA8 Sum, Rx, Ry, Sum

绝对差值　绝对差值　绝对差值　绝对差值

+

可选的累加操作

图 3-20　绝对差值求和指令工作原理

该指令的操作就是直接设置 CPSR 寄存器中的 E 位（v6 架构），从而简化对该特殊位的操作步骤。例如，如果不使用 SETEND 指令，则需要 3 条指令完成对 E 位的操作，即

```
MRS r0, cpsr
BIC r0, r0, #0x0200
MSR cpsr_x, r0
```

如果使用 SETEND 指令，则上述操作只用一条"SETEND LE"指令即可完成。

6. 字节反转指令

字节反转指令有如下 3 种。

① REV{cond} Rd, Rm：将一个字内的字节反转。

② REV16{cond} Rd, Rm：将两个半字内的字节反转。

③ REVSH{cond} Rd, Rm：反转最低的两个字节，并将结果扩展为 32 位。

图 3-21 为将一个字内的字节反转的结果。

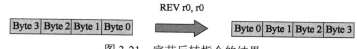

REV r0, r0

| Byte 3 | Byte 2 | Byte 1 | Byte 0 | → | Byte 0 | Byte 1 | Byte 2 | Byte 3 |

图 3-21　字节反转指令的结果

7. 饱和指令

该指令将指定位之后的数值设置为饱和，有如下几种形式。

① USAT：无符号的 32 位饱和，可以移位。

语法：USAT Rd, #sat, Rm {shift}。

操作：Rd = Saturate(Shift(Rm), #sat)。

② 其他指令

SSAT：有符号的 32 位饱和，可以移位。

USAT16：无符号的，在两个半字长数据同一位置的双 16 位饱和，不允许移位。

SSAT16：有符号的，在两个半字长数据同一位置的双 16 位饱和，不允许移位。

其中，#sat 表示 0～31 的立即数；{shift}是可选的，并被限制为 LSL（逻辑左移）或 ASR（算术右移）；如果发生饱和，则将 CPSR 的 Q 标志位置位。

8. 排他加载/存储指令

该类指令将标记相应的内存访问为"排他"性质。

① LDREX: "排他"的加载指令。

语法: LDREX Rd, [Rn]。

操作: Rd = *Rn。

② STREX: "排他"的存储指令。

语法: STREX Rd, Rm, [Rn]。

操作: *Rn = Rm; Rd = 0（如果内存更新了，则 Rd 为 0，否则 Rd 为 1）。

此类指令可以用来实现操作系统的信号量。例如:

```
        MOV   r1, #0xFF              ; 加载"锁定"值
try_to_lock
        LDREX    r0, [LockAddr]      ; 加载锁的值
        CMP      r0, #0              ; 是否未锁定?
        STREXEQ  r0, r1, [LockAddr]  ; 在未锁定状态下, 试图加锁
        CMPEQ    r0, #0              ; 是否成功?
        BNE      try_to_lock         ; 未成功加锁, 再次尝试
        ...                          ; 成功加锁
```

9. 异常进入与退出指令

该类指令能加快处理器的异常进入与退出操作。

① CPS: 改变处理器的状态

语法: CPS{IE|ID} <aif> {#mode}。

操作: 如果指定"IE"，则使能中断，否则屏蔽中断，将处理器设置为指定的工作模式; <aif>域用于指定哪类中断（IRQ、FIQ、不精确的异常）需要被使能或屏蔽。

② SRS: 保存返回状态

语法: SRS<DA|DB|IA|IB> #mode{!}。

操作: 保存 r14 和 SPSR 的内容到[r13_mode]寄存器指定的地址处，可选择是否对 r13_mode 进行回写。

③ RFE: 从异常返回

语法: RFE<DA|DB|IA|IB> Rn{!}。

操作: 将 Rn 指向的内容加载到 PC 和 CPSR 寄存器中，可选择对 Rn 进行回写。

上述指令都是无条件执行的。

3.1.5 ARMv7-A&R 架构指令体系

1. ARMv7-A&R 指令集

ARMv7-A&R 主要包含两个指令集: ARM 和 Thumb 指令集。这两个指令集的多数可用的功能是相同的，它们的区别在于指令的编码。

（1）Thumb 指令可以是 16 位或 32 位的，并且在内存中是以 2 字节对齐的

16 位和 32 位的指令可以自由混合。很多相同的操作在 16 位编码下能有效执行。然而:

① 多数的 16 位指令只能访问 8 个 ARM 核心寄存器，即低端的 R0～R7。少数 16 位的指令能访问高端寄存器，即 R8～R15。

② 很多要求两个或更多 16 位指令的操作在单个的 32 位指令下能更有效地执行。

③ 所有的 32 位指令都能访问所有的 ARM 核心寄存器 R0～R15。

（2）ARM 指令总是 32 位的，并且在内存中是以 4 字节对齐的

ARM 和 Thumb 指令集可以自由地进行互操作，即不同的例程可以被编译或汇编为不同的指令集代码，但仍能够彼此有效地进行调用。在 ARMv7 中，除了使用 BX、BLX、LDR、LDM 等加载 PC 的指令能实现 Thumb 与 ARM 状态的相互转换外，还能通过执行 ADC、ADD、AND、ASR、BIC、EOR、LSL、LSR、MOV、MVN、ORR、ROR、RRX、RSB、RSC、SBC 或 SUB 指令从 ARM 状态进入 Thumb 状态（以 PC 作为目的寄存器且不改变状态标识）。这就允许为 ARMv4 处理器编写的 ARM 代码和运行在 ARMv7 处理器上的 Thumb 代码之间的调用和返回。ARM 建议新的软件使用 BX 或 BLX 指令，特别是使用 BX LR 而不是 MOV PC, LR 实现从一个过程的返回。

ThumbEE 是 Thumb 指令集的一个变体，其目的是为动态生成代码。然而，它不能够自由地与 ARM 和 Thumb 指令集进行互操作。

在一个包含了 Jazelle 扩展的处理器实现中，处理器可以在硬件中执行一些 Java 字节码。处理器在 Jazelle 状态中执行 Java 字节码。

在 ARMv7 中，ARM 和 Thumb 指令集的多数指令可以条件执行。与之前的版本不同，ARMv7 的 Thumb 指令集有多种控制条件执行的机制。

① 与 ARM 指令类似的机制：

❖ 16 位的条件分支指令，其分支范围为-256～+254 字节，在 ARMv6T2 以前，这是 Thumb 代码条件执行的唯一机制。

❖ 32 位的条件分支指令，其分支范围为±1MB。

② CBZ（比较为零且分支）和 CBNZ（比较为非零且分支）指令是 16 位的条件指令，分支范围为+4～+130 字节。

③ 16 位的 If-Then 指令使得随后最多 4 条指令可以条件执行，被一条 IT 指令条件化的指令称为它的 IT 块。对于任何 IT 块：所有指令具有相同的条件，或者一些指令具有相同的条件，而另一些指令具有相反的条件。

ARMv7-A 和 ARMv7-R 的 ARM 和 Thumb 指令集主要包括：分支指令、数据处理指令、状态寄存器访问指令、加载/存储指令、批量加载/存储指令、异常产生与异常处理指令、协处理器指令、高级 SIMD 和浮点加载/存储指令、高级 SIMD 和浮点寄存器传输指令、高级 SIMD 数据处理指令、浮点数据处理指令。

2. 分支指令

除表 3-2 中所列指令外，在 ARM 指令集中，一个以 PC 为目的寄存器的数据处理指令也有分支指令的效果；在 ARM 和 Thumb 指令集中，一个以 PC 为目的寄存器（之一）的加载指令也有分支的效果。

3. 数据处理指令

数据处理指令分为以下几类。

① 标准的数据处理指令：执行基本的数据处理操作，包括 ADC、ADD、ADR、AND、BIC、CMN、CMP、EOR、MOV、MVN、ORN、ORR、RSB、RSC、SBC、SUB、TEQ、TST 等指令。

② 移位指令：包括 ASR(immediate)、ASR(register)、LSL(immediate)、LSL(register)、LSR(immediate)、LSR(register)、ROR(immediate)、ROR(register)、RRX 等指令。

表 3-2　分支指令

指　令	描　述	Thumb 状态下的分支范围	ARM 状态下的分支范围
B	分支到目的地址	±16MB	±32MB
CBNZ、CBN	比较非零则分支 比较为零则分支	0～126 字节	ARM 状态不存在该指令
BL、BLX(immediate)	调用子程序 调用子程序，改变指令集	±16MB ±16MB	±32MB ±32MB
BLX(register)	调用子程序，选择性地改变指令集	任意	任意
BX	分支到目的地址，改变指令集	任意	任意
BXJ	改变为 Jazelle 状态	—	—
TBB、TBH	表分支（字节偏移量） 表分支（半字偏移量）	0～510 字节 0～131070 字节	ARM 状态不存在该指令

③ 乘法指令：包括通用的乘法指令 MLA、MLS、MUL，带符号的乘法指令 SMLABB、SMLABT、SMLATB、SMLATT、SMLAD、SMLAL、SMLALBB、SMLALBT、SMLALTB、SMLALTT、SMLALD、SMLAWB、SMLAWT、SMLSD、SMLSLD、SMMLA、SMMLS、SMMUL、SMUAD、SMULBB、SMULBT、SMULTB、SMULTT、SMULL、SMULWB、SMULWT、SMUSD，无符号的乘法指令 UMAAL、UMLAL、UMULL 等。

④ 饱和指令：包括 SSAT、SSAT16、USAT、USAT16 等指令。

⑤ 饱和加法和减法指令：包括 QADD、QSUB、QDADD、QDSUB 等指令。

⑥ 打包和拆包指令：包括 PKH、SXTAB、SXTAB16、SXTAH、SXTB、SXTB16、SXTH、UXTAB、UXTAB16、UXTAH、UXTB、UXTB16、UXTH 等指令。

⑦ 并行加法和减法指令：如表 3-3 所示。

表 3-3　并行加法和减法指令

指令主体	带符号的	带饱和的	带符号半字	无符号的	无符号饱和	无符号半字
ADD16，两个半字的加法	SADD16	QADD16	SHADD16	UADD16	UQADD16	UHADD16
ASX，带交换的加和减	SASX	QASX	SHASX	UASX	UQASX	UHASX
SAX，带交换的减和加	SSAX	QSAX	SHSAX	USAX	UQSAX	UHSAX
SUB16，两个半字的减	SSUB16	QSUB16	SHSUB16	USUB16	UQSUB16	UHSUB16
ADD8，4 个字的加法	SADD8	QADD8	SHADD8	UADD8	UQADD8	UHADD8
SUB8，4 个字的减法	SSUB8	QSUB8	SHSUB8	USUB8	UQSUB8	UHSUB8

⑧ 除法指令：ARMv7-R 配置在 Thumb 指令集中，引入了硬件上实现的有符号和无符号的整数除法指令，包括 SDIV、UDIV。虚拟化扩展在 ARMv7-A 的实现中引入了包含 SDIV 和 UDIV 的需求，ARMv7-M 配置也包含了这些指令。

⑨ 高级 SIMD 数据处理指令：略。

⑩ 浮点数据处理指令：略。

4．状态寄存器访问指令

在用户级中，MRS 和 MSR 指令用于将应用程序状态寄存器的内容与一个 ARM 核心寄存器进行传输。在系统级中，这些指令还可以访问当前模式的 SPSR；使用 CPS 指令能够改变 CPSR.M（模式位）和 CPSR.{A, I, F}（中断掩码位）。在实现了虚拟化扩展的处理器中，除用户模式外，其余所有模式都可以使用 MRS 和 MSR 实现 ARM 核心寄存器与 Banked ARM 核心寄存器、SPSR 及 ELR_hyp 之间内容的传输。

5. 加载/存储指令

表 3-4 总结了 ARM 和 Thumb 指令集中针对 ARM 核心寄存器的加载/存储指令。LDR 指令可以加载一个值到 PC 中。排他性的加载和存储指令提供了共享内存的同步机制。

表 3-4　ARM 和 Thumb 指令集针对 ARM 核心寄存器的加载/存储指令

数据类型	加载	存储	非特权加载	非特权存储	排他性加载	排他性存储
32 位字	LDR	STR	LDRT	STRT	LDREX	STREX
16 位半字	—	STRH	—	STRHT	—	STREXH
16 位无符号半字	LDRH	—	LDRHT	—	LDREXH	—
16 位有符号半字	LDRSH	—	LDRSHT	—	—	—
8 位字节	—	STRB	—	STRBT	—	STREXB
8 位无符号字节	LDRB	—	LDRBT	—	LDREXB	—
8 位有符号字节	LDRSB	—	LDRSBT	—	—	—
两个 32 位字	LDRD	STRD	—	—	—	—
64 位双字	—	—	—	—	LDREXD	STREXD

6. 批量加载/存储指令

批量加载/存储指令用于存储器和若干个（可以是全部）ARM 核心寄存器之间的数据传输。内存地址是若干个连续的字对齐的字。批量加载/存储指令包括 LDM/LDMIA/LDMFD(Thumb)、LDMDA/LDMFA、LDMDB/LDMEA、LDMIB/LDMED、POP(Thumb)、PUSH、STM(STMIA、STMEA)、STMDA(STMED)、STMDB(STMFD)、STMIB(STMFA)等。其中，LDM、LDMDA、LDMDB、LDMIB 和 POP 指令可以加载一个值到 PC 中。

7. 异常产生和异常处理指令

以下指令用于产生一个同步的处理器异常。

① SVC 指令用于产生一个管理调用异常。

② 断点指令 BKPT 用于提供软件断点的功能。

③ 在实现了安全扩展的处理器中，当在 PL1 或更高级执行时，SMC 指令用于产生一个安全监控调用异常。

④ 在实现了虚拟化扩展的处理器中，当软件执行在一个非安全 PL1 模式时，HVC 指令用于产生一个超级管理调用异常。

从 ARMv6 开始，SRS 指令可在处理程序的开始处被用于保存返回信息。RFE 指令之后就可以使用这些返回信息，实施从异常的返回。在实现了虚拟化扩展的处理器中，ERET 指令执行从 Hyp 模式的一个异常的返回。表 3-5 总结了在 ARM 和 Thumb 指令集中用于产生或处理异常的指令。除 BKPT 和 SVC 指令外，其余都是系统级的指令。

表 3-5　异常产生和异常处理指令

指 令	指令描述	指 令	指令描述
管理调用	SVC	超级管理调用	HVC
断点	BKPT	异常返回	ERET
安全监控调用	SMC	批量加载（异常返回）	LDM
从异常中返回	RFE	保存返回状态	SRS
减法（异常返回）	SUBS PC, LR		

8. 协处理器指令

有 3 类与协处理器进行通信的指令，它们允许处理器进行如下操作。

① 初始化一个协处理器的数据处理操作，包括 CDP、CDP2。

② ARM 核心寄存器与协处理器寄存器间的内容传输，包括 MCR、MCR2、MCRR、MCRR2、MRC、MRC2、MRRC、MRRC2。

③ 加载或存储协处理器寄存器的值，包括 LDC、LDC2、STC、STC2。

9. 高级 SIMD 和浮点加载/存储指令

表 3-6 总结了在高级 SIMD 和浮点指令集中扩展寄存器的加载/存储指令。高级 SIMD 提供了批量加载和存储多个基本数据元素或其结构的指令。基本数据元素及结构的加载/存储指令包括 VLD1、VLD2、VLD3、VLD4、VST1、VST2、VST3、VST4 等。

表 3-6　扩展寄存器的加载/存储指令

指　令	指令描述	指　令	指令描述
VLDM	批量的向量加载	VSTM	批量向量存储
VLDR	向量寄存器加载	VSTR	向量寄存器存储

10. 高级 SIMD 和浮点寄存器传输指令

高级 SIMD 和浮点指令集中的扩展寄存器传输指令用于 ARM 核心寄存器与扩展寄存器之间的数据传输，包括 VDUP、VMOV、VMRS、VMSR 等指令。

11. 高级 SIMD 数据处理指令

高级 SIMD 数据处理指令用于处理寄存器中包含的同种类型打包的向量数据，以并行的方式对多个数据进行相同的操作。这些指令对 64 位或 128 位寄存器中的向量进行操作。图 3-22 展示了由 4 个 16 位元素组成的 64 位向量和由 4 个 32 位元素组成的 128 位向量的并行操作。其他尺寸的元素将产生类似的图，也可以是 1 个、2 个、8 个或 16 个元素的并行操作。

很多高级 SIMD 指令的变体能够产生两倍于输入尺寸的结果。图 3-23 展示了一个操作在 64 位寄存器上的高级 SIMD 指令，其产生了 128 位的结果。

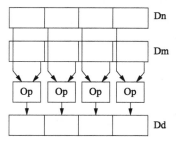

图 3-22　64 位寄存器上操作的高级 SIMD 指令

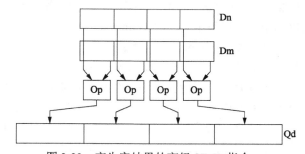

图 3-23　产生宽结果的高级 SIMD 指令

高级 SIMD 指令也有产生的结果为输入的一半尺寸的指令变体，如图 3-24 所示。

高级 SIMD 并行加法和减法指令包括：VADD、VADDHN、VADDL、VADDW、VHADD、VHSUB、VPADAL、VPADD、VPADDL、VRADDHN、VRHADD、VRSUBHN、VQADD、VQSUB、VSUB、VSUBHN、VSUBL、VSUBW。

高级 SIMD 数据处理还包括如下指令。

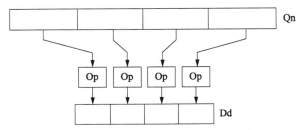

图 3-24 产生窄结果的高级 SIMD 指令

① 位操作指令：VAND、VBIC、VEOR、VBIF、VBIT、VBSL、VMOV、VMVN、VORR、VORN、VBIF、VBIT、VBSL 等。

② 高级 SIMD 比较指令：VACGE、VACGT、VACLE、VACLT、VCEQ、VCGE、VCGT、VCLE、VCLT、VTST。

③ 高级 SIMD 移位指令：VQRSHL、VQRSHRN、VQRSHRUN、VQSHL、VQSHLU、VQSHRN、VQSHRUN、VRSHL、VRSHR、VRSRA、VRSHRN、VSHL、VSHLL、VSHR、VSHRN、VSLI、VSRA、VSRI。

④ 高级 SIMD 乘法指令：VMLA、VMLAL、VMLS、VMLSL、VMUL、VMULL、VFMA、VFMS、VQDMLAL、VQDMLSL、VQDMULH、VQRDMULH、VQDMULL 等。

12．浮点数据处理指令

浮点数据处理指令包括 VABS、VADD、VCMP、VCMPE、VCVT、VCVTR、VCVTB、VCVTT、VDIV、VMLA、VMLS、VFMA、VFMS、VMOV、VMUL、VNEG、VNMLA、VNMLS、VNMUL、VFNMA、VFNMS、VSQRT、VSUB 等。

13．系统指令

以下指令只能在 PL1 或更高级别上执行，且在不同级别上执行时具有不同的行为。

① **CPS**：改变处理器状态，即改变 CPSR.{A, I, F}（中断掩码位）和 CPSR.M（模式位），而不改变 CPSR 的其他位。

② **ERET**：异常返回指令。在 Hyp 模式下，该指令从 ELR_hyp 中加载 PC 的内容，并从 SPSR_hyp 中加载 CPSR 的内容。在安全或非安全的 PL1 模式下，该指令与 ARM 指令的"MOVS PC, LR"的作用相同，与 Thumb 指令的"SUBS PC, LR, #0"的作用相同。

③ **HVC**：Hypervisor 调用指令，将导致一个超级管理调用异常。执行在 PL1 级的非安全软件不能使用该指令来调用 Hypervisor 以请求相应的服务。

④ **LDM(异常返回)**：从连续的内存地址中加载内容到多个寄存器中。当前模式的 SPSR 被复制到 CPSR 中。目的寄存器中可包含 PC，以实现程序的分支跳转功能。

⑤ **LDM(用户寄存器)**：在除系统模式之外的 PL1 模式下，从连续的内存地址中加载内容到多个用户模式的寄存器中，目的寄存器中不能包含 PC。

⑥ **LDRBT、LDRHT、LDRSBT、LDRSHT 和 LDRT**：当执行在 PL1 或更高级别时，使用这些指令从内存中加载内容到寄存器中，与非特权模式下有相同的限制。这些指令在 Hyp 模式下具有不可预知的行为。

⑦ **MRS(Banked register)**：将 Banked ARM 核心寄存器或特定模式的 SPSR 寄存器或 ELR_hyp 的值搬移到 ARM 核心寄存器中。在用户模式下，执行该指令的结果是不可预测的。

⑧ **MRS**：将当前模式 CPSR 或 SPSR 的值搬移到一个 ARM 核心寄存器中。在用户或系统

模式下，使用该指令访问 SPSR 的结果是不可预测的。

⑨ **MSR(Banked register)**：将一个 ARM 核心寄存器的值搬移到 Banked ARM 核心寄存器或指定模式的 SPSR 寄存器或 ELR_hyp 中。在用户模式下，使用该指令的结果是不可预测的。

⑩ **MSR(immediate)**：将一个立即数的指定位的值搬移到 CPSR 或当前模式的 SPSR 寄存器中。在用户模式下，试图更新 SPSR 是不可预测的，也不能更新任何只在 PL1 或更高级别能访问的 CPSR 位。

⑪ **MSR(register)**：将 ARM 核心寄存器的值搬移到 CPSR 或当前模式的 SPSR 中。在用户模式下，试图更新 SPSR 是不可预测的，也不能更新任何只在 PL1 或更高级别能访问的 CPSR 位。

⑫ **RFE**：从异常中返回。分别从指定地址及其后续的一个字中加载 PC 及 CPSR 的内容。该指令未在 Hyp 模式中定义。与其他异常返回指令不同，RFE 指令可以在系统模式下执行。

⑬ **SMC**：安全监控器调用，将导致一个安全监控调用异常。SMC 只对运行在 PL1 或更高级别的软件有效。该指令未在用户模式下定义。

⑭ **SRS, Thumb**：保存返回状态指令。将当前模式的 LR 和 SPSR 寄存器的内容保存到指定模式的栈中。该指令未在 Hyp 模式中定义。如果在 ThumbEE 状态、用户或系统模式下执行该指令，则其结果不可预测。

⑮ **SRS, ARM**：保存返回状态指令。将当前模式的 LR 和 SPSR 寄存器的内容保存到指定模式的栈中。该指令未在 Hyp 模式中定义。如果在用户或系统模式下执行该指令，则其结果不可预测。

⑯ **STM(User registers)**：在除系统模式外的其他 PL1 模式中，保存多个用户模式寄存器到由基址寄存器指定的连续内存空间中。该指令不能对基址寄存器进行回写。该指令在 Hyp 模式下未定义，在用户或系统模式下结果不可预测。

⑰ **STRBT、STRHT 和 STRT**：在安全和非安全的 PL1 模式下，使用这些指令保存内容到存储器中也具有与非特权的保存相同的限制。这些指令在 Hyp 模式下是不可预测的。

⑱ **SUBS　PC, LR, Thumb**："SUBS　PC, LR, #<const>"指令在不使用栈的情况下实施异常返回。它从 LR 中减去立即数的值，分支到目的地址，并将 SPSR 的内容复制至 CPSR 中。"SUBS PC, LR, #0"等同于"MOVS　PC, LR"和 ERET。当运行在 Hyp 模式下时，"SUBS　PC, LR, #0"与 ERET 指令的编码是相同的，带非 0 常数的"SUBS　PC, LR, #<const>"指令是未定义的。

⑲ **SUBS　PC, LR，ARM**："SUBS　PC, LR, #<const>"指令在不使用栈的情况下实施异常返回。它从 LR 中减去立即数的值，分支到目的地址，并将 SPSR 的内容复制至 CPSR 中。该指令在 Hyp 模式下是未定义的。

⑳ **VMRS**：从高级 SIMD 和浮点扩展系统寄存器中搬移数据到 ARM 核心寄存器中。当指定的浮点扩展系统寄存器是 FPSCR 时，将 FPSCR.{N,Z,C,V}条件标志传输到 APSR.{N,Z,C,V}条件标志中。根据有关寄存器中的设置，以及该指令执行时的安全状态和模式，试图执行一个 VMRS 指令可能是未定义的，或者将自陷到 Hyp 模式中。当相关设置允许浮点和高级 SIMD 指令的执行时，如果指定的浮点扩展系统寄存器不是 FPSCR，则该指令在用户模式下的执行是未定义的。

㉑ **VMSR**：从 ARM 核心寄存器中搬移内容至高级 SIMD 和浮点扩展的系统寄存器中。根据有关寄存器中的设置，以及该指令执行时的安全状态和模式，试图执行一个 VMSR 指令可能是未定义的，或者将自陷到 Hyp 模式中。当相关设置允许浮点和高级 SIMD 指令的执行时，如果指定的浮点扩展系统寄存器不是 FPSCR，则该指令在用户模式下的执行是未定义的。

14．等待/发送事件指令—对多处理器的支持

ARMv7 和 ARMv6K 提供了等待事件的机制，以允许多处理器系统中的一个处理器请求进入低功耗状态；如果该请求成功，则该处理器会在接收到系统中另一个处理器发送的事件之前一直处于此低功耗状态。自旋锁的实现可以使用这个机制节约系统的能耗。

多处理器操作系统要求使用锁的机制，以防止相应的数据结构被多个处理器同时访问。如果不同的处理器试图造成冲突性的修改，则这些机制可防止数据结构的不一致性或被破坏。如果锁处于忙的状态（一个数据结构正在被某个处理器使用），另一个处理器除了等待锁被释放外不能做其他任何事。例如，一个处理器正在处理来自一个设备的中断，该中断可能需要从设备中添加数据到队列中。如果另一个处理器正从队列中移出数据，则它将锁定持有该队列的内存区域。因此，第一个处理器不能向队列中添加新的数据，直到队列处于一致的状态并且锁被释放为止。

典型地，自旋锁机制用于以下场合。

① 一个请求访问被保护数据的处理器尝试获取锁：使用单复制原子同步原语，如排他性的加载或排他性的存储操作。

② 如果该处理器获取了锁，则它执行其内存操作，然后释放锁。

③ 如果该处理器不能获得锁，则它将在一个紧密的循环中反复地读取锁的值，直到锁变成可用的。此时，该处理器将再次尝试获取锁。

自旋锁机制不适用于以下情况。

① 在一个有低功耗需求的系统中使用紧密的循环是不可行的，因为这样做的能效很低。

② 在一个多线程处理器中，等待线程对于自旋锁的使用可能严重降低整体性能。

使用等待事件及发送事件的机制可以改进自旋锁的能效。处理器在获取锁失败时可以执行一条等待事件指令 WFE，以请求进入低功耗状态。当一个处理器释放锁时，它必须执行一条发送事件指令 SEV，唤醒任何正在等待的处理器。此时，这些处理器可以再次尝试获取这个锁。

等待事件系统依赖于硬件和软件的协同工作，以达到节省能耗的目的。

硬件提供了进入等待事件的低功耗状态的机制。

操作系统软件的职责如下：① 发出等待事件的指令，以请求进入等待自旋锁的低功耗状态；② 发出发送事件的指令，以释放一个自旋锁。

3.1.6　Thumb 和 Thumb-2 指令集

Thumb 指令集是 16 位的指令集，它是 ARM 指令集功能的子集，其代码对内存空间的需求约为 ARM 指令集的 65%，并且对窄内存系统有更好的指令执行性能。设计人员可以同时使用 16 位 Thumb 和 32 位 ARM 指令集（需要正确地在 ARM/Thumb 两种状态间切换），这样，它们就可以灵活地根据应用需求在子例程级别上增强性能或调整代码大小。但是它具有如下限制。

① 功能较简单，某些情况下，几条 Thumb 指令才能代替一条 ARM 指令。

② 指令的条件执行是有限制的，即在 ARM 状态下，某些原本能条件执行的指令在 Thumb 状态下是不能条件执行的。

③ 数据处理指令只能使用低编号的寄存器，即 R0～R7。

④ 不能使用内嵌的桶形移位器，因此指令的第二个源操作数是不能移位的，需要使用单独的移位指令来完成移位。

⑤ 指令中立即数的取值范围更小。

⑥ 不能访问协处理器。

由于 Thumb 指令集具有上述与 ARM 指令集不同的规则，人为是不好把握的，总的来说，Thumb 指令集是适合作为编译器的输出的，而并非人为手工编写汇编程序的选择。

下面分别对 ARM 体系结构各个版本中的 Thumb 指令集的特点进行说明。

1. v4T 和 v5TE 的 Thumb 指令集

（1）分支跳转指令

① B<cond> label：跳转范围为±256B。

② B   label：跳转范围为±2KB。

③ BL   label：跳转范围为±4MB（该指令会被编译器编码为一对指令）。

④ BX   Rd：绝对跳转，可能伴随状态切换。

⑤ BLX   label：与 BL 指令相同，但会切换到 ARM 状态（仅对 v5TE 版本）。

⑥ BLX   Rd：与 BX 指令相同，但会产生一个返回地址（仅对 v5TE 版本）。

（2）单寄存器的加载/存储指令

其语法如下：

```
LDR/STR  Rd, [Rn, <offset>]
```

① 可选择字、半字或字节类型。

② 支持两种前序寻址模式：基址寄存器 + 偏移寄存器，基址寄存器 + 5 位的偏移量。

（3）多寄存器的加载/存储指令

其语法如下：

```
LDMIA/STMIA Rb, <low reg list>
PUSH <low reg list, {lr} >
POP  <low reg list, {pc} >
```

（4）数据处理指令

① 必须使用独立的移位指令（如 LSL、ASR、LSR、ROR）完成移位操作。

② 多数仅使用两个操作数，如

```
ADD  Rd, Rs;
Rd = Rd + Rs
```

③ 无条件执行。

④ 总是将条件标志位置位。

⑤ 仅有低编号寄存器（R0～R7）参与操作（除 CMP、MOV 指令，以及 ADD 和 SUB 指令的一些变体之外）。

⑥ 更小的立即数范围。

（5）SWI <SWI number>指令

SWI 指令中的软中断号是 8 位的。

最后，在 Thumb 状态下不能使用 MSR 或 MRS 指令访问 CPSR/SPSR。

2. ARMv6 的 Thumb 指令集

（1）对大小端混合的支持

① 通过位反转指令（REV）可以在一个字内进行字节或半字的重排。

② 通过 SETEND 指令设置数据访问的大小端模式。

（2）改变系统的状态

① 可使用 CPS 指令使能/屏蔽中断或不精确的异常。

② 不能改变处理器的模式。

（3）提供不设置标志位的 MOV 指令

其语法如下：

```
CPY  Rd，Rm
```

① 不影响标志位。

② 可以访问低编号和高编号的寄存器。

（4）扩展的字节和半字指令

其语法如下：

```
SEXT8，SEXT16，UEXT8，UEXT16
```

① 不允许循环移位。

② 无条件执行。

3．Thumb-2 指令集

（1）Thumb-2 技术

在 ARM 体系结构中，ARM 指令集中的指令是 32 位的指令，其执行效率非常高。对于存储系统数据总线为 16 位的应用系统，ARM 体系提供了 Thumb 指令集。Thumb 指令集是对 ARM 指令集的一个子集进行重新编码得到的，加上了一些限制条件，其指令长度为 16 位。Thumb 指令集中的数据处理指令的操作数仍然为 32 位，指令寻址地址也是 32 位的。通常，在处理器执行 ARM 程序时，称处理器处于 ARM 状态；当处理器执行 Thumb 程序时，称处理器处于 Thumb 状态。因而，Thumb 程序比 ARM 程序更加紧凑，而且对于内存为 8 位或 16 位的系统，使用 Thumb 程序的效率更高。但在一些场合下，程序必须运行在 ARM 状态下，这时需要混合使用 ARM 和 Thumb 程序，并且在两种状态之间切换。

Thumb-2 技术是对 ARM 架构的非常重要的扩展，Thumb-2 指令集是 16 位 Thumb 指令集的一个超集，增加了新的能在传统 Thumb 状态下运行的 32 位的指令。Thumb-2 技术使得 16 位指令能够与 32 位的指令并存，增加了混合模式能力，这样能在一个系统中更好地平衡 ARM 和 Thumb 代码的功能，使系统能更好地利用 ARM 级别的性能和 Thumb 代码密度的优势（代码性能可以达到纯 ARM 代码性能的 98%；相对 ARM 代码而言，Thumb-2 代码的大小仅有其 74% 左右；代码密度比现有的 Thumb 指令集更高）。

Thumb-2 指令集在现有的 Thumb 指令的基础上做了如下扩充，提供了几乎与 ARM 指令集完全一样的功能。

① 增加了一些新的 16 位 Thumb 指令来改进程序的执行流程。

② 增加了一些新的 32 位 Thumb 指令以实现一些 ARM 指令的专有功能。

③ 为了提高处理压缩数据结构的效率，新的 ARM 架构为 Thumb-2 指令集和 ARM 指令集增加了一些新的指令来实现比特位的插入和抽取。这样，开发者进行位的插入和抽取所需的指令数目就会明显减少，使用压缩的数据结构也会更加方便，而代码对存储器的需求也会降低。

由于 Thumb-2 指令集支持 16 位和 32 位的指令，则不需要使处理器在 ARM 和 Thumb 状态之间进行切换了。另外，它还解决了 Thumb 指令集不能访问协处理器、特权指令和特殊功能指令的局限。

在 ARMv6 中，Thumb-2 是可选的实现；而在 ARMv7-A&R 配置中，Thumb-2 是强制实现

的；完全只支持 Thumb-2 指令集的是 ARMv7-M 架构的处理器，它不具备向后兼容性，即用 ARM 汇编语言写的程序不能直接在这些处理器上运行。但是，用 Thumb 指令编写的汇编程序没有这个问题。

（2）Thumb-2EE 指令集与 Thumb-2EE 状态

Thumb-2EE 由 ARMv7 体系结构定义。Thumb-2EE 指令集基于 Thumb-2，前者进行了一些更改和添加，使得动态生成的代码具有更好的目标，也就是说，在执行之前或在执行过程中即可在该设备上编译代码。执行 Thumb-2EE 指令的处理器处于 ThumbEE 状态。具体可参看本书第 2 章的相关内容。

（3）Thumb-2 指令集格式

Thumb-2 指令的位[15:11]有以下几种情况。

① 0b11100：Thumb 16 位无条件分支指令，在所有的 Thumb 结构中都支持。

② 0b11101, 0b11110, 0b11111：紧邻的两个半字构成一条 32 位的指令，在 Thumb-2 中定义。

③ 其余情况：Thumb 的 16 位指令。

16 位 Thumb 指令编码如表 3-7 所示。

表 3-7　16 位 Thumb 指令编码

指令编码	指令或指令分类
00×××	移位（立即数）、加、减、搬移和比较指令
010000	数据处理指令
010001	特殊的数据和分支、交换指令
01001x	LDR（literal），从文字池加载
0101xx, 011xxx, 100xxx	加载/存储单个数据项
10100x	ADR，产生 PC 相关的地址
10101x	ADD(SP 加立即数)，产生 SP 相关的地址
1011xx	杂项 16 位指令
11000x	STM/STMIA/STMEA，多寄存器存储指令
11001x	LDM/LDMIA/LDMFD，多寄存器加载指令
1101xx	条件分支、管理调用指令
11100x	无条件分支指令

32 位 Thumb 指令编码如表 3-8 所示。

```
15  14  13  12 11  10···4 3 ··· 0   15  14 ········· 0
 1   1   1   op1   op2            op
```

表 3-8　32 位 Thumb 指令编码

Op1	Op2	Op	指令分类
01	00xx 0xx	x	批量加载/存储指令
01	00xx 1xx	x	双寄存器或排他性的加载/存储指令，表分支指令
01	01xx xxx	x	数据处理（移位的寄存器）指令
01	1xxx xxx	x	协处理器指令
10	x0xx xxx	0	数据处理（已修改的立即数）指令

Op1	Op2	Op	指令分类
10	x1xx xxx	0	数据处理（平二进制立即数）指令
10	xxxx xxx	1	分支和杂项控制指令
11	000x xx0	x	单数据项存储指令
11	00xx 001	x	加载字节指令
11	00xx 011	x	加载半字指令
11	00xx 101	x	加载字指令
11	00xx 111	x	未定义
11	010x xxx	x	数据处理（寄存器）指令
11	0110 xxx	x	乘法、乘法和累加指令
11	0111 xxx	x	长乘、长乘累加、除法指令
11	1xxx xxx	x	协处理器指令

移位（立即数）、加、减、搬移和比较指令编码如表 3-9 所示。

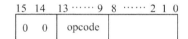

表 3-9　移位（立即数）、加、减、搬移和比较指令编码

指令编码	指令	指令编码	指令
000xx	LSL（立即数）：逻辑左移	01111	SUB（立即数）：3 位立即数减法指令
001xx	LSR（立即数）：逻辑右移	100xx	MOV（立即数）：搬移指令
010xx	ASR（立即数）：算术右移	101xx	CMP（立即数）：比较指令
01100	ADD（寄存器）：寄存器加法指令	110xx	ADD（立即数）：8 位立即数加法指令
01101	SUB（寄存器）：寄存器减法指令	111xx	SUB（立即数）：8 位立即数减法指令
01110	ADD（立即数）：3 位立即数加法指令	01111	SUB（立即数）：3 位立即数减法指令

32 位 Thumb 指令编码（以 ADD 指令为例）如图 3-25 所示。

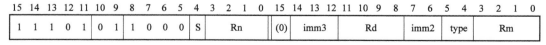

图 3-25　32 位 ADD 指令的 Thumb 编码

其中，.N 表明此指令为 16 位的指令，.W 表明此指令为 32 位的指令。如果没有，则根据指令的 15～11 位自动选择。

数据处理指令的操作码编码如表 3-10 所示。

15 14 13 12 11 10 9 8 7 6 5 4 3 2 1 0
0 1 0 0 0 0	opcode	

表 3-10   数据处理指令操作码编码

指令编码	指令类型	指令编码	指令类型
0000	AND(寄存器)：按位与指令	1000	TST(寄存器)：根据按位与的结果设置标志
0001	EOR(寄存器)：异或指令	1001	RSB(立即数)：从零的反向减法
0010	LSL(寄存器)：逻辑左移	1010	CMP(寄存器)：寄存器比较指令
0011	LSR(寄存器)：逻辑右移	1011	CMN(寄存器)：负比较指令
0100	ASR(寄存器)：算术右移	1100	ORR（寄存器）：逻辑或指令
0101	ADC(寄存器)：带进位的加法	1101	MUL：两个寄存器的乘法指令
0110	SBC(寄存器)：带进位的减法	1110	BIC(寄存器)：位清除指令
0111	ROR(寄存器)：循环右移	1111	MVN(寄存器)：按位非（取反）指令

加载/存储单数据项指令的操作码编码如表 3-11 所示。

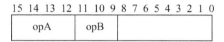

表 3-11   加载/存储单数据项指令操作码编码

opA	opB	指 令
0101	000	STR(寄存器)：寄存器存储指令
0101	001	STRH(寄存器)：寄存器半字存储指令
0101	010	STRB(寄存器)：寄存器字节存储指令
0101	011	LDRSB(寄存器)：带符号的寄存器字节加载指令
0101	100	LDR(寄存器)：寄存器加载指令
0101	101	LDRH(寄存器)：寄存器半字加载指令
0101	110	LDRB(寄存器)：寄存器字节加载指令
0101	111	LDRSH(寄存器)：带符号的寄存器半字加载指令
0110	0xx	STR(立即数)：寄存器存储指令
0110	1xx	LDR(立即数)：寄存器加载指令
0111	0xx	STRB(立即数)：寄存器字节存储指令
0111	1xx	LDRB(立即数)：寄存器字节加载指令
1000	0xx	STRH(立即数)：寄存器半字存储指令
1000	1xx	LDRH(立即数)：寄存器半字加载指令
1001	0xx	STR(立即数)：SP 相关的寄存器存储指令
1001	1xx	LDR(立即数)：SP 相关的寄存器加载指令

条件分支和管理调用指令的操作码编码如表 3-12 所示。

15 14 13 12 11 10 9 8 7 6 5 4 3 2 1 0
1 1 0 1	opcode	

表 3-12   条件分支和管理调用指令操作码编码

指令编码	指令
非 111x	B：条件分支
1110	未定义
1111	SVC（形式的 SWI）：管理调用

Thumb-2 指令集中也包含了 WFE（等待事件）指令和 WFI（等待中断）指令，以降低处理

器在等待相关事件/中断发生时的功耗。它们都支持 16 位和 32 位两种格式，如图 3-26 和图 3-27 所示。

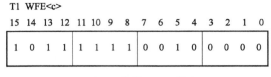

（a）16 位的 WFE 指令

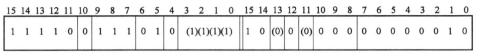

（b）32 位的 WFE 指令

图 3-26　Thumb-2 WFE 指令格式

（a）16 位的 WFI 指令

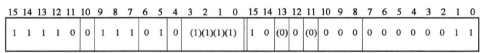

（b）32 位的 WFI 指令

图 3-27　Thumb-2 WFI 指令格式

3.2　ARM 汇编

3.2.1　汇编、汇编器和汇编语言程序

ARM 编译器支持汇编语言的程序设计和 C/C++语言的程序设计，以及两者的混合编程。

汇编语言是面向机器的程序设计语言。在汇编语言中，用助记符代替操作码，用地址符号 (Symbol) 或标号(Label)代替地址码。这样，用符号代替机器语言的二进制码，即可把机器语言变为汇编语言。因此，汇编语言也称符号语言。

汇编语言比机器语言易于读写、易于调试和修改，同时具有机器语言执行速度快、占内存空间少等优点。但它在编写复杂程序时具有明显的局限性：汇编语言依赖于具体的处理器类型，不能通用。

（1）汇编器

使用汇编语言编写的程序，机器不能直接识别，要由一种程序将汇编语言翻译成机器语言，这种起翻译作用的程序称为汇编程序（也称汇编器），汇编程序是系统软件中的语言处理软件。

（2）汇编

汇编程序把汇编语言翻译成机器语言的过程称为汇编。

（3）汇编语言程序、汇编器和机器码程序之间的关系

图 3-28 展示了汇编语言程序、汇编器和机器码程序之间的关系。

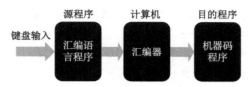

图 3-28 汇编语言程序、汇编器和机器码程序之间的关系

（4）伪指令

人们设计了一些专门用于指导汇编器进行汇编工作的指令，由于这些指令不形成机器码指令，它们只是在汇编器进行汇编工作的过程中起作用，因此被称为伪指令。

（5）宏

为了提高编程效率和增强程序的可读性，ARM 汇编器中设计了一些宏。本章后面将具体说明在 ARM 汇编器中使用的各种宏。

（6）汇编语言程序

用汇编语言编写的程序称为汇编语言程序。

（7）目标程序

从源程序翻译成的机器码程序称为目标程序。

3.2.2 ARM 伪指令

在 ARM 汇编程序语言中，有如下几种伪指令：段定义、符号定义、数据定义、数据缓冲池定义、数据表定义、数据空间分配、汇编控制伪指令及其他伪指令。

1. 段定义伪指令

段定义伪指令的格式如下。

```
AREA  <sectionname> {<attr>} {,<attr>}…
```

sectionname：段名，若段名以数字开头，则必须用符号"|"括起来，如|1_test|。

attr：属性字段，多个属性字段用逗号分隔。

段定义中的各种属性如表 3-13 所示。

表 3-13 段定义中的各种属性

属 性	含 义	备 注
CODE	代码段	默认读/写属性为 READONLY
DATA	数据段	默认属性为 READWRITE
READONLY	本段为只读	
READWRITE	本段为可读可写	
ALIGN 表达式	对齐字节数	ELF 的代码段和数据段为字对齐
COMMON	多源文件共享段	

例如：

```
AREA  Init, CODE, READONLY
……                      ; 程序段
```

该伪指令定义了一个代码段，段名为 Init，属性为只读。

一个汇编语言程序至少要有一个段。

2. 符号定义伪指令

符号的命名由编程者决定，但必须遵循以下约定。

① 符号区分大小写，同名的大、小写符号会被编译器认为是两个不同的符号。

② 符号在其作用范围内必须唯一。

③ 自定义的符号不能与系统保留字相同。

④ 符号不应与指令或伪指令同名。

（1）定义全局变量伪指令（GBLA、GBLL 和 GBLS）

GBLA、GBLL 和 GBLS 伪指令用于定义一个 ARM 程序中的全局变量，并将其初始化。其格式如下。

```
    GBLA(GBLL和GBLS)  <variable>
```

varible：变量名称。

GBLA 用于定义一个全局数字变量，其默认初值为 0。GBLL 用于定义一个全局逻辑变量，其默认初值为 F（假）。GBLS 用于定义一个全局字符串变量，其默认初值为空。例如：

```
GBLA  Test1              ;定义一个全局数字变量，变量名为Test1
GBLL  Test2              ;定义一个全局逻辑变量，变量名为Test2
GBLS  Test1              ;定义一个全局字符串变量，变量名为Test3
```

全局变量的变量名在整个程序范围内必须具有唯一性。

（2）定义局部变量伪指令（LCLA、LCLL 和 LCLS）

LCLA、LCLL 和 LCLS 伪指令用于定义一个 ARM 程序中的局部变量，并将其初始化。其格式如下。

```
    LCLA(LCLL和LCLS)  <variable>
```

varible：变量名称。

LCLA 用于定义一个局部数字变量，其默认初值为 0。LCLL 用于定义一个局部逻辑变量，其默认初值为 F（假）。LCLS 用于定义一个局部字符串变量，其默认初值为空。例如：

```
LCLA  Test4              ;定义一个局部数字变量，变量名为Test4
LCLL  Test5              ;定义一个局部逻辑变量，变量名为Test5
LCLS  Test6              ;定义一个局部字符串变量，变量名为Test6
```

局部变量的变量名在变量作用范围内必须具有唯一性。

在默认情况下，局部变量只在定义该变量的程序段内有效。

（3）变量赋值伪指令（SETA、SETL 和 SETS）

伪指令 SETA、SETL 和 SETS 用于为一个已经定义的全局变量或局部变量赋值。例如：

```
Test1  SETA  0xAA        ;将Test1变量赋值为0xAA
Test2  SETL  {TRUE}      ;将Test2变量赋值为真
Test3  SETS  "Testing"   ;将Test3变量赋值为"Testing"
Test4  SETA  0xBB        ;将Test4变量赋值为0xBB
Test5  SETL  {TRUE}      ;将Test5变量赋值为真
Test6  SETS  "Testing"   ;将Test6变量赋值为"Testing"
```

（4）定义寄存器列表伪指令（RLIST）

指令 LDM/STM 需要使用一个比较长的寄存器列表，使用伪指令 RLIST 可对一个列表定义一个统一的名称。其格式如下。

```
    <name> RLIST <{list}>
```

name：表名称。

{list}：寄存器列表。

例如：

```
    RegList  RLIST {R0-R5，R8，R10}      ; 将寄存器列表名称定义为RegList
```

列表中的寄存器访问次序根据寄存器的编号由低到高进行访问，而与列表中的寄存器排列次序无关。

3．程序中的标号

在汇编语言中用来表示地址的符号即为标号。例如：

```
        LDR  R0, #0x3FF5000
target1 LDR  R1, 0xFF
        STR  R1, [R0]
        LDR  R0, #0x3FF5008
        LDR  R1, 0x01
        STR  R1, [R0]
        B  target1                            ;转移到target1位置上运行
```

这里的 target1 就是标号。

在 ARM 汇编中，根据用途不同，标号主要分为以下两种：目标地址标号，即写在一条指令前面的标号；数据或数据区首地址标号，写在数据或数据区定义伪指令前面的标号。

4．数据定义伪指令

该指令的功能就是为指定的数据分配存储单元，以及用该数据对已分配的存储单元进行初始化。

（1）DCB

DCB 伪指令用于分配一片连续的、以字节为单位的存储区域，并用指定的表达式对其进行初始化。其格式如下。

```
    {<label>} DCB <expr>
```

label：标号，为存储区域的首地址（可选）。

expr：表达式，为从标号开始存放的数据。该表达式可以为 0～255 的数字或字符串。

例如：

```
    Dat1 DCB  0x7E
```

DCB 也可用 "=" 代替，即 Dat1= 0x7E。

下面的例子用于分配一片连续的字节存储单元并初始化。

```
    Str  DCB  "This is a test!"
```

其符合以下格式：

```
    {lable}  DCB  expr{, expr}{, expr}…
```

（2）DCW（或 DCWU）

DCW（或 DCWU）伪指令用于为数据分配一片连续的半字存储单元，并用表达式对其进行初始化。其格式如下：

```
    <label> DCW(或DCWU) <expr>
```

expr 可以为程序标号或数字表达式。

用 DCW 分配的半字存储单元是严格按半字对齐的，而用 DCWU 分配的半字存储单元并不严格按半字对齐。例如：

```
    DataTest DCW 1, 2, 3            ;分配一片连续的半字存储单元并初始化
```

（3）DCD（或 DCDU）

DCD（或 DCDU）伪指令用于分配一片连续的字存储单元，并用伪指令中指定的表达式初

始化。其格式如下。

  `<label> DCD(或DCDU) <expr>`

expr：可以为程序标号或数字表达式。

用 DCD 分配的字存储单元是字对齐的，而用 DCDU 分配的字存储单元并不严格要求字对齐。例如：

  `DataTest  DCD 4,5,6`   ; 分配一片连续的存储单元并初始化

DCD 也可用 "&" 代替。

（4）DCFD（或 DCFDU）

DCFD（或 DCFDU）伪指令用于为双精度的浮点数分配一片连续的字存储单元，并用伪指令中指定的表达式初始化。每个双精度的浮点数占据两个字单元。其格式如下。

  `<label>  DCFD(或DCFDU)  <expr>`

用 DCFD 分配的字存储单元是按字对齐的，而用 DCFDU 分配的字存储单元并不严格按字对齐。例如：

  `FDataTest DCFD 2E115,-5E7`   ; 分配一片连续的字存储单元,并初始化为指定的双精度数

（5）DCFS（或 DCFSU）

DCFS（或 DCFSU）伪指令用于为单精度的浮点数分配一片连续的字存储单元，并用伪指令中指定的表达式初始化。每个单精度浮点数占据一个字单元。其格式如下。

  `<label>  DCFS(或DCFSU)  <expr>`

用 DCFS 分配的字存储单元是按 8 字节对齐的，而用 DCFSU 分配的字存储单元并不严格按 8 字节对齐。例如：

  ; 分配一片连续的8字节字存储单元，并初始化为指定的单精度数
  `FDataTest  DCFS  2E5, -5E-7`

（6）DCQ（或 DCQU）

DCQ（或 DCQU）伪指令用于分配一片以 8 字节为单位的连续存储区域，并用伪指令中指定的表达式初始化。其格式如下。

  `<label>  DCQ(或DCQU)  <expr>`

用 DCQ 分配的存储单元是按 8 字节对齐的，而用 DCQU 分配的字存储单元并不严格按 8 字节对齐。

  `DataTest  DCQ  100`   ; 分配一片连续的8字节存储单元并初始化为指定的值

（7）SPACE

SPACE 伪指令用于分配一片连续的存储区域并初始化为 0。其格式如下。

  `<label>  SPACE  <expr>`

expr 为要分配的字节数，SPACE 也可用 "%" 代替。

例如：

  `DataSpace  SPACE  100`   ; 分配连续的100字节的存储单元并初始化为0

（8）LTORG

伪指令 LTORG 用来说明某个存储区域为一个用来暂存数据的数据缓冲区，也称文字池或数据缓冲池。大的代码段也可以使用多个数据缓冲池。例如：

```
AREA example, CODE, READONLY
    Start  BL  Func1
        …
    Func1  LDR  R1, #0x800
           MOV  PC, LR
```

```
        LTORG                        ; 定义数据缓冲池的开始位置
        Date  SPACE  40              ; 数据缓冲池有40个被初始化为0的字节
      END
```

LTORG 的作用在于，当程序中使用 LDR 类的指令访问数据缓冲池时，为防止越界情况的发生，通常把数据缓冲池放在代码段的最后面，或放在无条件转移指令或子程序返回指令之后，这样处理器就不会错误地将数据缓冲池中的数据当做指令来执行了。LTORG 伪指令的作用如图 3-29 所示。

（9）MAP 和 FIELD

在应用程序中经常使用一种如图 3-30 所示的表。

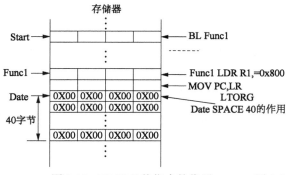 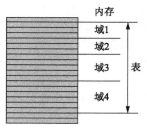

图 3-29　LTORG 伪指令的作用　　图 3-30　MAP 和 FIELD 伪指令所定义的结构化内存表

MAP 用于定义一个结构化的内存表的首地址。其格式如下。

```
    MAP <expr> {,<baseregister>}
```

expr：结构化表首地址，可以为标号或数字表达式。

baseregister：基址寄存器（可选项）。基址寄存器的值与 expr 的值之和就是表首地址。例如：

```
    MAP fun          ;fun就是内存表的首地址
    MAP 0x100, R9    ;内存表的首地址为R9+0x100
```

MAP 通常和 FIELD 伪指令配合使用，以定义一个结构化的内存表。

FIELD 伪指令用于定义一个结构化内存表中的数据域。其格式如下。

```
    <label> FIELD <expr>
```

其中，label 为标号，expr 为表达式，它的值为数据域所占的字节数。

FIELD 伪指令如何与 MAP 伪指令相配合来定义结构化的内存表呢？通常用 MAP 伪指令定义内存表的首地址，FIELD 伪指令定义内存表中各数据域，并可以为每个数据域指定一个标号供其他指令引用。例如：

```
    MAP  0x100        ; 定义结构化内存表首地址为0x100
    A FIELD 16        ; 定义A的长度为16字节，位置为0x100
    B FIELD 32        ; 定义B的长度为32字节，位置为0x110
    S FIELD 256       ; 定义S的长度为256字节，位置为0x130
```

注意：MAP 和 FIELD 伪指令仅用于定义数据结构，并不实际分配存储单元。

5. 汇编控制伪指令

（1）IF、ELSE 和 EDNIF

IF、ELSE 和 ENDIF 伪指令能根据条件的成立与否决定是否执行某个程序段。其格式如下。

```
    IF 逻辑表达式
      程序段1
```

```
        ELSE
            程序段2
        ENDIF
```

IF、ELSE、ENDIF 伪指令可以嵌套使用。例如：

```
    GBLL Test                              ; 声明一个全局逻辑变量Test
        ….
        IF Test = TRUE
            程序段1
        ELSE
            程序段2
    ENDIF
```

（2）WHILE 和 WEND

WHILE 和 WEND 伪指令根据条件的成立与否决定是否重复汇编一个程序段。其格式如下。

```
    WHILE   逻辑表达式
        程序段
    WEND
```

若 WHILE 后面的逻辑表达式为真，则重复汇编该程序段，直到逻辑表达式为假为止。

WHILE 和 WEND 伪指令可以嵌套使用。例如：

```
    GBLA Counter                           ; 声明一个全局数字变量Counter
    Counter SETA 3                         ; 赋值
        …
        WHILE Counter < 10
            程序段
    WEND
```

6. 其他常用的伪指令

（1）定义对齐方式伪指令（ALIGN）

使用 ALIGN 伪指令可用添加填充字节的方式，使当前位置采用某种对齐方式。其格式如下。

```
    ALIGN {表达式{, 偏移量}}
```

对齐方式为 $2^{表达式的值}$。偏移量为一个数字表达式，若使用该字段，则当前位置的对齐方式为 $2^{表达式的值}$+偏移量。下面的例子指定后面的指令为 8 字节对齐。

```
    AREA Init, CODE, READONLY, ALIGN=3
        程序段
    END
```

（2）CODE16 和 CODE32

CODE16 用来表明其后的指令均为 16 位 Thumb 指令，CODE32 伪指令则表明其后面的指令均为 32 位 ARM 指令。其格式如下。

```
    CODE16（或CODE32）
```

例如：

```
    AREA Init, CODE, READONLY
        …
        CODE32
        LDR R0, = NEXT + 1     ; 将跳转地址放入寄存器R0
        BX  R0                 ; 程序跳转到新的位置执行并将处理器切换为Thumb状态
        …
```

```
        CODE16
        NEXT LDR R3, = 0X3FF
        …
    END
```

（3）定义程序入口点伪指令（ENTRY）

ENTRY 伪指令用于指定汇编程序的入口点。其格式如下。

```
    ENTRY
```

例如：

```
    AREA Init, CODE, READONLY
        ENTRY
        …
```

（4）汇编结束伪指令（END）

END 伪指令用于通知编译器汇编工作到此结束，不再向下汇编。其格式如下。

```
    END
```

例如：

```
    AREA Init, CODE, READONLY
        …
    END
```

（5）等效伪指令（EQU）

EQU 伪指令用于为程序中的常量、标号等定义一个等效的字符名称，其作用类似于 C 语言中的#define。其格式如下。

```
    名称  EQU 表达式{, 类型}
```

EQU 也可用"*"代替。

由 EQU 伪指令定义的字符名称，当其表达式为 32 位常量时，可以指定表达式的数据类型，有以下 3 种类型：CODE16、CODE32 和 DATA。例如：

```
    Test EQU 50                              ; 定义标号Test的值为50
    Addr EQU 0x55, CODE32                    ; 定义Addr的值为0x55，且该处为32位的ARM指令
```

（6）外部可引用符号声明伪指令（EXPORT 或 GLOBAL）

用伪指令 EXPORT 可以声明一个能被其他源文件引用的符号，这种符号也称外部可引用符号。其格式如下。

```
    EXPORT 符号  {[WEAK]}
```

EXPORT 可用 GLOBAL 代替。

标号在程序中区分大小写，[WEAK]选项声明其他的同名标号优先于该标号被引用。例如：

```
    AREA  Init, CODE, READONLY
        EXPORT Stest
        …
    END
```

（7）IMPORT

当在一个源文件中需要使用另外一个源文件的外部可引用符号时，在被引用的符号前面必须使用伪指令 IMPORT 对其进行声明。其格式如下。

```
    IMPORT  符号{[WEAK]}
```

如果源文件声明了一个引用符号，则无论当前源文件中程序是否真正地使用了该符号，该符号均会被加入到当前源文件的符号表中。

[WEAK]选项表示当前所有的源文件都没有定义这样一个标号，编译器也不报错，并在多

数情况下将该标号置为0。但该标号被 B 或 BL 指令所引用时，将 B 或 BL 指令置为 NOP 操作。

```
AREA Init, CODE, READONLY
    IMPORT  Main
    …
END
```

（8）EXTERN

EXTERN 伪指令与 IMPORT 伪指令的功能基本相同，但如果当前源文件中的程序实际上并未使用该指令，则该符号不会加入到当前源文件的符号表中。其他作用与 IMPORT 相同。

（9）GET（或 INCLUDE）

GET 伪指令用于将一个源文件包含到当前的源文件中，并将被包含的源文件在当前位置进行汇编。其格式如下。

```
GET  文件名
```

可以使用 INCLUDE 代替 GET。

GET 伪指令只能用于包含源文件，包含目标文件时需要使用 INCBIN 伪指令。例如：

```
AERA Init, CODE, READONLY
    GET a1.s
    GET c:\a2.s
    …
END
```

（10）INCBIN

INCBIN 伪指令用于将一个目标文件或数据文件包含到当前的源文件中，被包含的文件不做任何变动地存放在当前文件中，编译器从其后开始继续处理。例如：

```
INCBIN   文件名
AREA Init, CODE, READONLY
    INCBIN a1.dat
    INCBIN C:\a2.txt
    …
    END
```

（11）RN

RN 伪指令用于给一个寄存器定义一个别名，以提高程序的可读性。其格式如下。

```
名称  RN 表达式
```

其中，名称为给寄存器定义的别名，表达式为寄存器的编码。例如：

```
Temp RN R0                          ;为R0定义一个别名Temp
```

（12）ROUT

ROUT 伪指令用于给一个局部变量定义作用范围，其格式如下。

```
名称  ROUT
```

在程序中未使用该伪指令时，局部变量的作用范围为所在的 AREA；而使用 ROUT 后，局部变量的作用范围为当前 ROUT 和下一个 ROUT 之间。

3.2.3 ARM 宏与宏指令

1. 宏

（1）MACRO 和 MEND

MACRO 和 MEND 伪指令可以为一个程序段定义一个名称。这样，在汇编语言应用程序中可通过这个名称来使用它所代表的程序段，即当程序被汇编时，该名称将被替换为其所代表的程序段。其格式如下。

```
MACRO
$标号    宏名  $参数1, $参数2, …..
    程序段（宏定义体）
MEND
```

$标号：主标号，宏内的所有其他标号必须由主标号组成。

宏名：宏名称，为宏在程序中的引用名。

$参数 1、$参数 2：宏中可以使用的参数。

宏中的所有标号前必须冠以符号"$"，例如：

```
MACRO                          ; 宏定义指令
$MDATA    MAXNUM $NUM1, $NUM2   ; 主标号、宏名、参数
    语句段
$MDATD.MAY1                    ; 宏内标号
    语句段
$MDATA.MAY2                    ; 宏内标号
    语句段
MEND                          ; 宏结束指令
```

（2）MEXIT

MEXIT 用于从宏定义中跳转出去。其格式如下。

```
MEXIT
```

2. 宏指令

在 ARM 中，还有一种汇编器内置的无参数和标号的宏—宏指令。在汇编时，这些宏指令被替换成一条或两条真正的 ARM 或 Thumb 指令。

（1）近地址读取指令（ADR）

ADR 指令用于将一个近地址值传递到一个寄存器中。其格式如下。

```
ADR {cond} <reg>, <expr>
```

reg：目标寄存器的名称。

expr：表达式。该表达式通常是一个程序中表示一条指令存储位置的地址标号。

该宏指令的功能是把标号所表示的地址传递到目标寄存器中。

汇编器在汇编时，将把 ADR 伪指令替换成一条真正的 ADD 或 SUB 指令，以当前的 PC 值减去或加上 expr 与 PC 之间的偏移量得到标号的地址，并将其传递到目标寄存器中，如图 3-31 所示。下面是一个实例：

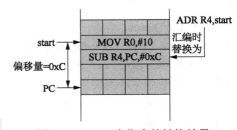

图 3-31 ADR 宏指令的转换效果

```
start  MOV  R0, #10
       ADR  R4, start
```

由于指令 ADD 或 SUB 中有对立即数的限制，因此标号地址不能距离当前指令的地址过远。对于非字对齐地址来说，其距离必须在 255 字节以内；而对于字对齐地址来说，距离必须在 1020 字节以内。所以 ADR 称为近地址读取指令。

（2）远地址读取指令（ADRL）

ADRL 的作用类似于 ADR，但它可以把更远的地址赋给目标寄存器。其格式如下。

```
ADRL {cond} <reg>, <expr>
```

reg：目标寄存器的名称。

expr：表达式，必须是 64KB 以内非字对齐的地址，或 256KB 以内的字对齐地址。

该指令只能在 ARM 状态下使用，在 Thumb 状态下不能使用。汇编时，ADRL 伪指令由汇编器替换为两条合适的指令。例如：

```
start    MOV   R0, #10
         ADRL  R4, start+60000
```

其中，ADRL 将被替换为如下两条指令。

```
    ADD  R4, PC, #0XE800
    ADD  R4, R4, #0X2543
```

如果汇编器找不到合适的两条指令，则会报错。

（3）全范围地址读取指令（LDR）

LDR 指令的格式如下。

```
    LDR{cond} reg, = {expr | label - expr}
```

reg：目标寄存器名称。

expr：32 位常数。

label – expr：基于 PC 的地址表达式。

程序经常用这条指令把一个地址传递到寄存器 reg 中。汇编器在对这种指令进行汇编时，会根据指令中 expr 的值的大小把这条指令替换为合适的指令。

① 当 expr 的值未超过 MOV 或 MVN 指令所限定的取值范围时，汇编器用 ARM 的 MOV 或 MVN 指令来取代宏指令 LDR。

② 当 expr 的值超过 MOV 或 MVN 指令所限定的取值范围时，汇编器将常数 expr 放在由 LTORG 定义的文字缓冲池中，同时，用一条 ARM 的加载指令 LDR 来取代宏指令 LDR，而 LDR 指令则用 PC 加偏移量的方法在文字缓冲池中把该常数读取到指令指定的寄存器中。

由于这种指令可以传递一个 32 位的地址，因此被称为全范围地址读取指令。

（4）NOP

汇编器对 NOP 指令进行汇编时，会将其转换为

```
    MOV  R0, R0
```

3.2.4　汇编语句格式

ARM（Thumb）汇编语言的语句格式如下。

```
{<标号>}  <指令或伪指令>  {; 注释}
```

在汇编语言程序设计中，每一条指令的助记符可以全部使用大写或全部使用小写，但不允许在一条指令中大小写混用。

如果一条语句太长，则可将该长语句分成若干行来书写，每行的末尾用"\"来表示下一行与本行为同一条语句。

3.2.5　ARM 汇编语言中的表达式及运算符

在 ARM 汇编语言中，各种运算符号的运算次序遵循如下的优先级。

① 优先级相同的双目运算符，其运算顺序为从左到右。

② 相邻的单目运算符的运算顺序为从右到左，并且单目运算符的优先级高于其他非括号的运算符。

③ 括号运算符的优先级最高。

1. 数字表达式及运算符

（1）+、-、×、/及 MOD 算术运算符

X + Y：表示 X 与 Y 的和。

X - Y：表示 X 与 Y 的差。

X × Y：表示 X 与 Y 的乘积。

X / Y：表示 X 除以 Y 的商。

X : MOD: Y：表示 X 除以 Y 的余数。

（2）ROL、ROR、SHL 及 SHR 移位运算符

X : ROL: Y：表示将 X 循环左移 Y 位。

X : ROR: Y：表示将 X 循环右移 Y 位。

X : SHL: Y：表示将 X 左移 Y 位。

X : SHR: Y：表示将 X 右移 Y 位。

（3）AND、OR、NOT 及 EOR 按位逻辑运算符

X :AND: Y：表示将 X 和 Y 按位做逻辑"与"的操作。

X:OR:Y：表示将 X 和 Y 按位做逻辑"或"的操作。

NOT: Y：表示将 Y 按位做逻辑"非"的操作。

X :EOR: Y：表示将 X 和 Y 按位做逻辑"异或"的操作。

2. 逻辑表达式及运算符

（1）=、>、<、>=、<=、/=、<>运算符

X = Y：表示 X 等于 Y。

X > Y：表示 X 大于 Y。

X < Y：表示 X 小于 Y。

X >= Y：表示 X 大于或等于 Y。

X <= Y：表示 X 小于或等于 Y。

X /= Y：表示 X 不等于 Y。

X <> Y：表示 X 不等于 Y。

（2）LAND、LOR、LNOT 及 LEOR 运算符

X :LAND: Y：表示将 X 和 Y 做逻辑"与"的操作。

X :LOR: Y：表示将 X 和 Y 做逻辑"或"的操作。

:LNOT: Y：表示将 Y 做逻辑"非"的操作。

X :LEOR: Y：表示将 X 和 Y 做逻辑"异或"的操作。

3. 字符串表达式及运算符

编译器所支持的字符串最大长度为 512 字节。

（1）LEN 运算符

LEN 运算符返回字符串的长度（字符数），下面的格式中以 X 表示字符串表达式。

```
:LEN:  X
```

（2）CHR 运算符

CHR 运算符将 0～255 之间的整数转换为一个字符，以 M 表示一个整数。其格式如下。

```
:CHR:  M
```

（3）STR 运算符

STR 运算符将一个数字表达式或逻辑表达式转换为一个字符串。

对于数字表达式，STR 运算符将其转换为一个以十六进制组成的字符串；对于逻辑表达式，STR 运算符将其转换为字符 T 或 F。例如：

```
    :STR: X                          ; X为数字表达式或逻辑表达式
```

（4）LEFT 运算符

LEFT 运算符返回某个字符串左端的一个子集，其格式如下：

```
    X:LEFT: Y
```

X 为源字符串，Y 为一个整数，表示要返回的字符个数。

（5）RIGHT 运算符

RIGHT 运算符返回某个字符串右端的一个子集。其格式如下。

```
    X :RIGHT: Y
```

X 为源字符串，Y 为一个整数，表示要返回的字符个数。

（6）CC 运算符

CC 运算符用于将两个字符串连接成一个字符串。其格式如下。

```
    X :CC: Y
```

X 为源字符串 1，Y 为源字符串 2，CC 运算符将 Y 连接到 X 的后面。

4．与寄存器和程序计数器相关的表达式及运算符

（1）BASE 运算符

BASE 运算符返回基于寄存器的表达式中寄存器的编号。其格式如下。

```
    :BASE: X
```

X 为与寄存器相关的表达式。

（2）INDEX 运算符

INDEX 运算符返回基于寄存器的表达式中相对于其基址寄存器的偏移量，其格式如下：

```
    :INDEX: X
```

X 为与寄存器相关的表达式。

5．其他常用运算符

（1）"?" 运算符

"?" 运算符返回某代码行所生成的可执行代码的长度，其格式如下：

```
    ? X
```

返回定义符号 X 的代码行所生成的可执行代码的字节数。

（2）DEF 运算符

DEF 运算符判断是否定义了某个符号，其格式如下：

```
    :DEF: X
```

如果符号 X 已经定义，则结果为真，否则为假。

6．程序中的变量代换

程序中的变量可通过代换操作取得一个常量，代换操作符为 "$"。

如果在数字变量前面有一个代换操作符 "$"，则编译器会将该数字变量的值转换为十六进制的字符串，并用该十六进制的字符串代换 "$" 后的数字变量。

如果在逻辑变量前面有一个代换操作符 "$"，则编译器会将该逻辑变量代换为其取值（真

或假）。

如果在字符串变量前面有一个代换操作符"$"，则编译器会用该字符串变量的值代换"$"后的字符串变量。例如：

```
LCLS  s1                              ; 定义局部字符串变量S1和S2
LCLS  s2
s1 SETS "Test !"
s2 SETS "This is a $s1"
```

汇编的结果：字符串变量 S2 的值为"This is a Test !"。

3.3 ARM 程序设计

由于 C 语言便于理解，有大量的支持库，所以它是当前 ARM 程序设计所使用的主要编程语言。但是对于硬件系统的初始化、CPU 状态设定、中断使能、主频设定及 ARM 控制参数初始化等 C 程序力所不能及的底层操作，还是要由汇编语言程序来完成。因此，ARM 程序通常是 C/C++语言和汇编语言的混合程序。

3.3.1 ARM 工程

用汇编语言或 C/C++语言编写的程序称为源程序，对应的文件称为源文件。一般情况下，一个 ARM 工程由多个文件组成，其中包括扩展名为 .s 的汇编语言源文件、扩展名为 .c 的 C 语言源文件、扩展名为 .cpp 的 C++源文件、扩展名为 .h 的头文件，等等。

ARM 工程的各种源文件之间的关系，以及最后形成可执行文件的过程如图 3-32 所示。

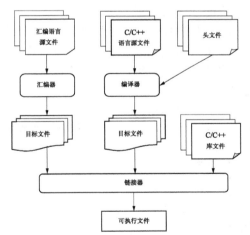

图 3-32 ARM 工程各种文件之间的关系

ARM 提供的开发工具 Code Warrior for ARM 中包含的编译器如表 3-14 所示。

表 3-14 ARM 集成开发环境中的 C/C++编译器表

编译器	语言种类	源文件类型	源文件扩展名	目标文件类型
armcc	C	C	.c	ARM 代码
tcc	C	C	.c	Thumb 代码
armcpp	C++	C/C++	.c/.cpp	ARM 代码
tcpp	C++	C/C++	.c/.cpp	Thumb 代码

除了 C 和 C++编译器之外，Code Warrior for ARM 开发工具还提供了汇编器 ARMASM。

编译器负责生产目标文件，它是一种包含了调试信息的 ELF 格式文件。除此之外，编译器还要生成列表等相关文件，如表 3-15 所示。程序设计人员可以通过生成的汇编语言文件对代码效率、指令执行时间进行分析。而汇编器则把汇编语言源文件汇编成 ELF 格式的目标文件。

表 3-15　ARM 编译器生成的文件

文件扩展名	说　　明	文件扩展名	说　　明
.h	头文件	.s	汇编代码文件
.o	ELF 格式的目标文件	.lst	错误及警告信息列表文件

从图 3-32 中可以看到，各种源文件先由编译器和汇编器将它们分别编译或汇编成汇编语言文件及目标文件。

因为每个源文件都对应一个目标文件，编译器无法在形成这些目标文件时确定指令代码中的绝对地址，所以 Code Warrior for ARM 开发工具还提供了一个链接器，最后由这个链接器负责将所有目标文件链接成一个文件并确定各指令的确定地址，从而形成最终的可执行文件。

链接器的功能：一是生成与地址相关的代码，把所有文件链接成一个可执行文件；二是根据程序员所指定的选项，为程序分配地址空间；三是给出链接信息，以说明链接过程和链接结果。

3.3.2　ARM 汇编语言程序设计

1. 段

汇编语言编写的程序称为汇编语言程序，包含源程序的文件称为汇编语言程序源文件。一个工程可以有多个源文件，汇编源文件的扩展名为 .s。

在 ARM（Thumb）汇编语言程序中，通常以段为单位来组织代码。段是具有特定名称且功能相对独立的指令或数据序列。根据段的内容，分为代码段和数据段：内容为执行代码的称为代码段；内容为数据的称为数据段。一个汇编程序至少应该有一个代码段，当程序较长时，可以分割为多个代码段和数据段。

以下是一个汇编语言源程序段的基本结构。

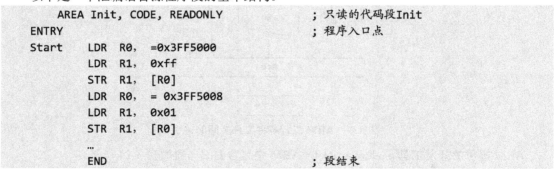

```
    AREA Init, CODE, READONLY          ; 只读的代码段Init
ENTRY                                  ; 程序入口点
Start    LDR  R0,  =0x3FF5000
         LDR  R1,  0xff
         STR  R1,  [R0]
         LDR  R0,  = 0x3FF5008
         LDR  R1,  0x01
         STR  R1,  [R0]
         …
         END                           ; 段结束
```

在汇编语言程序中，用伪指令 AREA 来定义一个段。本例定义了一个名为 Init 的代码段（CODE），属性为只读（READONLY）。伪指令 ENTRY 指明了程序的入口点，下面是程序指令序列，每一个汇编程序段都必须有一条伪指令 END，指示代码段的结束。

多个源程序段在经链接器链接后最终形成一个可执行映像文件，在链接时，链接器会根据系统默认或用户设定的规则，将各段安排在存储器的相应位置。

2. 分支程序设计

具有两个或两个以上可选执行路径的程序称为分支程序。这种程序执行到分支点处时，需要根据程序当前状态（即 CPSR 中的状态标志值）来选择执行路径。因此，程序在分支点处应有以 CPSR 的状态标志值为条件的条件指令或条件转移指令，在条件转移指令中要含有目标地址标号。

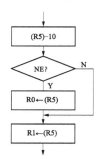

图 3-33　分支程序流程图（一）

（1）普通分支程序设计

使用带有条件码的指令可以很容易地实现分支程序。

【例 3-1】　编写一个分支程序段，如果寄存器 R5 中的数据等于 10，则把 R5 中的数据存入寄存器 R1；否则把 R5 中数据分别存入寄存器 R0 和 R1。

根据题意可以画出该分支程序的流程图，如图 3-33 所示。

由题意可知，本题并不需要(R5)-10 的运算结果，所以应该用比较指令 CMP 来影响 CPSR 的标志位 Z，并在下一条条件指令中实现分支。

用条件指令实现的分支程序段如下。

```
CMP     R5，#10        ; 将R5与立即数10进行比较，以影响Z标志
MOVNE   R0，R5         ; Z=0((R5)!=10)，R0←(R5)
MOV     R1，R5         ; R1←(R5)
......
```

当然，也可以用条件转移指令来实现分支。其程序段如下。

```
        CMP   R5，#10
        BEQ   doequal
        MOV   R0，R5
doequal MOV   R1，R5
        ......
```

【例 3-2】　编写一个程序段，当寄存器 R1 中数据大于 R2 中的数据时，将 R2 中的数据加 10 并存入寄存器 R1；否则将 R2 中的数据加 5 存入寄存器 R1。

根据题意可画出流程图，如图 3-34 所示。这是一个双分支程序，用条件指令实现的双分支程序如下。

```
; 比较，以影响状态标志C和Z
CMP     R1，R2
; 如果R1>R2，则R1=R2+10
ADDHI   R1，R2，#10
; 如果R1<=R2，则R1=R2+5
ADDLS   R1，R2，#5
......
```

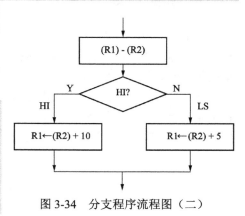

图 3-34　分支程序流程图（二）

（2）多分支（散转）程序设计

程序分支点上有多于两个以上的执行路径的程序称为多分支程序。利用条件测试指令或跳转表可以实现多分支程序。

【例 3-3】　编写一个程序段，判断寄存器 R1 中数据是否为 10、15、12、22。如果是，则将 R0 中数据加 1，否则将 R0 设置为 0xF。

根据题意可画出程序流程图，如图 3-35 所示。

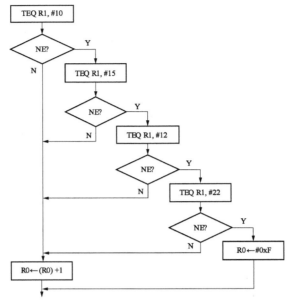

图 3-35　多重判断分支程序流程图

用测试指令 TEQ 实现的多分支程序段如下。

```
MOV      R0, #0
TEQ      R1, #10
TEQNE    R1, #15
TEQNE    R1, #12
TEQNE    R1, #22
ADDEQ    R0, R0, #1
MOVNE    R0, #0xF
......
```

当多分支程序的每个分支所对应的是一个程序段时，常常把各分支程序段的首地址依次存放在一个称为跳转地址表的存储区域中，然后在程序的分支点处使用一个可将跳转表中的目标地址传送到 PC 的指令来实现分支。

一个具有 3 个分支的跳转地址表示意图如图 3-36 所示。从图中可见，每一个跳转目标地址占用 4 字节，即 4 字节是一个表项。这样，表项的序号乘以 4 再加上表的首地址正好为该表项序号所对应的跳转目标地址。如果把这个地址传送到 PC 中，则可以实现向目标程序段的转移。

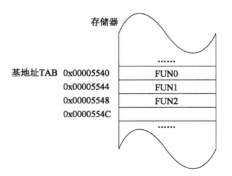

图 3-36　一个有 3 个分支的地址跳转表示意

用图 3-36 的地址跳转表实现的多分支程序段如下。

```
        MOV  R0, N                    ; (R0)=N，N为表项序号0~2
        ADR  R5, JPTAB
        LDR  PC, [R5, R0, LSL #2]     ; PC=(R0)+4+(R5)
        JPTAB                         ; 跳转表
            DCD  FUN0
            DCD  FUN1
            DCD  FUN2
        FUN0
            ......                    ; 分支FUN0的程序段
        FUN1
            ......                    ; 分支FUN1的程序段
        FUN2
            ......                    ; 分支FUN2的程序段
```

（3）带 ARM/Thumb 状态切换的分支程序设计

在 ARM 程序中经常需要在程序跳转的同时进行处理器状态的转换，即从 ARM 指令程序段跳转到 Thumb 指令程序段（或反之）。为了实现这个功能，系统提供了一条专用的、可以实现 4GB 空间范围内的绝对跳转交换指令 BX。

无论是 ARM 还是 Thumb，其指令在存储器中都是按 4 字节或 2 字节边界对齐的，所以 PC 寄存器中目标地址的最低位肯定为 0，这就意味着，BX 指令用于提供目标地址的 Rm，只要提供目标地址的高 31 位即可，这样就可以用 Rm 的最低位表示状态切换信息，也就是说，BX 指令是依靠 Rm 的最低位的值来实现处理器不同状态的转换的，如图 3-37 所示。

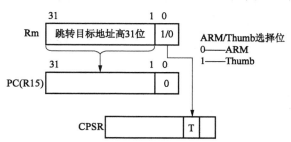

图 3-37　BX 指令 Rm 中的目标地址及 ARM/Thumb 选择位

下面是一段从 ARM 指令程序段跳转到 Thumb 指令程序的状态切换例程。当从 ARM 指令程序向 Thumb 指令程序跳转时，一定要把存放目标地址的 Rm 的最低位置为 1。

```
; ARM指令程序
CODE32                         ; 以下为ARM指令程序段
    ...
    ADR  R0, Into_Thumb + 1    ; 目标地址和切换状态传送至R0中
    BX   R0                    ; 跳转
    ...                        ; 其他代码
; Thumb指令程序
CODE16                         ; 以下为Thumb指令程序段
    Into_Thumb   ...           ; 目标
```

下面是一段从 Thumb 指令程序跳转到 ARM 指令程序的状态切换例程。

```
; Thumb指令程序
CODE16
```

```
        ADR  R5, Back_to_ARM                    ; 目标地址送入R5
        BX   R5                                 ; 跳转
        ……                                      ; 其他代码
;ARM指令程序
CODE32
        Back_to_ARM  ……                        ; ARM代码段起始地址
```

提示：虽然不用 BX 指令直接修改 CPSR 的状态控制位 T 也能够达到改变处理器运行状态的目的，但是会带来一个问题：由于 ARM 采用了多级流水线结构，在指令流水线上会存在若干条预取指令，所以直接修改 CPSR 的 T 标志位使状态发生转变后，会造成流水线上的预取指令执行错误。而如果采用 BX 指令，则该指令在执行时会对流水线进行刷新，清除流水线上的残余指令，在新的状态下重新开始指令预取，从而保证状态转变时指令流的正确衔接。

3. 循环程序设计

当条件满足时，需要重复执行同一个程序段做同样工作的程序称为循环程序。被重复执行的程序段称为循环体，需要满足的条件称为循环条件。根据循环体与循环条件之间的相对位置，循环程序有两种结构（如图 3-38 所示）：DO-WHILE 结构和 DO-UNTIL 结构。

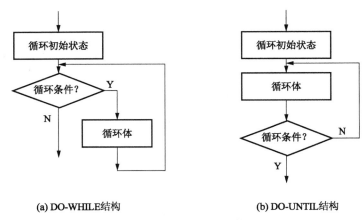

(a) DO-WHILE结构　　　　　　　　　　　(b) DO-UNTIL结构

图 3-38　两种循环结构

在汇编语言程序设计中，常用的是 DO-UNTIL 结构循环程序。例如：

```
        MOV  R1, #10                            ; 循环次数
Loop
        ……
        SUB  R1, R1, #1                         ; 循环次数减1
        BNE  Loop                              ; R1不为0，继续循环
```

程序中的寄存器 R1 常常被称为循环计数器。

【例 3-4】编写一个程序,把首地址为 DATA_SRC 的 80 个字的数据复制到首地址为 DATA_DST 的目标数据块中。

程序如下。

```
        LDR  R1,=DATA_SRC                       ; 源数据块首地址
        LDR  R0,=DATA_DST                       ; 目标数据块首地址
        MOV  R10,#10                            ; 循环计数器赋初值（循环次数）
Loop
        LDMIA  R1!, [R2 - R9]
        STMIA  R0!, [R2 - R9]
```

```
        SUBS   R10, R10, #1
        BNE  Loop
```

4．子程序及其调用

（1）子程序的调用与返回

任何一个大程序均可分解为许多相互独立的小程序段，如果将其中重复的或者功能相同的程序段设计成规定格式的独立程序段，那么这些程序段可提供给其他程序在不同的地方调用，从而避免编制程序的重复劳动。人们把这种可以多次反复调用的、能完成指定功能的程序段称为"子程序"。相对而言，把调用子程序的程序称为"主程序"。

为进行识别，子程序的第 1 条指令之前必须赋予一个标号，以使其他程序可以用这个标号调用子程序。

在 ARM 汇编语言程序中，主程序一般通过 BL 指令来调用子程序。该指令在执行时完成如下操作：将子程序的返回地址存放在链接寄存器 LR 中，同时将 PC 指向子程序的入口点。

为使子程序执行完毕能返回主程序的调用处，子程序末尾处应有 MOV、B、BX、STMFD 等指令，并在指令中将存放在 LR 中的返回地址重新复制给 PC。

在调用子程序的同时，也可使用寄存器 R0～R3 来进行参数的传递，并从子程序返回运算结果。

使用 MOV 指令实现返回的子程序如下。

```
relay   ……
        MOV  PC, LR                          ；返回
```

使用 B 指令实现返回的子程序如下。

```
relay   ……
        B  LR                               ；返回
```

使用 BL 指令调用子程序的汇编语言源程序的基本结构如下。

```
        AREA   Init, CODE, READONLY
        ENTRY
Start   LDR  R0, = 0x3FF5000
        LDR  R1, 0XFF
        STR  R1, [R0]
        LDR  R0, = 0x3FF5008
        LDR  R1, 0x01
        STR  R1, [R0]
        BL  PR                              ；跳转（调用）到子程序PR
        …
PR
        MOV  PC, LR                         ；返回主程序
        …
        END
```

（2）子程序中堆栈的使用

当子程序需要使用的寄存器与主程序使用的寄存器发生冲突（即子程序与主程序需要使用同一组寄存器）时，为防止主程序在这些寄存器中的数据丢失，在子程序的开头应该把寄存器中的数据压入堆栈以保护现场，在子程序返回之前需要把保护到堆栈中的数据自堆栈弹出，并恢复到原寄存器中，即恢复现场。例如：

```
relay
        STMFD  R13!, {R0 - R12, LR}         ；将寄存器内容压入堆栈
```

```
          ......                       ; 子程序代码
          LDMFD  R13!, {R0 – R12, PC}   ; 弹出堆栈内容到寄存器中并实现子程序返回
```

5. 汇编程序访问全局 C 变量

前面讲过，ARM 程序一般为 C 语言与汇编语言的混合程序，所以常常会遇到汇编语言程序用到 C 语言程序变量的情况。一般来说，汇编语言程序与 C 语言程序不在同一个文件中，所以实际上这是一个引用不同文件定义的变量问题。解决这个问题的办法就是，使用关键字IMPORT 和 EXPORT。

一般情况下，文件中定义的变量或符号只限于在本文件内引用。如果希望某个变量可以被外部文件引用，那么必须在定义这个变量或符号的文件中，在此变量或符号的前面使用关键字EXPORT 对其进行声明，即将其声明为可导出的变量或符号，这样此变量或符号即可全局有效。

在引用全局符号的文件中，为了说明此符号是一个全局符号，则必须用关键字 IMPORT 来进行声明，这样编译器在进行编译时就不会报错。

下面是一个汇编代码的函数，它引用了一个在其他文件中定义的全局变量 globvar，将其加2 后写回 globvar。

```
      AREA  globals, CODE, READONLY
      EXPORT asmsubroutine          ; 声明可导出符号
      IMPORT globvar                ; 声明要引用的外部符号
asmsubroutine
      LDR   R1, = globvar
      LDR   R0, [R1]
      ADD   R0, R0, #2
      STR   R0, [R1]
      MOV   PC, LR
      END
```

从程序中可以看到，这个程序也声明了一个可导出符号 asmsubroutine，因为这是一个汇编语言的函数，希望外部文件可以调用它。

3.3.3 ARM 程序的框架结构

在应用系统的程序设计中，若所有的编程任务均用汇编语言来完成，其工作量是可想而知的。这样做也不利于系统升级或应用软件移植。事实上，在程序设计时，除了必须用汇编语言来编写的部分之外，其他部分都尽可能地用高级语言（如 C/C++）来编写。通常，汇编语言程序完成系统硬件的初始化，高级语言程序完成用户的应用。执行时，首先执行初始化部分，然后跳转到 C/C++部分。整个程序结构显得清晰明了，容易理解。程序的基本结构如图 3-39 所示。

1. 初始化程序部分

由于在完成初始化任务的汇编语言程序中需要在特权模式下做一些特权操作（如修改 CPSR等），所以不能过早地进入用户模式。通常，初始化过程大致会经历如图 3-40 所示的一些模式变化。这部分代码也常常被称为启动代码。

2. 初始化部分与主应用程序部分的衔接

当所有的系统初始化工作都完成之后，需要把程序流程转入主应用程序。最简单的方法是，在汇编语言程序末尾使用跳转指令 B 或 BL 直接从启动代码转移到 C/C++程序入口，即

```
      B     main                    ;跳转到C/C++程序
```

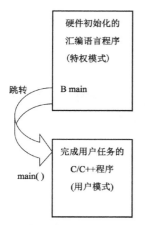

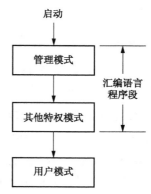

图 3-39　汇编语言程序与 C/C++程序相互调用的程序结构　　　　图 3-40　程序启动后模式的变化

这里的符号 main 是在 C 文件中定义的 C 程序函数名,故在汇编文件中要用关键字 IMPORT 加以声明,即在汇编文件中应有如下代码行。

```
    IMPORT  main                    ; 声明外部引用符号
```

其实,C 的目标符号不一定是 main,也可以是用户自己定义的其他符号。例如,下面的汇编语言程序和 C 程序。

汇编语言程序如下。

```
    IMPORT  main                    ; 声明外部引用符号
    AREA  Init, CODE, READONLY      ; 定义代码段
    ENTRY                           ; 定义程序的入口点
    LDR  R0, =0x3FF0000             ; 初始化系统配置寄存器
    LDR  R1, =0xE7FFFF80
    STR  R1, [R0]
    LDR  SP, =0x3FE1000             ; 初始化用户堆栈
    B    main                       ; 跳转到main处的C/C++代码
    END                             ; 汇编结束
```

以上的汇编程序段完成初始化后立刻跳转到 main 所标识的 C 代码处的功能。

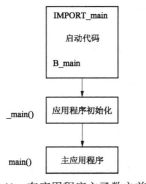

图 3-41　在应用程序主函数之前
插入了__main()的程序结构

C 程序如下。

```
    void  main (void)
    {
       ......
    }
```

3. ARM 开发环境提供的程序框架

为方便应用工程开发,ARM 公司的开发环境 ARM ADS 为用户提供了一个可以选用的应用程序框架。该框架把为用户程序做准备工作的程序分为启动代码和应用程序初始化部分:用于硬件初始化的汇编语言部分称为启动代码,用于应用程序初始化的 C 部分则称为初始化部分。整个程序框架如图 3-41 所示。

在启动代码之后和主应用程序之前,编译系统提供了一个函数_main(),它主要负责完成库函数的初始化工作。为了使系统在执行_main()函数完毕后自动转向用户的 main()函数,编译器

在_main()中声明了用户函数的名称 main，所以在这个框架中，用户程序的函数名称就不能由用户随意定义而必须为 main。

3.3.4　C 语言程序与汇编程序之间的函数调用

在 ARM 工程中，C 程序调用汇编函数和汇编程序调用 C 函数是经常发生的事情。为此，业内制定了 ARM-Thumb 过程调用标准(ARM-Thumb Procedure Call Standard，ATPCS)。

1．ATPCS、寄存器分配与函数调用

（1）堆栈与寄存器在函数调用中的作用

函数是通过寄存器和堆栈来传递参数和返回函数值的。

先参考一下 C 程序调用 C 函数的情况。例如，进行两个整型数相加运算的函数如下。

```
int AddInt (int x, int y)
{
    int a;
    a = x + y;
    return a;
}
```

在 C 程序的主函数 main()中调用该函数的方法如下。

```
void main(void)
{
    ……
    AddInt(a, b);                           // 调用
    ……
}
```

从上述的调用过程中可以得到这样几个概念：首先，函数 AddInt()是一个相对独立的程序模块，其他 C 程序模块可通过引用其名称的方法来调用这个模块，即程序跳转到这个模块；其次，在调用时要把实参赋给形参；最后，函数要把其计算结果作为返回值赋给调用函数。当函数结束之后，形参和返回值就已经没有存在价值了。

显然，函数名称应该是跳转目标地址，即在汇编语言中它应该是一个表明函数存储位置的标号。而函数的形参和返回值，包括在函数中定义的变量都应该是局部变量，即在需要它们时为它们分配存储空间，而在函数执行完毕后应该马上收回它们所占用的存储空间。因此，形参和返回值都应该定义在具有暂存性质的寄存器及堆栈中。于是，在函数的调用中，对函数使用寄存器及堆栈的方法要有一个规定。

当然，当 C 函数调用 C 函数时，上面这些事情都不需要程序员考虑，因为它们都是 C 编译器的事情。但如果程序员要编写一个 C 程序能调用的汇编语言函数，这其实也就是要求程序员来代替 C 编译器把一个 C 函数翻译成汇编程序，这时程序员必须了解和掌握编译器的调用规定。

ARM 编译器使用的函数调用规则就是 ATPCS 标准，它定义了如何通过寄存器传递函数参数和返回值，以及 ARM 和 Thumb 互相调用的说明。**ATPCS 标准既是 ARM 编译器的规则，又是设计可被 C 程序调用的汇编函数的编写规则。**

（2）ATPCS 关于堆栈和寄存器的使用规则

ATPCS 规定，ARM 的数据堆栈为 FD 型堆栈，即满递减堆栈。FD 型堆栈的示意图如图 3-42 所示。ATPCS 标准规定，对于参数个数不多于 4 的函数，编译器必须按参数在列表中的顺序，自左向右为它们分配寄存器 r0～r3。其中，r0 被用来存放函数的返回值。

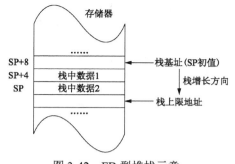

图 3-42　FD 型堆栈示意

编译器为一个有两个参数的函数分配寄存器的示意如图 3-43 所示。

如果函数的参数多于 4 个，那么多余的参数将按照自右向左的顺序压入数据堆栈，即参数入栈顺序与参数顺序相反，所以参数中靠后的参数会被放在相对较高的地址空间中。一个有 6 个参数的函数，其参数使用寄存器和数据栈的示意图如图 3-44 所示。

注意：上面介绍的是函数参数个数固定且为整型或指针类型数据时的规定。一个浮点数可能会通过几个整数型的寄存器进行传送，甚至会被分隔开，同时用整数型的寄存器和堆栈共同传送。双精度数和 "long long" 型或 double 类型的整数参数是通过一对连续的寄存器来传递的，其返回值是通过 "R0" 和 "R1" 返回的，其中 "R0" 中总是包含该数值中的最高有效 "字"（在大端系统的情况下）。

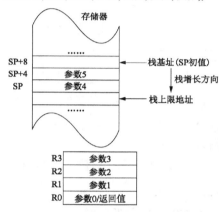

图 3-43　编译器为函数 AddInt() 的参数分配寄存器　　图 3-44　函数参数使用寄存器和数据堆栈

（3）ARM 寄存器的分配和使用

寄存器的使用在很大程度上与编译器有关系，不同的编译器对不同体系结构处理器的寄存器的使用（如函数参数传递和返回值）有其特定的规则。ARM 的 ATPCS 规范（ARM-Thumb 过程调用标准）对 ARM 寄存器的使用做出了规定，当 C 编译器采用该规范时，寄存器的编号、名称和分配方法如表 3-16 所示。

其中，寄存器的别名和特殊名称都是 ARM 编译器和汇编器预定义的，用户可以直接使用。当编译器选择了读/写位置无关（RWPI）的功能时，R9 用来保存静态基地址；当编译器选择了堆栈边界检查的功能时，R10 用来保存堆栈边界地址；当编译器选择了使用结构指针的功能时，R11 用来保存结构指针。R12 为编译器预留的寄存器，作为复杂算法的中间数据缓冲寄存器。假如编译器不使用软件堆栈检查或结构指针，那么 C 编译器可以使用寄存器 R0～R12 和 R14 来存放变量（堆栈指针寄存器 R13 和程序计数器 R15 不能用于通用数据）。因此，理论上，C 编译器可以分配 14 个变量到寄存器而不会溢出。而从表 3-16 可以看出，一些编译器实际上对某些寄存器有特定的用途，如用 R12 作为临时过渡寄存器使用，编译器就不会再分配变量给它。因此，为确保对寄存器有良好的分配并获得较好性能，应尽量限制函数内部最多只能使用 12 个局部变量。如果要用到这些寄存器，那么必须用堆栈来保存这些寄存器中的值。

表 3-16　ARM – Thumb 过程调用标准中寄存器的使用规则及其名称

寄存器编号	可选寄存器名称	ATPCS 寄存器用法
R0	A1	参数寄存器，在调用函数时，用来存放前 4 个函数参数。在函数内，如果把这些寄存器作为临时过渡寄存器来使用，则会破坏它们的值。其中，R0 又被用做函数返回值寄存器
R1	A2	
R2	A3	
R3	A4	
R4	V1	通用变量寄存器或函数局部变量寄存器，调用函数必须保存被调用函数存放在这些寄存器中的变量值
R5	V2	
R6	V3	
R7	V4	
R8	V5	
R9	V6 / sb	通用变量寄存器。在与读/写位置无关(RWPI)的编译情况下，R9 中保存了静态基本地址，这个地址是读/写数据的地址；否则必须保存此寄存器中被调用函数的变量值
R10	V7 / sl	通用变量寄存器。在使用堆栈边界检查的编译情况下，R10 保存堆栈边界的地址；否则必须保存此寄存器中被调用函数的变量值
R11	V8 / fp	通用变量寄存器。在使用结构指针编译的情况下用来保存结构指针，必须保存此寄存器中调用函数的变量值
R12	IP	通用临时过渡寄存器，函数调用时会破坏其中的值
R13	SP	堆栈指针，指向满递减堆栈
R14	LR	链接寄存器，在函数调用时用以保存返回地址
R15	PC	程序计数器

2. C 程序调用汇编函数实例

【例 3-5】　下面是一个用汇编语言编写的函数，该函数把 R1 指向的数据块复制到 R0 指向的存储块中。

```
    AREA  StrCopy, CODE, READONLY
    EXPORT  strcopy                    ; 声明strcopy为导出符号
strcopy
    LDRB  R2, [R1], #1                 ; R1中的值为源数据块首地址
    STRB  R2, [R0], #1                 ; R0中的值为目标数据块首地址
    CMP  R2, #0
    BNE  strcopy                       ; 未复制完，循环
    MOV  PC, LR                        ; 复制完毕，返回
    END
```

由于该函数和调用该函数的 C 程序不会在同一个文件中，因此用关键字 EXPORT 声明标号 strcopy 为外部可引用符号（也称可输出符号）。这样，当链接器链接各个目标文件时，会把标号 strcopy 的实际地址赋给各引用符号。

根据 ATPCS 的参数传递规则，可知汇编函数 strcopy 在 C 程序中的原型应该为

```
    void strcopy (char * d, const char * s);
```

其中，参数 d 为目标字符串指针（R0），参数 s 为源字符串指针（R1）。函数没有返回值，故函数类型为 void。函数名称与汇编函数符号名称一致。

```
    extern void strcopy (char * d, const char * s);  //声明strcopy为外部引用符号
    int main (void)
    {
        const char * src = "Source";
        char dest[10];
        ......
```

```
        strcopy (dest, src);                        // 调用汇编函数strcopy
        ......
    }
```

3. 汇编程序调用 C 函数实例

【例 3-6】现有 C 函数 g() 如下。

```
int g(int a, int b, int c, int d, int e)
{
    return a + b + c + d + e;
}
```

要求在汇编函数 f 中调用 C 函数 g()，以实现下面的功能。

```
int f (int i) {return -g(i, 2*i, 3*i, 4*i, 5*i);}
```

这个问题实质上是编写一个汇编函数 f()，在 f() 中再调用 C 函数 g()。前面讲过，C 函数的函数名在汇编程序中就是标号，所以可在汇编函数 f 中用跳转指令 BL 转移到该程序段，即：

```
BL    g
```

由于函数 g() 有 5 个参数，因此该函数用寄存器 R0、R1、R2 和 R3 来传递参数 a、b、c 和 d，而用堆栈来传递第 5 个参数 e。

整个汇编函数 f 的代码如下。

```
;----------------------------------------------------------------------
; 汇编函数 int f (int i) { return -g(i, 2*i, 3*i, 4*i, 5*i);}
; 在汇编程序中调用时，预先把i的实参存入寄存器R0
;----------------------------------------------------------------------
        EXPORT  f
        AREA  f, CODE, READONLY
        IMPORT  g                       ; 声明g为外部引用符号
        STR  LR, [SP, # -4]             ; 断点存入堆栈
        ADD  R1, R0, R0                 ; (R1)=i*2
        ADD  R2, R1, R0                 ; (R2)=i*3
        ADD  R3, R1, R2                 ; (R3)=i*5
        STR  R3, [SP, #-4]              ; 将第5个参数i*5存入堆栈
        ADD  R3, R1, R1                 ; (R3)=i*4
        BL   g                          ; 调用C函数g()，返回值在寄存器R0中
        ADD  SP, SP, #4                 ; 清栈
        RSB  R0, R0, #0                 ; 函数f的返回值(R0)=0-(R0)
        LDR  PC, [SP], #4               ; 恢复断点并返回
        END
```

由于调用时第 5 个参数存放在数据堆栈中，所以调用 C 函数后需要清栈。

4. 函数调用的优化

（1）减少调用参数

在这种 4 寄存器规则的过程调用标准下，带有 4 个或者更少参数的函数执行效率要比多于 4 个参数的函数高得多。对于前者，编译器可以用寄存器传递所有参数；对于后者，函数调用者和被调用者都必须通过访问堆栈来传递一些参数。在这种情况下，可以使用结构体来提高执行效率，即将多个相关的参数组织到一个结构体中（这依赖于程序的特性），通过传递一个结构体指针来代替传递多个参数。编译器可以通过寄存器或根据命令行选项来传递结构体。

【例 3-7】 使用结构体指针的好处。这是一个典型的子程序：从数组 data 插入 N 字节到一

个队列中。这里使用的起始地址是 Q_start（包括此地址）、结束地址是 Q_end（不包括此地址）的循环缓冲区来实现这个队列。

```c
char * queue_bytes_v1(
    char * Q_start ,            // 队列缓冲区起始地址
    char * Q_end,              // 队列缓冲区结束地址
    char * Q_ptr,              // 当前队列指针位置
    char * data,               // 插入队列的数据
    unsigned int N)            // 插入数据的数量
{
    do
    {
        *(Q_ptr ++ ) = *(data++);

        if (Q_ptr == Q_end)
        {
            Q_ptr = Q_start;
        }
    } while(--N);
    return Q_ptr;
}
```

编译后生成：

```
queue_bytes_v1
    STR    r14, [r13, # -4]!        ; save lr on the stack
    LDR    r12, [r13, # 4]          ; r12 = N
queue_v1_loop
    LDRB   r14, [r3], #1            ; r14 = * (data ++)
    STRB   r14, [r2], #1            ; *(Q_ptr++) = r14
    CMP    r2, r1                   ; if (Q_ptr == Q_end)
    MOVEQ  r2, r0                   ; {  Q_ptr = Q_start;}
    SUBS   r12, r12, #1             ; --N and set flags
    BNE    queue_v1_loop            ; if (N!=0) goto loop
    MOV    r0, r2                   ; r0 = Q_ptr
    LDR    pc, [r13], #4            ; return r0
```

将这个例子与下面使用 3 个函数参数、结构化的例子进行比较。

下面的代码定义了一个 Queue 的结构体，并且把这个结构体指针传递给函数，这样能减少函数参数的个数。

```c
typedef struct {
    char * Q_start,            // 队列缓冲区起始地址
    char * Q_end,              // 队列缓冲区结束地址
    char * Q_ptr,              // 当前队列指针位置
}Queue;
void queue_bytes_v2(Queue * queue, char * data, unsigned int N)
{
    char * Q_ptr = queue -> Q_ptr;
    char * Q_end = queue ->Q_end;

    do
    {
```

```
                  *(Q_ptr ++) = *(data++);
                  if (Q_ptr == Q_end)
                  {
                      Q_ptr = queue -> Q_start;
                  }
          } while (--N);
          queue -> Q_ptr = Q_ptr;
      }
```

编译后生成：

```
queue_bytes_v2
    STR     r14, [r13, # -4]          ; save lr on the stack
    LDR     r3, [r0, #8]              ; r3 = queue -> Q_ptr
    LDR     r14, [r0, #4]             ; r14 = queue ->Q_end
queue_v2_loop
    LDRB    r12, [r1], #1             ; r12 = * (data++)
    STRB    r12, [r3], #1             ; *(Q_ptr ++) = r12
    CMP     r3, r14                   ; if (Q_ptr == Q_end)
    LDREQ   r3, [r0, #0]              ; Q_ptr = queue -> Q_start
    SUBS    r2, r2, #1                ; --N and set flags
    BNE     queue_v2_loop             ; if(N!=0) goto loop
    STR     r3, [r0, #8]             ; queue ->Q_ptr = r3
    LDR     pc, [r13], #4            ; return
```

queue_bytes_v2 比 queue_bytes_v1 多了一条指令，但实际上总体效率更高了。相比后者的 5 个参数，前者仅有 3 个函数参数，所以每次函数调用只需设置 3 个寄存器。对于后者，每次调用要有 4 个寄存器设置，一个压栈、一个出栈操作等。在函数调用开销方面，前者净省了 2 条指令。对被调用函数而言，可以节省更多，因为它只需分配一个寄存器给 queue 结构指针，而不需要像非结构化的例子那样分配 3 个寄存器。

（2）内联函数

如果函数体很小，只用到很少的寄存器（很少的局部变量），则有其他方法来减少函数调用的开销。可以把调用函数和被调用函数放在同一个汇编或 C 文件中，这样汇编编程人员或编译器就知道了被调用函数（生成）的汇编代码，并以此对调用函数进行一些优化。

① 调用函数不需要保护被调用函数没有用到的寄存器，因此不需要保护所有 ATPCS 占用的寄存器。

② 如果被调用函数很小，则汇编编程人员或编译器可以在调用函数中内联被调用函数的代码，这样可以彻底去除函数调用的开销。

【例 3-8】 函数 uint_to_hex 把一个 32 位的无符号整数转换为 8 个十六进制数。该函数调用了一个辅助函数 nybble_to_hex，把一个 0～15 的数字 d 转换为一个十六进制的数字。

```
    unsigned int nybble_to_hex(unsigned int d)
    {
        if (d < 10)
        {
            return d+ '0';
        }
        return d - 10 + 'A';
    }
    void uint_to_hex(char * out, unsigned int in)
```

```
{
    unsigned int i;
    for(i=8; i!=0; i--)
    {
        in = (in << 4) | (in >> 28);                    // 循环左移4位
        *(out ++) = (char) nybble_to_hex (in & 15);
    }
}
```

编译后，可以看到函数 uint_to_hex 根本没有调用函数 nybble_to_hex。在下面编译后的代码中，编译器内联了 uint_to_hex 的代码，这比函数调用的效率高得多。

```
uint_to_hex
    MOV     r3, #8                      ; i=8
uint_to_hex_loop
    MOV     r1, r1, ROR #28             ; in=(in<<4)|(in>>28)
    AND     r2, r1, #0xf                ; r2 = in &15
    CMP     r2, #0xa                    ; if (r2 >= 10)
    ADDCS   r2, r2, #0x37               ; r2 += 'A' -10
    ADDCC   r2, r2, #0x30               ; else r2 += 10
    STRB    r2, [r0], #1                ; *(out ++) =r2
    SUBS    r3, r3, #1                  ; i-- and set flags
    BNE     uint_to_hex_loop            ; if (i!=0) goto loop
    MOV     pc, r14                     ; return
```

编译器只会内联比较小的函数。也可以使用_inline 关键字要求编译器内联一个函数，但这个关键字只是一个提示，编译器可能会忽略。内联一个大的函数将大大增加代码量，而对性能的改善却比较小。

3.3.5 ARM 汇编与 C 语言的混合程序设计

除了上面介绍的函数调用方法之外，ARM 编译器 armcc 中含有的内嵌汇编器还能运行 C 程序中内嵌的汇编代码或嵌入式汇编代码，以提高程序的效率。

1. 内嵌汇编

（1）定义内嵌汇编程序

所谓内嵌汇编程序，就是在 C 程序中直接编写汇编程序段而形式一个语句块，这个语句块可以使用除了 BX 和 BLX 之外的全部 ARM 指令来编写，从而使用 C 编译器不支持的（即不能生成的）ARM 指令（如一些扩展指令、协处理器指令等）和优化方法，使程序实现一些不能在 C 语言级获得的底层功能，并提升程序的性能。

当使用 armcc 编译器时，定义一个内嵌汇编程序段需要使用关键字_ _asm，当编译器遇到这个关键字时，会启动内嵌汇编器对关键字下面的程序进行汇编工作，其格式如下。

```
    _ _asm
    {
        汇编语句块
    }
```

例如：

```
    void enable_IRQ(void)
    {
        int tmp;
```

```
    _ _asm
    {
        MRS   tmp, CPSR
        BIC   tmp, tmp, #0x80
        MSR   CPSR_c, tmp
    }
}
```

在汇编语句块中，如果有两条指令占用了同一行，则必须用"；"将它们分隔开。如果一条指令需要占用多行，则必须用反斜线符号"\"作为续行符。

可以在内嵌汇编程序块内的任意位置使用 C 或 C++格式的注释。

在内嵌汇编代码中定义的标号可被用做跳转或 C/C++中 goto 语句的目标。同样，在 C/C++代码中定义的符号，也可被用做内嵌汇编代码跳转指令的目标。

（2）内嵌汇编的限制

内嵌汇编与真实汇编之间有很大的区别，会受到很多限制。例如，它不支持 Thumb 指令，除了程序状态寄存器 PSR 之外，不能直接访问其他任何物理寄存器，等等。

如果在内嵌汇编程序指令中出现了以某个寄存器名称命名的操作数，则它被称为虚拟寄存器，而不是实际的物理寄存器。编译器在生成和优化代码的过程中，会给每个虚拟寄存器分配实际的物理寄存器，但这个物理寄存器可能与在指令中指定的不同。唯一的例外就是状态寄存器 PSR，任何对 PSR 的引用总是指向实际的物理 PSR。

在内嵌汇编代码中不能使用寄存器 PC(R15)、LR(R14)和 SP(R13)，任何试图使用这些寄存器的操作都会出现错误信息。

鉴于上述情况，在内嵌汇编语句块中最好使用 C 或 C++代码所定义的变量作为操作数。

另外，虽然内嵌汇编代码可以更改处理器模式，但是这会导致禁止使用 C 操作数或对已编译 C 代码的调用，直到将处理器模式恢复为原设置为止。

（3）使用内嵌汇编及内联进行高效的编程

这里，通过一个有内嵌汇编的 C 程序被内联的例子，来说明如何使用内嵌汇编及内联进行高效的 C 编程。例如，在许多语音处理算法中经常使用的"饱和双倍乘累加"运算。这是对 16 位的有符号数 x、y 与 32 位的累加值 a 进行 a+2xy 运算。另外，所有的操作如果超过了 32 位的范围，则将取其最接近的值（即所谓的饱和运算）。x 和 y 是 Q15 定点整数，它们呈现的值是 x2-15 和 y2-15。类似的，a 是 Q31 定点整数，其呈现的值是 a2-31。

首先，定义一个内联的 C 函数 qmac_v1 来实现这个操作。

```
_ _inline int qmac_v1(int a, int x, int y)
{
    int i;

    i = x * y;                      /* 该乘法不会饱和 */
    if (i >= 0)
    {
        i = 2*i;                    /* x*y是正数 */
        if (i < 0)
        {
            i = 0x7FFFFFFF;         /* 乘以2后发生饱和 */
        }
        if (a + i < a)
```

```
                    {
                        return 0x7FFFFFFF;              /* 加法产生了饱和*/
                    }
                    return a + i;
                }
                if (a + 2*i > a)                       /* x*y为负，因此乘以2不会饱和 */
                {
                    return - 0x80000000;               /* 累加发生了饱和 */
                }
                return a + 2 * i;
            }
```

其次，用这个操作来实现一个饱和相关计算的 C 函数：$a = 2x_0y_0 + \cdots + 2x_{N-1}y_{N-1}$。

```
            int sat_correlate_v1(short * x, short * y, unsigned int N)
            {
                int a = 0;
                do
                {
                    a = qmac_v1(a, *(x++), *(y++));
                } while (--N);
                return a;
            }
```

sat_correlate_v1 函数要调用 N 次 qmac_v1 函数。由于这里把 qmac_v1 函数声明为内联函数，因此编译器会用内联代码来代替每个对 qmac_v1 函数的调用，即插入代码来代替调用，以减少函数调用的开销。然而，qmac_v1 函数的纯 C 语言实现使用了多条 if 语句，其效率不是很高。为了能够使用 ARM 指令的条件执行特性进行优化，可使用部分汇编语言写出效率更高的代码，即在 C 函数中使用内嵌汇编，如例 3-9 所示。

【例 3-9】 显式使用内嵌汇编实现高效的 qmac 函数。

```
            __inline int qmac_v2(int a, int x, int y)
            {
                int i;
                const int mask=0x80000000;

                i = x * y;
                __asm
                {
                    ADDS  i, i, i                      /* 乘以2 */
                    EORVS i, mask, i, ASR 31           /* 饱和乘以2的运算结果 */
                    ADDS  a, a, i                      /* 累加 */
                    EORVS a, mask, a, ASR 31           /* 饱和累加的结果 */
                }
                return a;
            }
```

这段内嵌代码将显著减少主循环体中的指令数量。而如果使用带有 ARMv5E 扩展指令的 ARM 处理器，则可以使用扩展指令重写 qmac 函数。

【例 3-10】 使用 ARMv5E 指令重写 qmac 函数。

```
            __inline int qmac_v3(int a, int x, int y)
            {
```

```
        int i;
        __asm
        {
            SMULBB i, x, y                /* 乘法 */
            QDADD  a, a, i                /* 双倍 + 饱和 + 累加 + 饱和 */
        }
        return a;
    }
```

通过查看编译器最终生成的代码可以看到，主循环体编译只用了 6 条指令，即：

```
sat_correlate_v3_s
    STR     r14, [r13, #-4]!          ; stack lr
    MOV     r12, #0                   ; a = 0
sat_v3_loop
    LDRSH   r3, [r0], #2              ; r3 = * (x++)
    LDRSH   r14, [r1], #2             ; r14 = *(y++)
    SUBS    r2, r2, #1                ; N— and set flags
    SMULBB  r3, r3, r14               ; r3 = r3 * r14
    QDADD   r12, r12, r3              ; a = sat(a+sat(2*r3))
    BNE     sat_v3_loop               ; if(N!=0) goto loop
    MOV     r0, r12                   ; r0 = a
    LDR     pc, [r13], #4             ; return r0
```

2. 嵌入式汇编

嵌入式汇编程序是一个编写在 C 程序外的单独汇编程序段，该程序段可以像函数那样被 C 程序调用。与内嵌汇编不同，嵌入式汇编具有真实汇编的所有特性，数据交换符合 ATPCS 标准，并支持 ARM 和 Thumb，所以它可以与目标处理器进行不受限制的低级别访问。然而，嵌入式汇编程序不能直接引用 C/C++的变量名。

如果使用 armcc 编译器，则嵌入式汇编程序需要用__asm 声明，它可以像 C 函数那样有参数和返回值。定义一个嵌入式汇编函数的语法格式如下。

```
    __asm return-type function-name (parameter-list)
    {
        汇编程序段
    }
```

其中，return-type 为函数返回值的类型；function-name 为函数名；parameter-list 为函数参数列表。

嵌入式汇编在形式上看起来就像使用关键字__asm 进行了声明的函数，如下所示：

```
    __asm int add (int i, int j)
    {
        ADD R0, R0, R1
        MOV PC, LR
    }
```

需要注意的是，参数名只允许使用在参数列表中，不能用在嵌入式汇编函数体内。例如，下面定义的嵌入式汇编程序是错误的。

```
    __asm int f (int i)
    {
        ADD  i, i, #1                      // 错误
        ......
```

```
    }
```
按 ATPCS 的规定，应该使用寄存器 R0 来代替 i。

在 C 程序中调用嵌入式汇编程序的方法与调用 C 函数的方法相同，例如：

```
    void main()
    {
        printf("12345 + 67890 = %d \n", add(12345, 67890));
    }
```

3. 内嵌汇编代码与嵌入式汇编代码之间的差异

灵活地使用内嵌汇编和嵌入式汇编，有助于提高程序效率。内嵌汇编与嵌入式汇编的编译方法有如下区别。

① 内嵌汇编代码使用高级处理器抽象，并在代码生成过程中与 C 和 C++代码集成，因此编译器将 C 和 C++代码与汇编代码一起优化。

② 与内嵌汇编代码不同，嵌入式汇编代码从 C 和 C++代码中分离出来进行单独汇编，产生与 C 和 C++源代码编译对象相组合的编译对象。

③ 可通过编译器来内联内嵌的汇编代码，但无论是显式还是隐式，都无法内联嵌入式汇编程序的代码。

内嵌汇编程序与嵌入式汇编程序的主要差异如表 3-17 所示。

表 3-17　内嵌汇编程序与嵌入式汇编程序的主要差异

比较项目	内嵌汇编程序	嵌入式汇编程序
指令集	仅限于 ARM	ARM 和 Thumb
ARM 汇编程序命令	不支持	支持
C 表达式	支持	仅支持常量表达式
优化代码	支持	不支持
内联	可能	从不
寄存器访问	不使用物理寄存器	使用物理寄存器
返回指令	自动生成	显式编写

思考题 3

3.1　使用一条 ARM 指令分别实现下面的语句。

（1）R0 = 16　　　　　　（2）R0 = R1 / 16（带符号的数）

（3）R1 = R2 * 3　　　　（4）R0 = −R0

3.2　BIC 指令的作用是什么？

3.3　哪些数据处理指令总会设置条件标志位？

3.4　哪些指令可用于子程序调用的返回？

3.5　要打开或者屏蔽 IRQ 中断应该使用哪些指令？

3.6　为了克服 ARM 分支指令范围只有 ±32MB 的局限，应该使用哪些指令？

3.7　CLZ 指令的用途是什么？

3.8　以下指令的结果是什么？

```
    R1 = 0x7FFFFF00
    R2 = 0x00001000
    QADD R0, R1, R2
```

3.9 以下指令有效吗？

```
LDRD R7, [R2, 0x100]
```

3.10 以下指令的效果是什么？

```
SMULBT R0, R1, R2
```

3.11 如果 R1 = 0x12406700，那么执行下面的语句后 R0 的值是什么？

```
REV R0, R1
```

3.12 以下指令的意义是什么？

```
SUB16 R1, R2, R0
```

3.13 下面这条 Thumb 指令的效果是什么？

```
ADD R1, R2
```

3.14 下面的指令是有效的 Thumb 指令吗？

```
MSR CPSR_S, R0
```

3.15 Thumb 中 BL 指令的跳转范围是多少？

3.16 什么是分支程序？它有什么特点？用什么指令来实现分支程序？

3.17 在程序设计中，双分支程序有什么特点？

3.18 在程序设计中，散转分支程序有什么特点？

3.19 编写一个分支程序段，如果寄存器 R8 中的数据等于 50，则把 R8 中的数据存入寄存器 R1；否则把 R8 中的数据分别存入寄存器 R0 和 R1，并把这个程序段定义成一个代码段。

3.20 编写一个程序段，当寄存器 R3 中的数据大于 R2 中的数据时，将 R2 中的数据加 10 存入寄存器 R3；否则将 R2 中的数据加 100 存入寄存器 R3，并把这个程序段定义成一个代码段。

3.21 编写一个程序段，判断寄存器 R5 中的数据是否为 11、15、18、22、44、67，如果是，则将 R0 中的数据置为 1；否则将 R0 中的数据设置为 0，并把这个程序段定义为一个代码段。

3.22 跳转的同时实现处理器状态转换需要使用什么指令？需要注意什么事项？

3.23 下面的 BX 指令实现了怎样的跳转？

```
    ADR   R0,Yy +1              ;目标地址和切换状态传送R0
    BX    R0
Yy
    ...
```

3.24 下面的 BX 指令实现了怎样的跳转？

```
    ADR   R0,Yy                 ;目标地址和切换状态传送R0
    BX    R0
Yy
    ...
```

3.25 什么是循环程序？这种程序适用于什么场合？

3.26 从程序结构上来看，循环程序有哪几种？用什么指令来实现？

3.27 试编写一个循环程序，实现从 0 开始的 10 个偶数的累加。

3.28 试编写一个程序，当寄存器 R0 中的数据为 0 时，计算从 0 开始的 10 个偶数的累加和；而当 R0 中的数据不为 0 时，计算从 0 开始的 10 个能被 5 整除的数的累加和。

3.29 什么是子程序？如何定义一个子程序？

3.30 子程序是如何返回到主程序的？

3.31 如何向一个子程序传递参数？如何获得一个子程序的返回值？

3.32 对子程序与 C 函数进行比较，看看它们有什么异同点。

3.33 如何在汇编语言程序中使用 C 文件中定义的外部可引用变量？

3.34 试说明汇编语言程序是如何转向 C 语言程序的。

3.35 汇编语言程序主要用来完成什么工作？高级语言程序主要用来完成什么工作？

3.36 什么是 ATPCS 标准？ATPCS 标准对堆栈的使用是如何规定的？其对寄存器的使用又是如何规定的？

3.37 试把如下 C 函数改写成汇编语言函数。

（1）

```
int SubXY(int x, int y)
{
    return  x-y;
}
```

（2）

```
void SubXY(int x, int y, int z)
{
    z = x-y;
}
```

3.38 把下面的汇编函数改写成 C 函数。

```
AREA   StrCopy, CODE, READONLY
EXPORT   strcopy                      ; 声明strcopy为导出符号
strcopy
LDRB R2, [R1], #1                     ; R1中的值为源数据块首地址
STRB R2, [R0], #1                     ; R0中的值为目标数据块首地址
CMP  R2, #0
BNE  strcopy                          ; 未复制完，循环
MOV  PC, LR                           ; 复制完毕，返回
END
```

3.39 什么是内联汇编？使用内联汇编有什么好处？声明内联汇编语句块的关键字是什么？

3.40 内联汇编有什么限制？

3.41 什么是嵌入式汇编？使用嵌入式汇编有什么规则？

3.42 试说明汇编语言函数、内联汇编和嵌入式汇编的异同。

第4章 嵌入式软件系统

4.1 嵌入式软件系统分类和体系结构

嵌入式软件是计算机软件的一种，具有软件的一般特性，也具有其特殊性。下面首先回顾软件的一般特性。

软件是计算机系统中与硬件相互依存的另一部分，它包括程序、相关数据及其说明文档。

程序是按照事先设计的功能和性能要求执行的指令序列。

数据是程序能正常操纵信息的数据结构。

文档是与程序开发维护和使用有关的各种图文资料。

软件同传统的工业产品相比，有其独特的性质。

① 软件是一种逻辑实体，具有抽象性。这个特点使它与其他工程对象有着明显的差异。人们可以把它记录在纸上、内存、磁盘、光盘上，但无法看到软件本身的形态，必须通过观察、分析、思考、判断，才能了解它的功能、性能等特性。

② 软件没有明显的制造过程。一旦研发成功，就可以大量复制同一内容的副本。所以对软件的质量控制，必须放在软件开发方面。

③ 软件在使用过程中，没有磨损、老化的问题。软件在生存周期后期不会因为磨损而老化，但会为了适应硬件、环境及需求的变化而被修改，而这些修改又不可避免地引入错误，导致软件失效率升高，从而使软件退化。当修改的成本变得难以被人接受时，软件就会被抛弃。

④ 软件对硬件和环境有着不同程度的依赖性。这导致了软件移植的问题。

⑤ 软件的开发至今尚未完全摆脱手工作坊式的开发方式，生产效率低。

⑥ 软件是复杂的，而且以后会更加复杂。软件是人类有史以来生产的复杂度最高的工业产品。软件涉及人类社会的各行各业、方方面面，软件开发常常涉及其他领域的专门知识，这对软件工程师提出了很高的要求。

⑦ 软件的成本相当昂贵。软件开发需要投入大量、高强度的脑力劳动，成本非常高，风险也大。现在软件的开销已大大超过了硬件的开销。

⑧ 软件工作牵涉到很多社会因素。许多软件的开发和运行涉及机构、体制和管理方式等问题，还会涉及人们的观念和心理。这些人为的因素常常成为软件开发的困难所在，直接影响到项目的成败。

嵌入式软件具有以下特点。

（1）规模小，但开发难度不一定小

嵌入式软件的规模一般比较小，多数在几兆字节以内，但开发的难度大，需要开发的软件可能包括板级初始化程序、驱动程序、应用程序、测试程序等。嵌入式软件一般要涉及低层软件的开发，应用软件的开发也是直接基于操作系统的，这需要开发人员具有扎实的软硬件基础，能灵活运用不同的开发手段和工具，具有较丰富的开发经验。

（2）快速启动，直接运行

嵌入式软件需快速启动，上电后在几十秒内即可进入正常工作状态。为此，多数嵌入式软件事先已被固化在 NorFlash 等快速启动的内存中，上电后直接启动运行；或从 NorFlash 调入到内存（可能需要解压）后直接运行；或被存储在电子盘中，上电后快速调入到 RAM 中运行。

（3）实时性和可靠性要求高

大多数嵌入式系统是实时系统，有实时性和可靠性的要求。这两方面除了与嵌入式系统的硬件（如嵌入式微处理器的速度、访问存储器的速度、总线等）有关外，还与嵌入式系统的软件密切相关。

嵌入式实时软件对外部事件做出反应的时间必须要快，在某些情况下还需要是确定的、可重复实现的，不管当时系统内部状态如何，都是可预测的。

嵌入式实时软件需要有处理异步并发事件的能力。在实际环境中，嵌入式实时系统处理的外部事件不是单一的，这些事件往往同时出现，而且发生的时刻也是随机的，即异步的。

嵌入式实时软件需要有出错处理和自动复位功能，应采用特殊的容错、出错处理措施，在运行出错或死机时能自动恢复先前运行状态。

（4）嵌入式软件是应用程序和操作系统两种软件的一体化程序。

（5）嵌入式软件的开发平台和运行平台各不相同，如图 4-1 所示。

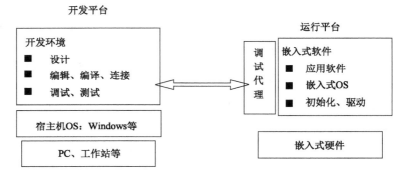

图 4-1　嵌入式软件的开发平台与运行平台

4.1.1　嵌入式软件分类

按通常的软件分类方式，嵌入式软件可分为系统软件、支撑软件和应用软件三大类。

① 系统软件：控制、管理计算机系统资源的软件，如嵌入式操作系统、嵌入式中间件（CORBA、Java）等。

② 支撑软件：辅助嵌入式软件开发的工具软件，如系统分析设计工具、仿真开发工具、交叉开发工具、测试工具、配置管理工具、维护工具等。

③ 应用软件：面向特定应用领域的软件，如手机软件、路由器软件、交换机软件、飞行控制软件等。这里的应用软件除包括操作系统之上的应用外，还包括低层的软件，如板级初始化程序、驱动程序等。

按运行平台来划分，嵌入式软件可分为运行在开发平台（如 PC 的 Windows）上的软件和运行在目标平台上的软件。

① 运行在开发平台上的软件：设计、开发、测试工具等。

② 运行在目标平台上的软件：嵌入式操作系统、应用程序、低层软件及部分开发工具代理。

按嵌入式软件结构来划分，嵌入式软件还可分为循环轮询系统、前后台系统、单处理器多任务系统、多处理器多任务系统等几大类。

4.1.2 嵌入式软件体系结构

嵌入式软件的体系结构如图 4-2 所示，可包括硬件驱动层、操作系统层、中间件层和应用层等。

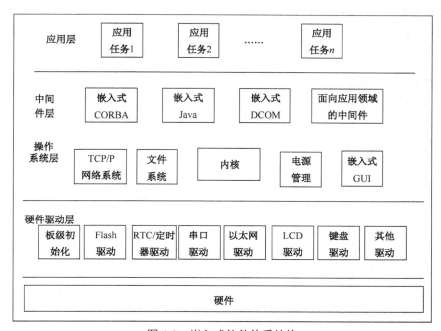

图 4-2　嵌入式软件体系结构

（1）硬件驱动层

硬件驱动层是直接与硬件打交道的一层，对操作系统和应用提供所需的驱动支持。该层主要包括 3 种类型的程序。

① 板级初始化程序：这些程序在嵌入式系统上电后初始化系统的硬件环境，包括对嵌入式微处理器、存储器、中断控制器、DMA、定时器等的初始化。

② 与系统软件相关的驱动：这类驱动是操作系统和中间件等系统软件所需的驱动程序，它们的开发要按照系统软件的要求进行。目前，操作系统内核所需的硬件支持一般已集成在嵌入式微处理器中，因此操作系统厂商提供的内核驱动一般不用修改，开发人员主要需要编写的相关驱动是网络、键盘、显示、外存等的驱动程序。

③ 与应用软件相关的驱动：与应用软件相关的驱动不一定需要与操作系统连接，这些驱动的设计和开发由应用决定。

（2）操作系统层

操作系统层包括嵌入式内核、嵌入式 TCP/IP 网络系统、嵌入式文件系统、嵌入式 GUI 系统和电源管理等部分。其中，嵌入式内核是基础和必备的部分，其他部分要根据嵌入式系统的需要来确定。

（3）中间件层

目前，在一些复杂的嵌入式系统中也开始采用中间件技术，主要包括嵌入式 CORBA、嵌入式 Java、嵌入式 DCOM 和面向应用领域的中间件软件，如基于嵌入式 CORBA 的应用于软件、无线电台的应用中间件等。安卓系统中的 Dalvik 虚拟机也位于这一层。

（4）应用层

应用层软件主要由多个相对独立的应用任务组成，每个应用任务完成特定的工作，如 I/O 任务、计算的任务、通信任务等，由操作系统调度各任务的运行。

4.1.3 嵌入式软件运行流程

基于多任务操作系统的嵌入式软件的主要运行流程如图 4-3 所示。该运行流程主要分为如下 5 个阶段。

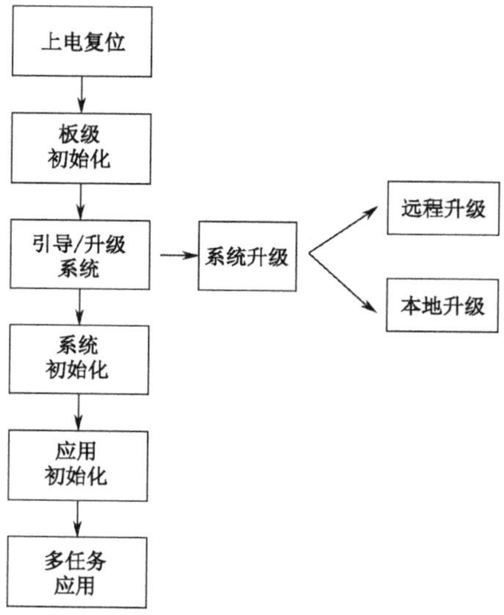

1．上电复位、板级初始化阶段

嵌入式系统上电复位后完成板级初始化工作。板级初始化程序具有完全的硬件特性，一般采用汇编语言实现。不同的嵌入式系统，板级初始化时要完成的工作具有一定的特殊性，但以下工作一般是必须完成的。

① CPU 中堆栈指针寄存器的初始化。

② BSS 段（表示未被初始化的数据）的初始化。

③ CPU 芯片级的初始化，如中断控制器、内存等的初始化。

图 4-3　嵌入式软件的主要运行流程

2．系统引导/升级阶段

根据需要分别进入系统软件引导阶段或系统升级阶段。软件可通过测试通信端口数据或判断特定开关的方式分别进入不同阶段。

（1）系统引导阶段

系统引导有如下几种情况。

① 将系统软件从 NorFlash 中读取出来并加载到 RAM 中运行，这种方式可以解决成本及 Flash 速度比 RAM 慢的问题。软件可压缩存储在 Flash 中。

② 将软件从外存（如 DOC、CF 卡、NandFlash 等）中读取出来并加载到 RAM 中运行，这种方式的成本更低。

③ 不需将软件引导到 RAM 中而可使其直接在 Nor Flash 上运行，进入系统初始化阶段。

（2）系统升级阶段

进入系统升级阶段后，系统可通过网络进行远程升级或通过串口等进行本地升级。远程升级一般支持 FTP、HTTP 等方式，本地升级可通过 Console 口使用超级终端或特定的升级软件进行。

3．系统初始化阶段

在该阶段进行操作系统等系统软件各功能部分必需的初始化工作，如根据系统配置初始化数据空间、初始化系统所需的接口和外设等。系统初始化阶段需要按特定顺序进行，如首先完成内核的初始化，然后完成网络、文件系统等的初始化，最后完成中间件等的初始化工作。

4．应用初始化阶段

在该阶段进行应用任务的创建，信号量、消息队列等的创建，以及与应用相关的其他初始化工作。

5. 多任务应用阶段

各种初始化工作完成后，系统进入多任务状态，操作系统按照已确定的算法进行任务的调度，各应用任务分别完成特定的功能。

4.2 嵌入式操作系统

嵌入式操作系统就是应用于嵌入式系统的操作系统，其产品出现于 20 世纪 80 年代初，经过 20 多年的发展，到目前为止，国际市场上已出现了几十种嵌入式操作系统。

近十年来，嵌入式操作系统得到了飞速发展，从支持 8 位微处理器到 16 位、32 位甚至 64 位微处理器；从支持单一品种的微处理器芯片到支持多品种微处理器芯片；从只有内核到除内核外还提供其他功能模块，如文件系统、TCP/IP 网络系统、窗口图形系统等。同时，嵌入式操作系统的品种也在不断变化：早期嵌入式系统应用领域有限，嵌入式操作系统品种比较少，一般不考虑特定应用领域的需求；随着嵌入式系统应用领域的扩展，目前嵌入式操作系统的市场在不断细分，出现了针对不同领域的产品，这些产品按领域的要求和标准提供了特定的功能。

从应用的角度来看，嵌入式操作系统可以分为：面向航空电子的嵌入式操作系统、面向智能手机的嵌入式操作系统、面向数字电视的嵌入式操作系统、面向通信设备的嵌入式操作系统、面向汽车电子的嵌入式操作系统、面向工业控制的嵌入式操作系统。

从实时性的角度来看，嵌入式操作系统可分为：嵌入式实时操作系统，具有强实时特点，如 VxWorks、QNX、Nuclear、OSE、DeltaOS、各种 ItronOS 等；非实时嵌入式操作系统其一般只具有弱实时特点，如 WinCE、版本众多的嵌入式 Linux、Android 等。

4.2.1 体系结构

操作系统是硬件与应用之间的一种软件，负责管理整个系统，同时将硬件细节与应用隔离开来，为应用提供一个更容易理解和进行程序设计的接口。体系结构是操作系统的基础，它定义了硬件与软件的界限、内核与操作系统其他组件（文件、网络、GUI 等）的组织关系、系统与应用的接口。操作系统的体系结构是确保系统的性能、可靠性、灵活性、可移植性、可扩展性的关键，就好比房子的梁架，只有梁架搭牢固了才能提到房子的质量，再做的工作才有意义。

目前操作系统的体系结构可分为宏内核、层次结构和客户—服务器（微内核）结构。

1. 宏内核

宏内核的操作系统由许多模块组成，这些模块之间可以相互调用，如图 4-4 所示。在这种操作系统中通常有两种工作模式，即系统模式和用户模式，这两种模式有不同的执行权限和不同的执行空间。在用户模式下，系统空间受到保护，并且有些操作是受限制的，如 I/O 操作和一些特殊指令。而在系统模式下可以访问用户空间，可以执行任何操作。运行在用户模式的应用程序可以通过系统调用进入系统模式，完成操作后再返回用户模式。

这种结构的操作系统很难调试和维护。一旦某个模块出现问题，容易使整个系统崩溃。

这种结构的典型应用是 Android 的体系结构。Android 是由 Google 和开放手机联盟开发的基于 Linux 的开源操作系统，已被广泛应用在大量品牌的移动终端、游戏机等智能终端上。我国国产手机厂商，如中兴、华为、酷派、联想、小米等均使用了该操作系统。根据国际数据公

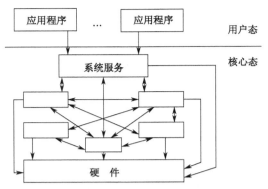

图 4-4　宏内核结构的操作系统

司（IDC）的报告显示，2014 年第三季度 Android 在智能手机操作系统市场的占有率达到了
84.4%。Android 作为一个移动设备平台，从上到下可以分为 4 层：操作系统层、库和环境层、
应用程序框架层、应用程序层，如图 4-5 所示。

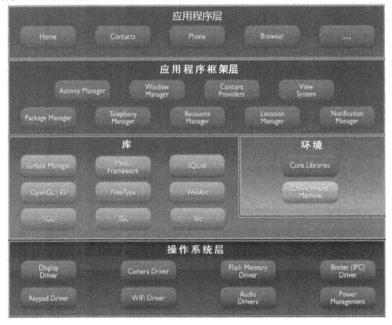

图 4-5　Android 的体系结构

操作系统层包括了 Linux 内核和一些与移动设备相关的驱动程序。库和环境层扮演了中间件的
角色，可以分为各种库（C 库、多媒体框架、SQLite 等）和 Android 运行环境（Dalvik 虚拟机）。
应用程序框架层为应用程序层的开发者提供了 API，包含了 UI 程序中所需的各种控件，如
Views、Lists、Grids、Text boxes、Buttons 等，以及 Activity、Broadcast Receiver、Service、Content
Provider 四大组件。应用程序层主要是 Android 本身提供的核心应用及开发者开发的应用。

2. 层次结构

层次结构操作系统提供了"环"管理机制，即第 n 环的程序无权修改第 $n-1$ 环的数据，从
而提高了操作系统的安全性。例如，在著名的 OSI 层次结构中，不能跳过任何一层，因此可以
很容易地在不影响其他层的情况下替换其中的一层。

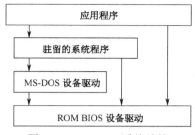

图 4-6　MS-DOS 系统结构

但是不管什么样的 OS 技术，出于性能方面的考虑，各层之间不会像 OSI 那样正交。一个系统调用可以直接到达每一层，在 RTOS 中甚至可以直接到达硬件。MS-DOS 系统的结构如图 4-6 所示。

3．客户—服务器（微内核）结构

客户—服务器结构（或称为微内核结构）的操作系统只有一个很小的内核——微内核，以完成任务管理、任务调度、通信等基本功能，而把许多其他功能作为服务器实现为系统任务或进程，运行于用户模式，不再像一个完整的操作系统那样仍然将它们作为微内核的一部分。用户任务作为客户，它们通过系统调用发出请求，服务器响应请求，微内核仅完成它们之间的通信、同步、任务调度等基本功能。

这种体系结构进一步提高了操作系统的模块化程度，使其结构更清晰，使系统更加易于调试、扩充和剪裁（扩充和剪裁相当于服务器的增加或删减）。同时，由于和目标硬件相关的部分被放到微内核的底层部分和驱动程序中实现，这样很容易实现不同硬件平台之间的移植。并且，每个服务器在用户模式下运行，有自己的存储空间，一个服务器出错不会影响到整个内核，这样就增强了系统的健壮性。

这种结构的典型应用是 QNX4.25 体系结构。嵌入式实时操作系统 QNX4.25 采用客户—服务器结构，它由一个微内核和可选的协作进程组成。微内核只实现了核心的服务，如调度和派遣、第一级中断处理和 IPC（进程间通信）的路由。

内核的附加功能在协作进程中实现，它们作为服务器进程，响应客户进程（如应用进程）的请求。服务器进程的实例包括文件系统管理器、进程管理器、设备管理器、网络管理器等。在 Intel 386 以上处理器中，内核运行在特权级 0，管理器和设备驱动运行在 1 和 2 级（为了执行 IO 操作），应用进程运行在特权级 3，因此只能执行处理器的通用指令。相比内核、设备驱动和应用都运行在特权级 0 的情况，这种特权保护机制使得系统更加健壮。QNX 系统结构如图 4-7 所示。

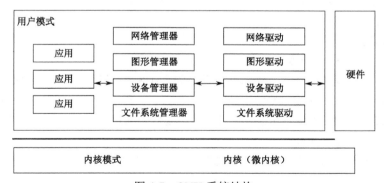

图 4-7　QNX 系统结构

4.2.2　功能及特点

嵌入式操作系统一般由内核、嵌入式 TCP/IP 网络系统、嵌入式文件系统等组成。

1．内核

内核是嵌入式操作系统的基础，也是必备的部分，提供了任务管理、内存管理、通信、同步与互斥机制、中断管理、时间管理及任务扩展等功能。内核还提供了特定的应用编程接口，但目前没有统一的标准。

（1）任务管理

任务的管理是内核的核心部分，具有任务调度、创建任务、删除任务、挂起任务、解挂任务、设置任务优先级等功能。

通用计算机的操作系统（以下简称通用操作系统）追求的是最大的吞吐率，为了达到最佳整体性能，其调度原则是公平，采用 Round-Robin 或可变优先级调度算法，调度时机主要以时间片为主驱动；而嵌入式操作系统多采用基于静态优先级的可抢占的调度，任务优先级是在运行前通过某种策略静态分配好的，一旦有优先级更高的任务就绪则马上进行调度。

（2）内存管理

嵌入式操作系统的内存管理比较简单，通常不采用虚拟存储管理，而采用静态内存分配和动态内存分配（固定大小内存分配和可变大小内存分配）相结合的管理方式。有些内核利用MMU 机制提供了内存保护功能。

通用操作系统广泛使用了虚拟内存技术，为用户提供了一个功能强大的虚存管理机制。由于虚存机制引起的缺页调页现象会给系统带来不确定性且需要比较多的资源，因此嵌入式系统很少或有限地使用了虚存技术，一般采用固定分区和堆的动态内存分配方式，这种方式的优点是系统具有较好的可预测性、开销小。

（3）通信、同步和互斥机制

这些机制提供任务间、任务与中断处理程序间的通信、同步和互斥功能，一般包括信号量、消息、事件、管道、异步信号和共享内存等功能。

与通用操作系统不同的是，嵌入式操作系统需要解决在这些机制的使用中出现的优先级反转问题。

（4）中断管理

中断管理一般具有以下功能。

① 安装中断服务程序。

② 中断发生时，对中断现场进行保存，并且转到相应的服务程序上执行。

③ 中断退出前，对中断现场进行恢复。

④ 中断栈切换。

⑤ 中断退出时的任务调度。

为方便中断处理程序的开发，中断管理负责管理中断控制器，负责中断现场保护和恢复，用户的中断处理程序只需处理与特定中断相关的部分，并按一般函数的格式编写中断处理程序。

为防止堆栈的溢出，提高系统的可靠性，专门设置中断栈，一旦进入中断就切换到中断栈，退出中断时再进行堆栈的切换。

通用操作系统的中断处理比较复杂，需要采用专门的开发包开发中断处理程序，而嵌入式系统的中断处理无需专门的开发包。

（5）时间管理

时间管理提供了高精度、应用可设置的系统时钟，该时钟是嵌入式系统的时基，可设置为十毫秒以下；时间管理还提供了日历时间，负责与时间相关的任务管理工作，如任务对资源有限等待的计时、时间片轮转调度等，提供软定时器的管理功能等。

通用操作系统的系统时钟的精度由操作系统确定，应用不可调，且一般是几十毫秒。

（6）任务扩展功能

嵌入式系统的应用领域非常广，任何一个嵌入式操作系统都不可能面面俱到，提供完善的功能。任务扩展功能就是在内核中设置一些 Hook 的调用点，在这些调用点上，内核会调用应用设置的、应用自己编写的扩展处理程序，以扩展内核的有关功能。

Hook 调用点有任务创建、任务切换、任务删除、出错处理等功能。

2. 嵌入式 TCP/IP 网络系统

TCP/IP 协议已经广泛地应用于嵌入式系统中，嵌入式 TCP/IP 网络系统提供了符合 TCP/IP 协议标准的协议栈，提供了 Socket 编程接口，如图 4-8 所示。

嵌入式 TCP/IP 网络系统具有以下特点。

（1）可剪裁

嵌入式应用的要求千差万别，各种嵌入式应用对网络系统的要求也不尽相同，且嵌入式系统对产品的成本、功耗比较敏感，因此嵌入式 TCP/IP 网络系统必须提供可剪裁的机制，能根据嵌入式系统功能要求选择所需的协议，对完整的 TCP/IP 协议簇进行剪裁，以满足用户的需要。

图 4-8 TCP/IP 协议

（2）采用"零拷贝"技术，提高实时性

由于 TCP/IP 协议的层次特性，每个协议层次都有自己的数据格式。发送数据时，各个协议层从自己的上层协议接收数据，加上本层的控制信息后再交给自己的下层协议，这个过程称为打包。其中的控制信息只有其他主机上的相同协议层才能正确解释。接收数据时，各个协议层从自己的下层协议接收数据，取出本层的控制信息后再把剩余数据交给上层协议，这个过程称为拆包。

用户数据在从本地主机传输到远地主机的过程中，需要不断地打包和拆包。如果各协议层之间均采用数据拷贝进行数据传递，则会大大增加系统开销，从而降低系统性能。在嵌入式 TCP/IP 网络系统中，普遍采用"零拷贝"技术以解决该问题。所谓"零拷贝"技术，是指 TCP/IP 协议栈没有用于各层间数据传递的缓冲区，协议栈各层间传递的都是数据指针，只有当数据最终要被驱动程序发送出去或被应用程序取走时，才进行真正的数据搬移。

（3）可扩展

由于嵌入式系统的多样性，使得网络接口多样化、网络应用多样化，这就要求 TCP/IP 网络系统提供了便于扩展的网络接口，方便不同驱动程序和网络应用的开发。根据实际的需要，可以添加新的协议模块到 TCP/IP 网络系统中，实现对新的网络协议的支持。

（4）采用静态分配技术

如果在网络发送或接收的过程中，某一次传送的数据超过了在一个物理网络上能够传输的最大数据量（MTU），则处理该数据的任务往往会阻塞等待，直到上层重新调整需要处理的数据量的大小，它才能继续执行下去。

嵌入式 TCP/IP 网络系统通常采用静态分配技术，在网络初始化时就静态分配通信缓冲区，设置了专门的发送和接收缓冲（其大小一般小于或等于物理网络上的 MTU），从而确保了每次发送或接收时处理的数据不会超过 MTU，也就避免了数据处理任务的阻塞等待。

3. 嵌入式文件系统

通用操作系统的文件系统通常具有以下功能。

① 提供用户对文件操作的命令。

② 提供用户共享文件的机制。

③ 管理文件的存储介质。

④ 提供文件的存取控制机制，保障文件及文件系统的安全性。

⑤ 提供文件及文件系统的备份和恢复功能。

⑥ 提供对文件的加密和解密功能。

嵌入式文件系统较为简单，主要具有文件的存储、检索、更新等功能，一般不提供保护和加密等安全机制。它以系统调用和命令的方式提供了对文件的各种操作，主要操作如下。

① 设置和修改对文件和目录的存取权限。

② 提供建立、修改、改变、删除目录等服务。

③ 提供创建、打开、读、写、关闭、撤销文件等服务。

此外，嵌入式文件系统还具有以下特点。

（1）兼容性

嵌入式文件系统通常支持几种标准的文件物理结构，如 FAT16、FAT32 等。

（2）实时文件系统

除支持标准的文件物理结构外，为提高实时性，有些嵌入式文件系统还支持自定义的实时文件系统，这些文件系统一般采用连续文件的方式存储文件。目前，实时文件系统还没有形成国际标准。

（3）可剪裁、可配置

可根据嵌入式系统的要求选择所需的文件物理结构，如只选择 FAT16；可选择所需的存储介质，配置可同时打开的最大文件数等。

（4）支持多种存储设备

嵌入式系统的外存形式多样，嵌入式文件系统需方便地挂接不同存储设备的驱动程序，具备灵活的设备管理能力。同时，根据不同外存的特点，嵌入式文件系统还需考虑其性能、使用寿命等因素，发挥不同于外存的优势，提高存储设备的可靠性和使用寿命。

4.2.3 发展趋势

嵌入式操作系统今后的主要发展趋势如下。

1. 形成行业的标准

目前，一些行业已经开始定义其相关的嵌入式操作系统行业标准，如汽车电子的 OSEK/VDX、ISO 26262，航空电子的 ARINC 653 等。根据应用的不同要求，今后不同行业都会定义其嵌入式操作系统的行业标准。

2. 向高可用、高可靠、高安全方向发展

采用可靠性保证措施和保证技术可开发出稳定可靠的操作系统，如按照 DO-178B 标准开发操作系统，并通过其测试。

在一些高可用的嵌入式操作系统中，利用 MMU 技术实现操作系统与应用程序的隔离，以及应用程序和应用程序之间的隔离，以防止应用程序破坏操作系统的代码、数据。对于应用程序来讲，也可以防止其他应用程序对自己的非法入侵，避免破坏应用程序自身的运行。

信息安全在斯诺登事件后对我国的信息行业产生了深远的影响，对计算机技术的各个领域，如云计算、网络空间安全、移动终端等，赋予了新的含义和生命。对广泛使用在移动终端的嵌入式操作系统进行安全加固，可以有效地保护用户的隐私数据。

3. 适应不同的嵌入式硬件平台，具有可移植、可伸缩的能力

嵌入式操作系统的体系结构采用分层和模块化结构或微内核结构。分层和模块化结构将操作系统分为硬件无关层、硬件抽象层和硬件相关层，每层再划分功能模块，这样移植工作便集中在硬件相关层，与其余两层无关，而功能的伸缩则集中在模块上，从而确保了系统具有良好的可移植性和可伸缩性。采用微内核结构，利用其可伸缩的特点可适应硬件的发展，便于扩展。

4. 功能丰富，具有可剪裁、可配置的能力

嵌入式操作系统的功能越来越丰富，不仅能提供一些基本的功能，如内核、网络、GUI、文件系统、电源管理等，还具有很多新的功能。

同时，嵌入式操作系统需具有可剪裁、可配置的特点。只有去除冗余，才能更好地发挥嵌入式硬件的效率，降低成本，提高竞争力。

4.3 嵌入式软件开发工具

嵌入式软件开发工具是嵌入式支撑软件的核心，它的集成度和可用性将直接关系到嵌入式系统的开发效率。嵌入式软件开发工具包括系统分析设计工具、仿真开发工具、交叉开发工具、测试工具、配置管理工具、维护工具等。本节重点讲述开发工具的分类及交叉开发工具的基本概念、交叉调试技术等。

4.3.1 嵌入式软件开发工具的分类

从开发步骤来看，嵌入式软件的开发和一般软件开发一样，主要分为如图 4-9 所示的几个阶段。根据不同的阶段，嵌入式软件开发工具可以分为：需求分析工具（Requirement Analysis Tools），软件设计工具（Software Design Tools），编码、调试工具（Coding and Debugging Tools），测试工具（Testing Tools）。

国内外主要的嵌入式软件开发工具如图 4-10 所示。一个完整的嵌入式软件工具集是覆盖嵌入式软件开发过程各个阶段的工具集合，并且以集成开发环境的方式提交。目前，大多数厂商

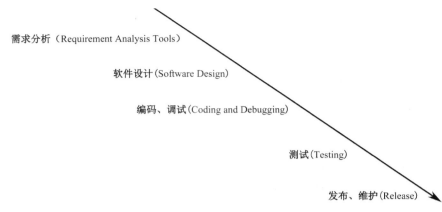

需求分析（Requirement Analysis Tools）

软件设计（Software Design）

编码、调试（Coding and Debugging）

测试（Testing）

发布、维护（Release）

图4-9　嵌入式软件开发阶段

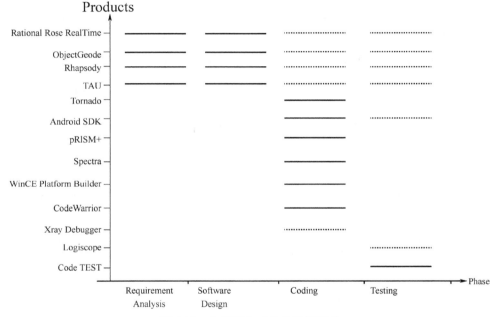

图4-10　主要嵌入式软件开发工具

提供的工具集中在实现（编码、编译和调试）工具上，这些厂商主要包括芯片厂商、嵌入式操作系统厂商及工具厂商。设计和测试方面的工具较少，由于这些工具与嵌入式软件开发管理、质量保证密切相关，因此随着嵌入式软件复杂度的提高、嵌入式系统上市时间的缩短，嵌入式系统开发者非常需要设计、测试方面的工具，以提高其开发的水平，降低项目的风险。

另外，嵌入式软件的开发可以分为以下几种。

① 编写简单的板级测试软件，主要是辅助硬件的调试。

② 开发基本的驱动程序。

③ 开发特定嵌入式操作系统的驱动程序（有时称为板级支持包 BSP）。

④ 开发嵌入式系统软件，如嵌入式操作系统、中间件等。

⑤ 开发应用软件，如基于 Eclipse 的 Android SDK 开发平台。

从以上嵌入式软件开发的分类来看，嵌入式软件开发工具可以分为：与嵌入式操作系统相关的开发工具，用于开发基于嵌入式操作系统的应用和部分驱动程序等；与嵌入式操作系统无关的开发工具，用于开发基本的驱动程序、辅助硬件调试的软件、系统软件等。

4.3.2　嵌入式软件的交叉开发环境

嵌入式软件开发通常采用交叉开发环境，它是用于嵌入式软件开发的所有工具软件的集合，一般包括文本编辑器、交叉编译器、交叉调试器、仿真器、下载器等工具。从开发方式来看，交叉开发环境由宿主机和目标机组成，宿主机与目标机在物理连接的基础上建立起逻辑连接。

1．宿主机

宿主机是用于开发嵌入式系统的计算机。从硬件配置来讲，它们一般为通用的 PC、工作站，其上的软件配置很丰富，除了功能强大的桌面操作系统外，还具备各种开发工具，为编辑、编译、链接、调试、测试及固化嵌入式应用软件提供了全过程的支持。

2．目标机

目标机即所开发的嵌入式系统，是嵌入式软件的运行环境。目标机一般是裸机，没有任何的软件资源，目标机的嵌入式操作系统是用于支撑嵌入式应用的，并不用于开发的环境平台。在开发过程中，目标机需接收和执行宿主机发出的各种命令，如设置断点、读内存、写内存等，将结果返回给宿主机，配合宿主机各方面的工作。

断点主要功能是使程序在某个指定的地方停下来，以便观察各种有用的信息，如寄存器的值、某个变量的值、某个内存单元的值等。断点可分为硬件断点和软件断点两种。

① 硬件断点：需要使用 CPU 硬件支持来实现的断点被称为硬件断点。硬件断点主要用于调试 ROM/Flash 中的程序和监控程序对变量的访问。

② 软件断点：调试器通过将指令替换为断点中断指令（如 x86 处理器中的 INT 3）来实现的断点被称为软断点。这种断点只用于在 RAM 中运行的程序代码。

3．物理连接和逻辑连接

物理连接是指宿主机与目标机上的物理端口通过物理线路连接在一起，连接方式主要有 3 种：串口、以太口和 OCD（On Chip Debug）方式，如 JTAG、BDM 等。物理连接是逻辑连接的基础。

逻辑连接指宿主机与目标机间按某种通信协议建立起来的通信连接，目前逐步形成了一些通信协议的标准。

要顺利地建立起交叉开发环境，需要正确设置这两种连接，缺一不可。在物理连接上，要注意使硬件线路正确连接，且硬件设备完好，能正常工作，连接线路的质量要好。逻辑连接在于正确配置宿主机和目标机的物理端口的参数，并且与实际的物理连接一致。

4.3.3　嵌入式软件实现阶段的开发过程

设计完成后，嵌入式软件的开发进入实现阶段（编码、编译链接和调试阶段），这个阶段的开发可分为 3 个步骤：生成、调试和固化运行。这里以非应用程序的嵌入式软件为例来说明这3 个步骤的内容和涉及的工具。

软件的生成主要在宿主机上进行，开发人员利用各种工具完成对应用程序的编辑、交叉编译和链接工作，生成可供调试或固化的目标程序。

调试指通过交叉调试器完成软件的调试工作。调试完成后还需进行必要的测试工作，测试完成后进入到固化运行阶段。

固化运行先用一定的工具将应用程序固化到目标机上，然后启动目标机，在没有任何工具干预的情况下应用程序能自动地启动运行。

1．嵌入式软件的生成

如图 4-11 所示，嵌入式软件的生成又可以分为 3 个阶段：源代码程序的编写，将源程序交叉编译成各个目标模块，将所有目标模块及相关的库文件一起链接成可供下载调试或固化的目标程序。

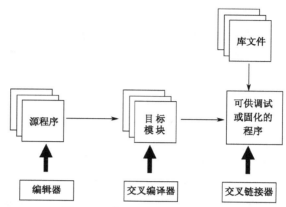

图 4-11　嵌入式软件的生成阶段

这一过程看似与普通计算机软件开发的过程一样，但其中有本质的区别，关键在于交叉编译器和交叉链接器。

交叉编译器的主要功能是把在宿主机上编写的高级语言程序编译成可以运行在目标机上的代码，即在宿主机上能够编译生成另一种 CPU（嵌入式微处理器）上的二进制程序。不同目标机的处理器所对应的编译器不尽相同，为了提高编译质量，硬件厂商针对自己开发的处理器的特性定制了编译器，既提供对高级编程语言的支持，又能够很好地对目标代码进行优化。

嵌入式软件的运行方式主要有两种：调试方式和固化方式。不同方式下程序代码或数据在目标机内存中的定位有所不同。宿主机上提供一定的工具或手段对目标程序的运行方式和内存定位进行选择和配置，链接器再根据这些配置信息将目标模块和库文件中的模块链接成目标程序，因此称这样的链接器为交叉链接器。同目标模块相链接的运行库也是与嵌入式应用相关的。

2．嵌入式软件的调试

在开发嵌入式软件时，交叉调试是必不可少的。嵌入式软件的特点决定了其调试具有如下特点。

① 一般情况下调试器（Debugger）和被调试程序（Debuggee）运行在不同的计算机上。调试器主要运行在宿主机上，而被调试程序运行在目标机上。

② 调试器通过某种通信方式与目标机建立联系。通信方式可以是串口、并口、网络、JTAG或者专用的通信方式。

③ 一般在目标机上有调试器的某种代理，这种代理能配合调试器一起完成对目标机上运行的程序的调试。这种代理可以是某种软件，也可以是某种支持调试的硬件等。

④ 目标机也可以是一种虚拟机。在这种情形下，似乎调试器和被调试程序运行在同一台计算机上。但是调试方式的本质没有变化，即被调试程序都被下载到目标机中，调试并不是直接通过宿主机操作系统的调试支持来完成的，而是通过虚拟机代理的方式来完成的。

因此，交叉调试器可以被这样定义：交叉调试器是指调试程序和被调试程序运行在不同机器上的调试器，调试器通过某种方式能控制目标机上被调试程序的运行方式，并且通过调试器查看和修改目标机上的内存、寄存器及被调试程序中的变量等。

交叉调试与非交叉调试的比较如表 4-1 所示。

表 4-1　交叉调试与非交叉调试的比较

交叉调试	非交叉调试
调试器和被调试程序运行在不同的计算机上	调试器和被调试程序运行在同一台计算机上
可独立运行，无需操作系统支持	需要操作系统的支持
被调试程序的装载由调试器完成	被调试程序的装载由专门的 Loader 程序完成
需要通过外部通信的方式来控制被调试程序	不需要通过外部通信的方式来控制被调试程序
可以直接调试不同指令集的程序	只能直接调试相同指令集的程序

交叉调试的方式（即调试器控制被调试程序运行的方式）有很多种，一般可以分为：Crash & Burn 方式、ROM Monitor 方式、ROM Emulator 方式、ICE（In Circuit Emulator）方式、OCD 方式。目前，常用的方式是 ROM Monitor 方式和 OCD 方式。

（1）Crash & Burn 方式

最初的调试方式被称为 "Crash and Burn"，利用该方式开发嵌入式程序的过程如下。

① 编写代码。

② 反复检查代码，直到编译通过。

③ 将程序固化（即 Burn）到目标机上的非易失性存储器（如 EEPROM、Flash 等）中。

④ 观察程序是否正常工作。

⑤ 如果程序不能正常工作（即 Crash），则反复检查代码，查找问题的根源。

⑥ 改写代码。

⑦ 重复步骤③～⑥，直到程序正常工作。

显然，这种调试方式对于开发人员而言是非常辛苦的，并且开发效率很低。如果比较幸运，可能从目标机打印一些有用的提示信息（如从监视器或串口等输出信息），档次低的目标机只能通过 LED 显示灯或者示波器等辅助设备进行调试，这种调试方式的难度是可想而知的。

（2）ROM Monitor 方式

如图 4-12 所示，在 ROM Monitor 调试方式下，调试环境由 3 部分构成：宿主机端的调试器、目标机端的监控器（即监控程序，ROM Monitor）以及二者之间的连接（包括物理连接和逻辑连接）。

调试器一般支持源码级调试，高级的也支持任务级调试。

ROM Monitor 是运行在目标机上的一段程序，它负责监控目标机上被调试程序的运行，通常和宿主机端的调试器一起完成对应用程序的调试。ROM Monitor 预先被固化到目标机的 ROM 空间中，在目标机复位后首先执行的是 ROM Monitor 程序，它对目标机进行一些必要的初始化，然后初始化自己的程序空间，最后等待宿主机端的命令。ROM Monitor 能配合调试器完成被调试程序的下载、目标机内存和寄存器的读写、设置断点、单步执行被调试程序等功能。一些高级的 ROM Monitor 能配合完成代码分析（Code Profiling）、系统分析（System Profiling）、ROM 空间的写操作及设置各种非常复杂的断点等功能。

利用 ROM Monitor 方式作为调试手段时，开发应用程序的步骤如下。

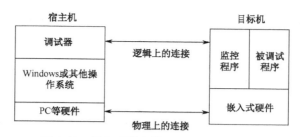

图 4-12 嵌入式程序的 ROM Monitor 方式

① 启动目标机，监控器掌握对目标机的控制，等待和调试器建立连接。

② 调试器启动，和监控器建立起通信连接。

③ 调试器将应用程序下载到目标机上的 RAM 中。

④ 开发人员使用调试器进行调试，发出各种调试命令，监控器解释并执行这些命令；监控器通过目标机上的各种异常来获取对目标机的控制，将命令执行结果回传给调试器。

⑤ 如果程序有问题，则开发人员在调试器的帮助下定位错误；修改之后再重新编译链接并下载程序，开始新的调试，如此反复，直至程序正确运行为止。

用 ROM Monitor 方式明显提高了调试程序的效率，减小了调试的难度，缩短了产品开发的周期，有效地降低了开发成本。

ROM Monitor 调试方式的最大好处是简单、方便。它还可以支持许多高级的调试功能，可扩展性强，成本低廉，基本上不需要专门的调试硬件支持。

但是 ROM Monitor 也具有如下缺点。

① 开发 ROM Monitor 的难度比较大。

② 当 ROM Monitor 占用 CPU 时，应用程序不响应外部的中断，因此不便于调试有时间特性的程序。

③ 当目标机的 CPU 不支持硬件断点（Hardware Breakpoint）时，ROM Monitor 无法调试 ROM 程序和设置数据断点(Data Breakpoint，即能够监视对数据的读写的断点）。

④ ROM Monitor 要占用目标机一定数量的资源，如 CPU 资源、RAM 资源和通信设备（如串口、网卡等）资源。

⑤ 在调试时，ROM Monitor 已经为应用程序建立了运行环境，因此会在一定程度上造成应用程序的最终运行环境和调试环境的差异，如程序初始化部分的代码、内存空间分配等都与最终运行环境不同。

虽然 ROM Monitor 有很多的缺点，但 ROM Monitor 仍然是一种应用相当广泛的调试方式，几乎所有的交叉调试器都支持这种方式。

（3）ROM Emulator 方式

从一定程度上讲，ROM Emulator 可以被认为是一种用于替代目标机上的 ROM 芯片的设备，即 ROM 仿真器。利用这种设备，目标机可以没有 ROM 芯片，但目标机的 CPU 可以读取 ROM Emulator 设备上的 ROM 芯片的内容，因为 ROM Emulator 设备上的 ROM 芯片的地址可以实时地映射到目标机的 ROM 地址空间中，从而仿真目标机的 ROM。

实质上，ROM Emulator 是一种不完全的调试方式。通常，ROM Emulator 设备只为目标机提供 ROM 芯片，并在目标机和宿主机间建立一条高速的通信通道，因此它经常和前面两种调试方式结合起来形成一种完备的调试方式。ROM Emulator 的典型应用就是和 ROM Monitor 的调试方式相结合。

这种调试方式的最大优点是即使目标机可以没有 ROM 芯片，也可以使用 ROM Emulator 提供的 ROM 空间，并且不需要用其他工具来写 ROM。其缺点是目标机必须支持外部 ROM 存储空间，并且由于其通常要和 ROM Monitor 配合使用，因此它也拥有 ROM Monitor 的所有缺点。现在大多数目标板提供了 ROM 芯片，并且支持在板上直接对 ROM 空间进行快速写操作，所以这种 ROM Emulator 属于被淘汰的调试方式。

（4）ICE 方式。

ICE（In Circuit Emulator，在线仿真器）是一种用于替代目标机上的 CPU 的设备。ICE 的 CPU 是一种特殊的 CPU，它可以执行目标机 CPU 的指令，但它与一般的 CPU 相比，有更多的引出线，能够将内部的信号输出到被控制的目标机中。ICE 上的内存也可以被映射到用户的程序空间，这样即使在目标机不存在的情形下也可以进行代码的调试。

在连接 ICE 和目标机时，一般是将目标机的 CPU 取下，而将 ICE 的 CPU 引出线接到目标机的 CPU 插槽中。在用 ICE 进行调试时，在宿主机端运行的调试器通过 ICE 来控制目标机上运行的程序。

采用 ICE 方式，可以完成如下特殊的调试功能。

① 同时支持软件断点和硬件断点的设置。

② 设置各种复杂的断点和触发器。

③ 实时跟踪目标程序的运行，并可实现选择性的跟踪。

④ 支持"Time Stamp"。

⑤ 允许用户设置"Timer"。

⑥ 提供"Shadow RAM"，能在不中断被调试程序运行的情况下查看内存和变量，即非干扰调试查询。

ICE 的调试方式特别适用于实时应用系统、设备驱动程序，以及对硬件进行功能和性能的测试。利用 ICE 可进行一些实时性能分析，精确地测定程序运行时间（精确到每条指令执行的时间）。ICE 的主要缺点是价格太昂贵，这显然阻碍了团队的整体开发，因为不可能给每位开发人员都配备一套 ICE。所以，现在 ICE 一般应用在普通调试工具解决不了问题的情况下或者在做严格的实时性能分析的时候。

（5）OCD 方式

OCD 是 CPU 芯片提供的一种调试功能（片上调试），可以被认为是一种廉价的 ICE 功能。OCD 的价格只有 ICE 的 20%，但却提供了 ICE 80%的功能。

最初的 OCD 是一种仿 ROM Monitor 的结构，它将 ROM Monitor 的功能以微码的形式体现出来，其中比较典型的是 Motorola 的 CPU32 系列的处理器。后来的 OCD 彻底摒弃了 ROM Monitor 的结构，而采用了两级模式的思路，即将 CPU 的模式分为正常模式和调试模式。

正常模式是指除调试模式外 CPU 的所有模式。在调试模式下，CPU 不再从内存取指令，而是从调试端口读取指令，通过调试端口可以控制 CPU 进入和退出调试模式。这样，在宿主机端的调试器可以直接向目标机发送要执行的指令，通过这种形式，调试器可以读写目标机的内存和各种寄存器，控制目标程序的运行及完成各种复杂的调试功能。OCD 的调试方式如图 4-13 所示。

OCD 方式的主要优点：不占用目标机的资源，调试环境和最终的程序运行环境基本一致，支持软/硬件断点、跟踪、精确计量程序的执行时间、时序分析等功能。

OCD 方式的主要缺点：调试的实时性不如 ICE 强、不支持非干扰调试查询、CPU 必须具

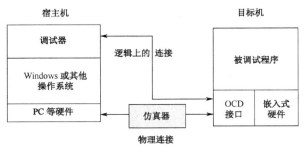

图 4-13　OCD 调试方式

有 OCD 功能。现在比较常用的 OCD 的实现有 BDM（Background Debugging Mode）、JTAG（Joint Test Access Group）和 OCE（实质上是 BDM 和 JTAG 的一种融合方式）等。其中，JTAG 是主流的 OCD 方式，现在 ARM、MIPS、PowerPC 等都采用了不同种类的增强 JTAG 方式。

JTAG 已被 IEEE 1149.1 标准所采纳，是面向用户的测试接口。这个用户接口一般由 4 个引脚组成：测试数据输入（TDI）、测试数据输出（TDO）、测试时钟（TCK）、测试模式选择引脚（TMS）。有的还加入了一个异步测试复位引脚（TRST）。其体系结构如图 4-14 所示。

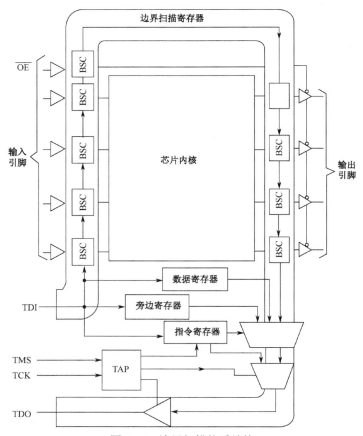

图 4-14　边界扫描体系结构

所谓边界扫描，就是将芯片内部几乎所有的引脚通过边界扫描单元（BSC）串接起来，从 JTAG 的 TDI 引入，TDO 引出。芯片内的边界扫描链由许多 BSC 组成，通过这些扫描单元，可以实现许多在线仿真器的功能。根据 IEEE 1149.1 的规定，芯片内的片上调试逻辑通常包括一个测试访问接口控制器（TAP）。它包括一个 16 状态的有限状态机、测试指令寄存器、数据寄存器、旁路寄存器和芯片标识寄存器等。在正常模式下，这些测试单元（BSC）是不可见的。一旦进入调试模式，调试指令和数据从 TDI 进入，沿着测试链通过测试单元送到芯片的各个引脚和测试寄存器中，通过不同的测试指令来完成不同的测试功能。其中包括用于测试外部电气连接和外围芯片功能的外部模式，以及用于芯片内部功能测试（对芯片生产商）的内部模式，还可以访问和修改 CPU 寄存器和存储器、设置软件断点、单步执行、下载程序等。其优点如下。

① 可以通过边界扫描操作测试整个板的电气连接，为表面贴元件提供了方便。

② 各引脚信号的采样，并可强制引脚输出以测试外围芯片。

③ 可以软件下载、执行、调试和控制，为复杂的实时跟踪调试提供路径。

④ 可以进行多内核和多处理器的板级和芯片级的调试，通过串接，为芯片制造商提供芯片生产、测试的途径。

虽然 JTAG 调试不占用系统资源，能够调试没有外部总线的芯片，代价也非常小；但是由于 JTAG 是通过串口依次传递数据的，速度比较慢，只能进行软件断点级别的调试，自身还不能完成实时跟踪和多种事件触发等复杂调试功能。因此便有了几种功能更完善的增强版本。

3．嵌入式软件的固化运行

当调试完成之后，程序代码需要被完全烧入到目标板的非易失性存储器中，并且在真实的硬件环境上运行，这个过程称为固化。

在如前所述的 ROM Monitor 调试方式下，目标机上驻留的监控器导致了调试环境与真实目标环境（或称为固化环境）的区别，分析调试环境与固化环境之间的区别是解决固化问题的关键。两者的详细区别如表 4-2 所示。

表 4-2　调试环境与固化环境的区别

阶段	调试环境	固化环境
编译	目标文件需要调试信息	目标文件不需要调试信息
链接	应用系统目标代码不需要 Boot 模块，此模块已由目标板上的监控器程序实现	应用系统目标代码必须以 Boot 模块作为入口模块
定位	程序的所有代码段、数据段都依次被定位到调试空间的 RAM 中	程序的各逻辑段按照其不同的属性分别定位到非易失性存储空间（ROM）或 RAM 中
下载	宿主机上的调试器读入被调试文件，并将其下载到目标机上的调试空间中，目标机掉电后所有信息都将丢失	在宿主机上利用固化工具将可固化的应用程序写入目标机的非易失性存储器，目标机掉电后信息不丢失
运行	被调试程序在目标监控器的控制下运行，并与后者共享某些资源，如 CPU 资源、RAM 资源及通信设备（如串口、网口等）资源	程序在真实的目标硬件环境中运行

可见，固化的代码和 RAM 中的代码有如下主要差别。

（1）代码定位不同

在去掉调试监控模块和加入 Boot 模块的情况下，重新设置固化代码的定位控制文件，编译链接工具将按照各代码模块的属性把它们定位到相应的目标板存储空间中。

在嵌入式系统中，一般使用两种存储器：一种是可读写的 RAM；另一种是非易失性存储器，如 ROM、Flash Memory 等。这两种存储器同时被映射到系统的寻址空间中，一般 RAM 被映射到地址空间的低端，而 ROM、Flash Memory 等被映射到地址空间的高端。

在调试方式下，全部应用代码和数据都定位在 RAM 中，代码在 RAM 中运行；在固化方式下，代码和数据是存储在非易失性存储器中的，系统启动时要先将数据搬移到 RAM 中，而程序代码可在 ROM、Flash Memory 中运行。

（2）初始化部分不同

固化程序要创建 Boot 模块，此模块被链接作为整个应用系统代码的入口模块。当应用程序在真实的目标环境下运行时将首先执行该程序，完成对 CPU 环境的初始化。在嵌入式环境中，Boot 模块一般包含以下几个功能块。

① 初始化芯片的引脚，即按照系统的最终配置定义处理器芯片引脚功能。

② 初始化一些系统外部控制寄存器，如 WatchDog、DMA、时钟计数器、中断控制器等。

③ 初始化基本的输入输出设备，一般为串口、并口等。

④ 初始化 MMU，包括片选控制寄存器等。

⑤ 执行数据复制，将一些存储在非易失性存储空间的数据复制到真实的运行空间中。

完成了上述准备工作，就可以利用编译链接工具生成可固化的应用程序，再用固化工具将它固化到目标机的 ROM、Flash Memory 等非易失性存储器中。当用户启动目标机时，该应用程序会被自动装入运行。

4.3.4　嵌入式软件开发工具的发展趋势

嵌入式软件开发环境起初主要由专门开发工具的公司提供，这些公司根据不同操作系统和不同处理器版本进行了专门定制，如美国 Microtec 的交叉开发工具套件曾经被 VRTX、pSOS 等定制采用。随着用户对开发工具套件的需求大增，一些著名的操作系统供应商投入巨资发展其操作系统产品的开发工具套件，如 Wind River 的 Tornado、ISI（目前已被 Wind River 兼并）的 pRISM+、Microtec 的 Spectra 及 Microsoft 的 VC++嵌入式 Toolkit 等。它们有的使用方便、调试功能强大，有的采用了先进的 CORBA 工具的总线技术，支持版本控制、团队开发，有的具有一些辅助软件工程的工具。

在国际上，嵌入式软件开发环境的另一支研发队伍是 GNU。它们在因特网上提供免费的相关研究和开发成果，如针对特定处理器的本地编译器和交叉编译器。尽管补丁和漏洞较多，测试工作也存在一些问题，但不失为自主开发嵌入式软件开发环境的重要资源。一些公司已在 GNU 软件的基础上，经过集成、优化和测试，推出了更加成熟、稳定的、商业化的嵌入式软件开发环境，如 Cygnus 公司（目前已被 RedHat 兼并）推出的商业化产品 GNUPro 和 Wind River 的 Tornado 等。随着嵌入式系统的发展，嵌入式软件开发环境越来越重要，它直接影响了嵌入式软件的开发效率和质量，其发展趋势如下。

1．向开放的、集成化的方向发展

以客户—服务器的系统结构为基础，具有运行系统的无关性、连接的无关性、开放的软件接口（与嵌入式实时操作系统、与开发工具、与目标环境的接口）、环境的一致性等特点。

为了缩短开发时间、控制开发成本，嵌入式软件开发环境需要最大限度地承担重复性的工作，以便使开发人员有更多的精力去进行富于创造性、提高产品竞争力的工作。因此，需要集成各种类型、功能强大的工具，构成统一的集成开发环境。

2．具有系统设计、可视化建模、仿真和验证功能

开发人员可通过功能强大的、可视化的软件开发工具对所开发的项目进行描述，建立整套

系统的模型，并进行系统功能的模拟仿真和性能的分析验证，在设计阶段即可规避项目开发的很多风险，保证进度和质量。

3．自动生成代码和文档

开发工具可根据系统模型生成 C/C++/Java 语言的源代码，提供完善的、标准化的软件说明文档。这样可有效节省 30%～70%的开发工作量，提高软件质量，提高软件团队的工程化能力和管理水平。

4．具有更高的灵活性

嵌入式应用需求的个性化、多样化提升了嵌入式软件开发平台的灵活性，也对现有的技术和产品提出了更苛刻的要求。为此，嵌入式系统开发商需要拥有极其灵活的产品架构和开发工具，配备适应于特定行业的工具、操作系统和中间件。嵌入式软件开发平台是否具有很强的灵活性以适应产品的不断复杂化，将直接影响到客户的满意度和产品的市场竞争力。

思考题 4

4.1　嵌入式软件的种类和特点是什么？

4.2　嵌入式软件的体系结构包括哪些部分？每部分的作用是什么？

4.3　嵌入式软件的运行流程一般分为几个阶段？每个阶段完成的主要工作是什么？

4.4　嵌入式操作系统与通用计算机操作系统的区别是什么？其发展趋势是什么？请分析一种面向行业的嵌入式操作系统标准。

4.5　嵌入式软件开发工具的分类如何？什么是交叉开发环境？

4.6　什么是交叉调试？交叉调试的种类有哪些？ROM Monitor 和 OCD 的主要优缺点是什么？

4.7　嵌入式软件固化运行和调试运行环境有什么不同？固化时需要注意哪些方面的问题？

4.8　嵌入式软件开发工具的发展趋势是什么？

第5章　任务管理与调度

5.1　概述

在日常生活中，人们通常愿意采用把一个比较大的工作划分为一些小的任务，再对这些任务进行处理的方法，来分散工作的复杂度和难度。这种方法在嵌入式实时系统中被称为多任务的处理方式，使系统能以可预见的方式对外部的并发事件进行及时处理。嵌入式实时系统采用多任务处理方式有如下好处。

① 相对于前后台软件结构而言，多任务软件结构的每个任务规模较小，每个任务更容易编码和调试，其质量也更容易得到保证。

② 不少应用本身就是由多个任务构成的，如一个应用可能需要进行以下任务的处理：计算、从网络获取数据和刷新显示屏幕。在这种情况下，采用多任务的处理方式是一种非常自然的解决方式。

③ 任务之间具有较高的独立性，耦合性小，通过增加新的任务即可方便地扩充系统功能。

④ 实时性强，保证紧急事件得到优先处理成为可能。

为此，嵌入式实时操作系统中的内核应该提供多任务的管理机制。

在嵌入式实时系统中，任务（Task）通常为进程（Process）和线程（Thread）的统称，并把任务作为调度的基本单位进行阐述。

进程的概念最初是由 Multics 的设计者在 20 世纪 60 年代提出来的。在进程的定义中，主要包括以下内容。

① 一个正在执行的程序。

② 计算机中正在运行的程序的一个实例。

③ 可以分配给处理器，并由处理器执行的一个实体。

④ 由一个顺序的执行线程、一个当前状态和一组相关的系统资源所刻画的活动单元。

进程由代码、数据、堆栈和进程控制块（Process Control Block，PCB）构成。其中，进程控制块包含了操作系统用来控制进程所需要的信息，如进程状态、CPU 寄存器、调度信息、内存管理信息、I/O 状态信息等。在早期的进程概念中，包含以下两方面的内容。

① 资源。进程是资源分配的基本单位，一个进程包括一个保存进程映像的虚拟地址空间、主存、I/O 设备和文件等资源。

② 调度执行。进程作为操作系统的调度实体，是调度的基本单位。

随着操作系统的发展，进程所包含的两个方面的内容逐渐被分开，由操作系统进行独立处理，把调度执行的单位称为轻量级进程或线程，把资源分配的单位称为进程。线程是进程内部一个相对独立的控制流，由线程上下文和需要执行的一段程序指令构成。

在进程中，所有线程共享该进程的状态和资源，可以访问相同的数据。如果一个线程改变了存储器中的一个数据项，则同一进程中的其他线程能够看到变化后的结果；一个线程按照读作的方式打开一个文件后，同一进程中的其他线程也能够从该文件中进行读操作。因此，使用线程具有如下主要优势。

① 在一个已有进程中创建一个新线程比创建一个全新的进程所需的时间开销少。

② 终止一个线程比终止一个进程花费的时间少。

③ 线程切换比进程切换花费的时间少。

④ 使同一进程内部不同线程之间的通信效率得到显著提高。在大多数操作系统中，不同进程之间的通信需要内核的干预，而同一进程内部不同线程之间可以直接通信。

引入线程的概念后，可把进程和线程的使用分为以下几种模型：单进程/单线程模型（如MS-DOS）、单进程/多线程模型（如 Java 虚拟机）、多进程/单线程模型（如传统的 UNIX）和多进程/多线程模型（如 Windows NT、Solaris、Mach 等），如图 5-1 所示。在单进程/单线程模型中，整个系统只有一个进程、一个线程；在单进程/多线程模型中，整个系统有一个进程、多个线程；在多进程/单线程模型中，整个系统有多个进程，每个进程只有一个线程；在多进程/多线程模型中，系统有多个进程，每个进程又可包含多个线程。

（a）单进程/单线程模型

（b）单进程/多线程模型

（c）多进程/单线程模型

（d）多进程/多线程模型

图 5-1　进程和线程的使用模型

大多数实时内核把整个应用当做一个没有定义的进程来对待，应用则被划分为多个任务的形式来进行处理，即单进程/多线程模型，或简单地称为任务模型。也有一些嵌入式实时操作系统采用了多进程/多线程模型，系统中包含多个进程，每个进程又包含多个线程。多进程/多线程模型适用于处理复杂的应用，任务模型则适用于实时性要求较高的、相对简单的应用。

任务管理（Task Management）是实时内核的主要工作，完成任务创建、删除、任务调度、改变任务优先级等工作。同通用操作系统相比，嵌入式实时操作系统的任务管理更具危险性。通常，在实时系统中，任务被创建的时候就应该无延迟地获得所需的内存，并且为了避免交换带来的访问延迟，只能使用主存储设备。另外，在系统运行的时候，改变任务的优先级会影响整个系统的运行特性。

在多任务系统中，在同一时刻通常会有多个任务处于活动状态。操作系统需要对资源进行管理，在任务间实现资源（CPU、内存等）的共享。CPU 作为一种非常重要的资源，通过操作系统来确定如何在任务之间共享 CPU 被称为调度。对于调度算法的实现，实时操作系统也与通用操作系统存在差异。实时操作系统和通用操作系统都使用相同的基本调度原理，由于性能需求上的不同，导致这些算法在应用方面的差异。通用操作系统通常都期望获得最大的平均吞吐量，并防止系统出现"饥饿"和死锁状态。但这对嵌入式实时操作系统远远不够。嵌入式实时操作系统则以确定性为目标，并具有内存资源占用少和低功耗的要求。

5.2 任务

1. 任务的定义及其主要特性

任务是一个具有独立功能的、无限循环的程序段的一次运行活动，是实时内核调度的单位，具有动态性、并行性和异步独立性等特性。

① 动态性：任务状态是不断变化的。任务状态一般分为就绪态、执行态和等待态。在多任务系统中，任务的状态将随着系统的需要不断进行变化。

② 并行性：系统中同时存在多个任务，这些任务在宏观上是同时运行的。

③ 异步独立性：每个任务按其相互独立的、不可预知的速度运行。

2. 任务的内容

任务主要包含以下内容：① 代码，一段可执行的程序；② 数据，程序所需要的相关数据（变量、工作空间、缓冲区等）；③ 堆栈；④ 程序执行的上下文环境。

任务包含的程序通常为一个具有无限循环的程序，如图 5-2 所示。任务与程序是两个不同的概念，它们之间的区别主要体现在以下 6 方面。

① 任务能真实地描述工作内容的并发性，而程序不能。

② 程序是任务的组成部分，除程序外，任务还包括数据、堆栈及其上下文环境等内容。

③ 程序是静态的，任务是动态的。

④ 任务有生命周期，有诞生、消亡，是短暂的；而程序是相对长久的。

⑤ 一个程序可对应多个任务，反之亦然。

⑥ 任务具有创建其他任务的功能，而程序没有。

```
/*ioTask implements data obtainingand handling continuously*/
void ioTask(void)
{
    int data;

    initial();
    /*The following sentences get data and handle data continuously*/
    while(TRUE)
    {
        data = getData();
        handleData(data);
    }
}
```

图 5-2　任务示例程序

上下文环境包括实时内核管理任务，以及处理器执行任务所需要的所有信息。例如，任务优先级、任务的状态等实时内核所需要的信息，以及处理器的各种寄存器的内容。任务的上下文环境通过任务控制块来体现。

3. 任务分类

在嵌入式实时应用中，通常包含多个任务。例如：

① 网页浏览器。当浏览器下载一幅图片时，可以同时进行动画和声音的播

放，而用户还可以进行页面的滚动浏览；也可以在下载一个新页面的同时，进行一个已下载页面的打印输出。

② 文字处理。文字处理器在进行后台文件打印等其他处理工作的同时，还可以处理与用户的交互内容。

图 5-3 和图 5-4 为多任务的系统模型示意图。

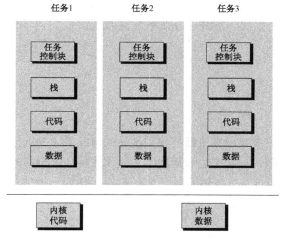

图 5-3　多任务系统示意图（一）

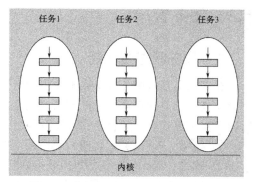

图 5-4　多任务系统示意图（二）

按照到达情况的可预测性，任务可以分为周期任务（Periodic Task）和非周期任务；按照重要程度，又可分为关键任务（Critical Task）和非关键任务（Noncritical Task）。

实时系统中有不少任务需要周期性地执行，如飞行器可能需要每隔 100 ms 获得一次关于飞行器的速度、高度和姿态的数据，控制传感器获取这些数据需要通过周期任务来进行。周期任务每隔一个固定的时间间隔就会执行一次。与此相反，非周期任务执行的间隔时间则为不确定的，如移动通信设备中的通信任务，该任务只有在需要进行通信的情况下才会执行。非周期任务还分为有最小到达间隔时间限制的非周期任务和没有到达时间限制的非周期任务。

关键任务为需要得到及时执行的任务，否则将出现灾难性的后果，如飞行器中用于处理生命支持系统和稳定性控制系统的任务。相对来说，非关键任务如果没有得到及时执行，则不会产生严重后果。

4. 任务参数

任务的特性可以通过优先级（Priority）、周期（Period）、计算时间（Computation Time）、就绪时间（Ready Time）和截止时间（Deadline）等参数来进行描述。

视频

任务的优先级表示任务对应工作内容在处理上的优先程度。优先级越高，表明任务越需要得到优先处理，如飞行器中处理稳定性控制的任务，就需要具有较高的优先级，一旦执行条件得到满足，应及时得到执行。任务的优先级分为静态优先级和动态优先级。静态优先级表示任务的优先级被确定后，在系统运行过程中将不再发生变化；动态优先级则意味着在系统的运行过程中，任务的优先级是可以动态变化的。

周期是周期任务具有的参数，表示任务周期性执行的间隔时刻。

任务的计算时间是指任务在特定硬件环境下被完整执行所需要的时间，也被称为任务的执行时间。由于任务每次执行的软件环境的差异性，导致任务在每次具体执行过程中的计算时间各有不同。因此，通常用最坏情况下的执行时间或需要的最长执行时间来表示，也可用统计时间来表示。

任务的就绪时间表示任务具备了在处理器上被执行所需要的条件时的时刻。

任务的截止时间意味着任务需要在该时间到来之前被执行完成。截止时间可以通过绝对截止时间（Absolute Deadline）和相对截止时间（Relative Time）两种方式来表示。相对截止时间为任务的绝对截止时间减去任务的就绪时间。具体的任务的截止时间可以分为强截止时间和弱截止时间两种。具有强截止时间的任务即为关键任务，如果截止时间不能得到满足，就会出现严重的后果。拥有关键任务的实时系统又被称为强实时系统，否则称为弱实时系统。

5.3 任务管理

5.3.1 任务状态与变迁

在多任务系统中，任务要参与资源竞争，只有在所需资源都得到满足的情况下才能执行。因此，任务拥有的资源情况是不断变化的，导致任务状态也表现出不断变化的特性。不同的实时内核实现方式对任务状态的定义不尽相同，但是可以概括为以下 3 种基本的状态。

① 等待（Waiting）：任务在等待某个事件的发生。

② 就绪（Ready）：任务等待获得处理器资源。

③ 执行（Running）：任务获得处理器资源，所包含的代码内容正在被执行。

在单处理器系统中，任何时候都只有一个任务在 CPU 中执行，如果没有任何事情可做，则运行空闲任务执行空操作。任何一个可以执行的任务都必须处于就绪态，实时内核的调度程序从任务的就绪队列中选择下一个需要执行的任务。处于就绪态的任务拥有除 CPU 以外的其他所有需要的资源。除执行和就绪态外，任务还可能处于等待态，如任务在需要等待 I/O 设备或其他任务提供的数据，而数据又没有到达该任务的情况下，就处于等待态。

在一定条件下，任务会在不同的状态之间进行转换，即任务状态的变迁（Task State Transition），如图 5-5 所示。处于就绪态的任务获得 CPU 后，即处于执行态。处于执行态的任务如果被高优先级任务抢占，任务又会回到就绪态；处于执行态的任务如果需要等待资源，则任务会被切换到等待态。处于等待态的任务如果需要的资源得到满足，则会转换为就绪态，等待被调度执行。

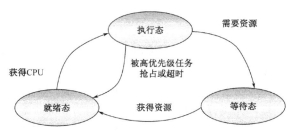

图 5-5　任务状态变迁情况

图 5-6 为 3 个任务进行状态转换的过程，包含三个任务和一个调度程序。调度程序用来确定下一个需要投入运行的任务，因此调度程序本身也需要占用一定的处理时间。

在时刻 0，任务 1 开始运行，处于执行态；在时刻 8，任务 1 结束运行，处于就绪态，实时内核的调度程序开始运行；在时刻 10，调度程序停止运行，任务 2 开始运行；在时刻 16，任务 2 停止运行，处于等待态，调度程序开始运行；在时刻 18，调度程序停止运行，任务 3 开始运

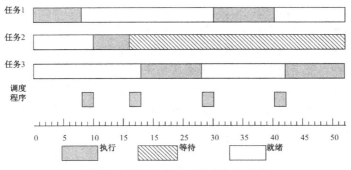

图 5-6　任务状态随时间变化的示意

行；在时刻 28，任务 3 停止运行，处于就绪态，调度程序开始运行；在时刻 30，任务 1 又开始运行；在时刻 40，任务 1 停止运行，处于就绪态，调度程序开始运行；在时刻 42，调度程序停止运行，任务 3 开始运行。

5.3.2　任务控制块

任务管理是通过对任务控制块的操作来实现的。

任务控制块是包含任务相关信息的数据结构，包含了任务执行过程中所需要的所有信息。不同实时内核的任务控制块所包含的信息通常不太一样，但大都包括任务的名称、任务执行的起始地址、任务的优先级、任务的状态、任务的上下文（堆栈指针、PC 和寄存器等）、任务的队列指针等内容，如图 5-7 所示。

为节约内存，实时内核所需支持的任务数量通常需要进行预先配置，然后在实时内核初始化的过程中，按照配置的任务数量初始化任务控制块，一个任务对应一个初始的任务控制块，形成一个空闲任务控制块链。在任务创建时，实时内核从空闲任务控制块链中为任务分配一个任务控制块。随后对任务进行的操作，都是基于对应的任务控制块来进行的。当任务被删除后，对应的任务控制块又会被实时内核回收到空闲任务控制块链中。

task name
task ID
task status
task priority
task context（registers and flags of CPU）
…

图 5-7　任务控制块示意

任务控制块的内容可以通过实时内核提供的系统调用进行修改，也可能随着系统运行过程中内部或者外部事件的发生而发生变化。

任务的上下文为运行任务的 CPU 的上下文，通常为所有寄存器和状态寄存器。

5.3.3　任务切换

任务切换指保存当前任务的上下文，并恢复需要执行的任务的上下文的过程。当发生任务切换时，当前正在运行的任务的上下文需要通过该任务的任务控制块保存起来，并把需要投入运行的任务的上下文从对应的任务控制块中恢复出来。

在图 5-6 中，在时刻 8 即发生了任务切换，任务 1 的上下文需要保存到任务 1 的任务控制块中。经过调度程序的处理，在时刻 10 任务 2 投入运行，需要把任务 2 的任务控制块中关于上下文的内容恢复到 CPU 的寄存器中。

任务切换的示意图如图 5-8 所示。在图 5-8 中，任务 1 执行一段时间后，由于某种原因，需要进行任务切换，进入实时内核的调度程序。调度程序先把当前的上下文内容保存到任务 1 的任务控制块 TCB1 中，然后把任务 2 的上下文从 TCB2 中恢复到 CPU 寄存器中，随后任务 2 得到执行。任务 2 执行一段时间后，由于某种原因，需要进行任务切换，进入实时内核的调度程序。调度程序先把当前的上下文内容保存到任务 2 的任务控制块 TCB2 中，然后把任务 1 的上下文从 TCB1 中恢复到 CPU 寄存器中，随后任务 1 得到执行。

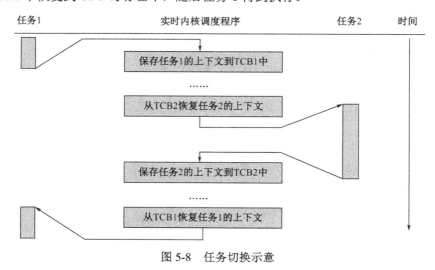

图 5-8　任务切换示意

任务切换将导致任务状态发生变化。当前正在运行的任务将由运行状态变为就绪或等待态，需要投入运行的任务则由就绪态变为运行状态。通常，任务切换具有如下基本步骤。

① 保存处理器上下文环境。

② 更新当前处于运行状态的任务的任务控制块的内容，如把任务的状态由运行状态改变为就绪或等待态。

③ 把任务的任务控制块移到相应的队列（就绪队列或等待队列）。

④ 选择另一个任务进行执行。实时内核通过调度程序按照一定的策略来选取需要投入运行的任务。

⑤ 改变需要投入运行的任务的任务控制块的内容，把任务的状态变为运行状态。

⑥ 根据任务控制块，恢复需要投入运行的任务的上下文环境。

任务切换可以在实时内核从当前正在运行的任务中获得控制权的任何时刻发生。导致控制权交给实时内核的事件通常包括如下内容。

① 中断、自陷。如当 I/O 中断发生的时候，如果 I/O 活动是一个或多个任务正在等待的事件，则实时内核将把相应的处于等待态的任务转换为就绪态，同时，实时内核还将确定是否继续执行当前处于运行状态的任务，或用高优先级的就绪任务抢占该任务。自陷是由于执行任务中当前指令所引起的，将导致实时内核处理相应的错误或异常事件，并根据事件类型，确定是否进行任务的切换。

② 运行任务因缺乏资源而被阻塞。例如，任务执行过程中进行 I/O 操作时（如打开文件），如果此前该文件已被其他任务打开，则将导致当前任务处于等待态，而不能继续执行。

③ 采用时间片轮转调度时，实时内核将在时钟中断处理程序中确定当前正在运行的任务的

执行时间是否已经超过了设定的时间片，如果超过了时间片，则实时内核将停止当前任务的运行，把当前任务的状态变为就绪态，并把另一个任务投入运行。

④ 一个高优先级任务处于就绪时，如果采用基于优先级的抢占式调度算法，则将导致当前任务停止运行，使更高优先级的任务处于运行状态。

5.3.4 任务队列

任务队列通过任务控制块实现对系统中所有任务的管理。图 5-9 为一种比较简单的管理方式，把任务组织为就绪队列和等待队列两个队列。如果任务拥有除 CPU 以外的其他所需资源，则把任务放置到就绪队列；当处于运行状态的任务因为需要的资源得不到满足时，就会变为等待态，任务对应的任务控制块会被组织到等待队列中。当操作系统需要把一个新的任务投入运行时，就会按照一定的策略从任务控制块组成的就绪队列中选择一个任务并投入运行。如果任务等待的资源得到满足，任务对应的任务控制块就会从等待队列转换到就绪队列。

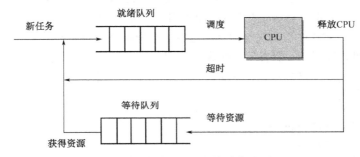

图 5-9　单就绪队列和单等待队列

队列由任务控制块构成，队列的示意图如图 5-10 所示。

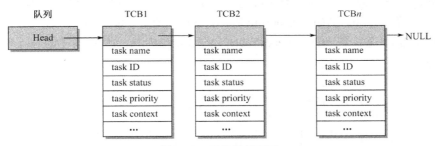

图 5-10　任务队列示意

对于单等待队列，资源对应的事件发生时，实时内核需要扫描整个等待队列，搜索等待该资源的任务，并按照一定的策略选取任务，把任务的任务控制块放置到就绪队列中。如果系统的资源和任务比较多，采用单等待队列时，搜索等待该资源的任务所需要的时间比较长，会影响整个系统的实时性。为此，可采用一种多等待队列的处理方式，如图 5-11 所示。在多等待队列中，资源对应的事件发生时，能够在较短的时间内确立等待该资源的任务等待队列。

对于就绪任务，若采用类似图 5-10 所示的队列方式进行管理，在基于优先级的调度处理中，要获得当前具有最高优先级的就绪任务，通常可以采用以下方式进行处理。

① 任务就绪时，把就绪任务的任务控制块放在就绪队列的末尾。在这种情况下，调度程序需要从就绪队列的头部到尾部进行一次遍历，才能获得就绪队列中具有最高优先级的任务。

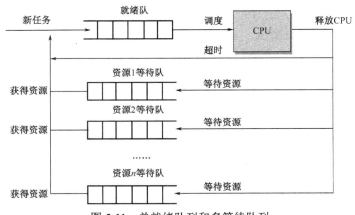

图 5-11　单就绪队列和多等待队列

② 就绪队列按照优先级从高到低的顺序排列。新的就绪任务到达时，需要插入到就绪队列的合适位置，确保就绪队列保持优先级从高到低排列的顺序性。

在上述两种处理方式中，所花费的时间与任务数量有密切的关系，具有不确定性。为提高实时内核的确定性，可采用一种被称为优先级位图的就绪任务处理算法。

假定每个任务的优先级都不同，下面以 64 个优先级为例来说明优先级位图算法。

1．设置两个变量

```
char priorityReadyGroup;
char priorityReadyTable[8];
```

priorityReadyGroup 与 priorityReadyTable 之间的关系如图 5-12 所示。priorityReadyTable 的每个数组元素对应 64（0～63，0 对应最高优先级，63 对应最低优先级）个优先级中的 8 个优先级，如 priorityReadyTable[5]对应的优先级为 40～47，如果对应优先级存在就绪任务，则相应的二进制位为 1，否则为 0。例如，若 priorityReadyTable[5]的第 0 位为 1，则表示当前存在一个优先级为 40 的就绪任务；若 priorityReadyTable[5]的第 0 位为 0，则当前不存在一个优先级为 40 的就绪任务。

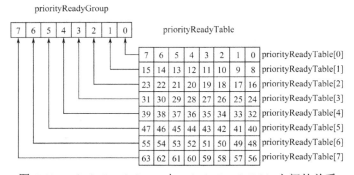

图 5-12　priorityReadyGroup 与 priorityReadyTable 之间的关系

priorityReadyGroup 中的每个二进制位与 priorityReadyTable 的一个数组元素相对应。例如，priorityReadyGroup 中的第 0 位对应 priorityReadyTable[0]，priorityReadyGroup 中的第 1 位对应 priorityReadyTable[1]。priorityReadyGroup 中每个二进制位的值意味着对应 priorityReadyTable 数组元素中对应的优先级是否有就绪任务，若二进制位的值为 1，则表示对应 priorityReadyTable 数组元素中对应的优先级有就绪任务；若为 0，则表示对应 priorityReadyTable 数组元素中对应

的优先级没有就绪任务。例如，若 priorityReadyGroup 的第 0 位为 1，则表示 priorityReadyTable[0] 中对应优先级存在就绪任务，否则，当前不存在优先级为 0～7 的就绪任务。

2. 任务优先级与 priorityReadyGroup、priorityReadyTable 的关系

任务优先级与 priorityReadyGroup、priorityReadyTable 的关系如图 5-13 所示。当优先级数为 64 时，优先级与 6 个二进制位相对应。在表示优先级的 6 个二进制位中，高 3 位为优先级在 priorityReadyGroup 中的二进制位的位置，与 priorityReadyTable 的数组元素下标相对应；低 3 位表示对应 priorityReadyTable 的数组元素的值。例如，对于优先级 35，二进制表示为 00100100，优先级高 3 位为 100，在 priorityReadyGroup 中位序 4 为 1，对应 priorityReadyTable[4]；优先级 3 位为 100，对应 priorityReadyTable[4]中的位序 4，即优先级 35。

图 5-13　任务优先级与 taskReadyGroup、taskReadyTable 的关系

3. 设置任务优先级到 priorityReadyGroup 的优先级映射表中

```
char priorityMapTable[8];
```

优先级映射表 priorityMapTable 的内容如图 5-14 所示。priorityMapTable 的数组元素的下标与任务优先级的高 3 位相对应时，在 priorityMapTable 的数组元素对应的二进制值中，位为 1 的位表示 priorityReadyGroup 的对应位也为 1。priorityMapTable 的数组元素的下标与任务优先级的低三位相对应时，在 priorityMapTable 的数组元素对应的二进制值中，位为 1 的位表示 priorityReadyTable 中某字节的对应位也为 1。

下标	二进制值
0	00000001
1	00000010
2	00000100
3	00001000
4	00010000
5	00100000
6	01000000
7	10000000

图 5-14　优先级映射表

4. 设置优先级判定表

```
char priorityDecisionTable[256];
```

优先级判定表 priorityDecisionTable 的内容如下：

```
char priorityDecisionTable[] = {
    0, 0, 1, 0, 2, 0, 1, 0, 3, 0, 1, 0, 2, 0, 1, 0,    /*0x00-0x0F*/
    4, 0, 1, 0, 2, 0, 1, 0, 3, 0, 1, 0, 2, 0, 1, 0,    /*0x10-0x1F */
    5, 0, 1, 0, 2, 0, 1, 0, 3, 0, 1, 0, 2, 0, 1, 0,    /*0x20-0x2F */
    4, 0, 1, 0, 2, 0, 1, 0, 3, 0, 1, 0, 2, 0, 1, 0,    /*0x30-0x3F */
    6, 0, 1, 0, 2, 0, 1, 0, 3, 0, 1, 0, 2, 0, 1, 0,    /*0x40-0x4F */
    4, 0, 1, 0, 2, 0, 1, 0, 3, 0, 1, 0, 2, 0, 1, 0,    /*0x50-0x5F */
    5, 0, 1, 0, 2, 0, 1, 0, 3, 0, 1, 0, 2, 0, 1, 0,    /*0x60-0x6F */
    4, 0, 1, 0, 2, 0, 1, 0, 3, 0, 1, 0, 2, 0, 1, 0,    /*0x70-0x7F */
    7, 0, 1, 0, 2, 0, 1, 0, 3, 0, 1, 0, 2, 0, 1, 0,    /*0x80-0x8F */
    4, 0, 1, 0, 2, 0, 1, 0, 3, 0, 1, 0, 2, 0, 1, 0,    /*0x90-0x9F */
    5, 0, 1, 0, 2, 0, 1, 0, 3, 0, 1, 0, 2, 0, 1, 0,    /*0xA0-0xAF */
    4, 0, 1, 0, 2, 0, 1, 0, 3, 0, 1, 0, 2, 0, 1, 0,    /*0xB0-0xBF */
```

```
6, 0, 1, 0, 2, 0, 1, 0, 3, 0, 1, 0, 2, 0, 1, 0,        /*0xC0-0xCF */
4, 0, 1, 0, 2, 0, 1, 0, 3, 0, 1, 0, 2, 0, 1, 0,        /*0xD0-0xDF */
5, 0, 1, 0, 2, 0, 1, 0, 3, 0, 1, 0, 2, 0, 1, 0,        /*0xE0-0xEF */
4, 0, 1, 0, 2, 0, 1, 0, 3, 0, 1, 0, 2, 0, 1, 0         /*0xF0-0xFF */
}
```

优先级判定表以 priorityReadyGroup 和 priorityReadyTable 数组元素的值为索引，获取该值（priorityReadyGroup 和 priorityReadyTable 数组元素的值为 0x00～0xFF）对应二进制表示中 1 出现的最低二进制位的序号（0～7）。例如，priorityReadyGroup 的值为 00010010（0x12），以 0x12 为下标，对应 priorityDecisionTable 的数组元素的值为 1，表示 priorityReadyGroup 对应二进制表示中 1 出现的最低二进制位的序号为 1。

5．任务进入就绪态

任务进入就绪态时，需要把任务的优先级转换到 priorityReady Group 和 priority ReadyTable 中的表示，转换过程可用 C 语言语句描述如下。

```
priorityReadyGroup |= priorityMapTable[priority >> 3];
priorityReadyTable[priority >> 3] |= priorityMapTable[priority & 0x07];
```

如果需要进入就绪态的任务的优先级为 50（二进制为 00110010），则右移 3 位后为 00000110（十进制为 6），priorityMapTable[6] 的值为 01000000，该值与 priorityReadyGroup 进行二进制或运算后，priorityReadyGroup 的第 6 位为 1。priority & 0x07 用来获取优先级的低 3 位，优先级为 50 时，低 3 位为 010（十进制为 2），由于 priorityMapTable[2] 的值为 00000100，该值与 priorityReadyTable[6] 进行二进制或运算后，priorityReadyTable[6] 的第 2 位为 1。此时可知 priorityReadyTable[6] 的第 2 位正好与优先级 50 相对应。

6．任务退出就绪态

任务退出就绪态，需要对 priorityReadyGroup 和 priorityReadyTable 进行处理，清除任务优先级在 priorityReadyGroup 和 priorityReadyTable 中的体现，处理过程可用 C 语言语句描述如下。

```
if((priorityReadyTable[priority >> 3] &= ~prirotiyMapTable[priority & 0x07]) = = 0)
    priorityReadyGroup &= ~priorityMapTable[priority >> 3];
```

首先，根据任务优先级的低 3 位，从优先级映射表 priorityMapTable 中获取二进制位的掩码，并按位取反后与 priorityReadyTable 的对应优先级组进行按位与运算，把优先级在 priorityReadyTable 中的表示清除（相应二进制位置 0）。并且，如果按位与运算后的结果为 0，则表示 priorityReadyTable 的对应优先级组中所有优先级都不存在对应的就绪任务，在这种情况下，应把该优先级组所对应的 priorityReadyGroup 中的二进制位清除。例如，需要把优先级为 50 的任务从就绪态退出，则应把 priorityReadyTable[6] 的第 2 位清 0。此时，如果 priorityReadyTable[6] 的所有二进制位都为 0，则 priorityReadyGroup 的第 6 位也应清 0。

7．获取进入就绪态的最高优先级

获取进入就绪态的最高优先级是通过优先级判定表来实现的，处理过程用 C 语言语句描述为：

```
high3Bit = priorityDecisionTable[priorityReadyGroup];
low3Bit = priorityDecisionTable[priorityReadyTable[high3Bit]];
priority = (high3Bit << 3) + low3Bit;
```

其中，high3Bit 为就绪任务最高优先级的高 3 位，low3Bit 为就绪任务最高优先级的低 3 位，priority 为就绪任务的最高优先级。如果当前 priorityReadyGroup 的二进制值为 00010010（十六进制为 0x12），以 0x12 为下标，从优先级判定表 priorityDecisionTable 中获得就绪任务最高优先级的高 3 位为 1（二进制为 001），假定当前 priorityReadyTable[1]的二进制值为 00001010（十六进制为 0x0A），从优先级判定表 priorityDecisionTable 中获得就绪任务最高优先级的低 3 位为 1（二进制为 001）。据此，得出当前就绪任务的最高优先级为 9。

8．根据优先级获取相应的任务

假定任务按优先级进行组织，以优先级为下标，即可得到相应任务的任务控制块。

5.3.5 任务管理机制

任务管理用来实现对任务状态的直接控制和访问。实时内核的任务管理是通过系统调用来体现的，这些系统调用主要包括创建任务、删除任务、挂起任务、唤醒任务、设置任务属性等内容，如图 5-15 所示。

创建任务的过程即为分配任务控制块的过程。在创建任务时，通常需要确定任务的名称和任务的优先级等内容，并为确立任务所能使用的堆栈区域。任务创建成功后，通常会为用户返回一个标识该任务的 ID，以实现对任务的引用管理；删除任务把任务从系统中去除，释放对应的任务控制块；挂起任务把任务变为等待态，可通过唤醒任务操作把任务转换为就绪态；设置任务属性可以用来设置任务的抢占、时间片等特性，以确定是否允许任务在执行过程中被抢占或对同优先级任务采用时间片轮转方式运行等；改变任务优先级用来根据需要改变任务的当前优先级；获取任务信息用于获得任务的当前优先级、任务的属性、任务的名称、任务的上下文、任务的状态等，便于用户进行决策。

```
创建任务
删除任务
挂起任务
唤醒任务
设置任务属性
改变任务优先级
获取任务信息
……
```

图 5-15　任务管理功能

1．创建任务

任务创建为任务分配和初始化相关的数据结构。任务创建时通常需要使用如下信息：① 任务的名称；② 任务的初始优先级；③ 任务堆栈；④ 任务属性；⑤ 任务对应的函数入口地址；⑥ 任务对应函数的参数；⑦ 任务删除时的回调函数。

任务名称由实时内核的用户在创建任务时指定，也可以由系统自动分配。如果用户在创建任务时为任务指定了名称，则实时内核通常将名称字符串进行复制保存，便于用户在创建任务后释放名称字符串的空间。

由于不同任务运行时需要的堆栈空间大小不同，由实时内核进行任务堆栈的分配不能适应应用任务的多样性需求。因此，通常由用户指定任务运行过程中需要使用的堆栈空间。确定任务到底需要多少堆栈空间是一件比较困难的事情。为了避免堆栈溢出所导致的任务栈被破坏的情况，同时充分利用嵌入式系统的有限资源，大都需要进行一个反复修正的过程，即：① 在最开始的时候，根据应用的类型，为任务分配一个比预期估计更大的堆栈空间；② 使用堆栈检测函数（通常由实时内核提供），定期监控任务对堆栈的使用情况，并据此对任务堆栈的大小进行调整。

任务可以包含多种属性，通常包括任务是否可被抢占、是否采用时间片轮转调度方式、是否响应异步信号、任务中开放的中断级别、是否使用数字协处理器等内容。如果任务需要进行浮点运算，在创建任务时实时内核应为任务分配浮点堆栈空间，以在任务切换时保存或恢复数字协处理器的上下文内容。如果任务具有使用数字协处理器的属性，则任务可以进行以下操作：① 执行浮点操作；② 调用具有浮点类型返回值的函数；③ 调用使用了浮点类型数据作为参数的函数。

任务对应函数的入口地址用来表示所创建任务起始执行的入口。

通过在任务创建时提供的任务删除时的回调函数，可以在该任务被删除时对其所用资源进行回收或删除，该资源是实时内核不可知的、应用特定的资源。

实时内核创建任务成功后，通常返回任务的标识（ID），实时内核的用户可以通过创建任务时获得的 ID 进行任务相关的其他操作。

创建任务通常需要完成以下工作：① 获得任务控制块；② 根据实时内核用户提供的信息初始化 TCB；③ 为任务分配一个可以唯一标识任务的 ID；④ 使任务处于就绪态，把任务放置到就绪队列中；⑤ 进行任务调度处理。

2．删除任务

实时内核根据任务创建时获得的 ID 删除指定的任务。

由于任务使用了各种各样的资源，因此，在删除一个任务时，需要释放该任务所拥有的资源。释放任务所拥有的资源通常由实时内核和任务共同完成。实时内核通常只释放那些由实时内核为任务分配的资源，如任务名称和 TCB 等内容所占用的空间。对于那些由任务自己分配的资源，则通常由任务自身进行释放，如任务的堆栈空间及其他任务申请的资源，如信号量、Timer、文件系统资源、I/O 设备和使用 malloc 等函数动态获得的内存空间，等等。

任务可以使用任务删除回调函数来进行任务删除时资源释放的处理。

任务删除通常需要进行以下工作：① 根据指定的 ID，获得对应任务的 TCB；② 把任务的 TCB 从队列中取出来，挂入空闲 TCB 队列；③ 释放任务所占用的资源。

3．挂起任务

挂起任务根据任务的 ID，把指定任务挂起，直到通过唤醒任务对任务进行解挂为止。

通过挂起任务，一个任务可以把自己挂起。当任务把自己挂起后，会引起任务的调度，实时内核将选取另外一个合适的任务进行执行。

任务被挂起后，该任务将处于等待态。

挂起任务通常需要进行以下工作：① 根据指定的 ID，获得对应任务的 TCB；② 把任务的状态变为等待态，并把 TCB 放置到等待队列中；③ 如果任务自己挂起自己，则进行任务调度。

4．唤醒任务

唤醒任务根据任务 ID 解挂指定的任务。如果任务还在等待其他资源，则任务解挂后仍然处于等待态，否则，解挂后的任务将处于就绪态。

解挂任务通常需要进行以下工作：① 根据指定的 ID，获得对应任务的 TCB；② 如果任务在等待其他资源，则任务将处于等待态，否则把任务的状态变为就绪态，并把 TCB 放置到就绪队列中；③ 进行任务调度。

5．任务睡眠

任务睡眠会使当前任务睡眠一段指定的时间，睡眠指定的时间后，任务又重新回到就绪态。

任务睡眠通常需要进行以下工作：① 修改任务状态，把任务状态变为等待态；② 把任务TCB 放置到时间等待链中；③ 进行任务调度。

6．关于任务扩展

实时内核通常提供任务扩展的功能，以便能够向系统中添加一些关于任务的附加操作，为应用提供在系统运行的关键点上进行干预的手段。通过任务扩展，可把应用提供的函数挂接到系统中，使得在创建任务、任务上下文发生切换或任务被删除时，这些被挂接的函数能够得到执行。任务扩展的时机包含以下情况：① 任务创建时；② 任务删除时；③ 任务上下文切换时。

任务扩展功能可通过任务扩展表或单独应用编程接口的方式来实现。任务扩展表的实现方式如图 5-16 所示，单独应用编程接口的方式如图 5-17 所示。

```
typedef void (*extensionRoutine)(void);
typedef struct
{
    extensionRoutine extensionOfTaskCreate;
    extensionRoutine extensionOfTaskDelete;
    extensionRoutine extensionOfTaskSwitch;
}taskExtensionTable;

statusCode extensionCreate(taskExtensionTable *extensionTable，int *ID);
statusCode extensionDelete(int extensionTableID);
```

图 5-16　任务扩展表处理示意

API	描　述
extensionRoutineOfTaskCreateAdd();	/*为任务创建时提供扩展处理例程*/
extensionRoutineOfTaskCreateDelete();	/*删除为任务创建提供的扩展处理例程*/
extensionRoutineOfTaskDeleteAdd();	/*为任务删除时提供扩展处理例程*/
extensionRoutineOfTaskDeleteDelete();	/*删除为任务删除提供的扩展处理例程*/
extensionRoutineOfTaskSwitchAdd();	/*为任务上下文切换时提供扩展处理例程*/
extensionRoutineOfTaskSwitchDelete();	/*删除为任务上下文切换提供的扩展处理例程*/

图 5-17　通过单独的 API 实现任务扩展

在任务扩展表处理方式中，任务扩展表用来存放实现任务扩展处理的例程，实时内核通过查找任务扩展表来获取扩展处理的入口函数。通过创建任务扩展表，把任务扩展例程添加到系统中，通过删除任务扩展表可把任务扩展例程删除。在图 5-17 所示的处理方式中，为任务创建、任务删除和任务上下文切换分别提供了添加和删除任务扩展处理例程功能。

7. 任务变量

由于某些例程可能同时被多个任务调用，每个调用任务又期望例程中的全局或静态变量提供不同的值。例如，多个任务都希望使用一个私有的内存区域，而该内存区域又是通过全局变量的方式来提供的。为此，实时内核可采用任务变量的处理方式。任务变量位于任务的上下文，属于任务 TCB 的内容。这样，在发生任务切换时，任务变量对应的全局或静态变量的内容也需要进行切换。发生任务切换时，如果当前任务拥有任务变量，则需要把任务变量对应全局或静态变量的内容保存到该任务的任务变量之中。如果即将投入运行的任务使用了任务变量，则需要把任务变量的内容恢复到对应的全局或静态变量中。

通过任务变量，多个任务可以把同一个全局或静态变量作为任务私有的变量来使用。其他任务对该变量的修改，不会影响这个变量在调用任务中的值。也就是说，该变量虽然是一个全局或静态变量，但是在单个任务中可以像私有变量一样使用。

图 5-18 为任务切换时所发生的任务变量切换。TCB1 为当前正在运行任务的任务控制块，TCB2 为需要执行任务的任务控制块，pTaskVar 用来表示任务的任务变量。

实时内核通常提供以下关于任务变量的操作：① 向指定的任务中添加任务变量；② 删除指定任务的任务变量；③ 获得指定任务的任务变量；④ 获得指定任务当前拥有的任务变量的数量；⑤ 获得指定任务的所有任务变量。

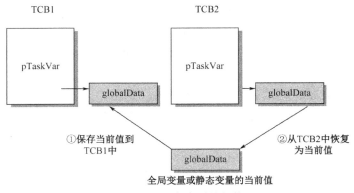

图 5-18　任务变量的切换

5.4　任务调度

5.4.1　任务调度概述

在计算机发展的初期，需要使用计算机时，通常要集中在计算机所在的地方，人为地以作业的方式把工作内容一件一件地提交给计算机进行处理，也就不存在调度的概念。随后，出现了计算机的批处理（Batch Processing）方式，计算机把作业按照先来先服务的方式进行处理，体现了一种非常简单的调度概念。只有在后来出现的多道程序处理方式下，调度才变得复杂和重要起来。

在多任务的实时操作系统中，调度是一个非常重要的功能，用来确定多任务环境下任务执行的顺序和在获得 CPU 资源后能够执行的时间长度。

操作系统通过一个调度程序来实现调度功能。调度程序以函数的形式存在，用来实现操作系统的调度算法。调度程序本身并不是一个任务，是一个函数调用，可在内核的各部分进行调用。调用调度程序的具体位置又被称为一个调度点（Scheduling Point），调度点通常处于以下位置：① 中断服务程序的结束位置；② 任务因等待资源而处于等待态；③ 任务处于就绪态时。

调度本身需要一定的系统开销，需要花费时间来计算下一个可被执行的任务。因此，竭力使用最优调度方案往往并不是一个明智的办法，高级的调度程序通常具有不可预见性，需要花费更多的时间和资源，并且，其复杂性也增加了应用编程人员的使用难度。简单是实时内核所强调的主要特点，实用的实时内核在实现时大都采用了简单的调度算法，以确保任务的实时约束特性和可预见性是可以管理的。复杂的、高级的调度算法则通常用于研究领域。

实时内核的主要职责是要确保所有的任务都能够满足任务的时间约束特性要求。时间约束特性来源于任务的不同需求（如截止时间、QoS 等），且同一个任务在不同时刻可能具有不同的时间约束特性。例如，机器人中用来控制行动的任务在障碍环境下行走所需要考虑的约束特性就比行走在开放环境下多得多。因此，能够同时适应所有情况的调度算法是不存在的。尽管现在已经提出和采用了很多调度算法，但仍然需要继续进行调度算法的研究，以更好地满足多样性需求的需要。从理论上来说，最优调度只有在能够完全获知所有任务在处理、同步和通信方面的需求，以及硬件的处理和时间特性的基础上才能实现。但在实际的应用中，很难实现这一点，特别是当这些需要获知的信息处于动态变化的情况时。即使在这些需要的信息都是可以预见的情况下，常用的调度问题仍然是一个 NP 难题，调度的复杂性将随调度需要考虑的任务和约束特性的数量呈指数增长。因此，调度算法不能很好地适应系统负载和硬件资源不断增长的系统。当然，这并不意味着调度算法不能解决只有少量、定义好的任务的应用需求。

调度程序是影响系统性能（如吞吐率、延迟时间等）的重要部分。在设计调度程序时，通常需要综合考虑如下因素：① CPU 的使用率（CPU Utilization）；② 输入/输出设备的吞吐率；③ 响应时间（Responsive Time）；④ 公平性；⑤ 截止时间。

这些因素之间具有一定的冲突性。例如，可通过使更多的任务处于就绪态来提高 CPU 的使用率，但这显然会降低系统的响应时间。因此，调度程序的设计需要优先考虑最重要的需求，然后在各种因素之间进行折中处理。

可以把调度算法（Scheduling Algorithms）描述为在一个特定时刻用来确定将要运行的任务的一组规则。从 1973 年 Liu 和 Layland 开始针对关于实时调度算法的研究工作以来（1973 年，Liu 和 Layland 发表了一篇名为 "Scheduling Algorithms for Multiprogramming in a Hard Real-Time Environment" 的论文），相继出现了很多调度算法和方法。调度方法可以划分为以下 3 个主要行为：① 脱机配置；② 运行时调度；③ 先验性分析。

脱机配置产生运行时调度所需要的静态信息；运行时调度在系统运行的时候根据不同的事件在各个计算之间进行切换处理；先验性分析根据静态配置信息和调度算法在运行时的行为，分析确定所有的时间需求是否得到了满足。各种调度算法之间的差异在于它们在上述 3 种行为之间的侧重点。先验性分析通过测试来确定调度方法的可行性，如所有任务在运行时的时间约束特性是否都能得到满足。

大量的实时调度方法存在以下几类主要划分方法：① 离线（Off-Line）和在线（On-Line）调度；② 抢占（Preemptive）和非抢占（Non-preemptive）调度；③ 静态（Static）和动态（Dynamic）调度；④ 最佳（Optimal）和试探性（Heuristic）调度。

根据获得调度信息的时机，调度算法分为离线调度和在线调度两类。对于离线调度算法，运行过程中使用的调度信息在系统运行之前就确定了，如时间驱动的调度（Clock-Driven Scheduling）。离线调度算法具有确定性，但缺乏灵活性，适用于那些特性能够预先确定，且不容易发生变化的应用。在线调度算法的调度信息则在系统运行过程中动态获得，如优先级驱动的调度（如 EDF、RMS 等）。在线调度算法在形成最佳调度决策上具有较大的灵活性。

根据任务在运行过程中能否被打断的处理情况，调度算法分为抢占式调度和非抢占式调度两类。在抢占式调度算法中，正在运行的任务可能被其他任务打断。在非抢占式调度算法中，一旦任务开始运行，该任务只有在运行完成而主动放弃 CPU 资源，或因为等待其他资源被阻塞的情况下才会停止运行。实时内核大都采用了抢占式调度算法，使关键任务能够打断非关键任务的执行，确保关键任务的截止时间能够得到满足。相对来说，抢占式调度算法要更复杂，且需要更多的资源，并可能在使用不当的情况下造成低优先级任务出现长时间得不到执行的情况。非抢占式调度算法常用于那些任务需要按照预先确定的顺序进行执行，且只有当任务主动放弃 CPU 资源后，其他任务才能得到执行的情况。

根据任务优先级的确定时机，调度算法分为静态调度和动态调度两类。在静态调度算法中，所有任务的优先级在设计时即可确定下来，且在运行过程中不会发生变化（如 RMS）。在动态调度算法中，任务的优先级在运行过程中确定，并可能不断地发生变化（如 EDF）。静态调度算法适用于能够完全把握系统中所有任务及其时间约束（如截止时间、运行时间、优先顺序和运行过程中的到达时间）特性的情况。静态调度比较简单，但缺乏灵活性，不利于系统扩展；动态调度有足够的灵活性来处理变化的系统情况，但需要消耗更多的系统资源。

CPU 的使用率表示对于给定的一组任务，这些任务所使用的整个 CPU 资源的比率。对于一个给定的调度算法，其 CPU 使用率存在一个理论上的上限，如 EDF 算法的最大 CPU 使用率为 1。

可调度性表示对于给定的一组任务，如果所有任务都能满足截止时间的要求，则这些任务就是可调度的。对于在线调度算法，当一个新的任务需要加入到系统中时，应进行可调度性分析，如果加入任务后会导致某些任务无法满足调度性，则该任务不能添加到系统中。可调度性的程度可以通过所有任务截止时间都能得到满足的情况下的用最大 CPU 使用率来进行衡量。

5.4.2 基于优先级的可抢占调度

在基于优先级的可抢占调度方式中，当出现具有更高优先级的任务而处于就绪态时，当前任务将停止运行，把 CPU 的控制权交给具有更高优先级的任务，使更高优先级的任务得到执行。因此，实时内核需要确保 CPU 总是被具有最高优先级的就绪任务所控制。这意味着当一个具有比当前正在运行任务的优先级更高的任务处于就绪态的时候，实时内核应及时进行任务切换，保存当前正在运行任务的上下文，切换到具有更高优先级的任务的上下文。

图 5-19 为多个任务在基于优先级的可抢占调度方式下的运行情况。任务 1 被具有更高优先级的任务 2 抢占，然后任务 2 又被任务 3 抢占。当任务 3 完成运行后，任务 2 继续执行。当任务 2 完成运行后，任务 1 才继续执行。

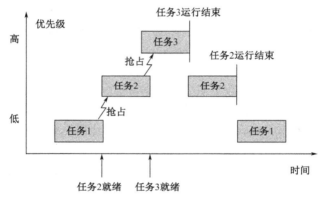

图 5-19　在可抢占调度方式下的任务运行情况

5.4.3 时间片轮转调度

时间片轮转调度算法是指当有两个或多个就绪任务具有相同的优先级，且它们是就绪任务中优先级最高的任务时，任务调度程序按照这组任务就绪的先后次序调度第一个任务，使第一个任务运行一段时间，然后调度第二个任务，使第二个任务运行一段时间，以此类推，到该组最后一个任务也得以运行一段时间后，又使第一个任务运行。这里，任务运行的这段时间称为时间片。

在时间片轮转调度方式中，当任务运行完一个时间片后，该任务即使没有停止运行，也必须释放处理器使下一个与它相同优先级的任务运行，使实时系统中优先级相同的任务具有平等的运行权利。释放处理器的任务被排到同优先级就绪任务链的链尾，等待再次运行。

采用时间片轮转调度算法时，任务的时间片大小要适当选择。时间片大小的选择会影响系统的性能和效率：① 时间片太大，时间片轮转调度没有意义；② 时间片太小，任务切换过于频繁，处理器开销大，真正用于运行应用程序的时间将会减小。

另外，不同的实时内核在实现时间片轮转调度算法上可能有如下差异：① 有的内核允许同优先级的各个任务有不一致的时间片；② 有的内核要求相同优先级的任务具有一致的时间片。

图 5-20 为多个任务在时间片轮转调度方式下的运行情况。任务 1 和任务 2 具有相同的优先级，按照时间片轮转的方式轮流执行。当高优先级任务 3 就绪后，正在执行的任务 2 被抢占，高优先级任务 3 得到执行。当任务 3 完成运行后，任务 2 才重新在未完成的时间片内继续执行。随后任务 1 和任务 2 又按照时间片轮转的方式执行。

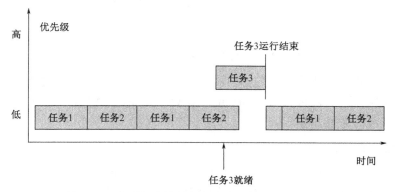

图 5-20　在时间片轮转调度方式下的任务运行情况

5.4.4　静态调度

在静态调度算法中，任务的优先级需要在系统运行前确定。通常来说，静态调度中确立任务优先级的主要依据如下。

（1）执行时间

以执行时间为依据的调度算法有：最短执行时间优先（Smallest Execution Time First），最长执行时间优先（Largest Execution Time First）。

（2）周期

以周期为依据的调度算法有：短周期任务优先（Smallest Period First）、长周期任务优先（Largest Period First）。

（3）任务的 CPU 使用率

任务的 CPU 使用率为任务计算时间与任务周期的比值。以任务的 CPU 使用率为依据的调度算法有：最小 CPU 使用率优先（Smallest Task Utilization First）、最大 CPU 使用率优先（Largest Task Utilization First）。

（4）紧急程度

根据任务的紧急程度，以人为的方式进行优先级的静态安排。

1．人为安排优先级

人为安排优先级是嵌入式实时软件开发中使用非常多的一种方法。该方法以系统分析、设计人员对系统需求的理解为基础，确定系统中各个任务之间的相对优先情况，并据此确定各个任务的优先级。

【例 5-1】在一个用来实现网页浏览的应用中，可把整个应用划分为网络数据接收 dataRecv、网页数据处理 dataHandling 和网页显示 webDisplay 等 3 个任务。3 个任务之间的工作流程如图 5-21 所示。其中，由于 dataRecv 需要及时接收从网络传过来的数据，其优先级最高；webDisplay

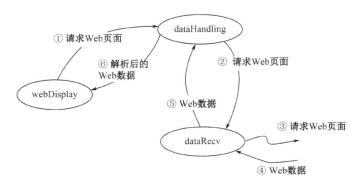

图 5-21　网页浏览应用各任务之间的关系

需要及时处理用户的输入（如停止获取当前页面或请求新的页面等），其优先级应比 dataHandling 高。据此，可人为地把 dataRecv、dataHandling 和 webDisplay 的优先级分别安排为 5、7、6（设定数字越大，任务的优先级越低）。

2. 比率单调调度算法

1973 年，Liu 和 Layland 在 ACM 上发表了题为"Scheduling Algorithms for Multiprogramming in a Hard Real-Time Environment"的论文，该论文奠定了实时系统所有现代调度算法的理论基础。比率单调调度算法（Rate-monotonic Scheduling Algorithm，RMS）即在该论文中被提出。

RMS 是在基于以下假设的基础上进行分析的：① 所有任务都是周期任务；② 任务的相对截止时间等于任务的周期；③ 任务在每个周期内的计算时间都相等，保持为一个常量；④ 任务之间不进行通信，也不需要同步；⑤ 任务可以在计算的任何位置被抢占，不存在临界区。

尽管 Liu 和 Layland 把该调度算法定位于单处理器的实时任务调度，但实验证明，这些结果同样适用于分布式系统。

RMS 是一个静态的固定优先级调度算法，任务的优先级与任务的周期表现为单调函数关系，任务周期越短，任务的优先级越高；任务周期越长，任务的优先级越低。RMS 是静态调度中的最优调度算法，即如果一组任务能够被任何静态调度算法调度，则这些任务在 RMS 下也是可调度的。

任务的可调度性可以通过计算任务的 CPU 使用率，然后把得到的 CPU 使用率与可调度的 CPU 使用率上限进行比较来获得。这个可调度的 CPU 使用率上限被称为可调度上限（Schedulable Bound）。可调度上限表示给定任务在特定调度算法下能够满足截止时间要求的最坏情况下的最大 CPU 使用率。可调度上限的最大值为 100%，与调度算法密切相关。对于一组任务，如果任务的 CPU 使用率小于或等于可调度上限，则这组任务是可被调度的；如果任务的 CPU 使用率大于可调度上限，则不能保证这组任务是可被调度的，任务的调度性需进一步分析。

在 RMS 中，CPU 使用率的可调度范围为

$$\sum_{i=1}^{n} \frac{C_i}{T_i} \leqslant n(2^{\frac{1}{n}} - 1)$$

上述条件是一个充分条件，但不是一个必要条件。如果任务的 CPU 使用率满足该条件，则任务是可调度的；如果不满足该条件，也有可能被 RMS 调度。

RMS 的可调度的 CPU 使用率上限如表 5-1 所示。

【**例 5-2**】满足条件的任务的执行情况。任务的计算时间、周期时间、CPU 使用率及其 RMS 要求的可调度上限如表 5-2 所示。任务的执行情况如图 5-22 所示。

表 5-1　RMS 可调度的 CPU 使用率上限

任务数量	可调度的 CPU 使用率上限	任务数量	可调度的 CPU 使用率上限
1	1	5	0.743
2	0.828	6	0.735
3	0.780	…	…
4	0.757	∞	ln2

表 5-2　任务的计算时间、周期时间、CPU 使用率及其 RMS 要求的可调度上限

任务	计算时间	周期	CPU 使用率	CPU 使用率之和	可调度上限
1	1	5	0.20	0.20	1.00
2	5	20	0.25	0.45	0.83
3	8	50	0.16	0.61	0.78
4	12	100	0.12	0.73	0.76

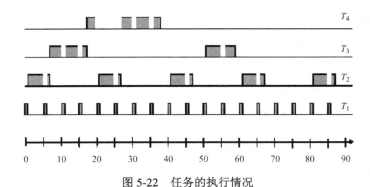

图 5-22　任务的执行情况

【例 5-3】不满足条件的任务，但能够被调度任务的执行情况。任务的计算时间、周期时间、CPU 使用率及其 RMS 要求的可调度上限如表 5-3 所示。任务的执行情况如图 5-23 所示。

表 5-3　任务的计算时间、周期时间、CPU 使用率及其 RMS 要求的可调度上限

任务	计算时间	周期	CPU 使用率	CPU 使用率之和	可调度上限
1	1	5	0.20	0.20	1.00
2	5	20	0.25	0.45	0.83
3	10	50	0.20	0.65	0.78
4	20	100	0.20	0.85	0.76

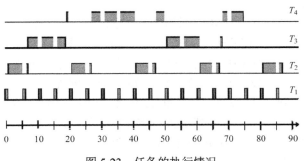

图 5-23　任务的执行情况

在任务比较多的情况下，RMS 的可调度的 CPU 使用率上限为 ln2，如此低的 CPU 使用率对大多数的系统来说是不可接受的。对于 RMS 来说，即使 CPU 的使用率小于 100%，但如果大于

算法给定的可调度范围，则仍有可能不能满足截止时间的要求。

另外，RMS 的不足之处在于它假定任务是相互独立的、周期性的，且任务能够在任何计算点被抢占。在实时系统中，任务之间通常都需要进行通信和同步。Rajkumar 在博士论文（论文题目为"Synchronization in Real-Time Systems: A Priority Inheritance Approach"）中基于 RMS 提出了可以处理任务同步的调度算法。该算法解决了单处理器上任务之间的同步问题。Rajkumar 还解决了任务之间存在互斥执行的问题，允许任务存在临界区，在执行临界区时，任务不能被其他任务所抢占。为了支持非周期任务的处理，比较简单的办法是以后台方式执行非周期任务，或把就绪的非周期任务组织成一个队列，然后周期性地查询该队列是否有非周期任务的方式来执行。后台执行非周期任务的方式效率比较低，非周期任务只有在所有周期任务都没有执行的情况下才会得到调度。周期性的查询方式相对来说性能要好一些，但有可能出现刚查询完成，就有非周期任务就绪的情况，导致该任务等待一个轮询周期才能得到调度执行的情况。

5.4.5 动态调度

对于静态调度，任务的优先级不会发生变化。在动态调度中，任务的优先级可根据需要进行改变，也可能随着时间按照一定的策略自动发生变化。

1. 截止时间优先调度算法

RMS 调度算法的 CPU 使用率比较低，在任务比较多的情况下，可调度上限为 68%。Liu 和 Layland 又提出了一种采用动态调度的、具有更高 CPU 使用率的调度算法——截止时间优先调度算法（Earliest Deadline First, EDF）。在 EDF 中，任务的优先级根据任务的截止时间来确定，任务的绝对截止时间越近，任务的优先级越高；任务的绝对截止时间越远，任务的优先级越低。当有新的任务处于就绪态时，任务的优先级有可能需要进行调整。同 RMS 一样，Liu 和 Layland 对 EDF 算法的分析也是在一系列假设的基础上进行的。在 Liu 和 Layland 的分析中，EDF 不要求任务为周期任务，其他假设条件与 RMS 相同。

EDF 算法是最优的单处理器动态调度算法，其可调度上限为 100%。在 EDF 调度算法下，对于给定的一组任务，任务可调度的充要条件为

$$\sum_{i=1}^{n} \frac{C_i}{T_i} \leqslant 1$$

对于给定的一组任务，如果 EDF 不能满足其调度性要求，则没有其他调度算法能够满足这组任务的调度性要求。

同基于固定优先级的静态调度相比，采用基于动态优先级调度的 EDF 算法的显著优点在于：EDF 的可调度上限为 100%，使 CPU 的计算能力能够被充分利用起来。EDF 也存在不足之处：在实时系统中不容易实现，同 RMS 相比，EDF 具有更大的调度开销，需要在系统运行的过程中动态地计算确定任务的优先级。另外，在系统出现临时过载的情况下，EDF 算法不能确定哪个任务的截止时间会得不到满足。为此，Liu 和 Layland 提出了一种混合的调度算法，大多数任务采用 RMS 进行调度，只有少量任务采用 EDF 调度算法。尽管混合的调度算法不能达到 100% 的 CPU 使用率，但确实综合了 EDF 和 RMS 调度算法的优点，使整个调度比较容易实现。

【例 5-4】 对于表 5-4 中的任务：当任务 T_1 到达的时候，由于 T_1 是系统中等待运行的唯一一个任务，因此 T_1 得到了立即执行。任务 T_2 在时间 4 到达，由于任务 T_2 的截止时间（10）小于任务 T_1 的截止时间（30），因此任务 T_2 的优先级比 T_1 高，并抢占任务 T_1，以得到执行。任务

表 5-4　任务及其到达时间、计算时间与绝对截止时间

任务	到达时间	计算时间	绝对截止时间
T_1	0	10	30
T_2	4	3	10
T_3	5	10	25

T_3 在时间 5 到达，由于 T_3 的截止时间比 T_2 的截止时间长，因此 T_3 的优先级比 T_2 低，需要等到 T_2 执行完成后，才能得到执行。当 T_2 执行完成后（时间 7），T_3 开始执行（T_3 的优先级比 T_1 高）。T_3 运行到时间 17，T_1 才能继续执行直到运行结束。

2. 最短空闲时间优先调度算法

在最短空闲时间优先调度算法中，任务的优先级根据任务的空闲时间进行动态分配。任务的空闲时间越短，任务的优先级越高；任务的空闲时间越长，任务的优先级越低。任务的空闲时间可通过下式来表示。

任务的空闲时间=任务的绝对截止时间−当前时间−任务的剩余执行时间

5.4.6　静态调度与动态调度之间的比较

动态调度的出现是为了确保低优先级任务也能被调度。这种公平性对于所有任务都具有同等重要程度的系统比较合适，需要绝对可预测性的系统一般不使用动态调度。这些系统中，在出现临时过载的情况下，要求调度算法能够选择最紧急的任务执行，而放弃那些不太紧急的任务。而动态调度的优先级只反映了任务的时间特性，没有把任务的紧急程度体现到优先级中。

动态调度的调度代价通常比静态调度高，这主要是由于在每一个调度点都需要对任务的优先级进行重新计算，而静态调度中任务的优先级则始终保持不变，不需要进行计算。

5.5　优先级反转

5.5.1　优先级反转概述

理想情况下，当高优先级任务处于就绪态后，高优先级任务就能够立即抢占低优先级任务而得到执行。但在有多个任务需要使用共享资源的情况下，可能会出现高优先级任务被低优先级任务阻塞，并等待低优先级任务执行的现象。高优先级任务需要等待低优先级任务释放资源，而低优先级任务又正在等待中等优先级任务的现象，被称为优先级反转（Priority Inversion）。

两个任务都试图访问共享数据的情况即为出现优先级反转最通常的情况。为了保证一致性，这种访问应该是顺序进行的。如果高优先级任务首先访问共享资源，则会保持共享资源访问的合适的任务优先级顺序；但如果低优先级任务首先获得共享资源的访问，然后高优先级任务请求获取对共享资源的访问，则高优先级任务将被阻塞，直到低优先级任务完成对共享资源的访问为止。

阻塞是优先级反转的一种形式，使得高优先级任务必须等待低优先级任务的处理。如果阻塞的时间过长，即使在 CPU 使用率比较低的情况下，也可能出现截止时间得不到满足的情况。为了在系统中维持一个比较高的可调度性，需要通过一定的协议来使发生任务阻塞的情况降到比较低的程度。

通常，同步互斥机制为信号量、锁和 Ada 中的 Rendezvous（汇合）等。为保护共享资源的

一致性，或确保非抢占资源在使用上的合适顺序，这些方法是必需的，但应确保使用这些方法后系统的时间需求能够得到满足。事实上，直接应用这些同步互斥机制将导致系统中出现不定时间长度的优先级反转和比较低的任务可调度性情况。

【例 5-5】假设 τ_1、τ_2、τ_3 为优先级顺序降低的 3 个任务，τ_1 具有最高优先级。假定 τ_1 和 τ_3 通过信号量 S 共享一个数据结构，在时刻 t_1，任务 τ_3 获得信号量 S，开始执行临界区代码。在 τ_3 执行临界区代码的过程中，高优先级任务 τ_1 就绪，抢占任务 τ_3 而获得 CPU 资源，并在随后试图使用共享数据，但该共享数据已被 τ_3 通过信号量 S 加锁。在这种情况下，会期望具有最高优先级的任务 τ_1 被阻塞的时间不超过任务 τ_3 执行完整个临界区的时间。但事实上，这种阻塞时间的长度是无法预知的。这主要是由于任务 τ_3 还可能被具有中等优先级的任务 τ_2 阻塞，使得 τ_1 也需要等待 τ_2 和其他中等优先级的任务释放 CPU 资源。

任务 τ_1 的阻塞时间长度不定，可能会很长。如果任务在临界区内不允许被抢占，这种情况可得到部分解决。但由于形成了不必要的阻塞，使得这种方案只适用于非常短的临界区。例如，一旦一个低优先级任务进入了一个比较长的临界区，则不会访问该临界区的高优先级任务将会被完全不必要的阻塞。

关于优先级反转的问题，Lampson 在 1980 年发表的题为 "Experiences with Processes and Monitors in Mesa" 的论文中被首先讨论，建议临界区执行在比可能使用该临界区的所有任务的优先级更高的优先级上。

解决优先级反转现象的常用协议为优先级继承协议（Priority Inheritance Protocol）、优先级天花板协议（Priority Ceiling Protocol）。

5.5.2　优先级继承协议

优先级继承协议的基本思想如下：当一个任务阻塞了一个或多个高优先级任务时，该任务将不使用其原来的优先级，而使用被该任务所阻塞的所有任务的最高优先级作为其执行临界区的优先级；当该任务退出临界区时，又恢复到其最初的优先级。

【例 5-6】考虑例 5-5 中的情况。如果任务 τ_1 被 τ_3 阻塞，则优先级继承协议要求任务 τ_3 以任务 τ_1 的优先级执行临界区。这样，任务 τ_3 在执行临界区的时候，原来比 τ_3 具有更高优先级的任务 τ_2 就不能抢占 τ_3。当 τ_3 退出临界区时，τ_3 又恢复到其原来的低优先级，使任务 τ_1 成为最高优先级的任务。这样，任务 τ_1 会抢占任务 τ_3 而继续获得 CPU 资源，而不会出现例 5-5 中 τ_1 无限期被任务 τ_2 阻塞的情况。

优先级继承协议的定义如下：

（1）如果任务 τ 为具有最高优先级的就绪任务，则任务 τ 将获得 CPU 资源。在任务 τ 进入临界区前，任务 τ 需要先请求获得该临界区的信号量 S。

①　如果信号量 S 已经被加锁，则任务 τ 的请求会被拒绝。在这种情况下，任务 τ 被称为被拥有信号量 S 的任务阻塞。

②　如果信号量 S 未被加锁，则任务将获得信号量 S 而进入临界区。当任务 τ 退出临界区时，使用临界区过程中所加锁的信号量将被解锁。此时，如果有其他任务因为请求信号量 S 而被阻塞，则其中具有最高优先级的任务将被激活，处于就绪态。

（2）任务 τ 将保持其被分配的原有优先级不变，除非任务 τ 进入了临界区并阻塞了更高优先级的任务。如果由于任务 τ 进入临界区而阻塞了更高优先级的任务，则任务 τ 将继承被任务 τ 阻塞的所有任务的最高优先级，直到任务 τ 退出临界区。当任务 τ 退出临界区时，任务 τ 将恢复到进入临界区前的原有优先级。

（3）优先级继承具有传递性。例如，假设 τ_1、τ_2、τ_3 为优先级顺序降低的 3 个任务，如果任务 τ_3 阻塞了任务 τ_2，此前任务 τ_2 又阻塞了任务 τ_1，则任务 τ_3 将通过任务 τ_2 继承任务 τ_1 的优先级。

在优先级继承协议中，高优先级任务在以下两种情况下可能被低优先级任务所阻塞：

① 直接阻塞。如果高优先级任务试图获得一个已经被加锁的信号量，则该任务将被阻塞，这种阻塞即为直接阻塞。直接阻塞用来确保临界资源使用的一致性得到满足。

② 间接阻塞。由于低优先级任务继承了高优先级任务的优先级，使得中等优先级的任务被原来分配的低优先级任务阻塞，这种阻塞即为间接阻塞。这种阻塞也是必需的，用来避免高优先级任务被中等优先级任务间接抢占。

优先级继承协议具有如下特性：

① 只有在高优先级任务与低优先级任务共享临界资源，且低优先级任务已经进入临界区后，高优先级任务才可能被低优先级任务所阻塞。

② 高优先级任务被低优先级任务阻塞的最长时间为高优先级任务中可能被所有低优先级任务阻塞的具有最长执行时间的临界区的执行时间。

③ 如果有 m 个信号量可能阻塞任务 τ，则任务 τ 最多被阻塞 m 次。

根据上述特性可知，对于一个任务来说，采用优先级继承协议，系统运行前就能够确定该任务的最大阻塞时间。但优先级继承协议存在以下两个方面的问题：

① 优先级继承协议本身不能避免死锁的发生。

② 在优先级继承协议中，任务的阻塞时间虽然是有界的，但由于可能出现阻塞链，因此使得任务的阻塞时间可能会很长。

【例 5-7】 假定在时间 t_1，任务 τ_2 获得信号量 S_2，进入临界区。在时间 t_2，任务 τ_2 又试图获得信号量 S_1，但一个高优先级任务 τ_1 在这个时刻就绪，抢占任务 τ_2 并获得信号量 S_1，接下来任务 τ_1 又试图获得信号量 S_2。这样就出现了死锁现象。

这种死锁可以通过规定按顺序访问信号量的方式得到解决。

【例 5-8】 假定任务 τ_1 需要顺序获得信号量 S_1 和 S_2，任务 τ_3 在 S_1 控制的临界区中被 τ_2 抢占，然后 τ_2 进入 S_2 控制的临界区。这个时刻，任务 τ_1 被激活而获得 CPU 资源，但发现信号量 S_1 和 S_2 都分别被低优先级任务 τ_2 和 τ_3 加锁了，使得 τ_1 将被阻塞两个临界区，需要先等待任务 τ_3 释放信号量 S_1，然后等待任务 τ_2 释放信号量 S_2，这样就形成了关于任务 τ_1 的阻塞链。

5.5.3 优先级天花板协议

使用优先级天花板协议的目的在于解决优先级继承协议中存在的死锁和阻塞链问题。

优先级天花板指控制访问临界资源的信号量的优先级天花板。信号量的优先级天花板为所有使用该信号量的任务的最高优先级。在优先级天花板协议中，如果任务获得信号量，则在任务执行临界区的过程中，任务的优先级将被抬升到所获得信号量的优先级天花板。

在优先级天花板协议中，主要包含如下处理内容：

① 对于控制临界区的信号量，设置信号量的优先级天花板为可能申请该信号量的所有任务中具有最高优先级任务的优先级。

② 如果任务成功获得信号量，任务的优先级将被抬升为信号量的优先级天花板；任务执行完临界区，释放信号量后，其优先级恢复到其最初的优先级。

③ 如果任务不能获得所申请的信号量，则任务将被阻塞。

【例 5-9】 假设系统中存在 τ_1、τ_2、τ_3 3 个优先级顺序降低的任务（优先级分别为 p_1、p_2、p_3）。假定 τ_1 和 τ_3 通过信号量 S 共享一个临界资源。根据优先级天花板协议，信号量 S 的优先级天花板为 p_1。假定在时刻 t_1，τ_3 获得信号量 S，按照优先级天花板协议，τ_3 的优先级将被抬升为信号量 S 的优先级天花板 p_1，直到 τ_3 退出临界区。这样，τ_3 在执行临界区的过程中，τ_1 和 τ_2 都不能抢占 τ_3，确保 τ_3 能尽快完成临界区的执行，并释放信号量 S，退出临界区。当 τ_3 退出临界区后，τ_3 的优先级又回落为 p_3。此时，如果在 τ_3 执行临界区的过程中，任务 τ_1 或 τ_2 已经就绪，则 τ_1 或 τ_2 将抢占 τ_3 的执行。

优先级继承协议和优先级天花板协议都能解决优先级反转问题，但在处理效率和对程序运行流程的影响程度上有所不同。

1．关于执行效率的比较

优先级继承协议可能多次改变占有某临界资源的任务的优先级，而优先级天花板协议只需改变一次。从这个角度看，优先级天花板协议的效率高，因为若干次改变占有资源的任务的优先级会引入更多的额外开销，导致任务执行临界区的时间增加。例 5-10 对该情况进行了说明。

【例 5-10】 假设系统中有 7 个任务，按优先级从高到低分别为 τ_1、τ_2、τ_3、τ_4、τ_5、τ_6、τ_7，使用由信号量 S 控制的临界资源。图 5-24 为采用优先级继承协议的任务执行情况，图 5-25 为采用优先级天花板协议的任务执行情况。对于一个任务来说，单横线处于低端位置时，表示对应任务被阻塞，或被高优先级任务所抢占；单横线处于高端位置时，表示任务正在执行；如果没有单横线，则表示任务还未被初始化，或任务已经执行完成；阴影部分表示任务正在执行临界区。

在图 5-24 中，任务的执行情况如下：

① t_0 时刻，任务 τ_7 开始运行，并在时刻 t_1 获得信号量 S，进入临界区。

② t_2 时刻，任务 τ_5 就绪，任务 τ_5 抢占任务 τ_7 运行。

③ t_3 时刻，任务 τ_5 申请信号量 S 失败，任务 τ_7 继承任务 τ_5 的优先级继续运行。

④ t_4 时刻，任务 τ_6 就绪，但因其优先级低于任务 τ_7 而无法运行。

⑤ t_5 时刻，任务 τ_4 就绪，任务 τ_4 抢占任务 τ_7 运行。

⑥ t_6 时刻，任务 τ_4 申请信号量 S 失败，任务 τ_7 继承任务 τ_4 的优先级继续运行。

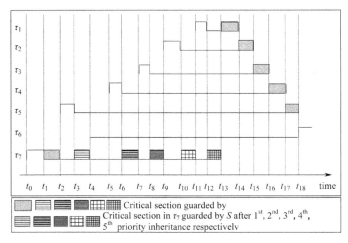

图 5-24 基于优先级继承协议的任务执行情况

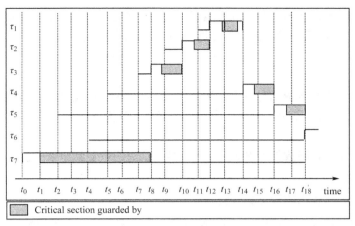

图 5-25　基于优先级天花板协议的任务执行情况

⑦ t_7 时刻，任务 τ_3 就绪，任务 τ_3 抢占任务 τ_7 运行。

⑧ t_8 时刻，任务 τ_3 申请信号量 S 失败，任务 τ_7 继承任务 τ_3 的优先级继续运行。

⑨ t_9 时刻，任务 τ_2 就绪，任务 τ_2 抢占任务 τ_7 运行。

⑩ t_{10} 时刻，任务 τ_2 申请信号量 S 失败，任务 τ_7 继承任务 τ_2 的优先级继续运行。

⑪ t_{11} 时刻，任务 τ_1 就绪，任务 τ_1 抢占任务 τ_7 运行。

⑫ t_{12} 时刻，任务 τ_1 申请信号量 S 失败，任务 τ_7 继承任务 τ_1 的优先级继续运行。

⑬ t_{13} 时刻，任务 τ_7 释放信号量 S，退出临界区，优先级降低为初始的优先级，任务 τ_1 获得信号量 S 并运行。

⑭ t_{14} 时刻，任务 τ_1 释放信号量 S 并运行完毕，任务 τ_2 获得信号量 S 并运行。

⑮ t_{15} 时刻，任务 τ_2 释放信号量 S 并运行完毕，任务 τ_3 获得信号量 S 并运行。

⑯ t_{16} 时刻，任务 τ_3 释放资源 S 并运行完毕，任务 τ_4 获得信号量 S 并运行。

⑰ t_{17} 时刻，任务 τ_4 释放资源 S 并运行完毕，任务 τ_5 获得信号量 S 并运行。

⑱ t_{18} 时刻，任务 τ_5 释放资源 S 并运行完毕，任务 τ_6 运行。

在图 5-25 中，任务的执行情况如下：

① t_0 时刻，任务 τ_7 开始运行，并于时刻 t_1 获得信号量 S，进入临界区，任务 τ_7 的优先级被抬升到信号量 S 的优先级天花板（为任务 τ_1 的优先级）。

② t_2 时刻，任务 τ_5 就绪，但由于其优先级低于任务 τ_7 当前的优先级而无法运行。

③ t_4 时刻，任务 τ_6 就绪，但由于其优先级低于任务 τ_7 当前的优先级而无法运行。

④ t_5 时刻，任务 τ_4 就绪，但由于其优先级低于任务 τ_7 当前的优先级而无法运行。

⑤ t_7 时刻，任务 τ_3 就绪，但由于其优先级低于任务 τ_7 当前的优先级而无法运行。

⑥ t_8 时刻，任务 τ_7 释放信号量 S，退出临界区，其优先级恢复到原来的值，当前具有最高优先级的就绪任务 τ_3 运行。随后任务 τ_3 获得信号量 S，任务 τ_3 的优先级被抬升到信号量 S 的优先级天花板。

⑦ t_9 时刻，任务 τ_2 就绪，但由于其优先级低于任务 τ_3 当前的优先级而无法运行。

⑧ t_{10} 时刻，任务 τ_3 释放信号量 S 并运行完成，其优先级恢复到原来的值，当前具有最高优先级的就绪任务 τ_2 运行。随后，任务 τ_2 获得信号量 S，任务 τ_2 的优先级被抬升到信号量 S 的优先级天花板。

⑨ t_{11} 时刻，任务 τ_1 就绪，但由于其优先级与任务 τ_2 当前的优先级相等而没有被调度运行。

⑩ t_{12} 时刻，任务 τ_2 释放信号量 S 并运行完成，其优先级恢复到原来的值，当前优先级最高的就绪任务 τ_1 运行，随后任务 τ_1 获得信号量 S，并于 t_{14} 时刻任务 τ_1 运行完毕，当前优先级最高的就绪任务 τ_4 开始运行。随后，任务 τ_4 获得信号量 S，任务 τ_4 的优先级被抬升到信号量 S 的优先级天花板。

⑪ t_{16} 时刻，任务 τ_4 释放信号量 S 并运行完成，其优先级恢复到原来的值，当前优先级最高的就绪任务 τ_5 开始运行。随后，任务 τ_5 获得信号量 S，其优先级被抬升到信号量 S 的优先级天花板；

⑫ t_{18} 时刻，任务 τ_5 释放信号量 S 并运行完成，优先级恢复到原来的值，当前优先级最高的就绪任务 τ_6 开始运行。

2．对程序运行过程影响程度的比较

优先级天花板协议的特点是一旦任务获得某临界资源，其优先级就被抬升到可能的最高程度，不管此后在它使用该资源的时间内是否真的有高优先级任务申请该资源，这样就有可能影响某些中间优先级任务的完成时间。但在优先级继承协议中，只有当高优先级任务申请已被低优先级任务占有的临界资源这一事实发生时，才抬升低优先级任务的优先级，因此优先级继承协议对任务执行流程的影响相对较小。这可以从例 5-11 进行说明。

【例 5-11】 假设系统中存在 4 个任务，按优先级从高到低分别为 τ_1、τ_2、τ_3、τ_4；任务 τ_1 和 τ_4 共享由信号量 S 控制的临界资源。假定在某次运行过程中，τ_4 首先运行并获得信号量 S，根据优先级天花板协议，τ_4 的优先级被抬升到 τ_1 的水平，直到它释放信号量 S，其优先级才会恢复到原先的水平。假定 τ_4 的优先级被抬升的时间长度为 T，如果在时间段 T 内 τ_2、τ_3 就绪而 τ_1 未就绪，则 τ_2、τ_3 的执行被延迟。在 τ_1 和 τ_4 间存在的中等优先级任务越多，造成这种延迟的几率就越大。

为了解决例 5-11 中出现的中等优先级任务的处理被延迟的情况，可以采用另外一种形式的优先级天花板协议，并称这种优先级天花板协议为基于优先级继承的优先级天花板协议。

① 信号量的优先级天花板为使用该信号量的任务的最高优先级。只有在任务 τ 的优先级高于所有当前被其他任务阻塞（如果任务获得一个信号量，则称该信号量被任务阻塞）的信号量的优先级天花板时，任务 τ 才能进入临界区。

② 若任务 τ 拥有所有处于就绪态的任务的最高优先级，则获得 CPU 资源，并设信号量 S^* 为当前被其他任务所阻塞的所有信号量中具有最高优先级天花板的信号量。若任务 τ 的优先级不高于信号量 S^* 的优先级天花板，则任务 τ 将不能进入临界区而被阻塞。在这种情况下，称任务 τ 被拥有信号量 S^* 的任务阻塞在信号量 S^* 上。否则，任务 τ 将进入临界区。

③ 通常情况下，任务 τ 将使用被分配的优先级进行执行，除非该任务在临界区的执行过程中阻塞了其他高优先级任务。如果任务 τ 阻塞了高优先级任务，则任务 τ 将继承被任务 τ 所阻塞的具有最高优先级任务的优先级。当任务 τ 退出临界区时，将恢复到其进入临界区时所拥有的优先级，且该优先级继承具有传递性。

④ 如果任务 τ 不试图进入临界区，则任务 τ 可以抢占低优先级任务的执行。

在基于优先级继承的优先级天花板协议中，任务 τ 进入临界区并不会立即抬升 τ 的优先级，只有在另一高优先级任务抢占任务 τ 并在高优先级任务试图进入临界区的时候，如果高优先级任务的优先级不高于当前被阻塞信号量的优先级天花板，高优先级任务被阻塞，任务 τ 的优先级才会由于继承高优先级任务的优先级而得到抬升。这样，中等优先级任务处理的延迟情况就能得到较大改善。为了便于区别，把前面提到的优先级天花板协议称为简单优先级天花板协议。

同简单优先级天花板协议相比，基于优先级继承的优先级天花板协议能够改善中等优先级任务的延迟处理情况，但也存在优先级继承协议中任务执行临界区的过程中可能导致任务的优先级需要进行多次改变的情况，不如简单优先级天花板协议中对任务优先级的一次性抬升简单。

【例 5-12】 假设系统中有 3 个任务即 τ_1、τ_2、τ_3，并拥有 3 个临界区，分别通过信号量 S_1、S_2 和 S_3 来控制。每个任务的处理顺序如下。

$$\tau_1 = \{..., P(S_1), ..., V(S_1), ...\}$$
$$\tau_2 = \{..., P(S_2), ..., P(S_3), ..., V(S_3), ..., V(S_2), ...\}$$
$$\tau_3 = \{..., P(S_3), ..., P(S_2), ..., V(S_2), ..., V(S_3), ...\}$$

由于任务 τ_2 的优先级高于 τ_3，因此，信号量 S_2 和 S_3 的优先级天花板相同，为任务 τ_2 的优先级。事件发生的先后顺序如图 5-26 所示。

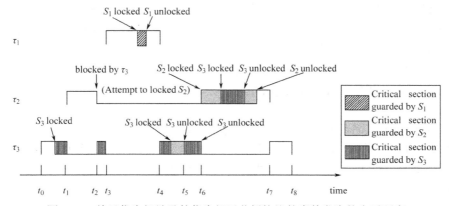

图 5-26　基于优先级继承的优先级天花板协议的事件发生的先后顺序

① 在时刻 t_0，任务 τ_3 被初始化并开始执行，然后加锁信号量 S_3。

② 在时刻 t_1，任务 τ_2 被初始化，并抢占任务 τ_3。

③ 在时刻 t_2，任务 τ_2 通过 $P(S_2)$ 试图进入临界区。由于任务 τ_2 的优先级不高于当前被加锁信号量 S_3 的优先级天花板，因此，任务 τ_2 不能进入 S_2 控制的临界区，并被阻塞。任务 τ_3 继承任务 τ_2 的优先级，然后继续执行。这样，任务 τ_2 不能进入 S_2 控制的临界区并被挂起，这样就避免了死锁的发生。

④ 在时刻 t_3，任务 τ_1 被初始化，并抢占任务 τ_3。接下来，任务 τ_1 试图加锁信号量 S_1。由于任务 τ_1 的优先级高于被锁住的信号量 S_3 的优先级，任务 τ_1 将被允许加锁信号量 S_1，并在临界区中进行执行。

⑤ 在时刻 t_4，任务 τ_1 退出临界区，完成任务的执行。任务 τ_3 继续执行，然后加锁信号量 S_2。

⑥ 在时刻 t_5，任务 τ_3 释放信号量 S_2。

⑦ 在时刻 t_6，任务 τ_3 释放信号量 S_3，其优先级恢复到被分配的优先级，并唤醒任务 τ_2，使得任务 τ_2 成为具有高优先级的任务，然后抢占任务 τ_3 继续执行，随后加锁信号量 S_3。任务 τ_2 加锁信号量 S_2，执行嵌套临界区，释放信号量 S_2。任务 τ_2 释放信号量 S_3，并开始执行非临界区。

⑧ 在时刻 t_7，任务 τ_2 完成执行，任务 τ_3 开始执行。

⑨ 在时刻 t_8，任务 τ_2 完成执行。

在例 5-12 中，任务 τ_1 由于其优先级比信号量 S_2 和 S_3 的优先级天花板都高，因此不会被阻塞。在$[t_2, t_3]$和$[t_4, t_6]$，任务 τ_2 被低优先级任务 τ_3 阻塞。事实上，出现这些阻塞时间段是由于任务 τ_3 加锁信号量 S_3 的需要。但尽管如此，任务 τ_2 被低优先级任务 τ_3 阻塞的时间仍然不会超过低优先级任务的一个临界区执行时间的长度。这反映了基于优先级继承的优先级天花板协议的一个重要特性：任务阻塞的最大时间间隔为低优先级任务在单个临界区内的执行时间。另外，简单优先级天花板协议也具有该特性。在图 5-25 中，任务 τ_5 在 $[t_2, t_8]$ 时间段和任务 τ_8 在 $[t_4, t_8]$ 时间段内的阻塞情况。

【例 5-13】 考虑例 5-9 会出现阻塞链的情况。假定任务 τ_1 需要顺序使用信号量 S_1 和 S_2，且任务 τ_2 需要使用信号量 S_2，任务 τ_3 需要使用信号量 S_1。因此，信号量 S_1 和 S_2 的优先级天花板相同，为任务 τ_1 的优先级，设为 p_1。同例 5-9 一样，在时刻 t_0，任务 τ_3 加锁信号量 S_1。在时刻 t_1，任务 τ_2 被初始化，并抢占任务 τ_3。在时刻 t_2，任务 τ_2 试图加锁信号量 S_2，但其优先级不高于被阻塞信号量 S_1 的优先级天花板 p_1，使得加锁信号量 S_2 失败而被阻塞。任务 τ_3 继承任务 τ_2 的优先级，继续执行。在时刻 t_3，任务 τ_3 仍然在临界区中，任务 τ_1 被初始化，此时只有信号量 S_1 被加锁。在时刻 t_4，任务 τ_1 在试图拥有已被任务 τ_3 加锁的信号量 S_1 时被阻塞。因此，任务 τ_3 继承任务 τ_1 的优先级。在时刻 t_5，任务 τ_3 退出临界区，恢复到其被分配的优先级继续执行，然后被任务 τ_1 抢占，任务 τ_1 继续执行。

在例 5-13 中，在 $[t_4, t_5]$ 时间段内，任务 τ_1 被任务 τ_3 阻塞。该时间段对应着任务 τ_3 中被信号量 S_1 控制的临界区，任务 τ_2 在 $[t_2, t_3]$ 和 $[t_4, t_5]$ 内被阻塞也是因为 τ_3 中被信号量 S_1 控制了同一个临界区。

【例 5-14】 假定任务 τ_1 有如下执行序列：$\{..., P(S_1), ..., V(S_1), ..., P(S_2), ..., V(S_2), ...\}$。任务 τ_2 具有如下执行序列：$\{..., P(S_3), ..., V(S_3), ...\}$。任务 τ_3 具有如下执行序列：$\{..., P(S_3), ..., P(S_2), ..., V(S_2), ..., V(S_3), ...\}$。其中，信号量 S_1 和 S_2 的优先级天花板为 p_1，信号量 S_3 的优先级天花板为 p_2。

图 5-27 为事件的执行序列，描述如下：

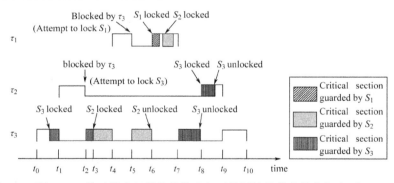

图 5-27　基于优先级继承的优先级天花板协议的事件执行序列

① 在时刻 t_0，任务 τ_3 开始执行，加锁信号量 S_3。

② 在时刻 t_1，任务 τ_2 被初始化，抢占任务 τ_3，开始执行。

③ 在时刻 t_1，任务 τ_2 通过 $P(S_2)$ 试图进入临界区。由于任务 τ_2 的优先级不高于被加锁信号量 S_3 的优先级天花板，因此，任务 τ_2 不能进入 S_2 控制的临界区，并被挂起。任务 τ_3 继承任务 τ_2 的优先级 p_2，并继续执行。

④ 在时刻 t_3，任务 τ_3 进入信号量 S_2 控制的临界区。任务 τ_3 被允许进入临界区，这是因为当前没有信号量被其他任务阻塞。

⑤ 在时刻 t_4，任务 τ_3 仍然在临界区执行，但具有最高优先级的任务 τ_1 被初始化。任务 τ_1 抢占任务 τ_3，并继续执行。

⑥ 在时刻 t_5，任务 τ_1 试图进入信号量 S_1 控制的临界区。该信号量未被其他任务加锁。但由于任务 τ_1 的优先级不高于被加锁信号量 S_2 的优先级天花板，使得任务 τ_1 被 τ_3 阻塞在信号量 S_2 上。这种阻塞是一种新的阻塞形式，不同于前面提到的直接和间接阻塞形式。任务 τ_3 按照从任务 τ_1 继承的优先级 p_1 继续执行。

⑦ 在时刻 t_6，任务 τ_3 退出信号量 S_2 控制的临界区，其优先级恢复到从任务 τ_2 继承来的优先级 p_2。此时，由于任务 τ_1 的优先级高于当前被阻塞的信号量 S_3 的优先级天花板，使得任务 τ_1 被激活，并抢占任务 τ_3 得到执行。任务 τ_1 相继进入和退出信号量 S_1 和 S_2 控制的临界区。

⑧ 在时刻 t_7，任务 τ_1 完成执行，任务 τ_3 按照继承的优先级 p_2 在信号量 S_3 控制的临界区中执行。

⑨ 在时刻 t_8，任务 τ_3 退出信号量 S_3 控制的临界区，并恢复到其原有优先级；任务 τ_2 被激活，抢占任务 τ_3，执行信号量 S_3 控制的临界区并退出。

⑩ 在时刻 t_9，任务 τ_2 完成执行，任务 τ_3 开始执行。

基于优先级继承的优先级天花板协议具有如下特性。

① 只有在任务 τ 的优先级不高于当前所有被其他低优先级任务所获得的信号量的最高优先级天花板的情况下，任务 τ 才会被其他低优先级任务阻塞。

② 优先级天花板协议能够避免死锁。

③ 若任务 τ_i 的优先级比 τ_j 的优先级高，则 τ_i 被任务 τ_j 阻塞的最长时间为任务 τ_j 中能够阻塞任务 τ_i 的具有最长执行时间的临界区的执行时间长度。

优先级继承协议中存在直接阻塞和间接阻塞两种阻塞形式，简单优先级天花板协议中也存在间接阻塞的形式（如在图 5-25 中，任务 τ_5 在 $[t_2, t_8]$ 时间段和任务 τ_8 在 $[t_4, t_8]$ 时间段内的阻塞情况）。基于优先级继承的优先级天花板协议则存在另一种阻塞形式，可称这种阻塞形式为天花板阻塞（如例 5-14 中，在时刻 t_5，任务 τ_1 发生的阻塞）。天花板阻塞是必需的，用来防止死锁和阻塞链的发生。尽管如此，优先级天花板协议仍极大地改善了最坏阻塞情况。使用优先级继承协议，任务 τ 被阻塞的最长时间为可能阻塞任务 τ 的所有临界区的执行时间之和。与此相反，在优先级天花板协议下，任务 τ 被阻塞的最长时间为一个最长临界区的执行时间。

另外，优先级天花板协议还能够解决优先级继承协议中存在的死锁和阻塞链问题。

5.6 基于多核的任务调度

多核调度主要解决以下两方面的问题。① 任务分配：用来确定任务在哪个核上运行的问题。② 优先级确定：用于解决任务什么时间能够得到执行的问题。多核调度算法可以按照改变优先级的时机，以及是否可以改变任务在多核上的分配情况进行分类。

按照是否可以改变任务在多核上的分配情况，多核调度算法可以分为 3 种：① 不迁移，即每个任务都固定分配到一个核上，不允许迁移到其他核上运行；② 任务级迁移，即任务可以整体迁移到不同的核上运行；③ 作业级迁移，即任务所包含的每个作业，可以迁移到不同的核上运行，但不允许单个作业在不同核上的并行运行。

另外，按照优先级改变的时机，多核调度算法也可以分为 3 种：① 固定任务优先级，即分配给任务的优先级不发生变化；② 固定作业优先级，即包含在任务中的作业可以有不同的优先级，但每个作业的优先级是静态的，不会发生变化；③ 动态优先级，即每个作业的优先级都可以动态变化。

不允许迁移的多核调度算法又称为局部调度算法（Partitioned Scheduling），允许迁移的多核调度算法称为全局调度算法（Global Scheduling）。

5.6.1 局部调度

在局部调度算法中，每个任务都分配到一个固定的核上，任务的所有作业都在这个核上运行，且所有的核都独立对核上的任务进行调度。因此，局部调度主要包括两个步骤：任务分配和单核处理器上的任务调度。局部调度的示意情况如图 5-28 所示。其中，管理控制用来在满足可调度性的情况下，确定任务在处理器核上的分配情况。

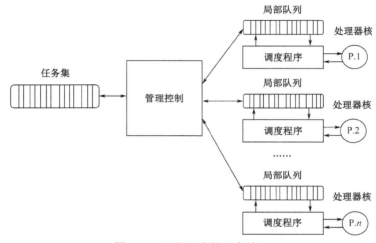

图 5-28　局部调度的示意情况

与全局调度相比，局部调度有如下主要优势：

① 如果某个任务超过了最坏执行时间，则只会对与该任务处于同一核内的其他任务带来影响。

② 由于每个任务只运行在一个核上，使得系统中不存在迁移方面的代价。

③ 局部调度在每个核上都使用一个独立的运行队列，而全局调度则需要使用一个全局队列。对于规模比较大的系统，管理全局队列的成本比较高。

从实际应用的角度来看，局部调度算法还存在另外一个主要优势：一旦任务完成了在多核上的分配，就可以使用基于单核的实时调度分析方法。当然，局部调度算法的主要问题在于，其中的任务分配属于典型的装箱问题，具有 NP 难题的属性。

在任务分配方面，有多种启发式算法，如首次适应（First Fit，FF）、下次适应（Next Fit，NF）、最佳适应（Best Fit，BF）、最坏适应（Worst Fit，WF）等。

① FF 算法：扫描待调度的任务，依次将任务队列中的任务分配给从最低编号开始试探、满足可调度性要求的非空处理器核。FF 算法只有在当前已被分配任务的核都不适合该任务时才把任务分配到空核。

② NF 算法：扫描待调度的任务，把任务分配给当前的处理器核，如果当前处理器核不能满足可调度性要求，则分配到下一个未分配任务的处理器核。NF 算法不检查当前处理器核之前是否有可接收该任务的处理器核。

③ BF 算法：与 FF 算法类似，不同之处在于算法把任务分配给满足可调度性要求的所有处理器核中剩余使用率最小的处理器核。

④ WF 算法：算法在满足可调度性要求的处理器核中，把任务分配给剩余使用率最多的处

理器核。

其中，WF 算法和 NF 算法将任务均衡地分配到各个核，使得分配比较均衡。而 FF 算法和 BF 算法使每个核分配尽量多的任务，从而可能使得其他处理器核空转，造成整个系统的不平衡。

1978 年，Dhall 和 Liu 在 Operations Research 上发表文章 "On a Real-Time Scheduling Problem"，提出了比率单调调度首次适应算法（RMFF）和比率单调调度下次适应算法（RMNF）。

在比率单调调度算法的基础上，Dhall 和 Liu 针对多核提出了不同的可调度性条件。

m 个任务 τ_1，τ_2，$\cdots$，τ_m 对应周期满足如下条件：$T_1 \leqslant T_2 \leqslant \cdots \leqslant T_m$。其中，前 $m-1$ 个任务的 CPU 使用率 $u = \sum_{i=1}^{m-1} C^i / T^i \leqslant (m-1)\left(2^{\frac{1}{m-1}} - 1\right)$。如果 $\dfrac{C_m}{T_m} \leqslant 2\left(1 + \dfrac{u}{m-1}\right)^{-(m-1)} - 1$，则 m 个任务在比率单调调度算法下具有可调度性。

据此，RMNF 算法可描述如下：

① 对 n 个任务，按照周期非降低的顺序进行排列。

② 设置 $i = j = 1$。i 表示第 i 个任务；j 表示已经分配的核的数量。

③ 如果任务 τ_i 分配到核 P_j，能保证核 P_j 满足 Dhall 和 Liu 提出的多核可调度性条件，则把任务 τ_i 分配到核 P_j；否则，把任务 τ_i 分配到核 P_{j+1}，并设置 $j = j + 1$。

④ 如果 $i < n$，设置 $i = i + 1$，并继续执行步骤 3）。否则，停止分配。

RMNF 算法只检查当前核，以确定需要分配的当前任务是否能满足当前核的可调度性条件。如果不满足可调度性条件，则当前任务将被分配到下一个空闲的核上。RMNF 算法不考虑当前核之前的核是否能接收当前任务的问题，因此可能导致核的 CPU 使用率比较低。为此，可以考虑使用 RMFF 算法。在 RMFF 算法中，在对当前任务进行分配时，将从第一个核开始进行可调度性分析。

RMFF 算法的描述如下：

① 对 n 个任务，按照周期非降低的顺序进行排列。

② 设置 $i = 1$，$m = 1$。i 表示第 i 个任务，m 表示已经分配的核的数量。

③ 设置 $j = 1$。j 表示第 j 个核。

④ 如果 $u_i \leqslant 2\left(1 + \dfrac{U_j}{k_j}\right)^{-k_j} - 1$，则把任务 τ_i 分配给核 P_j，并设置 $k_j = k_j + 1$，$U_j = U_j + u_i$，且如果 $j > m$，则设置 $m = j$；否则，设置 $j = j + 1$，并继续执行步骤 4）。k_j 表示已经分配到 P_j 的任务数量；U_j 表示 k_j 个任务的 CPU 使用率；u_i 表示任务 τ_i 的 CPU 使用率。

⑤ 如果 $i > n$，则表明所有任务分配完毕，m 即为需要分配的核的数量。否则，设置 $i = i + 1$，并继续执行步骤③。

5.6.2 全局调度

在全局调度中，所有等待运行的任务都存储在一个按照优先级排序的队列中，调度程序从队列中选取具有最高优先级的任务进行执行。全局调度的示意情况如图 5-29 所示。

同局部调度相比，全局调度也有自己的优势：

① 通常来说，全局调度中任务发生上下文切换或被抢占的情况会更少。只有在没有空闲核的情况下，全局调度才会进行任务抢占。

② 在任务实际执行时间小于最坏执行时间的情况下，核的空闲处理器资源可以被所有其他任务使用，而不限于分配到该核的其他任务。

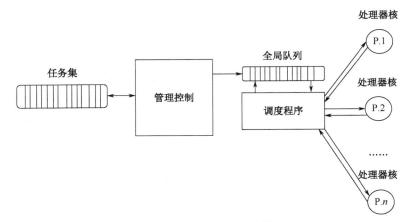

图 5-29　全局调度的示意情况

③ 在任务实际执行时间超过最坏执行时间的情况下，从整个系统的角度来看，采用全局调度更不容易出现不能满足截止时间要求的情况。

④ 全局调度也更适用于开放系统。当任务数量发生变化时，不用进行负载平衡或者任务分配算法。

在全局调度中，调度算法能否产生可行的调度，使任务运行能够满足截止时间的要求，取决于给任务分配的优先级是否合适。一个简单的方法是使用单核中的实时调度算法来分配任务的优先级，如 RMS 调度算法和 EDF 调度算法。

【例 5-15】　对于表 5-5 所示的任务集合（任务的截止时间等于任务的周期），在 3 个处理器核（分别用 P1、P2、P3 表示 3 个不同的处理器核）中，采用全局 EDF 调度算法进行调度。

表 5-5　采用全局 EDF 调度算法进行调度的任务参数

任 务	C_1	T_i	u_i
τ_1	9	10	0.900
τ_2	6	9	0.667
τ_3	4	7	0.571
τ_4	3	6	0.500

4 个任务的 CPU 使用率之和 U_{total} 为 2.638，CPU 使用率 U_s 为 0.879。其中：

$$U_{\text{total}} = \sum_{i=1}^{n} u_i, \quad U_s = 1/m \sum_{i=1}^{n} u_i$$

n 为任务数量，m 为处理器核的数量。四个任务采用全局 EDF 进行调度的情况如图 5-30 所示。从图中可以看出，任务 τ_1 在时刻 10 未能满足截止时间的要求。

实际上，在多处理器核中，无论是按照 RMS 调度算法还是 EDF 调度算法分配优先级，系统都无法得到最优的表现性能。例如，考虑在有 m 个核的多处理器中调度 $m + 1$ 个周期任务。假设任务 $\tau_i (1 \leqslant i \leqslant m)$ 的周期 $T_i = 1$，执行时间 $C_i = 2\varepsilon$，而任务 τ_{m+1} 的周期为 $T_{m+1} = 1 + \varepsilon$，执行时间 $C_{m+1} = 1$。所有的任务都在 $t = 0$ 时刻到达。使用 RMS 调度算法或 EDF 调度算法调度该任务集时，任务 $\tau_i (1 \leqslant i \leqslant m)$ 在到达后会立刻执行 2ε 个时刻，随后 τ_{m+1} 从时刻 2ε 开始执行直到时刻 $1 + \varepsilon$。此时，任务 τ_{m+1} 执行了 $1 - \varepsilon$ 个时刻，未能满足截止时间的要求。

该任务集的任务 CPU 使用率为 U 如下式：

$$U = 2m\varepsilon + \frac{1}{1+\varepsilon}$$

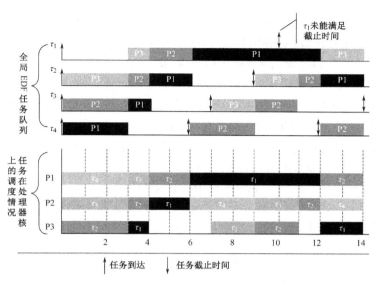

图 5-30　采用全局 EDF 调度算法的任务分配与执行情况

在 $\varepsilon \to 0$ 的情况下，任务集的 CPU 使用率趋于 1。对于含有 m 个核的多处理器系统，该任务集中依然有任务不能满足截止时间的要求，说明算法的性能不高。但是，如果给周期为 $1+\varepsilon$ 的任务分配最高的优先级，则该任务集可被调度。这种现象被称为 Dhall 效应（Dhall Effect）。采用 RMS 调度算法的 Dhall 效应情况如图 5-31 所示。Dhall 效应指出，在多核上调度一组任务集，RMS 和 EDF 调度算法在多核调度中不是最优的，尽管它们是单核上的最优调度算法。

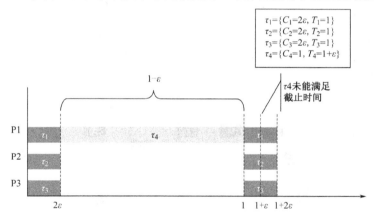

图 5-31　采用 RMS 调度算法的 Dhall 效应

解决 Dhall 效应的一个简单办法是使具有高 CPU 使用率的任务具有高优先级，具体情况如图 5-32 所示。

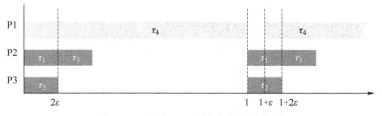

图 5-32　解决 Dhall 效应的简单办法

按比例公平调度（Proportionate Fair，PFair）算法被认为是多核调度算法中最优的全局调度算法。PFair 算法基于按比例公平使用资源的思想，将时间段分割成相等长度的时间槽，对于每个周期任务 $\tau_i(C_i, T_i)$，其 CPU 使用率为 $u_i = C_i / T_i$，分为 C_i 个子任务。调度算法在每个整数时刻 t 选择子任务到核上执行一个时间槽 $[t, t+1)$。任务 τ 中的每个子任务 k 的时间参数为最早释放时间 $r(\tau_i, k)$、截止时间 $d(\tau_i, k)$。其中，$r(\tau_i, k) = \lfloor (k-1)/u_i \rfloor$ 表示子任务 k 的最早调度时间；$d(\tau_i, k) = \lceil k/u_i \rceil$ 表示子任务 k 的截止时间。时间间隔 $r(\tau_i, k)$、$d(\tau_i, k)$ 表示子任务 k 的时间窗口，子任务 k 需要在这个时间窗口内运行完成。另外，同一任务的两个连续子任务之间，时间窗口可能出现重叠的情况，重叠的时间数量可以用 $b(\tau_i, k)$ 来表示。

$$b(\tau_i, k) = [k/u_i] - [(k+1)/u_i]$$

在 PFair 算法中，对于一个任务的不同子任务，允许在不同处理器核上执行，但同一任务的不同子任务，不能在不同处理器核上同时运行。另外，对于 m 个处理器核，PFair 算法的 CPU 使用率之和为 m。

PFair 算法对所有子任务按优先级组成全局队列进行调度。在时刻 t，对于任务 τ_i 的子任务 k（表示为 τ_i^k）和 τ_j 的子任务 x（表示为 τ_j^x），如果满足如下规则，则 τ_i^k 的优先级比 τ_j^x 高，即 $d(\tau_i, k) < d(\tau_i, x)$ 或者 $b(\tau_i, k) > b(\tau_i, x)$。

【例 5-16】 对于例 5-15 中的任务集，在 3 个处理器核上采用 PFair 算法进行调度。任务在处理器核上的分配与执行情况如图 5-33 所示。

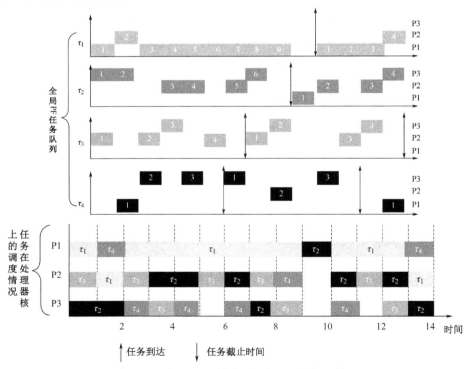

图 5-33 采用 PFair 算法的任务分配与执行情况

在图 5-33 中，在全局 PF 任务队列的每个任务对应的执行过程中，数字表示对应的子任务编号。另外，任务队列对应的 P1、P2、P3 表示子任务执行的处理器核。从图中可以看出，采用 PFair 调度算法时，任务被抢占和迁移的次数比较多。

5.6.3 混合调度

在全局调度中，任务或作业在处理器核之间进行迁移时，会由于额外的通信开销等原因，导致最坏执行时间的增加。另外，完全的局部调度则由于处理器资源分片化，尽管有大量未被使用的处理器资源，也可能出现没有处理器核能满足新任务的分配要求。混合调度（Hybrid Scheduling）算法打破了局部调度中不允许任务迁移的要求，将两个或多个处理器核作为一组进行任务分配，然后在组内执行任务。这就使混合调度方法结合了局部调度算法和全局调度算法的优点。现有的混合调度主要分为半局部调度方法和分簇调度方法。半局部调度算法的主要思想是将部分任务进行分割使其在不同的核上运行，从而充分利用在局部调度中未被完全使用的处理器核的处理能力。基于分簇的混合调度的示意情况如图 5-34 所示。

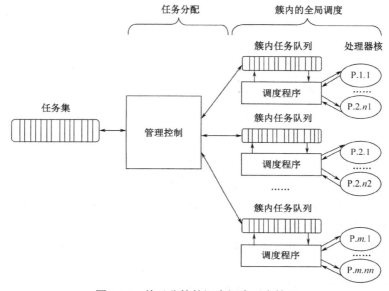

图 5-34　基于分簇的混合调度示意情况

在半局部调度方法中，EKG 调度算法的主要思想如下：基于局部 EDF 调度算法，在进行任务分配前，将任务按照 CPU 使用率从高到低进行排列，并把任务分成轻量任务（指任务执行时间与任务截止时间比值相对低的任务）和繁重任务（指任务执行时间与任务截止时间比值高的任务）。算法依次分配繁重任务到各个处理器核，然后分配轻量任务，当轻量任务不能被分配时，将该轻量任务分割成两个子任务（被分割的子任务不允许同时执行），分别被分配到相邻的两个处理器核上。

分簇调度算法可以认为是特殊的局部调度算法，算法并不将任务分配到各个处理器核，而是首先对多核中的核进行分组，把一个分组内的处理器核称为一个处理器簇，然后将任务分配到各个处理器簇，再在簇内部运用全局调度算法。例如，任务先被分配到各个处理器簇，然后在各个簇内使用全局的 EDF 调度算法对分配到簇内的任务进行调度。

基于簇的混合调度又可以分为两类：物理簇和虚拟簇。它们之间的区别在于处理器核映射到簇的方式。物理簇指多核中的处理器核与簇之间的映射是静态的，而虚拟簇中处理器核与簇之间的映射则是动态的。在基于物理簇的混合多核调度算法中，当任务静态地分配到各个簇后，只有簇内的调度，簇之间没有干扰；而在基于虚拟簇的混合调度算法中，不仅有簇内调度，还有任务在簇间的调度。

5.7　与任务有关的性能指标

5.7.1　任务上下文切换时间

在多任务系统中，任务上下文切换是指 CPU 的控制权由运行任务转移到另外一个就绪任务时所发生的事件。通过任务上下文切换，当前运行任务转为就绪（或者等待、删除）态，另一个被选定的就绪任务成为当前运行任务。任务上下文切换时间包括保存当前运行任务上下文的时间、选择下一个任务的调度时间，以及将要运行任务的上下文的恢复时间。其相关时序如图 5-35 所示。任务切换是在实时系统中频繁发生的动作，其时间的快慢直接影响到整个实时系统的性能。

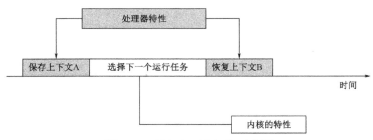

图 5-35　任务上下文切换时序图

在任务上下文切换时间中，保存和恢复上下文的时间主要取决于任务上下文的定义和处理器的速度。此外，不同类型处理器所包含的寄存器数量不同，导致任务上下文的数量有多有少，在保存和恢复上下文时需要的时间也有差别。

另外，在带有浮点协处理器的系统中，任务上下文切换的时候还要对浮点协处理器的内容进行保存和恢复。保存和恢复浮点协处理器的内容耗时较长。为此，在可行的情况下，内核可以采取优化策略，并不是每次做任务切换的时候都要保存和恢复浮点协处理器的内容。

除硬件的因素之外，任务上下文切换的时间还与调度（即选择下一个运行任务）的过程有关。强实时内核要求调度过程所花费的时间是确定的，即不能随系统中就绪任务的数目而变化。这与具体实现调度算法时采用的数据结构有关，如在基于优先级调度的内核中采用优先级位图的数据结构，以保证此选择过程的时间确定性。

任务上下文切换时间可以采用如下步骤进行获取。

1．第一次测试

第一次测试称为"交替挂起/恢复任务"时间的测试。测试案例设计为用一个低优先级的任务来恢复一个被挂起的高优先级任务，然后这个高优先级任务又立即使自己挂起，如此反复。例如：

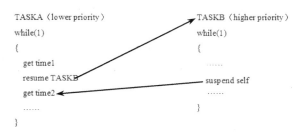

用一个程序周期中获得的 time2 减去 time1 可以得到交替挂起/恢复任务时间,包括两次任务切换时间，以及任务挂起和恢复各一次的执行时间。

2. 第二次测试

第二次测试称为"挂起/恢复任务"时间测试。测试案例设计为用一个高优先级的任务反复挂起和恢复一个低优先级的任务。

```
TASKA（lower priority）              TASKB（higher priority）
while(1)                            while(1)
{                                   {
……                                     get time1
    }                                   suspend TASKA
                                        resume TASKA
                                        get times2
                                        ……
                                    }
```

用一个程序周期中获得的 time2 减去 time1 可以得到一次任务挂起和一次任务恢复的时间，不包括任务切换的时间。

3. 计算任务上下文切换时间

计算任务上下文切换时间的公式如下：

$$任务上下文切换时间 = (交替挂起/恢复任务时间 - 挂起/恢复任务时间)/2$$

5.7.2　任务响应时间

任务响应时间是指从任务对应的中断产生到该任务真正开始运行这一过程所花费的时间。任务响应时间又称调度延迟。

在实时系统中，任务可能会等待某些外部事件来激活它们。当一个中断发生时，如果该中断对应着一个比当前运行任务优先级更高的任务，即该中断的服务程序使这个高优先级任务就绪，则当前运行的任务必须迅速终止，使这个高优先级的任务可以被调度执行。任务响应时间就是指这一过程所需要的时间。

内核的调度算法是决定调度延迟的主要因素。在基于优先级的抢占式调度的内核中，调度延迟是比较小的。因为这种内核是即时抢占的，一旦系统或任务状态发生了变化，有任务抢占的要求时，内核的重调度过程就会被调用。

调度延迟还受到其他因素的影响：关调度（禁止任务切换）和关中断。关调度和关中断是一种互斥手段。在关调度的情况下，即使中断服务程序已使一个优先级更高的任务就绪，中断返回时也不能切换到这个高优先级任务运行。

图 5-36 展示了从中断发生到所对应的任务开始运行的过程，可见任务响应时间受到很多因素的影响，最长的响应时间就是这些潜在的不同延迟的最大值的总和。

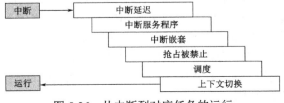

图 5-36　从中断到对应任务的运行

任务响应时间可以采用如下方法进行获取：在一个实时系统中，设计两个任务 TASK1 和 TASK2，TASK2 的优先级高于 TASK1。TASK2 由于等待一个信号量而被阻塞，这时发生一个中断激活了 TASK2（即释放了该任务等待的信号量），从发生中断到中断服务程序完成并切换到 TASK2 的时间即为任务 TASK2 的响应时间。

系统开始运行后首先创建 TASK1，创建一个二值信号量 S，设置一个"加计数"的定时器，每当计数满后产生中断。测试方法的运行流程如图 5-37 所示，分为 7 个步骤：

① TASK1 创建并启动 TASK2，由于 TASK2 的优先级比 TASK1 的高，因此系统切换到 TASK2。

② TASK2 申请二值信号量 S，由于初值为 0，申请不成功，TASK2 挂起，系统切换到 TASK1。

③ TASK1 设置一个标志，表明 TASK2 已经在等待信号量 S，以便控制定时器中断服务程序的行为。

④ 定时器产生中断，系统进入相应的中断服务程序。

⑤ 中断服务程序判断出标志已经设置后，释放信号量 S。

⑥ 中断服务完成后发生任务切换，系统切换到 TASK2。

⑦ TASK2 一运行立即读定时器的计数值。将读到的计数值乘以计数脉冲周期即可得到 TASK2 的任务响应时间。

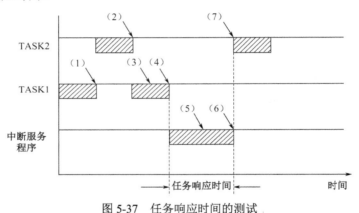

图 5-37　任务响应时间的测试

思考题 5

5.1　请说明什么是任务，任务有哪些主要特性，主要包含哪些内容，并说明任务、进程与线程 3 个概念之间的区别。

5.2　请说明任务主要包含哪些参数，并对参数的含义进行解释。

5.3　任务主要包含哪些状态，并就状态之间的变迁情况进行描述。

5.4　说明什么是任务切换，任务切换通常在什么时候进行，以及任务切换的主要工作内容。

5.5　请说明任务调度有哪些分类方法，并说明每种分类下的主要调度方法。

5.6　请解释什么是 RMS 和 EDF 调度方法，并分别说明 CPU 使用率的可调度范围。

5.7　基于 RMS 调度算法，为表 5-6 中的任务分配优先级（假定数字越大，优先级越低）。如果所有任务的运行时间均为 6 ms，则这些任务是否是可调度的？请用图示和文字描述的方式对任务的运行情况进行详细说明。

表 5-6　任务的周期

任　务	周期/ms	任　务	周期/ms
T_1	25	T_4	150
T_2	60	T_5	75
T_3	50	T_6	50

5.8　给定如表 5-7 所示的一组任务，请分别基于 RMS 和 EDF 调度算法，用图示和文字描述的方式对任务的运行情况进行详细说明，并比较两种调度算法下任务的上下文切换情况。

表 5-7　任务的执行时间和周期

任　务	执行时间	周期/ms
T_1	1	5
T_2	1	10
T_3	2	20
T_4	10	50
T_5	7	100

5.9　给定一组优先级顺序升高的任务：任务 a、任务 b、任务 c 和任务 d。其中，任务 a 的执行序列为 EQQE，到达时间为 0；任务 b 的执行序列为 EVQE，到达时间为 2；任务 c 的执行序列为 EVE，到达时间为 3；任务 d 的执行序列为 EQVE，到达时间为 4。在执行序列中，Q 和 V 为共享资源，E 表示执行。另外，4 个任务的周期均为 25 ms。请分别基于优先级继承协议、简单优先级天花板协议和基于优先级继承的优先级天花板协议，用图示和文字说明的方式对任务的运行情况进行详细说明，并给出每个任务的最大阻塞时间。

5.10　什么是优先级反转？解决优先级反转有哪些主要方法？分别就这些方法进行描述。

5.11　请对局部调度算法 RMNF 和 RMFF 的算法过程进行阐述。

5.12　全局调度可能存在 Dhall 效应。请举例说明这种效应的具体情况。

5.13　请举例说明全局调度算法 PFair 的任务分配与执行情况。

5.14　请对局部调度算法和全局调度算法进行比较。

第6章 同步、互斥和通信

本章主要讲解嵌入式操作系统提供的各种同步、互斥和通信机制，包括信号量、邮箱和消息队列、事件、异步信号等。对于每一种机制，主要从相关的工作原理、数据结构、功能流程及有关的资源配置等方面进行阐述。在信号量部分，对信号量的分类、与互斥信号量有关的优先级反转、嵌套资源访问和删除安全等问题进行了说明；在讲解异步信号时，将它与中断机制和事件机制进行了详细的对比。对于每一种机制，通过具体的图示说明相关原理及基本使用方法。希望通过本章的学习，读者能够了解这些同步、互斥和通信机制的基本原理，以便在进行具体嵌入式应用开发时合理正确地使用它们。

本章讲阐述多核系统中的同步、互斥和通信的内容。需要注意的是，多核嵌入式系统的硬件体系架构有多种实现，本章内容基于对多核硬件的一些基本假设（条件），描述有关机制的典型情况，为读者提供了参考。

6.1 概述

嵌入式实时多任务应用是由多个任务、多个中断服务例程（ISR）及嵌入式实时操作系统组成的有机整体。嵌入式实时操作系统为应用提供了系统级的管理功能、协调任务和中断服务例程的工作，并向应用提供了各种系统功能的调用接口。

在一个包含多个任务及中断服务例程的应用中，任务和中断服务例程可被统称为执行体（或执行单元），因为它们都是处理器资源的主动竞争者。这些执行体之间的关系如下。

（1）相互独立（仅仅竞争 CPU 资源）

这里的"相互独立"是指任务/ISR 之间除了竞争 CPU 外，再无其他关联。随后谈到的几种关系并不影响任务/ISR 本身的独立性，它们都是独立运行的单元，是资源竞争的实体。

（2）竞争除 CPU 外的其他共享资源（互斥）

共享资源是多任务/ISR 系统中一个很重要的问题。在大多数情况下，一个共享资源在任何时刻仅能被某一任务/ISR 使用，并且在使用过程中不能被其他执行体中断。这些资源主要包括特定的外设、共享内存及 CPU。当 CPU 禁止并发操作时，那些包含了共享资源的代码不能同时被多个执行体执行，这样的代码称为"临界区域"。如果两个执行体同时进入同一临界区域，则会导致意想不到的错误。

（3）同步

同步是指执行体之间需要协调彼此运行的步调，保证协同运行的每个执行体具有正确的执行顺序。

（4）通信

通信指执行体彼此之间需要传递数据或信息，以协同完成某项工作。

总之，在嵌入式多任务应用程序中，一项工作的完成往往要通过多个任务和/或多个 ISR 共同完成。它们之间必须协调动作、互相配合，甚至需要交换信息。具体来说，一个任务能以如下方式与 ISR 或其他任务进行同步或通信。

① 单向同步或通信：一个任务与另一个任务或一个 ISR 同步或通信。如图 6-1 和图 6-2 所示，一个任务进行 I/O 操作，然后等待回应信号。当 I/O 操作完成时，中断服务程序（或另一个任务）发出信号，该任务得到信号后继续向下执行。

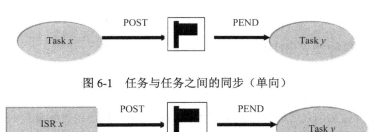

图 6-1　任务与任务之间的同步（单向）

图 6-2　任务与中断之间的同步（单向）

② 双向同步或通信：两个任务之间的相互同步或通信。如图 6-3 所示，两个任务用两个不同的标志同步它们的行为。双向同步不可能在任务与 ISR 之间进行，因为 ISR 不能"等待"一个标志。

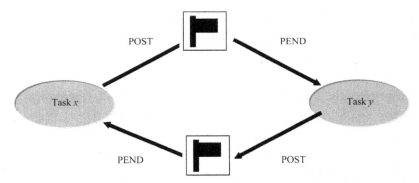

图 6-3　任务与任务之间的同步（双向，图中的旗帜标志着某一事件的发生信号）

由此可以看出，在一个嵌入式多任务系统中，执行体之间的耦合程度是不一样的：如果两个执行体之间需要进行大量的通信，则它们的耦合程度较高，相应的系统开销较大；如果两个执行体之间不存在通信需求，其间的同步关系很弱甚至不需要同步或互斥，则耦合程度较低，系统开销较小。研究执行体间耦合程度的高低对于合理地设计应用系统、划分任务有很重要的作用。

嵌入式实时操作系统一般提供了一套丰富的同步、互斥与通信的机制，在单处理器平台上主要包括：信号量——用于基本的互斥与同步；事件（组）——用于同步；异步信号——用于同步；邮箱、消息队列——用于消息通信。

上述机制是本章讲述的重点。另外，以下机制也可用于同步与通信（在单处理器或多处理器系统中）。

① 自旋锁：用于多处理器/多核系统中共享资源的互斥访问控制，在本章中会重点介绍。

② 全局变量：在一个嵌入式系统中，操作系统、任务及中断服务程序的代码和数据是链接

在一起的，通过全局变量可以完成一定的同步与通信功能。

③ 共享内存：在单处理器或多处理器的嵌入式系统中，当实施了内存保护、执行体之间无法直接访问彼此的地址空间时，可以使用共享内存机制来完成同步与通信。

④ 对于分布在不同嵌入式系统上的执行体，可以通过 Sockets 和远程过程调用 RPC，实现执行体间透明的网络通信和同步。

6.2 信号量

6.2.1 信号量的种类及用途

信号量用于实现任务与任务之间、任务与中断处理程序之间的同步与互斥。一个信号量就像一把钥匙，允许执行体执行某些操作（如访问某个资源）。如果能够获取信号量，则可以执行相关操作。在信号量被创建之时设置相关计数器的初始值，操作系统会维护该信号量被获取或释放的次数。当信号量被获取时，其计数值被递减一次；当信号量被释放时，计数值被递增一次。如果计数值为 0，则请求获取信号量的操作无法成功。在此情况下，如果请求者（通常为一个任务）选择等待该信号量变为可用的，则该请求者会被阻塞。

根据用途，信号量一般分为 3 种，即：用于解决共享资源互斥访问的互斥信号量，用于解决同步问题的二值信号量，用于解决资源计数问题的计数信号量。之所以将信号量细分为上述 3 类，是因为操作系统可以根据其用途，在具体实现这些信号量的时候做专门的处理，以提高执行的效率和可靠性。其中，互斥信号量比较特殊，可能引起优先级反转问题。

当信号量用于共享资源的访问控制时，只有当所有希望使用某个资源的任务都使用同一个信号量时，信号量才能起到保护资源的作用。如果某个任务不使用该信号量而直接访问资源，那么信号量不能保护该资源。

用信号量保护的代码区也被称为"临界区"。当用于互斥时，信号量被初始化成 1，表明目前没有执行体进入"临界区"，且最多只有一个任务可以进入"临界区"。因此，第一个试图进入"临界区"的执行体将成功获得某个信号量，而其他执行体不能获得该信号量（任务还可以选择等待该信号量，但 ISR 不能选择等待）。当执行体离开"临界区"时释放信号量，系统将允许第一个正在等待的任务进入"临界区"。这种二值的信号量被称为互斥信号量。

计数信号量最常用的情况就是控制对多个共享资源的使用，这样的一个信号量允许多个执行体同时访问同一种资源的多个实例，因此信号量被初始化为 n（非负整数），n 为该共享资源的数量。当二值信号量用于同步时，它被初始化成 0，表示同步的事件尚未发生。一个执行体申请某个同步信号量以等待相应同步事件的发生；另一个执行体到达同步点时，释放该同步信号量（将其值设置为 1），表示同步事件已发生，这样可以唤醒等待的任务。

6.2.2 互斥信号量

互斥信号量最主要的功能是对共享资源的互斥访问控制。共享资源可以是一段存储器空间、一个数据结构或 I/O 设备，也可以是被两个或多个并发执行体共享的任何内容。使用互斥信号量可以实现对共享资源的串行访问，保证只有成功地获取互斥信号量的执行体才能够释放它，如图 6-4 所示。

互斥信号量是一种特殊的二值信号量，它一般支持所有权、递归访问、任务删除安全等概念，以及一些避免优先级反转、饥饿、死锁等互斥固有问题的解决方法。

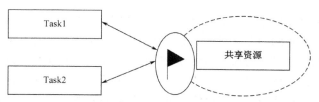

图 6-4　使用互斥信号量控制共享资源

1. 互斥信号量的状态图

互斥信号量的状态图如图 6-5 所示。

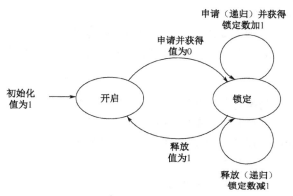

图 6-5　互斥信号量状态图

2. 互斥信号量的所有权概念

当一个执行体通过获取互斥信号量而将其锁定时，可得到该互斥信号量的所有权。相反，当一个执行体释放互斥信号量时，就失去了对其的所有权。当一个执行体拥有互斥信号量时，其他的执行体不能再锁定或释放它，即执行体要释放互斥信号量，必须事先获取该信号量。

3. 嵌套（递归）资源访问

一般来说，当已经占用一个互斥信号量的执行体企图获得同一个互斥信号量时，死锁就会发生。由于信号量已经分配给了该执行体，它还没有被释放，但同时此执行体又在等待该信号量被释放，因此该执行体无法再执行下去。

有些嵌入式实时操作系统允许对互斥信号量的嵌套访问。例如，当一个执行体要求对一个共享资源进行排他性的访问而调用了一个或多个例程，而被调用的例程也要对同样的资源进行访问时，就形成了对资源的嵌套访问。如图 6-6 所示，如果 Task1 调用 RoutineA，而 RoutineA 又调用 RoutineB，并且三者都访问了相同的共享资源，则会发生嵌套的共享资源访问。

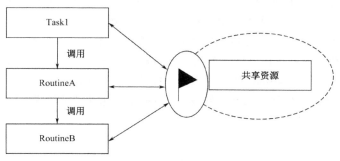

图 6-6　互斥信号量的嵌套访问

允许嵌套地锁定互斥信号量不引起死锁。因为当例程被某个执行体调用时，它成为这个执行体的一部分，运行于相同的上下文环境中，从例程中获取信号量与从该执行体中获取信号量的效果是一样的。当一个可嵌套的互斥信号量被首次锁定时，操作系统内部可以注册锁定它的执行体作为其拥有者。之后，操作系统使用一个与该互斥信号量相关的内部计数器，跟踪当前拥有该互斥信号量的执行体嵌套获取该信号量的次数，这反映了该互斥信号量对应的资源被同一个执行体嵌套访问的次数。释放该互斥信号量时，仅当释放到最后一层时，才是真正释放了该信号量的使用权限，即其他申请此信号量的执行体才能得到它。每个获取信号量的调用必须与释放信号量的调用相匹配。当最外层的获取信号量的调用与释放信号量的调用匹配时，该信号量才允许被其他执行体访问。

用于同步的信号量不支持嵌套访问，如果对同步信号量使用上述操作是错误的，则相关的执行体会被永久阻塞（注意，ISR 是不允许被阻塞的），并且阻塞条件永远不会解除。

4．删除安全

另一个与互斥有关的问题是任务删除。在一个受信号量保护的临界区，经常需要保护在临界区执行的任务不会被意外地删除。删除一个在临界区执行的任务可能引起意想不到的后果，造成保护相应共享资源的互斥信号量不可用，这将导致资源处于被破坏的状态，即其他所有要访问该资源的执行体都无法得到满足。

为了避免任务在临界区执行时被意外删除，操作系统通常提供了"任务保护"和"解除任务保护"这样一对原语作为解决方法。同时，为互斥信号量提供"删除安全"选项。在创建某个互斥信号量的时候使用此选项，当应用代码每次获取该信号量时将隐含地使能"任务保护"功能，而当每次释放该信号量时将隐含地使用"解除任务保护"功能，从而使任务在得到互斥信号量的同时得到不会被删除的保护。

5．互斥信号量与其他互斥机制的比较

对一个共享资源进行互斥访问的方法包括禁止中断、禁止任务切换、用互斥信号量锁定资源等。前两个方法相对简单，但是有其局限性。

① 禁止中断完全将 CPU 与外部世界隔断开来，系统不再响应那些可以触发任务重新调度的外部事件。如果对共享资源的访问需要较多的机器指令，则可能增加中断延迟。

② 禁止任务切换没有禁止中断激进，但它不加选择地阻止所有其他任务的执行，包括与该资源完全无关的高优先级任务。

③ 使用信号量是一种更精确控制互斥粒度的方法，因为该方法只影响实际竞争该资源的执行体，因此可以说它控制的精度更高，影响的范围更小。

确实，很多多任务操作系统都提供了互斥信号量，因为除了上述优点外，它还具有解决互斥中固有问题（优先级反转、删除安全和对资源的嵌套访问等）的机制。

互斥信号量机制非常普遍地应用在嵌入式操作系统和各种可重入的库中，因此即便不直接使用该机制，应用仍然可能正在使用一个互斥体。例如，堆管理例程（如 malloc()、free()、realloc() 等）一般是被一个互斥体保护的，因而应用程序能够并发地访问（共享的）堆资源。

关于优先级反转及解决优先级反转的方法（优先级继承协议和优先级天花板协议），可参考本书第 5 章中的相关内容。

6.2.3 二值信号量

二值信号量主要用于任务与任务之间、任务与中断服务程序之间的同步。两个执行体没有数据交换而只是为了同步彼此的行为，通常使用一个二值信号量来完成，如图 6-7 所示。

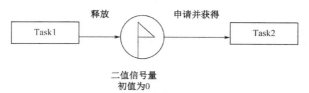

图 6-7　两个任务使用二值信号量进行简单同步

在这种情形中，二值信号量最初是不可使用的。Task2 具有较高优先级并首先运行。因为信号量不可使用，所以该任务在请求获取该信号量时被阻塞。优先级较低的任务 Task1 因此有机会运行。在某时刻，Task1 释放二值信号量而使 Task2 就绪，并抢占 Task1 而开始运行。

二值信号量的状态图如图 6-8 所示。

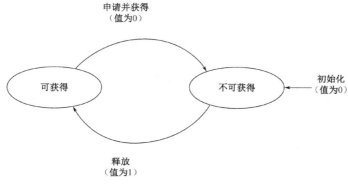

图 6-8　二值信号量的状态图

与互斥信号量不同，用于同步的二值信号量的申请者和释放者是不同的执行体。

下面以两个任务之间的双向同步为例，具体说明二值信号量的典型应用。用于同步的二值信号量 sem1 和 sem2 均被初始化为 0，表示同步事件尚未产生。假定这两个任务是运行在基于优先级的抢占式调度内核之上的，并且 Task2 的优先级高于 Task1 的优先级。如果在某一时刻，Task1 和 Task2 均处于就绪态，那么之后系统的运行过程可能如图 6-9 所示。首先，Task2 申请信号量 sem1 以同步 Task1，Task1 做完一些工作后将 sem1 置 1（即向 Task2 发送信号）；然后，申请获取信号量 sem2（即等待 Task2 完成处理后的回应）。同样的，Task2 完成处理后将 sem2 置 1（即向 Task1 发送信号）。这样，两个任务即可实现双向同步。

6.2.4 计数信号量

计数信号量用于控制系统中同类共享资源的多个实例的使用，如图 6-10 所示。

计数信号量的初值设为同类共享资源的数量（在图 6-10 中是 n），假定可能访问该共享资源的任务数量为 m（$m > n$）。前 n 个请求信号量的任务将成功获取共享资源，而第 $n+1$ 个任务将阻塞，直到先 n 个任务之一释放了一次该计数信号量。

1. 计数信号量的状态图

计数信号量的状态图如图 6-11 所示。

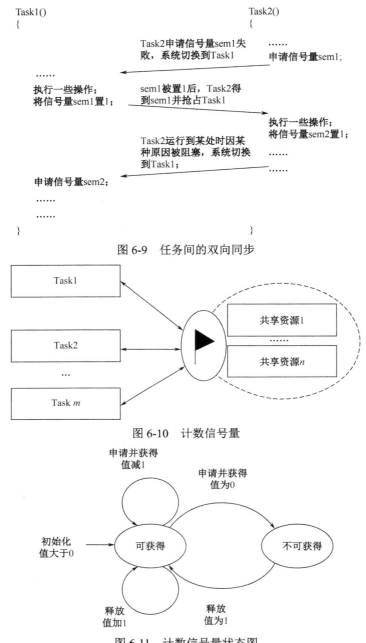

图 6-9　任务间的双向同步

图 6-10　计数信号量

图 6-11　计数信号量状态图

一个计数信号量允许被多次获取或释放。当创建一个计数信号量时，赋予它一个初始值，表示最多可以获取该信号量的次数。

2．计数信号量的典型应用

图 6-12 展示了计数信号量的典型应用：综合利用计数信号量和互斥信号量，对有界缓冲的使用进行控制。

这里用一个计数信号量 full 表示已被填充了的数据项数目，用一个计数信号量 empty 表示空闲数据项的数目，取值为 0~n，初始值分别为 0 和 n。由于有界缓冲区是共享资源，需要用

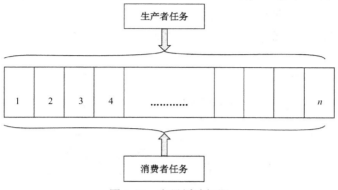

图 6-12　有界缓冲问题

一个互斥信号量 mutex 来控制生产者任务和消费者任务对它的访问，其初始值均为 1。下面是生产者任务和消费者任务的代码。

```
/*生产者任务*/
do {
    ……
    产生一个数据项
    ……
    申请empty
    申请mutex
    ……
    将新生成的数据项添加到缓冲中
    ……
    释放mutex
    释放full
} while (1);

/*消费者任务*/
do {
    申请full
    申请mutex
    ……
    从缓冲中移出一个数据项的内容
    ……
    释放mutex
    释放empty
    ……
    消费新获得的数据项内容
    ……
} while (1);
```

6.2.5 信号量机制的主要数据结构

嵌入式实时操作系统通常使用信号量控制块（Semaphore Control Block，SCB）来管理所有信号量，在系统运行时动态地分配和回收信号量控制块。当一个信号量被创建时，操作系统除了分配给它一个相关的信号量控制块外，还赋予这个信号量一个唯一的 ID、一个初始值（二值或计数值）和一个任务等待列表，如图 6-13 所示。

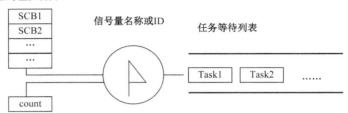

图 6-13　信号量机制的主要数据结构

不同的操作系统，其信号量控制块的具体实现不同，下面描述的只是其中一种。

前面所描述的 3 种信号量（互斥信号量、二值信号量和计数信号量）可以采用相同的控制块结构，也可以采用不同的控制块结构以便做优化处理。下面展现了二值信号量和计数信号量两种不同的控制块结构，互斥信号量的控制块结构与二值信号量的控制块结构可以相同。

1．二值信号量控制块结构（Binary_Semaphore_Control_Block）

wait_queue：任务等待队列。

attributes：二值信号量属性。

lock：是否被占有。

nest_count：嵌套层数。

holder：拥有者。

其中的"attributes"成员又具备下面的结构。

lock_nesting_behavior：试图嵌套获得时的规则。

wait_discipline：任务等待信号量的方式。

priority_ceiling：优先级天花板值。

其中，"lock_nesting_behavior"用于控制执行体在试图嵌套获得二值信号量时的系统行为。如前所述，由于只有互斥信号量允许被嵌套访问，因此任务试图对其他二值信号量进行此操作时将会出错或被永久阻塞。

2．计数信号量控制结构（Counting_Semaphore_Control_Block）

wait_queue：任务等待队列。

attributes：计数信号量属性。

count：当前计数值。

其中的"attributes"成员又具备如下结构。

maximum_count：最大计数值。

wait_discipline：任务等待信号量的方式。

3．任务等待列表

任务等待列表追踪所有由于等待某信号量而被阻塞的任务（注意，中断服务例程是不能"等待"信号量的）。这些任务以先进先出或优先级次序进行排队。当一个不可用的信号量变为可用时，操作系统允许任务等待列表中的第一个任务以获取它。如果它是最高优先级任务，则该任务在解除阻塞后将立刻运行。注意，对于任务等待列表的实现，不同操作系统有不同的方法。

6.2.6　典型的信号量操作

信号量机制一般有如下主要操作，嵌入式操作系统提供了如下相应的应用编程接口（系统调用接口）：① 创建信号量；② 获取（申请）信号量；③ 释放信号量；④ 删除信号量；⑤ 清除信号量的任务等待列表；⑥ 获取有关信号量的各种信息。

1．创建信号量

如果操作系统支持不同类型的信号量，则可以使用不同的调用来分别创建二值、计数和互斥信号量。这样，根据信号量的不同类型设定不同的系统调用参数，可以使调用函数本身比较简洁（对于二值和计数信号量而言）。当然，有些操作系统为不同类型的信号量提供了同一套调用，在这种情况下需要根据所要创建的信号量的类别，考虑传递不同的参数。对于二值和计数信号量，只需要在创建时指定其初始值和任务等待队列的排序规则；而对于互斥信号量，则需指定与任务删除安全、嵌套访问以及解决优先级反转问题的策略（协议）等相关参数。

信号量的类型：互斥信号量（MUTEX_SEMAPHORE）、计数信号量（COUNTING_SEMAPHORE）、二值信号量（BINARY_SEMAPHORE）。

任务等待队列的排序规则：任务按先进先出（FIFO）顺序等待、或者按优先级（PRIORITY）高低顺序等待。

多个任务可能会因为试图获取同一个信号量而被挂起。如果信号量支持 FIFO 挂起，则任务以它们被挂起的顺序恢复执行，否则（信号量支持按优先级挂起方式）任务以优先级别的高低顺序为恢复执行的顺序。

优先级反转问题的解决方法（只适用于互斥信号量）：使用优先级继承算法（INHERIT_PRIORITY）或者优先级天花板算法（PRIORITY_CEILING）。

对于任务按优先级方式排队等待的互斥信号量，可使用优先级继承或优先级天花板算法。如果采用优先级天花板算法，则必须给出所有可能获得此信号量的任务中优先级最高的任务的优先级，以作为该信号量的天花板优先级。

创建信号量时，操作系统从空闲信号量控制块链中分配一个信号量控制块，并初始化信号量属性（参数）。创建成功时，操作系统为此信号量分配唯一的、并且有效的 ID，并将它返回给应用。如果已创建的信号量数量已经达到用户配置的最大数量，则返回错误。

2．获取（申请）信号量

该功能试图获得应用指定的信号量。这个功能的流程可简单描述如下。

```
if     信号量的值大于0
then   将信号量的值减1
else   根据接收信号量的选项，将任务放到等待队列中，或是直接返回（ISR只能选择直接返回）
```

当所申请的信号量不能被立即获得时，有以下几种选择：① 永远等待；② 不等待，立即返回，并返回一个错误状态码；③ 指定等待时限。

获取信号量的功能可以被任务调用，也可以被中断服务程序调用。在中断服务程序中申请信号量必须选择不等待，因为中断服务程序不能被阻塞。

为了对应用的实时确定性有所保障，任务可选择有限时间等待。有限时间等待可以有效地避免死锁的发生，这对于嵌入式实时应用来说是很重要的。

如果任务等待获得信号量，它将被按 FIFO 或优先级顺序放置在等待队列中。如果任务等待一个使用优先级继承算法的互斥信号量，且它的优先级高于当前正占用此信号量的任务的优先级，那么占有信号量的任务将继承这个被阻塞的任务的优先级。

如果任务成功地获得一个采用优先级天花板算法的互斥信号量，它的优先级又低于优先级天花板，那么它的优先级将被抬升至天花板优先级。

3. 释放信号量

该功能释放一个应用指定的信号量，其流程可简单描述如下。

```
if    没有任务等待这个信号量
then  信号量的值加1
else  将信号量分配给一个等待任务（将相应的任务移出等待队列，使其就绪）
```

如果使用了优先级继承或优先级天花板算法，那么执行该功能（系统调用）的任务的优先级将恢复到其原来的高度。

任务和 ISR 均能使用释放信号量的操作。

4. 删除信号量

删除信号量指从系统中删除应用指定的一个信号量。任何知道此信号量 ID（或名称）的代码都可删除这个信号量，即删除信号量的不一定是创建信号量的任务。如果有任务正在等待获得该信号量，则执行此功能（系统调用）将使所有等待这个信号量的任务回到就绪态或运行态（如果该任务的优先级为当前就绪任务中最高的），且返回一个状态码指示该信号量已被删除。

此功能（系统调用）执行成功后，操作系统将信号量控制块返还给系统（即该控制块成为空闲的）。

企图获取已删除的信号量将返回一个错误，因为信号量已不再存在。另外，在互斥信号量正被使用时（已经被某执行体获取），不能删除它。因为该信号量正在保护一个共享资源或临界代码段，删除操作可能造成数据错误或其他更严重的问题。

5. 清除信号量的任务等待列表

为了清除等待一个信号量的所有任务，某些操作系统支持 Flush 操作，如图 6-14 所示，其典型应用如下：多个任务（Task1、Task2 和 Task3）先完成各自的活动，然后当试图获取同一个尚不可获得的信号量时阻塞；最后一个任务在完成它需要做的事情后，可以对该信号量执行一个 Flush 操作，其结果是释放信号量任务等待列表中的所有任务（Task1、Task2 和 Task3）。显然，这个信号量是同步信号量。当多个任务的执行必须在某些点相遇时，就需要这样的机制。

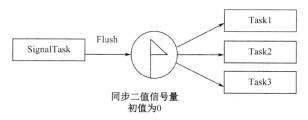

图 6-14　清除信号量任务等待列表

6. 获取有关信号量的各种信息

一般的，操作系统还可以提供获取信号量相关信息的调用，如获得信号量 ID 或名称。一个信号量被创建后，系统将一个唯一的 ID 分配给它，直到它被删除。信号量的 ID 可通过如下两种途径来获得：① 在执行创建信号量的系统调用时，信号量的 ID 可以被返回到一个应用指定的变量中；② 执行获取信号量 ID 的系统调用。

其他信号量管理系统调用一般使用 ID 访问信号量。

使用获取信号量名称的系统调用，操作系统可以把其名称字符串复制到应用指定的空间中。

应用还可以获取活动信号量的列表、每个信号量的其他细节信息，包括当前值、等待的任务数量及第一个等待的任务，等等。

6.2.7 与信号量有关的资源配置问题

从理论上讲，一个应用可以拥有的信号量数目没有限制，只受制于存储信号量 ID 的变量类型。例如，对于使用长度为 32 位的变量来存储 ID 的嵌入式实时操作系统，最多可以提供 2^{32}（4294967294）个信号量。但在实际配置时需要注意：每个信号量需要一个控制块，以及其他相关的数据结构，这些数据结构是需要一定的内存空间的。此外，每个嵌入式应用实际需要使用的信号量数目是有限的。因此，在配置一个嵌入式应用系统的存储空间的时候，需要计算这些数据结构所占用的内存。嵌入式实时操作系统供应商可以提供单个信号量（及其他操作系统对象）的相关数据结构所需的空间，提供对存储空间综合需求的计算公式，或提供开发工具以便根据用户的配置自动计算出存储空间的需求。

对信号量的配置可以通过开发环境提供的配置工具完成，开发者也可以手工修改操作系统的配置文件。在操作系统（内核）的初始化过程中，初始化程序应根据配置文件中的内容，对信号量控制块等数据结构进行初始化。

6.3 邮箱和消息队列

6.3.1 嵌入式系统的通信

1. 通信的范围与层次

根据通信双方所在的范围，将嵌入式系统中的通信分为以下 3 个层次（如图 6-15 所示）。

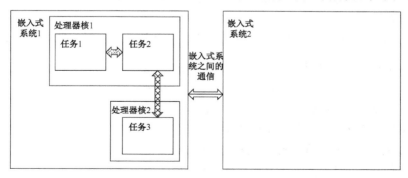

图 6-15　嵌入式系统通信的范围及层次

① 单核系统的内部通信：同一个处理器核上任务与任务之间、中断与任务之间的通信。

② 嵌入式系统内部多核之间的通信：位于同一个嵌入式系统内部的、多个处理器核之间的通信，但是不需要通过物理通信总线。

③ 多个嵌入式系统之间的通信：主要指各个独立的嵌入式系统（如汽车中的各种电子控制器）通过物理通信总线（如USB总线、CAN总线等），按照相关的通信规范（如汽车电子AUTOSAR软件体系中的COM规范），完成的通信过程。

如前所述，嵌入式系统之间的通信需要通过物理通信总线进行，其通信软件需要满足相关规范中有关通信协议的要求。这种通信软件一般独立于嵌入式操作系统的范畴，属于专门的通信软件。

嵌入式操作系统所关注的通信层次主要指单核系统的内部通信，以及一个多核系统内部多核之间的通信。本节只涉及单核系统的内部通信，即单处理器内部不同执行体（任务/中断）之间的通信。

2. 通信方式

单处理器内部执行体之间的通信方式有直接通信和间接通信两种。

（1）直接通信

直接通信是指在通信过程中双方必须明确地知道（命名）彼此，采用类似下面的通信原语。

```
send(P, message)        // 发送一个消息到任务P
receive(Q, message)     // 从任务Q接收一个消息
```

在通信双方之间存在一个链接，该链接具有如下特性：① 一个链接仅与一对相互通信的执行体相联系；② 每对执行体之间仅存在一个链接；③ 链接可以是单向的，也可以是双向的。

（2）间接通信

在间接通信方式中，通信的双方不需要指出消息的来源或去向，即发送者不指出消息将发送给谁，而接收者也不指出从谁那儿接收消息。消息内容被发送到一个中间介质（如邮箱）中，从中间介质中接收消息，要采用类似下面的通信原语。

```
send(A, message)        // 发送一个消息给介质A
receive(A, message)     // 从介质A接收一个消息
```

每个中间介质都有一个唯一的标识（如 ID）。

间接通信方式中通信链接的特性如下：① 只有当执行体共享一个公共介质时链接才建立；② 一个链接可以与多个执行体相联系；③ 每对执行体之间可以使用若干个通信链接；④ 链接可以是单向或双向的。

本章描述的邮箱和消息队列都属于间接通信方式，嵌入式实时操作系统大多提供这些机制。

3. 消息、邮箱和消息队列

消息是内存空间中一段长度可变的缓冲区，其长度和内容均可以由用户定义，其内容可以是实际的数据、数据块的指针或空。消息机制在任务和任务之间、任务和中断服务程序之间提供消息传送（通信）机制，实现带数据的同步。

对消息内容的解释由应用完成。从操作系统的观点看，消息没有定义的格式，所有消息都是字节流，没有特定的含义。从应用观点看，根据应用定义的消息格式，消息被解释成特定的含义。最简化的情况是应用对消息格式也不定义，只把消息当做一个标志，这时消息机制用于实现同步，任务可以在一个空消息队列上等待其他任务发出的消息以实现两个任务间的同步。

一些操作系统把消息机制进一步分为邮箱机制和队列机制。

邮箱仅能存放单条消息，提供了一种低开销的机制来传送信息。每个邮箱可以保存一条大小为若干字节的消息。发送消息方请求将消息内容放到邮箱中，接收消息方从邮箱中取出消息。

消息队列可存放若干条消息，提供一种执行体之间缓冲通信的方法。发送消息的请求将消息放入队列，接收消息的请求则将消息从队列中取出。消息可放在队列的前端，也可放在队列的后端（与后面讲述的普通消息和紧急消息有关）。消息队列中消息的数量可由用户自己定义。

消息机制可支持定长和可变长度两种模式的消息，消息模式在队列被创建时定义。可变长度的消息队列需要对队列中的每一条消息增加额外的存储开销。

由于邮箱机制较之消息队列更简单，因此在后面只详细说明与消息队列有关的实现问题。

6.3.2 消息队列机制的主要数据结构

嵌入式操作系统使用消息队列控制块来管理所有创建的消息队列，在系统运行时动态地分配和回收消息队列控制块。当创建消息队列时，操作系统除了分配一个相关的队列控制块（Queue Control Block，QCB）外，还赋予这个消息队列一个唯一的 ID、消息存储缓冲区、一个或多个任务等待列表，如图 6-16 所示。

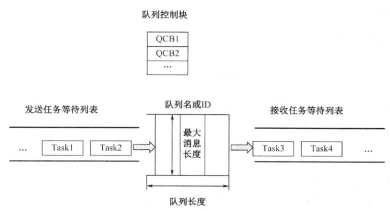

图 6-16 消息队列及其相关的数据结构

消息队列的创建者提供队列长度和最大消息长度等参数给操作系统，以便决定需要多少内存空间提供给消息队列。一个消息队列可以具有两个相关的任务等待列表：接收任务等待列表和发送任务等待列表，两者是分开的。只有当消息队列满时，才开始填充发送任务等待列表；反之，当消息队列为空时，才开始填充队列的接收任务等待列表。

1. 消息队列状态图

消息队列状态图如图 6-17 所示。

消息队列被建立时是不包含任何消息的，其状态为"空"。如果一个任务试图接收该消息队列中的消息，则被阻塞，按 FIFO 或优先级次序排列在接收任务等待列表中。如果另一个任务发送一个消息给队列，则消息会直接发送给阻塞的任务并使其就绪甚至运行，消息队列仍然保持"空"的状态。

如果消息队列中的消息没有被接收（没有任务试图从其中接收消息），则再次向消息队列中发送消息并使其转变成"非空"状态。如果这种情形一直持续下去，则队列最终会被填满。之后，再次向队列中发送消息的任务将不会成功，除非某些其他任务接收该队列中的一个消息。在某些操作系统的实现中，当一个执行体试图向一个满的消息队列发送消息时，将得到一个错

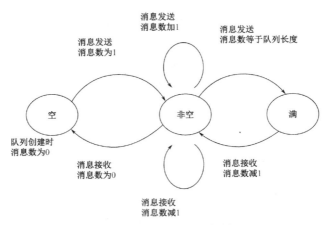

图 6-17　消息队列状态图

误代码；而有些操作系统允许阻塞任务，将发送消息的任务放到消息队列的发送任务等待列表中。注意，ISR 可以向队列中发送消息，但必须采用无阻塞的方式；一旦消息队列满，ISR 发送给队列的消息就将丢失。

2. 消息存储缓冲区

消息队列的存储缓冲区用于存放发送到该队列中的消息，接收者从缓冲区中取出消息。消息的发送或接收可以有两种方法：一是将数据从发送者的空间完全复制到接收者的空间中，二是只传递指向数据存储空间的指针。第一种方法的弊端是效率较低，用于复制消息的时间与消息的大小有关，并且对系统空间的消耗也比较大，如图 6-18 所示。第一次复制发生在当消息从发送任务的内存区域发送到消息队列的内存区域时，第二次复制发生在当消息从消息队列的内存区域被复制到接收任务的内存区域时。为了提高系统的性能，嵌入式操作系统使用消息队列时一般是传递指针而不是具体的数据，但一定要注意确保该指针的有效性。例如，在实施内存保护的情况下，这种传送指针的方式就会出现问题。选择哪种消息传递方法将影响到消息缓冲区的结构。

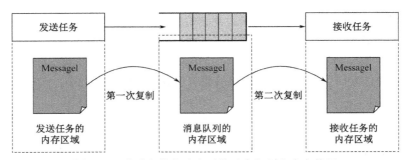

图 6-18　发送和接收消息时的消息复制和内存使用

不同的操作系统，其消息队列控制块、消息缓冲区的具体结构不同，下面描述的只是其中一种，这里的消息缓冲区中存放的是指向消息的指针。

（1）消息队列控制块结构（Message_Queue_Control_Block）

wait_queue：任务等待队列。

max_pending_count：最大未接收消息数。

number_of_pending：当前未接收消息数。

max_message_size：最大消息大小。

wait_discipline：任务等待消息的方式。

queue_start：消息指针数组首地址。

queue_in：消息指针数组写指针。

queue_out：消息指针数组读指针。

queue_end：消息指针数组尾地址。

（2）消息队列缓冲区结构（Message_Queue_Buffer）

消息队列缓冲区结构如图 6-19 所示。

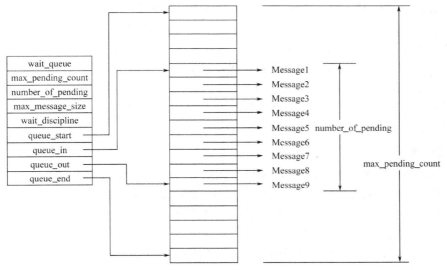

图 6-19　消息队列缓冲区结构

消息指针数组的每个元素是一个指向消息块的指针，在逻辑上，该数组应作为一个环形缓冲区被操作系统维护，如图 6-20 所示。

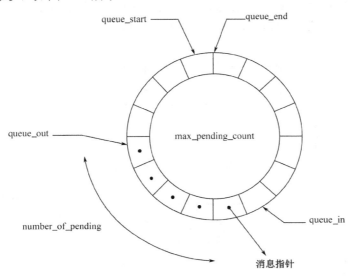

图 6-20　消息指针数组的逻辑结构

6.3.3 典型的消息队列操作

消息队列机制一般提供如下主要功能和相应的应用编程接口：① 创建消息队列；② 发送普通消息；③ 发送紧急消息；④ 发送广播消息；⑤ 接收消息；⑥ 删除消息队列；⑦ 获取有关消息队列的各种信息。

1．创建消息队列

消息队列可以被应用动态地创建和删除。一个应用可以拥有的消息队列数量从理论上讲没有限制，但是每个消息队列都需要一个控制块和实际的消息缓冲区，所以会受到实际存储空间的限制。创建一个消息队列时，调用者可以指定消息的最大长度和每个消息队列中的最多消息数。调用者还可以指定消息队列的属性，如任务等待消息时的排队方式。

多个任务可能在同一个消息队列中等待，任务等待消息的方式一般有以下两种，只能选择其一：任务按先进先出（FIFO）方式等待，或者按优先级（PRIORITY）方式等待。

如果消息队列支持 FIFO 等待，则任务以它们等待时间的先后顺序恢复执行；如果消息队列支持优先级等待方式，则任务以优先级的高低顺序为恢复执行的顺序。

创建消息队列后，系统为它分配唯一的 ID。

2．发送消息

应用可以使用发送消息的调用将消息发送到消息队列中。根据紧急程度的不同，消息通常可分为普通消息与紧急消息。如果有任务正在等待消息（即消息队列为空），则普通消息发送和紧急消息发送的执行效果是一样的，即任务从等待队列中移到就绪队列中，消息被复制到任务提供的缓冲区中。

如果没有任务等待，则发送普通消息的调用将消息放在队列尾，而发送紧急消息的调用将消息放在队列头。

如果发送消息时队列已被填满，则不同的操作系统可能采取不同的处理办法：一是挂起试图向已满的消息队列中发送消息的任务，二是简单地丢弃该消息并向调用者返回错误信息。由于中断服务程序是不能被阻塞的，因此第一种处理方法不适用于中断服务程序。

发送普通消息和发送紧急消息如图 6-21 和图 6-22 所示。

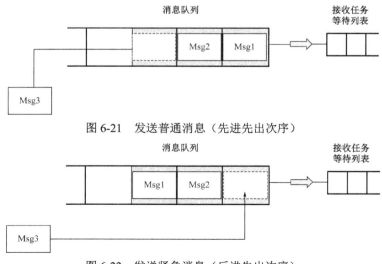

图 6-21 发送普通消息（先进先出次序）

图 6-22 发送紧急消息（后进先出次序）

3．发送广播消息

队列中的消息可以被广播。该功能类似于发送操作，不同的是所有试图从队列中接收消息的任务都将获得广播消息，这些任务获得的是相同的消息。该功能复制消息到各任务的消息缓冲中，并唤醒所有的等待任务。如图6-23所示，Task2、Task3和Task4均阻塞在同一个消息队列上。当Task1发送一个广播消息时，将使得所有阻塞任务回到就绪态并获得该消息。

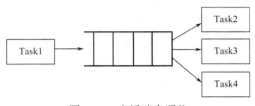

图 6-23　广播消息通信

4．接收消息

该功能从调用者指定的消息队列接收消息。如果此时消息队列中有消息，则将其中的第一条消息复制到调用者的缓冲区（或者将第一条消息指针传递给调用者）中，并从消息队列中删除它。如果此时消息队列中没有消息，则调用者可能出现以下几种情况：① 永远等待消息的到达；② 等待消息且指定等待时限；③ 不等待，立即返回。

如果选择等待，则等待消息的任务按FIFO或优先级高低顺序排列在等待队列中，这取决于消息队列的属性，如前所述。当选择等待接收消息时，还可以进一步选择永远等待或限时等待。在限时等待的情况下，如果等待的时间超时，则系统将返回一个错误信息，而调用者可以继续执行，这样可以防止死锁。但是中断服务程序接收消息时必须选择不等待，因为中断服务程序是不能被阻塞的。

接收消息时的任务等待列表如图6-24和图6-25所示，High、Medium、Low代表任务优先级的高低。如果消息队列被应用删除，则所有等待该消息队列的任务都被返回一个错误信息，并恢复到就绪态。

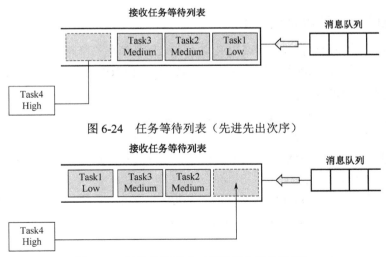

图 6-24　任务等待列表（先进先出次序）

图 6-25　任务等待列表（基于优先级的次序）

5．删除消息队列

该功能从系统中删除调用者指定的消息队列，释放消息队列控制块及消息队列缓冲区。所有知道这个消息队列的唯一标识（如 ID）的任务都可以删除它。消息队列被删除后，所有等待从这个消息队列接收消息的任务都回到就绪态，并得到一个错误码表明消息队列已被删除。消息队列被删除以后，任何对这个消息队列的使用都是错误的。

6. 获取有关消息队列的各种信息

创建消息队列后，系统通常会为它分配唯一的 ID，因此创建成功后应用可直接获得其 ID。操作系统也可提供专门的调用以获取消息队列 ID。对消息队列的使用一般通过其 ID 进行。操作系统可提供专门的调用以获取消息队列的名称，将名称字符串复制到调用者指定的空间中。

有关消息队列的其他信息还包括活动消息队列的列表、队列中的消息数、消息队列属性、等待队列中的第一个任务等。不同的操作系统提供的功能不尽相同，提供的功能越多，应用编程越方便。

6.3.4 与消息队列有关的资源配置问题

从理论上讲，一个应用可以拥有的消息队列数目可以没有限制，只受制于存储消息队列 ID 的变量类型。例如，对于使用长度为 32 位的变量来存储 ID 的实时操作系统，最多可以提供 2^{32}（4294967294）个消息队列。但在实际配置时需要注意：每个消息队列需要一个控制块，该控制块是需要一定的存储空间的；每个消息队列缓冲区中有若干条消息，每条消息具备一定的大小；每个应用实际需要使用的消息队列数目是有限的。

不同的嵌入式实时操作系统具体实现的消息队列控制块及缓冲区结构是不一样的，所以在配置应用的存储空间的时候，需要计算这些数据结构所占用的内存。嵌入式实时操作系统供应商提供对存储空间综合需求的计算公式，或在开发工具中提供根据用户的配置自动计算空间需求的功能。

对于消息队列的数目，每个队列中最多可容纳的消息数及每条消息的最大长度可以通过开发环境提供的配置工具完成配置，开发者也可以手工修改操作系统的配置文件。在操作系统的初始化过程中，初始化程序根据配置文件中的内容对消息队列的相关数据结构进行了初始化。

6.3.5 消息队列的其他典型使用

除了如前所述的在两个任务之间或 ISR 与任务之间最简单的单向松耦合通信方式外，消息队列还有如下几种用法，以满足应用的需要：紧耦合的单向数据通信、紧耦合的双向数据通信。

1. 紧耦合的单向数据通信

在某些应用中，发送任务发送消息后要求一个响应信号，表明接收任务已经成功接收到消息，这类通信称为紧耦合（或互锁）通信，它对于可靠的通信或任务同步是有意义的。如果因为某些原因消息没有被正确地接收，则发送任务可以再次发送此消息。发送和接收任务可以步调一致地工作，如图 6-26 所示。

在这种通信方式中，Task1 和 Task2 使用一个初值为 0 的二值信号量和一个长度为 1 的消息队列（也称为邮箱）。Task1 发送消息后申请信号量并阻塞。Task2 接收消息后释放信号量，并由此唤醒 Task1。

2. 紧耦合的双向数据通信

如果数据需要在任务之间双向流动，则可以采用紧耦合的双向数据通信模式（也称为全双工通信），如图 6-27 所示。

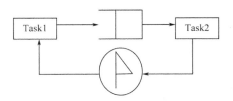

图 6-26 紧耦合的单向数据通信

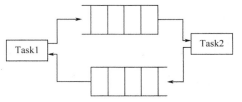

图 6-27 紧耦合的双向数据通信

6.4 事件

6.4.1 事件机制

在嵌入式实时操作系统中，事件是一种表明预先定义的系统事件已经发生的机制。事件机制用于任务与任务之间、任务与 ISR 之间的同步。一个任务可以检查它所关注的特定事件是否出现，而另一些任务或 ISR 可以设置事件位，通知任务一个特定事件已经发生。其主要的特点是可实现一对多的同步。

一个事件就是一个标志，不具备其他信息。一个或多个事件构成一个事件集。事件集可以用一个指定长度的变量（如一个 8bit、16bit 或 32bit 的无符号整型变量，不同的操作系统其具体实现不一样）来表示，而每个事件由在事件集变量中的某一位来代表。

事件及事件集有以下特点。

① 事件间相互独立。在事件集中，事件之间是按位"或"的关系，彼此互不相关。例如，对于一个由 32 位变量表示的事件集，有如下表达式：

$$EVENT\_3|\ EVENT\_15|\ EVENT\_22|\ EVENT\_31 \qquad （式 6\text{-}1）$$

这是一个包含事件 3、15、22、31 的事件集，这些事件分别对应该 32 位事件集变量的第 3、15、22 和 31 位。EVENT_3 是一个宏，其值为 "0x00000008"，其他以此类推，如 EVENT_15 为 0x00008000、EVENT_22 为 0x00400000、EVENT_31 为 0x80000000 等，而表示所有事件标记都置位的事件集可用宏 ALL_EVENTS（其值为 0xFFFFFFFF）来定义。由于事件之间相互独立，因此按位"或"与按位"加"的操作是相同的。因此，式 1 等同于式 2。

$$EVENT\_3+EVENT\_15+EVENT\_22+EVENT\_31 \qquad （式 6\text{-}2）$$

② 事件仅用于同步，不提供数据传输功能。

③ 事件无队列，即多次发送同一事件，在未经过任何处理的情况下，其效果等同于只发送一次。

能用于同步的机制有很多，那么提供事件机制的意义何在呢？当某任务要与多个任务或中断服务同步时，就需要使用事件机制。若任务需要与一组事件中的任意一个发生同步，则被称为独立型同步（逻辑"或"的关系）。任务也可以等待若干个事件都发生时再同步，称为关联型同步（逻辑"与"的关系），如图 6-28 所示。

可以用多个事件的组合发送信号给多个任务，如图 6-29 所示。事件标志（集）可以由任务或中断服务程序发出，当与接收任务所需的事件（集）匹配时，接收任务就成功地获得了事件（集），该任务即可继续执行。

以下术语是在理解事件机制时需要掌握的。

① 发送事件集。发送事件集指在一次发送过程中发往接收者（如任务）的一个或多个事件的组合。

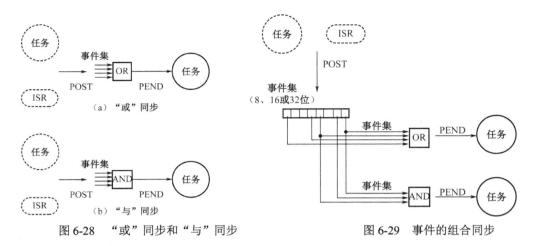

图 6-28　"或"同步和"与"同步　　　　　图 6-29　事件的组合同步

② 待处理事件集。待处理事件集指已被发送到一个接收者但还未被接收（即正在等待处理）的所有事件的集合。

③ 事件条件。事件条件指事件接收者在一次接收过程中期待接收的一个或多个事件的集合。因此，每个接收者可以包含两个变量，分别用于存放待处理事件集和事件条件。对应"或"同步和"与"同步，对于事件条件的满足由两种算法决定：一是待处理事件集只要包含事件条件中的任一事件，即可满足要求；二是待处理事件集必须包含事件条件中的全部事件，方可满足要求。

6.4.2　事件机制的主要数据结构

在某些嵌入式实时操作系统的实现中，事件集是可以被应用动态地创建和删除的。在这种情况下，操作系统使用事件集控制块来管理所有创建的事件集，在系统运行时动态地分配和回收事件集控制块。但是在某些嵌入式实时操作系统中，已经默认为每个任务赋予了一个事件集，因此不需要应用再创建，事件集的相关参数已经成为任务控制块的一部分。在这种情况下，操作系统也不提供删除事件集的功能。

不同的操作系统，其事件机制的具体实现不同。下面描述的是其中一种事件集控制块及相关数据结构的情况。

1. 事件集控制块结构（Event_Set_Control_Block）

attribute：事件集的属性。

event_set：当前事件集。

eventset_condition_queue_and：事件集"与"等待队列。

eventset_condition_queue_or：事件集"或"等待队列。

事件集的属性：可以指出任务在该事件集上排队的方式，如是按先进先出（FIFO）还是按优先级高低（PRIORITY）顺序排列。

当前事件集：指示已经被置位并且未被任务接收的事件标志位的集合。

事件集"与"和"或"等待队列：它们的组织方式相同，都是数组，其长度等于事件集的位数（如对应 32 位的事件集，该数组就有 32 个元素），其中的每个元素都对应着一个标志位的等待队列。

对某事件标志位有等待要求的任务被加入该标志位的等待队列中，等待多个标志位的任务将被分别加入其等待的所有标志位的等待队列中，这样从任意一个等待的标志位都可以访问到该任务。

2. 任务事件集等待控制块结构（Event_Set_Task_Waited_Buddy）

对于每个等待事件集的任务，操作系统为其生成一个"任务事件集等待控制块"，其结构如下。

task：等待任务的控制块指针。

event_set：任务当前等待的事件集。

flag_node_array：任务等待标志节点数组。

同样，任务等待标志节点数组的长度等于事件集的位数，其中每个节点元素对应一个等待的事件标志。

任务等待的所有标志位的"等待节点"均被加入到相应标志位的等待队列中。

为了表明上述各种数据结构的关系，这里以一个实例说明它们之间的关联情况。假设在某系统中有 Task 1、Task 2、Task 3 和 Task 4 四个任务，其优先级由高到低，它们均以"与"方式在同一个事件集上等待。其中，Task 1 等待的标志为 0、3，Task 2 等待的标志为 0，Task 3 等待的标志为 2、3，Task 4 等待的标志为 2、31，则该事件集控制块中的"与"等待队列、任务事件集等待控制块的组织情况如图 6-30 所示。

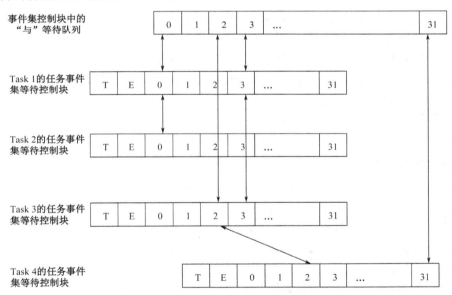

图 6-30　事件集任务等待队列的组织方式

任务事件集等待控制块中，"T"为任务控制块指针，"E"为任务当前等待的事件集，然后是 32 个等待节点，每个节点分别对应一个事件标志。对某个标志有等待要求的所有任务的相应节点组成一个双向链表。

在本例中，Task 1 加入了 0、3 标志位的等待队列，如果按照优先级高低顺序排列，则它是 0、3 标志位等待队列的第一个节点。

Task 2 加入 0 标志位的等待队列，并且位于 Task 1 之后。

Task 3 加入 2、3 标志位的等待队列，它是 2 标志位等待队列的第一个节点，但在 3 标志位的等待队列上位于 Task 1 之后。

Task 4 加入 2、31 标志位的等待队列，它在 2 标志位的等待队列上位于 Task 3 之后，但在

31 标志位的等待队列上是第一个节点。

这样，从事件集控制块开始，可以访问到任何一个等待的任务，并可以进行相关的插入和删除操作。

6.4.3 典型的事件操作

事件机制一般提供如下的主要功能和相应的应用编程接口：① 创建事件集；② 删除事件集；③ 发送事件（集）；④ 接收事件（集）；⑤ 获取有关事件集的各种信息。

1. 创建事件集和删除事件集

创建事件集时，操作系统将申请一个空闲的事件集控制块，并根据调用者指定的各项参数设置被创建事件集的属性、初始化事件集控制块中的域（当前事件集、"与"、"或"等待队列）。创建事件集的调用还会将系统分配的事件集 ID 返还给调用者，以后对该事件集的各项操作都可通过 ID 进行。

删除事件集时，内核将被删除事件集的控制块回收到空闲控制块链中，所有正在等待接收被删除事件集的任务会被恢复到就绪态。

2. 发送事件（集）

调用者（任务或中断服务例程）构造一个事件（集），将其发往接收者（如目标任务）。可能会出现以下几种情况之一。

① 目标任务正在等待的事件条件得到满足，任务就绪。

② 目标任务正在等待的事件条件没有得到满足，该事件（集）进行"或"操作，保存到目标任务的待处理事件集中，目标任务继续等待。

③ 目标任务未等待事件（集），该事件（集）进行"或"操作，保存到目标任务的待处理事件集中。

3. 接收事件（集）

在接收事件（集）时可以有如下选项，每一类只能选择其一。

① 接收事件（集）时可等待（WAIT）。

② 接收事件（集）时不等待（NO_WAIT）。

③ 待处理事件集必须包含事件条件中的全部事件（EVENT_ALL）方可满足要求，即按照"与"的方式接收事件。

④ 待处理事件集只要包含事件条件中的任一事件（EVENT_ANY）即可满足要求，即按照"或"的方式接收事件。

该系统调用根据接收选项（EVENT_ALL 或 EVENT_ANY）检测待处理事件集是否满足所指定的事件条件。如果满足，则接收事件（集）的操作成功返回；否则根据接收选项（NO_WAIT 或 WAIT）确定是否进入等待态，从而可能出现如下情况。

① 接收者永远等待，直到事件条件被满足后成功返回。

② 接收者根据指定的时限等待，之后可能出现如下两种情况。

❖ 当系统中的其他任务（或中断处理程序）发送了该任务正在等待的事件（集）且满足接收事件条件后，该任务恢复到就绪态。

❖ 指定的时限已到，但等待任务仍然未接收到满足条件的事件（集），任务恢复到就绪态，但得到系统返回的一个出错信息。

③ 接收者立即返回，得到系统返回的一个出错信息。

4．接收（清空）待处理事件集

操作系统可以提供这样的功能，以方便应用。接收事件（集）时，接收任何已置位的事件标志且不等待，这样可以将待处理事件集返回到输出参数中，并将待处理事件集清空。

5．获取待处理事件集

与接收（清空）待处理事件集的功能类似，在接收事件（集）时，可以将待处理事件集返回到输出参数中，但是保持待处理事件集不变。

6．获取有关事件集的各种信息

与事件集有关的信息包括活动事件集的列表、事件集的名称和 ID 等。不同的嵌入式实时操作系统提供的功能不尽相同，提供的功能越多，应用编程越方便。

6.4.4　与事件机制有关的资源配置问题

对于可以自由创建事件集的系统来说，从理论上讲，一个应用可以拥有的事件集的数量没有限制，只受制于存储事件集 ID 的变量类型。例如，对于使用长度为 32 位的变量来存储 ID 的实时操作系统，最多可以提供 2^{32}（4294967294）个事件集。

对于为每个任务配置一个事件集的系统来说，一个应用可以拥有的事件集的数量与实际的任务数相同。

不同的嵌入式实时操作系统具体实现的事件集控制块或相关数据结构是不一样的，所以在配置应用的存储空间时需要计算这些数据结构所占用的内存。通常，嵌入式操作系统供应商提供对内存空间综合需求的计算公式，或在开发工具中提供由用户配置自动计算空间需求的功能。

除了通过开发环境提供的配置工具完成配置外，应用开发者也可以手工修改操作系统来配置文件。在操作系统的初始化过程中，初始化程序根据配置文件中的内容对事件相关的数据结构进行初始化。

6.4.5　事件机制的典型应用

事件机制还可以与其他同步通信机制一起应用，以解决复杂的应用设计问题。如图 6-31 所示，Task2 在运行的某一时刻，希望获取来自消息队列 Q 的消息或得到信号量 S。如果单纯使用获取消息的操作并阻塞在该消息队列上，则有可能不能及时得到已经释放的信号量；反之，如果单纯使用获取信号量的操作并阻塞在该信号量上，则任务也有可能不能及时接收已经发送到消息队列中的消息。在 Task2 无法预知可能先获得哪种资源的情况下，可以使用"事件＋相关同步/通信机制"的策略，即：

① 发送方（Task1 或 ISR）发送信息（消息或信号量）。

② 发送方（Task1 或 ISR）设置相应的事件标志（指示消息或信号量的发送）。

③ 接收方（Task2）检测事件标志集，判断是否满足其接收条件（"与"条件接收或"或"条件接收）。

④ 接收方（Task2）根据事件标志集的指示定向接收信息（消息或信号量），达到和不同发送方（Task1 或 ISR）同步或通信的目的。

相应地，Task2 的功能流程如图 6-32 所示。

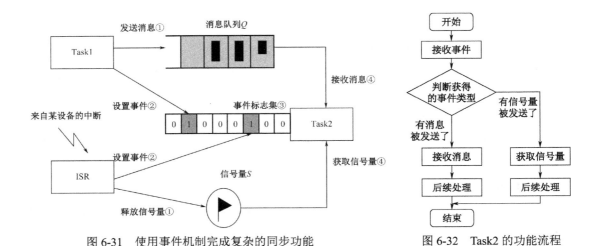

图 6-31　使用事件机制完成复杂的同步功能　　　　　图 6-32　Task2 的功能流程

6.5　异步信号

6.5.1　异步信号机制

异步信号机制用于任务与任务之间、任务与 ISR 之间的异步操作，异步信号被任务（或 ISR）用来通知其他任务某个事件的出现。当一个信号到达时，任务暂时从它正常的执行路径上移开，并调用相应的异步信号例程。

异步信号标志可以依附于任务，根据不同嵌入式实时操作系统的具体实现，每个任务可以有 8 个、16 个或 32 个异步信号标志，用一个 8bit、16bit 或 32bit 无符号整型变量记录这些异步信号。以 32bit 的异步信号为例，有效的异步信号 SIGNAL_0～SIGNAL_31。SIGNAL_0 和 SIGNAL_31 都是宏，其值分别为 "0x00000000" 和 "0x80000000"，其他信号以此类推。

一个或多个异步信号标志组成了一个异步信号集。发送异步信号集指发往目标任务的一个或多个异步信号的组合，待处理异步信号集指发送给具有有效 ASR（异步信号服务例程）的目标任务并等待处理的异步信号的组合。

各异步信号之间是相互独立、互不相交的，因此对异步信号标志的"加"操作和"或"操作是相同的。例如，要发送由 SIGNAL_6、SIGNAL_15 和 SIGNAL_31 构成的异步信号集，发送异步信号调用的参数可以写为

$$SIGNAL\_6|SIGNAL\_15|SIGNAL\_31$$

或　　　　　　　　　　$$SIGNAL\_6+ SIGNAL\_15+SIGNAL\_31$$

需要处理异步信号的任务由两部分组成：一部分是与异步信号有关的任务主体，另一部分是异步信号服务例程（ASR）。

异步信号管理允许任务定义一个异步信号服务例程。每个 ASR 都有与之对应的一个任务，而 ISR 则与任务没有对应关系，它们是全局的。在系统运行过程中，当外部中断出现且未被系统屏蔽时，任务的执行将被中断，系统转而执行与该中断相关的服务例程；同样，当向一个任务发送一个异步信号时，在多处理器情况下如果该任务正在运行，则其自身代码的运行将被暂时中止，转而运行与该异步信号相关的服务例程；而在单处理器情况下，则该任务在其下一次被调度执行的时候先执行 ASR，如图 6-33 所示。因此，异步信号机制也可被称为软中断机制，异步信号又被称为软中断信号。

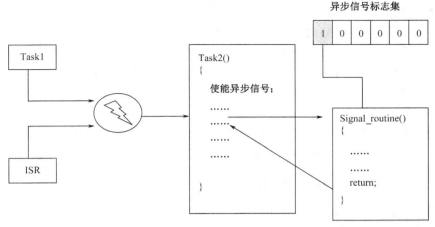

图 6-33　异步信号机制

异步信号可以被使能也可以被禁止，被使能的异步信号在发送后其对应的处理程序才会被执行。

6.5.2　异步信号机制与中断机制的比较

异步信号机制与中断机制非常相似，但又有其特点，具有许多本质的不同。以下是异步信号机制与中断机制的比较。

1．相同点

（1）具有中断性

对中断的处理和对异步信号的处理都要先暂时地中断当前任务的运行。

（2）有相应的服务程序

根据中断向量，有一段与中断信号对应的服务程序，称为 ISR。

根据异步信号的编号，有一段与之对应的服务程序，称为 ASR。

（3）可以屏蔽其响应

外部硬件中断可以通过相应的控制寄存器的操作被屏蔽。

任务也可屏蔽对异步信号的响应。

2．不同点

（1）实质不同

虽然异步信号机制又称为软中断机制，但这只强调了异步信号也具有中断性，它们有不同的实质。中断由硬件产生，不受任务调度的控制。异步信号由发送异步信号的系统调用产生，其 ASR 要在接收任务下一次被调度的时候才能执行，受到了任务调度的控制。

（2）处理时机（或响应时间）不同

中断触发后，由处理器硬件根据中断向量找到相应的服务程序执行。为了尽量缩短中断服务的时间，通常采用中断服务程序与任务相结合的方式来处理中断。中断服务程序仅完成必要的处理，在退出中断服务程序之前操作系统进行重调度，因此，中断结束后开始运行的任务不一定是先前被中断的任务。

异步信号通过发送异步信号的系统调用触发，但是系统不一定马上开始对它进行处理。ASR可以看做任务切换后所做的任务扩展。如果发送异步信号的是中断服务程序，接收异步信号的任务可以是被中断的当前任务，也可以是另一个任务。由于异步信号的发送不会导致任务状态的变化（因为任务不会去"等待"一个异步信号），因而系统在中断退出后会返回到先前被中断的任务。如果中断服务程序是向被中断任务发送的异步信号，则在中断退出后会开始执行该任务的 ASR。如果发送异步信号的是任务，则 ASR 要等到接收任务被调度、完成上下文切换后再开始执行，之后执行接收任务自身的代码。任务也可以给自己发送异步信号，在这种情况下，其 ASR 将马上执行。

（3）执行的环境不同

一般的，ISR 在独立的上下文中运行，操作系统会为之提供专门的堆栈空间。ASR 在相关任务的上下文中运行，所以 ASR 是任务的一个组成部分。

6.5.3　异步信号机制与事件机制的比较

同样是标志着某个事件的发生，事件机制的使用是同步的，异步信号机制是异步的。也就是说，对一个任务来说，什么时候会接收到事件是已知的，因为接收事件的调用是它自己安排在其代码中的。但是，任务不能够预知在什么时候会收到一个异步信号，并且一旦被其他任务或中断服务程序发送了异步信号，在允许响应的情况下，它会中断正在运行的代码，并转而执行异步信号处理程序。

6.5.4　异步信号机制的主要数据结构

如果为每个任务赋予一个异步信号集，则不需要应用再去创建它们，异步信号集的相关参数已经成为了任务控制块的一部分。在这种情况下，操作系统不提供删除异步信号集的功能。总之，操作系统需要定义异步信号相关的数据结构。下面描述了一种异步信号的控制结构。

异步信号控制结构 Asynchronous_Signal_Control_Block，其结构如下。

enabled：是否使能对异步信号的响应。

handler：异步信号的处理例程。

attribute_set：ASR 的执行属性。

signals_posted：使能响应时，已发送但尚未处理的信号。

signals_pending：屏蔽响应时，已发送但尚未处理的信号。

nest_level：ASR 中异步信号的嵌套层数。

ASR 有自己独立的执行属性，由于 ASR 可以看做任务切换后的一个扩展，是任务的一个组成部分，因此，其属性集可以与任务的属性集相同。例如，它可以是下列几组相互独立的属性元素值相"或"的组合。

1．是否允许任务在执行 ASR 过程中被抢占

ASR 是在任务的上下文中执行的，如果在执行 ASR 的过程中有一个优先级更高的任务就绪，则执行 ASR 的任务能否被抢占由下面的属性决定。① PREEMPT：允许任务在执行 ASR 时被更高优先级的任务抢占。② NO_PREEMPT：不允许任务在执行 ASR 时被更高优先级的任务抢占。

2．是否允许时间片切换

在执行 ASR 的过程中，如果其所属任务的时间片用完，且有相同优先级的任务处于就绪态，则能否发生任务切换由以下属性决定。

① TIMESLICE：若在执行 ASR 过程中时间片用完，则允许任务切换。

② NO_TIMESLICE：若在执行 ASR 过程中时间片用完，则不允许任务切换，直到 ASR 运

行完再切换。

3. 是否支持 ASR 嵌套

在执行 ASR 过程中可能会有新的异步信号到达，如 ASR 给当前任务发送了异步信号，或者在 ASR 执行过程中响应了中断而中断服务程序又给当前任务发送了异步信号。如果支持 ASR 嵌套处理，则可以认为新的异步信号的优先级高于当前正被处理的异步信号，前者可以先得到处理而中断当前 ASR 的执行。在这种情况下，必须考虑异步信号处理例程的可重入性。如果禁止 ASR 嵌套，则新发送给任务的异步信号将被放入待处理异步信号集，等当前 ASR 完成后再处理。① ASR：允许 ASR 嵌套处理。② NO_ASR：不允许 ASR 嵌套处理。

4. 是否允许在执行 ASR 过程中响应中断

① INTERRUPT_LEVEL(0)：打开中断。

② INTERRUPT_LEVEL(1)：关闭中断。

如果在 ASR 的执行过程中不响应外部中断，则可能会影响系统的响应能力和实时性，尤其是 ASR 比较复杂、耗时较多时。

在打开中断的情况下，有些操作系统还允许定义具体开放的中断级别。设置处理器状态寄存器中的中断屏蔽位只能实现对系统整体开/关中断的控制，而通过设置中断控制器可以实现对具体中断级别的使能控制。

ASR 的执行属性由上述各项属性元素相"或"而构成。各属性元素是独立的、互不相交的，因此"加"操作与"或"操作是相同的。例如，在安装 ASR 时，要使它不允许被抢占、不允许时间片切换、不允许嵌套处理和打开中断，则其属性值应为

NO_PREEMPT | NO_TIMESLICE | NO_ASR | INTERRUPT_LEVEL(0)

或　　　　　NO_PREEMPT + NO_TIMESLICE + NO_ASR + INTERRUPT_LEVEL(0)

注意 ASR 的执行属性和任务属性的关系。虽然 ASR 的属性元素与任务的属性元素类似，但一个具体的 ASR 的属性可以与它所对应的任务的属性不同。例如，任务允许被抢占，而任务的 ASR 不允许被抢占。

6.5.5 典型的异步信号操作

异步信号机制提供的主要操作和相应的应用编程接口包括：安装异步信号处理例程、发送异步信号到任务中。

1. 安装异步信号处理例程

任务可以为每个异步信号提供一个处理例程，或将同一个例程用于所有相关的异步信号处理。操作系统提供此功能调用为任务安装一个异步信号处理例程，仅当任务已建立 ASR 时，才允许向该任务发送异步信号，否则发送的异步信号无效。当任务的 ASR 无效时，发送到任务的异步信号将被丢弃。调用者需指定 ASR 的入口地址和执行属性。异步信号处理例程一般如下：

```
void  handler(signal_set)
{
    switch(signal_set)
    {
        case SIGNAL_1:
            动作1;
```

```
                break;
        case SIGNAL_2:
            动作2;
            break;
        ......
    }
}
```

其中，signal_set 参数为任务接收到的异步信号集。

2. 发送异步信号到任务中

任务或 ISR 可以调用该功能发送异步信号到目标任务中，发送者指定目标任务与要发送的异步信号（集）。发送异步信号给任务对接收任务的执行态没有影响。在目标任务已经安装了异步信号处理例程的情况下，如果目标任务不是当前的运行任务，那么发送给它的异步信号会等待该任务下一次占用处理器时再进行相应的 ASR 处理，即该任务获得处理器后，将首先执行其ASR。如果当前运行的任务发送异步信号给自己，或者它被中断且收到来自中断的异步信号，则在允许 ASR 处理的前提下，它的 ASR 会立即执行。

与事件相同，发送给一个任务的相同异步信号不排队。也就是说，多次向一个任务发送同样的异步信号（中间没有对该异步信号进行过任何处理），与发送一次的效果是一样的。在应用异步信号机制时应注意这一点。

6.6   多核系统中的同步、互斥与通信

相较于单核操作系统，多核操作系统在设计与实现上考虑的关键问题包括性能良好的任务调度策略与算法、有效的临界资源互斥访问控制，以及多核间的同步与通信等，这些具体功能机制的实现也对硬件提出了相应的要求。

6.6.1   多核系统的硬件基础

处理器核心与存储系统是嵌入式系统硬件的主要内容，从这两个方面可为多核操作系统的实现提出相关的硬件要求。比如,面向汽车电子控制领域的 AUTOSAR 规范体系中有关 MultiCore OS 的规范提出了以下要求。

（1）关于处理器核心的假设

① 在同一个芯片上有多个核心。

② 硬件提供了方法，以便软件能识别每个核心。

③ 硬件支持原子的读和写一个固定长度的字的操作，具体的字长取决于硬件。

④ 硬件支持原子的测试和设置功能或类似的功能，以用于构建被多核共享的临界区。

⑤ 所有的核都有相同的指令集，或至少有一个公共的基础指令集。所有的核具有相同的数据表示，如相同尺寸的整数、相同的字节和位序，等等。

⑥ 如果每个核都有高速缓存，要求在硬件或软件上支持 RAM-Cache（高速缓存）的一致性。软件支持意味着高速缓存控制器能够以某种方式被编程，以使高速缓存线无效，或防止某些内存区域被高速缓存。

⑦ 异常（如一个非法的内存访问或被零除）只能够在引起该异常的核上被响应。

⑧ 为了支持通知机制，应该能够触发核间中断/自陷。

（2）存储器特性

① 存在可被所有核访问的共享内存，或至少所有的核都能够共享内存的一个部分。

② 整个系统有一个单一的地址空间，或至少共享的内存地址空间是统一的。

1. 共享内存

共享内存是多核芯片中可被多核访问的数据的存储区域，通过共享的数据总线可与各个处理器核连接。核间共享内存的访问权限对于多核中任何一个处理器核都是均等的。共享内存的存在为多核之间的通信提供了可用的方法。为了防止共享内存中数据的访问出现不一致性的错误，需要对共享内存的访问进行互斥管理。

2. 核间中断

核间中断是多核之间同步与通信的桥梁，它是一种通知机制，不同内核之间的操作系统功能调用、执行体之间的同步与通信等都需要通过核间中断的形式通知芯片上的其他处理器核。为了实现这个目的，多核处理器芯片内一般提供了核间中断控制器。核间中断控制寄存器的各个标志位被分配给芯片内不同的处理器核，每个核都具有对核间中断控制寄存器的访问和操作权限。当在核间中断控制寄存器的某个位置 1 时，则向其对应的处理器核产生核间中断请求，以便相应的核进入其核间中断处理程序。

6.6.2　多核系统的互斥机制

1. 自旋锁

1）自旋锁机制

在多核系统上，传统的用于单核系统的共享资源互斥机制（如关中断、信号量等）不能满足多核系统中互斥的要求，需要一个新的机制来支持不同处理器核上的执行体（包括任务和中断服务程序 ISR）在访问核间共享资源（如共享内存）时的互斥。

通常对共享资源采取锁的保护机制如下：当某个共享资源被锁住时，只有获取该锁的处理器核能够操作该共享资源，而试图访问同一个共享资源的其他处理器核只能等待这个锁的释放，这就是自旋锁的保护机制。在面向多核的软件技术中，自旋锁是最具有代表性的技术之一。自旋锁是一个"忙等"机制，它反复地在一个循环中检查（即轮询）某个内存单元中的"锁"变量，判断这个变量是否已经被其他核锁住。如果不是，它会写进一个特定的值以表示锁定成功；如果是，它会重复地读取该内存单元直到成功，或者自旋次数超过一个设定的值。典型的，这要求硬件提供一个原子的"测试和设置"功能，这与处理器的具体实现有关（有些处理器提供了原子的"测试和设置"指令）。由于自旋锁具有占用资源少、效率高等特征，在多核互斥中发挥着重要作用。

2）与其他互斥机制的比较

自旋锁与信号量相比，有如下特性。

① 信号量能够实现各个任务之间的互斥，但一般不能在中断服务程序中使用（因为信号量的申请有可能导致申请者的睡眠等待，只能在任务上下文中使用）。而自旋锁由于其使用者一般保持锁的时间非常短，在获取锁失败时选择自旋（忙等）而不是睡眠，因而它可以在任何上下文（包括中断上下文）中使用。

② 由于实现简单，不会导致尝试获取锁的任务被挂起，因此自旋锁的开销很低。一旦锁被释放，在其上自旋的任务能非常及时地获取锁，效率更高。

③ 由于自旋锁是一种忙等机制，因此其持有时间不宜过长，否则将导致其他核上的任务长时间地"忙等"该自旋锁被释放，还是会浪费一定的处理器时间，增加无谓的功率消耗。而信号量机制由于可使等待信号量的任务睡眠（或挂起）并调度其他任务在 CPU 上运行，虽然开销更大，但减少了对处理器的浪费，更适用于对共享资源保有时间较长的情况。

在信号量机制中，如果一个任务处于等待信号量的状态，则它会主动让出 CPU（即操作系统会实施任务重调度，但这不是抢占的概念）。某个正在自旋的任务不会主动让出 CPU，但它也有可能被抢占：如果自旋期间系统处于开中断的状态，中断产生并被响应的结果将可能导致自旋的任务被新就绪的其他任务抢占。这是允许的正常情况，因为自旋的任务既然被抢占，那么表示该任务的优先级比新就绪任务的优先级低，是合理的抢占。

然而，如果在自旋锁被占用的代码区间使能中断，则已经占有了自旋锁的任务也可能被抢占。如图 6-34 所示，在同一个处理器核上，某低优先级任务先获得了某个自旋锁，在其占有锁期间，另一个高优先级任务就绪且抢占低优先级任务运行，并且高优先级任务也试图获取同一个自旋锁，这样就导致了自旋锁死锁的产生。

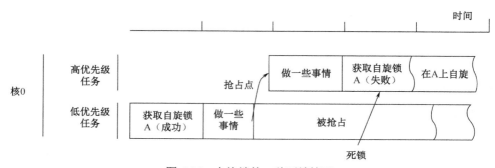

图 6-34　自旋锁的一种死锁情况

这张图说明，在同一个核上，某个低优先级任务已经占有了自旋锁，而另一个高优先级任务无限地在该锁上自旋。

为了避免出现这种情况，可以使用禁止中断封装自旋锁的获取函数，这样获得自旋锁的任务就不会被其他任务干扰，因为这避免了在中断处理过程中可能导致的高优先级任务就绪。为了确保这种方法有效，前提是获取自旋锁的任务自身代码中不包含相关的代码，使得高优先级的、可能自旋于同一个锁的任务就绪。但是禁止中断可能会影响系统的实时响应性能，因而另一种代价较低且保险的做法是，在自旋锁的获取过程中，检查是否已经被同一个核锁定，如果是，则直接返回一个错误码。

3）自旋锁机制的典型实现

自旋锁的实现需要硬件提供"Test And Set"功能，而多核 DSP 处理器 TMS320C6678 没有相关的操作指令，但提供了一个名为 Semaphore2 的硬件模块，其中包含了一组硬件信号量，通过对其相应寄存器的读写可保证互斥地获得信号量。下面的例子中使用 Semaphore2 作为自旋锁实现的硬件基础。

（1）相关数据结构

自旋锁相关的数据结构如下。

```
typedef struct spinLock OsSpinLock;
typedef OsSpinLock *OsSpinLockRef;
struct spinLock
{
```

```
      /*indicates by which task/ISR the spinlock is occupied*/
      OSDWORD occupiedTask;
      /*indicates which hardware Semaphore2 is bounded*/
      OSBYTE semNo;
      /*link spinlocks in TCB*/
      OsSpinLockRef next;
};
```

① occupiedTask：占有自旋锁的任务/ISR 的 ID。当自旋锁被占用时，需要保存占用自旋锁的本地任务 ID 或者 ISR ID。当释放自旋锁时，该 ID 用于协助检查被释放的自旋锁是否被当前的任务或 ISR 占有。

② semNo：自旋锁对应的 Semaphore2 硬件中的信号量编号。Semaphore2 有 64 个硬件信号量，因此需要指明自旋锁对应的硬件信号量编号。

③ next：当任务占用多个自旋锁时，该数据项用于将这些自旋锁形成链表。

（2）相关操作

自旋锁的操作主要有获取自旋锁、释放自旋锁、尝试获取自旋锁，相关操作的描述如下。

① 获取自旋锁：当任务/ISR 需要访问核间共享资源时，可以调用获取自旋锁函数获取一个自旋锁。该函数通过对 Semaphore2 硬件模块的操作来获取相关的锁等。如果指定的锁被占用，则本函数会一直等待直到自旋锁可用为止，如图 6-35 所示，相关过程如下。

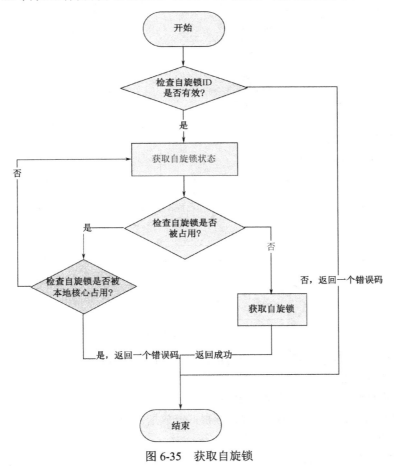

图 6-35　获取自旋锁

<a> 检查自旋锁 ID 是否有效。

<b> 读取 Semaphore2 中对应信号量的状态。

<c> 如果对应的信号量被占用，则检查占用信号量的核心是否为本地核心。如果是本地核心，则直接结束，并返回相应的错误代码；如果信号量被其他核心占用，则返回到步骤 b，以便循环读取 Semaphore2 中该信号量的状态，直到其变为可用。

<d> 如果对应的信号量可用，则立即占用该信号量，并标明其已被本地核心占用（本地核心的 ID 会被写入 Semaphore2 的相关寄存器），最后返回成功。

② 尝试获取自旋锁：当使用获取自旋锁的函数时，如果自旋锁被占用，则操作会循环等待，直到自旋锁被本核心占用为止。而尝试获取自旋锁的函数能够在自旋锁被占用的情况下返回调用者，而不必等待。其操作流程与获取自旋锁类似，如图 6-36 所示。

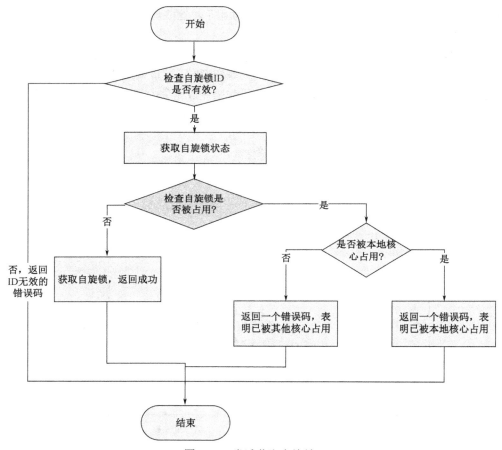

图 6-36　尝试获取自旋锁

③ 释放自旋锁：当任务/ISR 不再使用自旋锁时，需要释放占用的自旋锁，相关流程如下。

<a> 检查自旋锁 ID 是否有效。

<b> 检查自旋锁是否被当前任务/ISR 占用。

<c> 使用 Semaphore2 指令操作相关寄存器，释放指定的自旋锁。

<d> 返回相应的操作结果。

整个流程如图 6-37 所示。

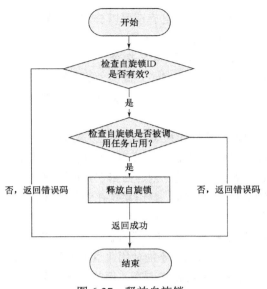

图 6-37　释放自旋锁

4）有关自旋锁机制的其他讨论

（1）自旋锁的嵌套获取及死锁问题。

另一种自旋锁死锁的发生是由于有嵌套的自旋锁获取，如图 6-38 所示。

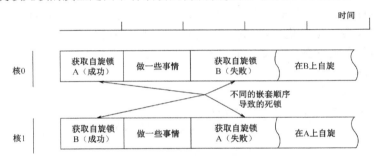

图 6-38　两个自旋锁被不同核上的任务以不同的顺序获取

为避免上述死锁情况的产生，可以不允许自旋锁的嵌套。如果需要嵌套，则需要定义唯一的顺序。每个任务均必须按照相同的顺序使用自旋锁，某些自旋锁可以被跳过，但决不允许在此顺序中出现循环，如图 6-39 所示。

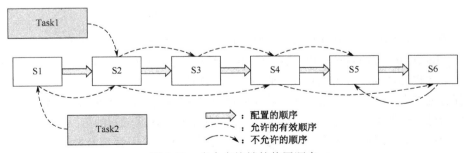

图 6-39　多个自旋锁的使用顺序

图 6-38 展示了两个任务需要访问一组自旋锁（S1～S6）的情况。对多个自旋锁的占用需要

按照事先规定的顺序进行，当然，有些自旋锁可以被跳过。如果在同一时间有多个自旋锁被占用，则它们的锁定和解锁应严格遵循 LIFO 的顺序进行。

（2）在自旋锁的实现中使用 WFE 和 SEV 指令

如本书第 3 章所述，ARMv7 和 ARMv6K 提供了等待事件和发送事件的指令 WFE、SEV，在自旋锁的实现中使用这些指令，可以辅助降低处理器反复尝试获取自旋锁过程中的功耗和对总线的竞争。

（3）引入自旋锁机制对嵌入式操作系统其他功能的影响

① 嵌入式操作系统的任务终止功能不能在自旋锁被占用的情况下被调用。该系统调用将会检查是否存在未释放的自旋锁，如果是，则返回错误，而不进行任务的终止。另一种可能的情况是，当一个占用自旋锁的任务出错时，操作系统在强行中止该任务的时候自动释放其占用的自旋锁。

② 关闭操作系统的功能应释放当前核上所有被占有的自旋锁。

③ 一个任务在占用自旋锁的时候，不能使用"重调度"、"等待事件"等系统调用。因为这些调用可能导致当前任务的 CPU 使用权被剥夺，而此时该任务还在占用自旋锁。

（4）优先级反转问题

与互斥信号量的使用一样，用于多核间共享资源互斥的自旋锁机制也可能造成优先级反转的现象。如图 6-40 所示，位于核 1 上的任务 A 在其占用某自旋锁期间被同核上的更高优先级任务 B 抢占，而核 2 上的任务 C 又正在同一个自旋锁上自旋，并且从全局的视角来看，任务 A 的优先级最低，任务 B 的优先级次之，任务 C 的优先级最高。此时就会发生"全局的"优先级反转现象，即高优先级的任务 C 被中等优先级的任务 B 阻塞，并且两者没有资源共享关系。虽然我们看到任务 C 一直在处理器上运行，但是在无意义的忙等，即它忙等的时间被任务 B 延长了。

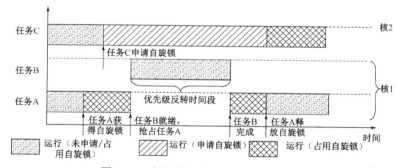

图 6-40 自旋锁机制的优先级反转现象

可以通过扩展单核上的互斥信号量机制解决该问题，引入避免优先级反转的优先级继承协议（Priority Inheritance Protocol，PIP）或更优的优先级天花板协议（Priority Ceiling Protocol，PCP）。但这样会导致自旋锁的实现更加复杂，而淡化其已具备的一些优势。一种简单、有效的处理方法是在任务拥有自旋锁期间禁止中断，从而避免中等优先级任务抢占拥有自旋锁的任务。由此造成的中断延迟时间也能接受，因为毕竟自旋锁适用于持有时间较短的情况。

而对于持有共享资源时间较长的情况，则需要实现多核上的互斥信号量机制，包括使用 PCP 等技术避免优先级反转。具体的实现可能涉及多核间同步机制的运用，以便当相应的共享资源可用时得到通知。

2．其他互斥机制

如前所述，自旋锁机制有如下缺点：适用于对共享资源锁定时间较短的情况，无法使用 PCP 等技术改善全局优先级反转问题，等等。因此，在多核系统中仅有自旋锁机制或许是不够的，不能够覆盖系统中不同特性的核间共享资源的各种应用场景。为此，需要考虑对传统单核系统上的互斥机制进行扩展，以丰富对核间共享资源的控制功能。

单核嵌入式操作系统的互斥机制不能直接应用于多核系统，原有 PCP 对任务优先级的提升在多核环境下会失效，因为任务优先级关系局限于每个核内部，每个核上的调度程序基于该核上任务的优先级关系实施调度。单核上的天花板优先级不足以防止核间的优先级反转现象。

为此，需要针对共享内存等核间共享资源，建立起全局的资源管理数据，资源的优先级天花板设置需要考虑所有核上共享该资源的任务的优先级情况。注意，涉及多核系统"全局"的数据结构需要放置在共享内存中，对于这些数据结构的访问都需要基本的互斥控制，而这个基本的互斥控制可采用自旋锁。因此，从此意义上来说，多核间高级的互斥机制需要分层实现：低层是基本的自旋锁机制，在其基础上，再实现上层的互斥机制，实现任务对共享资源的等待、共享资源可用时的通知及任务重调度等。

在高级互斥机制中还可以实现诸如 OSEK OS 中所谓的"中断资源"，即任务在获取了某个共享资源后，其优先级可以高于系统中的一些中断，该任务所在的处理器核被屏蔽了对某些级别中断的响应（其他核不受影响）；而在释放资源时，该处理器核的中断响应又重新被使能。这也是一种可能的应用场景需求。

6.6.3 核间通信

在多核系统中，除了本地任务/ISR 之间的通信外，还存在不同核心上任务/ISR 之间的通信需求；当本地核心请求其他核心进行一些系统功能调用时，也需要与其他核心通信。因此，根据通信请求的位置，可以将核间通信分为系统级核间通信与应用级核间通信。

1．系统级核间通信

系统级核间通信主要用于系统 API 函数跨核调用时的通信，例如，当请求远程核心激活一个任务时，系统级核间通信将向远程核心发起相应的 API 操作请求，将 API 操作的名称、参数作为通信的数据发送给远程核心。另外，系统级核间通信也可用于操作系统关键数据的传递。

由于主要作用于系统内部，因此系统级核间通信模块不提供面向应用程序的接口。

系统级核间通信需要核间中断的支持，以中断的方式通知远程核心，保证通信的实时性。

整个系统级核间通信模块分为两个部分，即上层协议层和底层驱动。其中，上层协议层实现协议抽象层、跨核通信 API 函数的客户端和服务端，而底层驱动则主要根据硬件寄存器的情况实现具体的核间通信。图 6-41 为系统级核间通信模块的分层结构。

图 6-41　系统级核间通信模块分层结构

（1）核间中断驱动层

多核 DSP 处理器 TMS320C6678 的核间中断由 IPCGRx 寄存器产生，该寄存器各位的含义如图 6-42 所示，其功能如表 6-1 所示。

IPCGRx 寄存器的第 0 位用于触发核间中断，第 4～31 位用于记录核间中断的来源及种类，这 28 位是纯粹为软件设计的，硬件不会操作它们。本模块的底层驱动就利用了这 28 位的设计。

31	30	29	28	27		8	7	6	5	4	3	1	0
SRCS27	SRCS26	SRCS25	SRCS24	SRCS23~SRCS4			SRCS3	SRCS2	SRCS1	SRCS0	Reserved		IPCG
RW+0	RW+0	RW+0	RW+0	RW+0(per bit field)			RW+0	RW+0	RW+0	RW+0	R, +000		RW+0

R=只读，RW=可读写，−n=复位后的值

图 6-42　IPCGRx（IPC 发生寄存器）的结构

表 6-1　IPCGRx（IPC 发生寄存器）的位域功能定义

位	域	描述
4～31	SRCSx	中断源指示。 读时返回内部寄存器位的当前值。 写：0=没有影响，1=设置 SRCSx 和相应的 SRCCx
1～3	保留	保留
0	IPCG	DSP 间中断的产生。 读时返回 0 写：0=没有影响，1=创建一个 DSP 间的中断

这 28 位分成 3 部分（如图 6-43 所示）：高 10 位用于应答事件池序号，中间 10 位用于请求事件池序号，低 8 位用于标识核间中断的来源。该设计共支持 1024 个用户定义的核间通信事件。

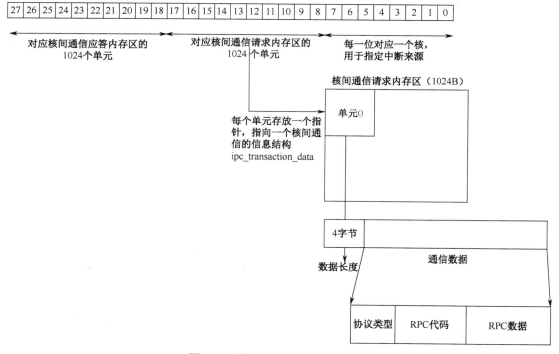

图 6-43　核间中断驱动层整体架构

每个核都有一个请求内存池和一个应答内存池。内存池包括 1024 个指针，每个指针对应一个链表头结构，该结构将所有请求块或应答块链接成链表。请求事件使用 ipc_transaction_data 结构，该结构由两个部分组成，即 IPC 头部和 IPC 数据。其中，IPC 数据又分为两部分：RPC 代码和 RPC 数据。RPC 代码用于表示调用函数的类型，RPC 数据为该函数的参数。

下面的代码为相关数据结构的定义。

```
/* 该结构表示IPC通信的头部信息 */
struct ipc_transaction_hdr {
```

```
    unsigned int ipc_type;
    /* RPC数据长度，包括RPC代码和RPC数据 */
    unsigned int data_size;
    /* 整个IPC报文的长度 */
    unsigned int total_data_size;
    /* IPC通信的发起核心 */
    unsigned char src_core;
    /* IPC通信的目的核心 */
    unsigned char dst_core;
    /* 填充 */
    unsigned short reversed;
};
/* 该结构表示IPC通信的数据，如果rpc_code为-1，则表示此次IPC为数据通信 */
struct ipc_transaction_rpc {
    int rpc_code;
    void rpc_data;
};
/* 该结构表征一次IPC通信 */
struct ipc_transaction_data {
    struct ipc_transaction_hdr ipc_hdr;
    struct ipc_transaction_rpc ipc_rpc_data;
};
/* 该结构为内存池的每一个单元的头部，可以通过原子操作实现无锁算法 */
struct request_mem_slot_head {
    /* you can implement non-lock list here */
    struct list_head slot_head;
    /* protect the mem slot */
    struct spin_lock slot_lock;
};
/* 该结构为请求内存池，应答内存池结构与请求内存相同 */
struct request_mem {
    struct request_mem_slot_head[REQUEST_KIND_NUM];
};
/* 该结构为请求内存池中链接的每一个请求 */
struct request_mem_slot {
    struct list_head slot;
    /* 每次请求的IPC数据 */
    struct ipc_transaction_data data;
    /* 该请求的来源核心 */
    unsigned int core;
    /* 请求的类型 */
    unsigned int req_kind;
    /* 请求是否有效 */
    unsigned int avail;
};
```

所有核间中断请求可分为广播和非广播两大类，每个大类又分为需要回复和不需要回复两个小类，回复方式又可分为同步和异步两种方式。其中，广播方式的请求不能设置回复方式为异步。如果要实现异步的回复方式，那么需要实现额外的 signal 机制。同步回复方式有两种：一种是轮询标志位，另一种是休眠。

所有的核都应该有一个核间中断处理任务，以减少核间中断带来的系统延迟。所有核的内存池皆需要自旋锁进行保护。下面是核间中断的请求与应答过程（这里假设核 0 要向核 1 发送核间中断请求）。

① 核 0 将请求数据封装成 ipc_transaction_data（包括 IPC 头部、RPC 代码和 RPC 数据）。

② 核 0 将上述数据放入核 1 的请求内存池，即根据此次请求的序号，插入到正确的链表中。

③ 核 0 申请一块内存用于保存应答信息，该内存区域根据上述请求中的应答码放入正确的链表中。

④ 核 0 将相关信息写入 IPCGR1 寄存器，这些信息包括：核间通信数据的来源、核间通信事件序号、核间通信应答序号。

⑤ 核 0 将 IPCGR1 寄存器的 0 位置 1，发送核间中断，然后根据应答类型判断是进行同步的等待，还是继续完成其他操作（异步等待方式）。

⑥ 核 1 收到核间中断，在 ISR 中读 IPCGR1 寄存器的内容，判断核间中断的来源、核间中断请求的事件序号、通信应答序号。

⑦ 核 1 根据中断请求的事件序号，从请求内存池中提取 ipc_transaction_data 数据，将该数据交给 IPC 核间中断任务队列，唤醒该任务，然后退出中断。

⑧ 核 1 的 IPC 核间中断任务队列被中断唤醒，取出 ipc_transaction_data，然后分解出 IPC 头部、RPC 代码和 RPC 数据，并交由上层处理。

⑨ 核 1 的上层处理完数据后，根据是否需要应答及应答的方式进行下一步操作。如果不需要应答，则此次核间通信结束；如果需要应答，则判断应答方式——如果为同步方式，则将应答数据写入核 0 要求的应答内存池，如果为异步方式，则再次构建 ipc_transaction_data，通过核间中断的方式给核 0 应答。

（2）核间通信抽象层

该层的目的是隔离底层 IPC 通信的技术细节，提高系统的可移植性和可扩展性。该层可以使核间函数的调用本地化。

整个抽象层由图 6-44 所示的中间两层构成，包括 4 部分：跨核函数客户端、跨核函数客户端代理、跨核函数服务端函数桩、跨核函数服务端。

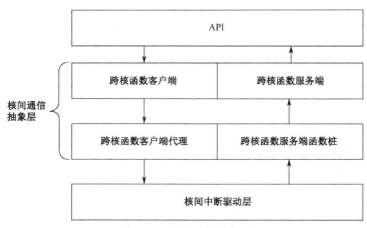

图 6-44　核间通信抽象层

① 跨核函数客户端：主要用于读取相关 ID 寄存器的内容，以判断当前 API 调用是否为跨核调用。

② 跨核函数客户端代理：主要对上层 API 的请求进行封装，构建 ipc_transaction_ data，并

将 ipc_transaction_data 交给底层驱动模块。

③ 跨核函数服务端函数桩：主要用于分析由底层驱动模块提供的 ipc_transaction_ data，将该数据结构中的 RPC 代码和 RPC 数据提取出来，并回调其上层的跨核函数服务端。

④ 跨核函数服务端：完成核间通信数据（包括 RPC 代码和 RPC 数据）的最终处理，向客户端返回处理结果。

相关数据结构的定义如下。

```
/* 跨核函数元素 */
struct func_slot {
    unsigned int handle;              /* 跨核函数的RPC代码 */
    void (*stub_proxy)();             /* 跨核函数客户端代理 */
    void (*stub)();                   /* 跨核函数服务端函数桩 */

};
/* 每个核上的可变长函数桩 */
struct per_cpu_func_services {
    unsigned int func_slot_num;
    struct func_slot func_services[0];
};
```

为了实现一套核间通信的跨核函数，需要向系统注册跨核函数客户端代理和跨核函数服务端函数桩。

A 核在调用跨核函数客户端时，该调用会包含一个参数来指定运行该函数的核心。如果不是当前核心，则该函数会根据其在跨核函数的函数桩数组中的位置获得相应的 handle，并将此 handle 和其他调用参数一起作为参数，调用用户先前注册的 stub_proxy 函数指针。该 stub_proxy 函数指针即为跨核函数客户端代理，它将封装一个 ipc_transaction_data 结构，将该结构传递给底层驱动，以完成核间通信的请求。

B 核在收到请求后，在其核间中断处理程序中将 ipc_transaction_data 请求插入到 IPC 核间中断处理任务的消息队列中，在唤醒该任务后退出。B 核的 IPC 核间中断处理任务从其消息队列中取出 ipc_transaction_data，并从该结构中提取 RPC 代码；根据 RPC 代码在跨核函数的函数桩数组中找到相对应的 func_slot 结构，并以 RPC 数据为参数调用 stub 函数指针。stub 函数指针也是用户之前注册到系统中的，它将调用跨核函数服务端的功能。

2. 应用级核间通信

应用级核间通信主要指嵌入式应用软件的任务与任务之间、任务与 ISR 之间的数据/消息传递。不同于系统级核间通信，应用级的通信数据量一般比较大。常用的应用级核间通信方式包括共享内存、邮箱和消息队列等。下面对这 3 种方式的应用级核间通信进行简要说明。

（1）共享内存

共享内存有静态和动态两种分配方式。在静态分配方式下，在软件的编译阶段就能决定数据的地址和大小，只要数据处于共享的地址空间范围内，就可以被多个核心共享访问。在动态分配方式下，需要操作系统提供一套内存管理机制和分配算法来动态管理共享的内存地址空间，包括动态的共享内存申请、释放、空闲块的合并等操作。一种共享内存的思路是，对系统中重要的数据结构（如一些公用的数据结构）采取静态分配方式，而对用户提供动态分配内存的服务。为此，需要在系统的初始化过程中建立各个动态内存块的控制信息及空闲内存块的管理链表，并确定适宜的内存管理和分配算法。

（2）邮箱

与单核系统中的邮箱机制类似，多核系统中的邮箱允许一个任务或者中断服务程序向本地或其他核上的另一个任务发送一个指针型变量，该指针变量指向本地或共享内存中的一个包含了某种消息的特定数据结构。使用邮箱的目的也可以是通知一个事件的发生，在这种情况下，邮箱相当于一个用于同步的二值信号量。

对邮箱的操作包括发送消息、等待消息、查询邮箱状态等。

相关数据结构可包括：邮箱的控制块结构；存储邮箱消息的缓冲区；等待邮箱消息的任务队列；每个邮箱的互斥锁，用于访问邮箱相关信息时的互斥控制。

注意：对于邮箱中消息的接收有广播方式和普通方式。普通方式下，等待邮箱消息的任务中优先级最高的那个首先获得消息；广播方式下，所有正在等待同一邮箱的任务都将获得相同的消息。

（3）消息队列

消息队列实际上可以看成多个邮箱组成的数组，与邮箱一样，消息队列也存在广播消息和普通消息两种。核间消息队列的实现原理与单核系统中的类似。相应的，用于核间通信的消息队列的数据缓冲区及其控制结构都应处于共享内存区，并通过核间互斥机制进行访问控制。

系统初始化完成后，应在共享内存区域中划分出若干个大小相等的空闲消息块，并通过数组或链表的形式组织起来。相应的，完成核间共享计数信号量的初始化，以记录每个队列中空闲消息块的数量。每个消息队列还需要维护一个当前读、写位置的指针，对它们的访问也需要通过核间互斥机制来控制。

6.6.4　核间同步

与单核系统类似，核间任务/ISR 的同步方式可以使用核间同步信号量，也可以使用事件机制的跨核调用。

1. 核间同步信号量机制

多核间的同步信号量基于共享内存实现，其基本信息存储在共享内存区域，并使用互斥机制控制。与单核系统类似，核间同步信号量的应用接口包括核间同步信号量的创建与删除、信号量申请、信号量释放等操作。

在具体实现中，可以在共享内存空间中分配一块独立的区域，用于维护所有等待核间同步信号量的任务，每个信号量分配一个任务等待队列。一旦信号量被其他任务释放，则从任务等待队列中选择适宜的任务获得此信号量，使得此任务重新就绪。在抢占式调度方式下，调度该任务在相应的处理器核上执行。

2. 核间事件机制

单核上的事件机制可以被扩展，以用于多核系统中的核间同步，主要有以下实现的考虑。

（1）设置事件

本地核心可以为其他核心上的任务设置事件。一般，跨核的设置事件调用会采用同步执行的方式，即本地调用者必须等待远程核心返回该调用的结果后才能继续执行。

跨核设置事件操作的流程如图 6-45 所示。

跨核的系统调用需要核间中断及核间通信的支持（用于传递调用的参数）。远程核心上的任务如果因为获得同步事件从等待态变为就绪态，则在该核心上会进行一次任务的重调度。

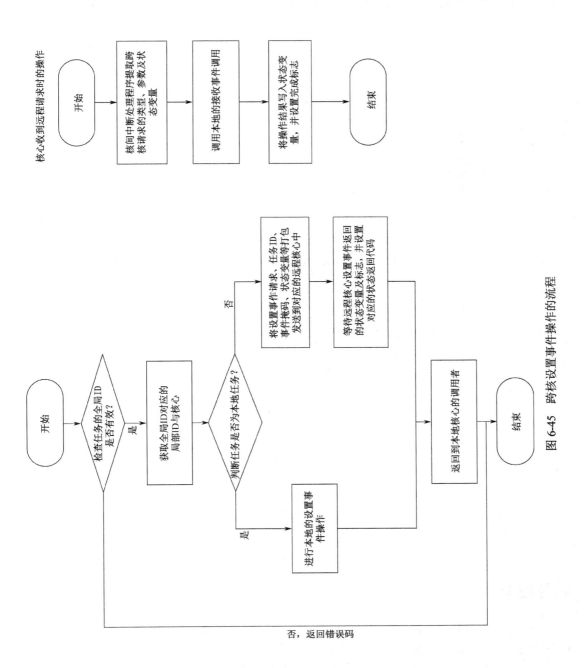

图 6-45 跨核设置事件操作的流程

（2）等待事件

只有任务能够等待事件，ISR 不能等待事件。等待事件可能导致任务被挂起，因此等待事件的调用必须适应自旋锁机制的要求，即检查调用任务是否已经拥有自旋锁。与其他共享资源一样，自旋锁不能被处于等待态的任务占用。因此，如果调用任务拥有自旋锁或其他资源，则会返回一个错误码。等待事件流程图如图 6-46 所示。

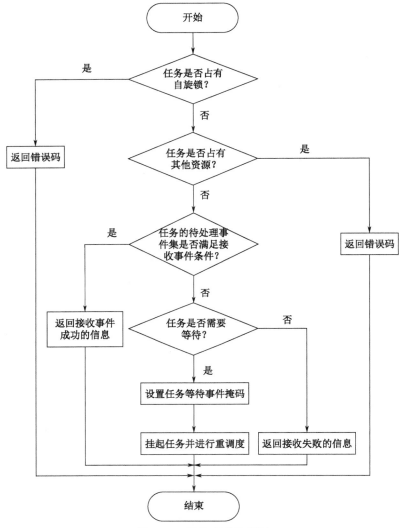

图 6-46　等待事件流程图

思考题 6

6.1　嵌入式操作系统提供的同步、互斥与通信机制主要有哪些？请以一款具体的嵌入式操作系统为例，分析它提供的同步、互斥与通信机制。

6.2　在创建互斥信号量、二值信号量和计数信号量的时候有哪些异同点？

6.3　什么是"删除安全"问题？在什么情况下需要对任务实施删除安全保护？

6.4　请利用一款具体的嵌入式操作系统提供的同步与互斥机制，解决本章提到的有界缓冲问题。

6.5　任务等待消息的方式有哪几种？当任务试图接收消息时，什么情况下系统可能发生任务重调度？

6.6　请利用一款具体的嵌入式操作系统提供的通信机制，实现如图 6-47 所示的任务之间的全双工通信。

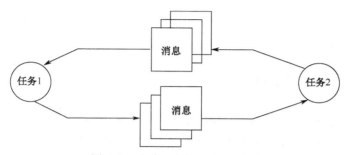

图 6-47　任务之间的全双工通信

6.7　请利用事件机制提供的"与"和"或"同步功能，分别设计一个应用的例子，并说明与其他同步机制相比，这两种同步方式给多任务应用设计带来的便利之处。

6.8　请列表说明异步信号机制与中断机制的异同点。

6.9　怎样利用操作系统提供的同步与通信机制达到任务与中断的协同工作？请基于一款具体的嵌入式操作系统编写多任务应用程序，实现任务与中断服务例程之间的单向同步。

6.10　自旋锁是怎样的一种互斥机制？其实现的硬件条件是什么？与其他互斥机制相比，自旋锁有什么样的优缺点？

第7章　中断、时间、内存和 I/O 管理

7.1　中断管理

7.1.1　实时内核的中断管理

实时系统通常需要处理来自外部环境的事件，如按键、视频输出的同步、通信设备的数据收发等。这些事件都要求能够在特定的时间范围内得到及时处理。例如，当键盘上的键被按下后，系统应该尽快把相应的字符显示出来，否则会给用户造成系统没有响应的情形。中断是解决该类问题的有效机制。

从发展过程来看，中断（Interrupt）最初被用来替换 I/O 操作的轮询处理方式，以提高 I/O 处理的效率。随后，中断又包含了自陷（也称内部中断或软件中断）的功能。后来，中断的概念得到进一步扩大，被定义为导致程序正常执行流程发生改变的事件（不包括程序的分支情况）。可把概念被扩大的中断称为广义中断。在实际应用中，广义的中断通常被分为中断、自陷和异常等类别。

① 中断是由于 CPU 外部的原因而改变程序执行流程的过程，属于异步事件，也称为硬件中断。自陷和异常则为同步事件。

② 自陷表示通过处理器所拥有的软件指令、可预期地使处理器正在执行的程序的执行流程发生变化，以执行特定的程序，如 Motorola 68000 系列中的 Trap 指令、ARM 中的 SWI 指令、Intel 80x86 中的 INT 指令。自陷是显式的事件，需要无条件执行。

③ 异常为 CPU 自动产生的自陷，以处理异常事件，如被 0 除、执行非法指令和内存保护故障等。异常没有对应的处理器指令，当异常事件发生时，处理器也需要无条件地挂起当前运行的程序，执行特定的处理程序。

使用中断的目的在于提高系统效率，使得系统在进行一些 I/O 操作时，CPU 仍然能够继续执行正常的程序流程。而在轮询系统中，CPU 需要持续不断地探测 I/O 设备，以获取 I/O 操作是否已经完成的信息。

在中断驱动的系统中，CPU 继续其正常执行情况，当 I/O 设备需要服务时，I/O 设备会通过中断的方式来通知 CPU。轮询系统则由于在设备未准备好时需要不断地对设备进行轮询而耗费 CPU 的指令周期。这可以通过串口的情况来进行说明。假定执行通过串口获取字符的通信程序，当有字符到达时，会产生一个中断，启动通信程序对得到的字符进行缓存，然后退出中断。与此同时，由于处理串口中断的时间非常短，其他程序可以在没有显著性能降低的情况下得到执行。如果用轮询方式来处理上述情况，为了查看是否有字符到达，CPU 就需要持续不断地轮询串口芯片。在这种方式下，即使字符的到达率非常低，CPU 也需要花费所有的时间来获得输入字符，而没有时间来进行其他程序的处理。当然，在没有中断机制的情况下，也可以通过后台处理的方式来获得字符。但这可能需要其他程序每隔几毫秒就查询串口芯片一次，以确保数据不会丢失。这使得这些程序的实现比较困难和烦琐。

视频

对于实时系统来说，中断通常都是必不可少的机制，以确保具有时间关键特性的功能部分能够得到及时执行。实时内核大都提供了管理中断的机制，该机制方便了中断处理程序的开发，提高了中断处理的可靠性，并使中断处理程序与任务有机地结合起来。

7.1.2 中断的分类

1．按中断是否可以被屏蔽分类

根据硬件中断是否可以被屏蔽，中断分为可屏蔽中断和不可屏蔽中断。中断的发生是异步的，所以程序的正常执行流程随时有可能被中断服务程序打断。如果程序正在进行某些重要运算，则中断服务程序的插入将有可能改变某些寄存器的数据，造成程序的运行发生错误。因此，在程序某段代码的运行过程中可能需要屏蔽中断，通过设置屏蔽标志对中断暂时不做响应。能够被屏蔽掉的中断称为可屏蔽中断。对于可屏蔽中断，外部设备的中断请求信号一般需要先通过 CPU 外部的中断控制器，再与 CPU 相应的引脚相连。可编程中断控制器可以通过软件进行控制，以禁止或允许中断。另一类中断是在任何时候都不可屏蔽的，称为不可屏蔽中断。一个典型的例子是掉电中断，当发生掉电时，无论程序正在进行什么样的运算，它肯定无法正常运行下去。在这种情况下，急需进行的是一些掉电保护的操作。对于这类中断，应随时进行响应。

2．按中断源分类

从中断源来说，中断又可分为硬件中断和软件中断。硬件中断是由 CPU 外部的设备所产生的中断，属于异步事件，可能在程序执行的任何位置发生，发生中断的时间通常是不确定的。软件中断也称为同步中断或自陷，通过处理器的软件指令来实现，产生中断的时机是预知的，可根据需要在程序中进行设定。软件中断的处理程序以同步的方式进行执行，其处理方式同硬件中断处理程序类似。软件中断是一种非常重要的机制，系统可通过该机制在用户模式下执行特权模式中的操作。软件中断也是软件调试的一个重要手段，如 Intel 80x86 中的 INT 3，使指令进行单步执行，调试器可以用它来形成观察点，并查看随程序执行而动态变化的事件情况。

3．按中断信号的产生方式分类

从中断信号的产生来看，根据中断触发的方式，中断分为边缘触发中断和电平触发中断。在边缘触发方式中，中断线从低变到高或从高变到低时，中断信号就被发送出去，并只有下一次的从低变到高或从高变到低时才会再度触发中断。由于该事件发生的时间非常短，有可能出现中断控制器丢失中断的情况，并且，如果有多个设备连接到同一个中断线，即使只有一个设备产生了中断信号，也必须调用中断线对应的所有中断服务程序来进行匹配，否则会出现中断的软件丢失情况。对于电平触发方式，在硬件中断线的电平发生变化时产生中断信号，并且中断信号的有效性将持续保持下去，直到中断信号被清除。这种方式能够降低中断信号传送丢失的情况，且能通过更有效的方式来服务中断，每个为该中断服务后的 ISR 都要向外部设备进行确认，然后取消该设备对中断线的操作。因此，当中断线的最后一个设备都得到中断服务后，中断线的电平就会发生变化，不用对连接到同一个硬件中断线的所有中断服务程序进行尝试。

4．按中断服务程序的调用方式分类

根据中断服务程序的调用方式，可把中断分为向量中断、直接中断和间接中断。向量中断是通过中断向量来调用中断服务程序的方式。在直接中断调用方式中，中断对应的中断服务程序的入口地址是一个固定值，当中断发生的时候，程序执行流程将直接跳转到中断服务程序的

入口地址，执行中断服务程序。对于间接中断，中断服务程序的入口地址由寄存器提供。

目前，系统大都采用向量中断的处理方式。中断硬件设备的硬件中断线（也称中断请求）被中断控制器汇集成中断向量，每个中断向量对应一个中断服务程序，用来存放中断服务程序的入口地址或中断服务程序的第一条指令。系统中通常包含多个中断向量，存放这些中断向量对应中断服务程序入口地址的内存区域被称为中断向量表。

在 Intel 80x86 处理器中，中断向量表包含 256 个入口，每个中断向量需要 4 字节（存放中断服务程序的首址）。ARM 的中断向量表开始于内存地址 0x00000000 或 0xFFFF0000。也有些处理器采用了非向量的中断处理方式，当中断发生的时候，相应的控制会直接传送到一个处理程序中，由该处理程序完成中断相关的操作。

大多数 CPU 核心有两种中断输入：一种提供给可屏蔽中断（如 80x86 的 INTR），另一种提供给非屏蔽性中断（如 80x86 的 NMI）。

外部设备使用可屏蔽中断输入，对于大多数系统来说，仅一个可屏蔽中断的输入不足以应付丰富的中断资源，如计数器、DMA 和通信端口。由于可屏蔽的中断源很多，并需要对其进行管理，如区分是哪个中断源发出的中断信号、哪个中断源最优先及怎样处理多级中断嵌套等问题。为此，可使用中断控制器，以对多个可屏蔽中断源进行管理，使 CPU 核心能与更多的中断资源相联系。

中断控制器能够对中断进行排队，避免中断信号的丢失，对不同的中断进行优先级配置，使高优先级中断能够中断低优先级中断，满足系统中具有更高时间约束特性功能的需要。在基于 x86 的架构中，8259 是一个非常通用的中断控制器芯片（Programmable Interrupt Controller，PIC）。每个 PIC 只能够处理 8 个中断，为支持更多数量的中断，需要组织成菊花链（Daisy Chain）的方式，把一个 PIC 的输出连接到另一个 PIC 的输入上，如图 7-1 所示。

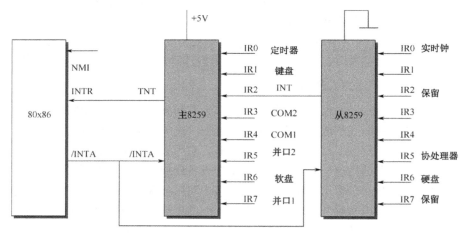

图 7-1　可编程中断控制器 8259

7.1.3　中断处理的过程

中断处理的全过程分为中断检测、中断响应和中断处理 3 个阶段。

1. 中断检测

中断检测在每条指令结束时进行，检测是否有中断请求或是否满足异常条件。为满足中断处理的需要，在指令周期中使用了中断周期，如图 7-2 所示。在中断周期中，处理器检查是否有中断发生，即是否出现中断信号。如果没有中断信号，则处理器继续运行，并通过取指周期取当前程序的下一条指令；如果有中断信号，则进入中断响应，对中断进行处理。

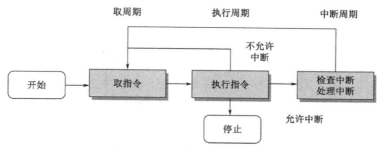

图 7-2　中断和指令周期

2. 中断响应

中断响应是由处理器内部硬件完成的中断序列，而不是由程序执行的。在 Intel 80x86 中，中断响应过程的操作如下：

① 对可屏蔽中断，从 8259 中断控制器芯片读取中断向量号。

② 将标志寄存器 EFLAG、CS 和 IP 压栈。

③ 对于硬件中断，复位标志寄存器中的 IF 和 TF 位，禁止可屏蔽外部中断和单步异常。

④ 根据中断向量号查找中断向量表，根据中断服务程序的首址转移到中断服务程序中执行。

3. 中断处理

中断处理即执行中断服务程序。中断服务程序用来处理自陷、异常或中断，尽管导致自陷、异常和中断的事件不同，但大都具有相同的中断服务程序结构。中断服务程序的主要内容如下：

① 保存中断服务程序将要使用的所有寄存器的内容，以便于在退出中断服务程序之前进行恢复。

② 如果中断向量被多个设备共享，则为了确定产生该中断信号的设备，需要轮询这些设备的中断状态寄存器。

③ 获取中断相关的其他信息。

④ 对中断进行具体的处理。

⑤ 恢复保存的上下文。

⑥ 执行中断返回指令，使 CPU 的控制返回到被中断的程序中继续执行。

上面描述的是对一个中断进行处理的情况。如果对一个中断的处理没有完成，又发生了另一个中断，则称系统中发生了多个中断。对于多个中断，通常可以采用以下两种方法进行处理：

① 在处理一个中断的时候，禁止再发生中断。这种处理方法又称为非嵌套的中断处理方式。在非嵌套的中断处理方式中，处理中断的时候，将屏蔽所有其他的中断请求。在这种情况下，新的中断将被挂起，当处理器再次允许中断时，再由处理器进行检查。因此，如果程序执行过程中发生了中断，则在执行中断服务程序的时候将禁止中断；中断服务程序执行完成后，恢复正常执行流程被中断的程序之前再使能中断，并由处理器检查是否还有中断。非嵌套中断处理方式使中断能够按发生顺序进行处理，处理情况如图 7-3 所示。这种处理方式的缺点是没有考虑优先级，使高优先级中断不能得到及时的处理，甚至导致中断丢失。只有在当前中断服务程序退出后，其他中断的中断服务程序才可能得到执行。

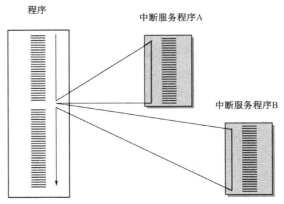

图 7-3　中断的非嵌套顺序处理

② 定义中断优先级，允许高优先级的中断打断低优先级中断的处理过程。这种处理方法又称为嵌套的中断处理方式。在嵌套的中断处理方式中，中断被划分为多个优先级，中断服务程序只屏蔽那些比当前中断优先级低或与当前中断优先级相同的中断，在完成必要的上下文保存后即使能中断。高优先级中断请求到达的时候，需要对当前中断服务程序的状态进行保存，然后调用高优先级中断的服务程序。当高优先级中断的服务程序执行完成后，再恢复先前的中断服务程序继续执行。嵌套中断处理的情况如图 7-4 所示。

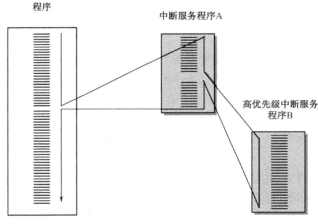

图 7-4　中断的嵌套处理

7.1.4　实时内核的中断管理

在实时多任务系统中，中断服务程序通常包括以下 3 方面的内容：① 中断前导——保存中断现场，进入中断处理；② 用户中断服务程序——完成对中断的具体处理；③ 中断后续——恢复中断现场，退出中断处理。

在实时内核中，中断前导和中断后续通常由内核的中断接管程序来实现。硬件中断发生后，中断接管程序获得控制权，先由中断接管程序进行处理，再将控制权交给相应的用户中断服务程序。用户中断服务程序执行完成后，又回到中断接管程序。基于中断接管程序的中断处理情况如图 7-5 所示。

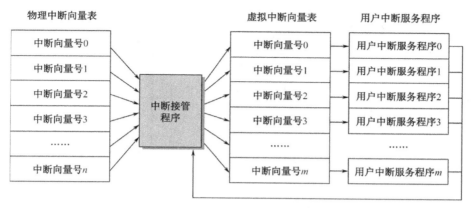

图 7-5　基于中断接管程序的中断处理情况

中断接管程序负责中断处理的前导和后续部分的内容。用户中断服务程序被组织为一个表，称为虚拟中断向量表。

中断处理前导用来保存必要的寄存器，并根据情况在中断栈或任务栈中设置堆栈的起始位置，然后调用用户中断服务程序。中断处理后续则用来实现中断返回前需要处理的工作，主要包括恢复寄存器和堆栈，并从中断服务程序返回到被中断的程序中。另外，如果需要在用户中断服务程序中使用关于浮点运算的操作，则中断前导和中断后续中还需要分别对浮点上下文进行保存和恢复。

当中断处理导致系统中出现比被中断任务具有更高优先级的就绪任务出现时，需要把高优先级任务放入就绪队列，把被中断的任务从执行态转变为就绪态，并在完成用户中断服务程序后，在中断接管程序的中断后续处理中激活重调度程序，使高优先级任务能在中断处理工作完成后得到调度执行。

在允许中断嵌套的情况下，在执行中断服务程序的过程中，如果出现高优先级的中断，当前中断服务程序的执行将被打断，以执行高优先级中断的中断服务程序。当高优先级中断的处理完成后，被打断的中断服务程序才得以继续执行。发生中断嵌套时，如果需要进行任务调度，则任务的调度将延迟到最外层中断处理结束时才能发生。虽然可能在最外层中断被继续处理之前就存在高优先级任务就绪，但中断管理只是把就绪任务放置到就绪队列中，不会发生任务调度，只有当最外层中断处理结束时才会进行任务调度，以确保中断能够被及时地完成处理工作。

通常，中断服务程序使用被中断任务的任务栈空间。但在允许中断嵌套处理的情况下，如果中断嵌套层次过多，中断服务程序占用的任务的栈空间可能比较大，将导致任务栈溢出。为此可使用专门的中断栈来满足中断服务程序的需要，降低任务栈空间使用的不确定性。可在系统中开辟一个单独的中断栈，为所有中断服务程序共享。中断栈必须拥有足够的空间，即使在最坏中断嵌套的情况下，中断栈也不能溢出。如果实时内核没有提供单独的中断栈，则需要为任务栈留出足够的空间，不仅需要考虑通常的函数嵌套调用，还需要满足中断嵌套的需要。使用单独的中断栈还能有效降低整个系统对栈空间的需求，否则需要为每个任务栈预留处理中断的栈空间。

中断栈需要在系统初始化的时候进行设置。图 7-6 所示为中断向量表起始位置为 0 的情况下的内存布局情况，其中栈的增长方向为高地址端到低地址端。对于图 7-6(a)，中断栈的溢出可能导致中断向量表被破坏。对于图 7-6(b) 中的情况，中断栈不会影响中断向量表。

基于中断接管机制的中断管理方式对中断的处理存在着一定的延迟，不能满足某些关键事件的处理或系统故障的响应。对这类事件应该进行最高优先级的零延迟处理。因此，实时内核

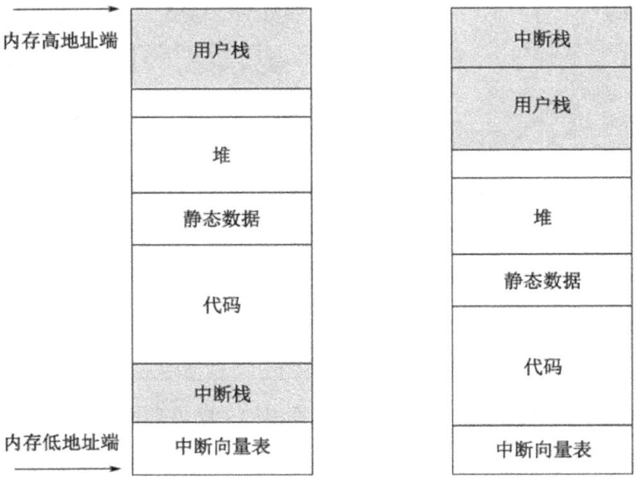
内存高地址端
用户栈
堆
静态数据
代码
中断栈
内存低地址端
中断向量表
中断栈
用户栈
堆
静态数据
代码
中断向量表

(a) 中断栈溢出　　(b) 中断栈不影响向量表

图 7-6　中断栈在内存中的布局情况

还提供了对高优先级中断的预留机制，这些中断的处理由用户中断服务程序独立完成，不经过中断接管程序的处理。

另外，实时内核通常还提供了如下中断管理功能：

① 挂接中断服务程序。将函数（用户中断服务程序）同一个虚拟中断向量表中的中断向量联系在一起。当中断向量对应中断发生的时候，被挂接的用户中断服务程序即会被调用执行。

② 获得中断服务程序入口地址。根据中断向量，获得挂接在该中断向量上的中断服务程序的入口地址。

③ 获取中断嵌套层次。在允许中断嵌套的处理中，获取当前的中断嵌套层次信息。

④ 开中断，即使能中断。

⑤ 关中断，即屏蔽中断。

7.1.5　用户中断服务程序

当中断线上发生中断的时候，对应中断向量中注册的中断服务程序就会被调用执行。中断服务程序的注册即以中断号为索引，将处理中断的函数的地址放置到中断向量的地址表中。中断服务程序的启动完全由 CPU 负责，不需要操作系统的处理。

如果处理器或实时内核允许中断嵌套（Interrupt Nesting），则中断服务程序将可能被其他中断服务程序所抢占。中断嵌套将使代码更加复杂，要求中断服务程序是可重入的。

视频

许多系统允许不同的外部设备使用相同的硬件中断，相应的中断服务程序在执行过程中应能识别是哪个设备产生了中断。可通过如下两种方式来实现这个功能：① 查看共享该中断的各设备的状态寄存器；② 执行注册在该中断号上的所有中断服务程序。

在多个中断服务程序使用同一个中断号的情况下，内核可以把属于自己的中断服务程序注册在硬件中断上，该内核中断服务程序对应用程序注册的所有中断服务程序进行逐一激活。这意味着应用程序注册的中断服务程序将在硬件中断服务程序执行后，在所有任务执行之前得到执行。在实时内核中，通常只允许一个中断号使用一个中断服务程序，否则其他中断服务程序的时间确定性得不到保障。

由于中断服务程序中通常对中断进行了屏蔽，要求中断服务程序应该尽可能短，保证其他中断和系统中的任务能够得到及时处理。为此，中断服务程序通常只处理一些必要的操作，其他操作则通过任务的方式来进行。通常，中断服务程序只是进行与外部设备相关的数据的读写操作，并在需要的情况下向外部设备发送确认信息，然后唤醒其他任务进行进一步的处理。例如，用于网卡的中断服务程序大都只是传送或接收原始的包数据，对数据的解释则由其他任务来进行。用来配合中断服务程序的其他任务通常被称为递延服务程序（Deferred Service routine，DSR）。由 ISR 和 DSR 组合的中断处理方式如图 7-7 所示。

```
/*Uses to handle data from dataReceiveISR*/
dsrTask()
{
    while(1)
    {
        wait_for_signal_from_isr();
        process_data_of_ISP();
    }
}
/*Uses to receive data by interrupt*/
dataReceiveISR()
{
    ...
get_data_from_device();
    send_signal_to_wakeup_dsrTask();
    ...
}
```

图 7-7　ISR 与 DSR 相结合的中断处理方式

在图 7-7 中，dataReceiveISR 为中断服务程序，用来接收数据，但不进行数据处理。处理数据的工作由一个名为 dsrTask 的任务进行。因此，dataReceiveISR 接收到数据后，通过一个信号唤醒处理该数据的任务 dsrTask，由 dsrTask 进行数据处理工作。

在中断服务程序中可以使用实时内核提供的应用编程接口，但一般只能使用不会导致调用程序可能出现阻塞情况的编程接口，如可以进行挂起任务、唤醒任务、发送消息等操作，但不要使用分配内存、获得信号量等可能导致中断服务程序的执行流程被阻塞的操作。这主要是由于对中断的处理不受任务调度程序的控制，并优先于任务的处理。如果中断出现被阻塞的情况，则将导致中断不能被及时处理，其余工作也无法按时继续进行，将严重影响整个系统的确定性。

内存分配和内存释放过程中通常要使用信号量，以实现对维护内存使用情况的全局数据结构的保护。因此，中断服务程序不能进行这类操作，也不能使用包含这些操作的编程接口。这通常意味着中断服务程序不能使用关于对象创建和删除方面（如任务创建和任务删除）的操作。

在实时系统中，完整的中断服务程序通常由实时内核和用户共同提供。实时内核实现关于中断服务程序的公共部分的内容，如保存寄存器和恢复寄存器等；中断服务程序中由用户提供的内容通常被称为用户中断服务程序，实现对特定中断内容的处理。因此，如果要在用户中断服务程序中使用关于浮点处理方面的内容，则需要清楚实时内核是否对浮点上下文进行了保护。由于大多数中断的处理不涉及浮点内容，实时内核的中断管理中一般没有对浮点上下文进行处理。如果用户中断服务程序需要使用浮点操作，则需要在用户中断服务程序中实现对浮点上下文的保护与恢复，以确保任务的浮点上下文不会被破坏。

中断服务程序还需要同系统中的任务进行通信。从中断服务程序到任务的通信机制主要包括以下内容。

① 共享内存：中断服务程序同任务共享变量、缓冲区，实现中断服务程序与任务之间的通信。

② 信号量：中断服务程序可以释放任务正在等待的信号量。

③ 消息队列：中断服务程序可以把消息发送给正在等待该消息的任务。由于中断服务程序不能被阻塞，如果消息队列已满，则应该丢弃所发送的消息，而不能等待消息队列有空间来存放该消息。

④ 异步信号：中断服务程序可以向任务发送异步信号，使任务对应的异步信号处理程序得到执行。

7.1.6 中断相关的性能指标

1. 中断时序图

在实时内核的各项时间性能指标中，有很多是与中断有关的。微处理器一般允许中断嵌套，即在中断服务期间如果打开中断，微处理器可以识别另一个优先级更高的中断，并服务于那个优先级更高的中断，如图7-8所示。

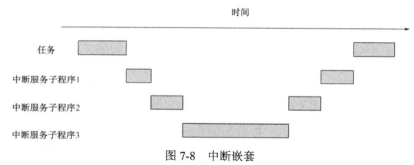

图 7-8　中断嵌套

图 7-9～图 7-11 分别为前后台系统、非抢占式调度内核和抢占式调度内核的中断时序图的基本情况。从这些时序图中可以看出，中断服务程序完成中断事件的处理后进行的操作。

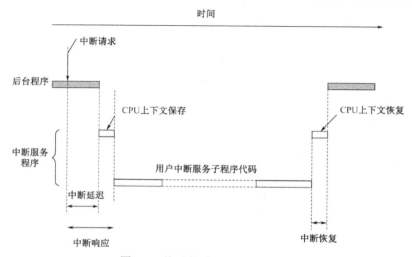

图 7-9　前后台系统的中断时序图

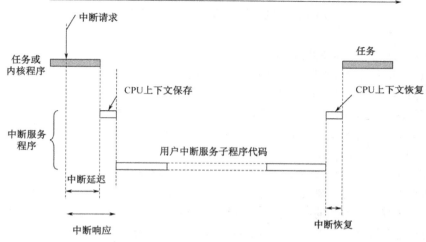

图 7-10　非抢占式调度内核的中断时序图

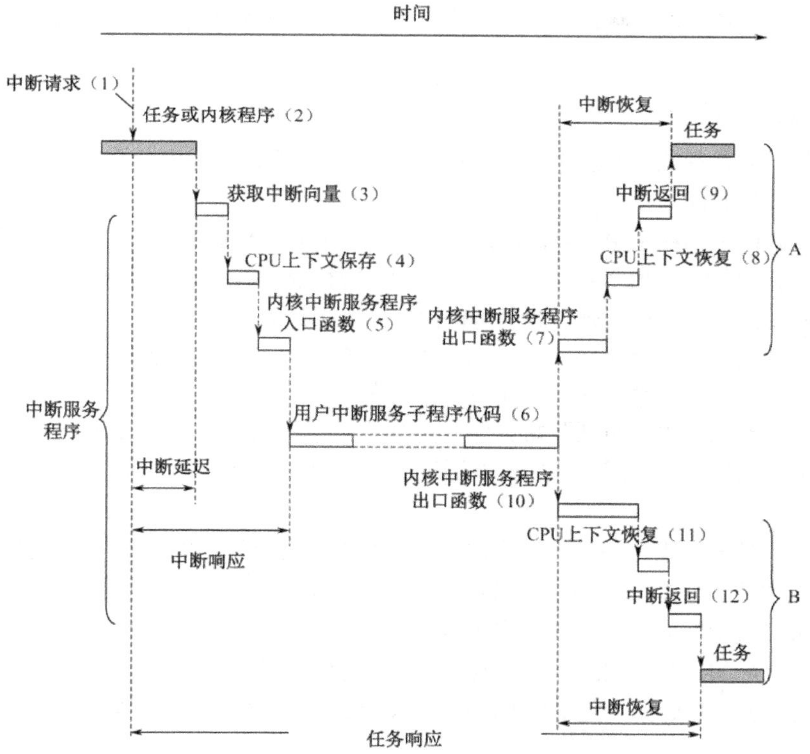

图 7-11　抢占式调度内核的中断时序图

① 在前后台系统中，程序回到后台程序。

② 对非抢占式调度内核而言，程序回到被中断的任务。

③ 对抢占式调度内核而言，使处于就绪态的优先级最高的任务运行。这个任务有可能是先前被中断打断的任务，也有可能是另一个在 ISR 执行过程中新就绪的任务。

对于采用基于优先级抢占式调度的内核系统而言，中断返回时可能出现两种不同的情况，如图 7-11 中的 A 和 B 所示。在后一种情况下，中断恢复过程的时间要长一些，因为内核要做任务切换。结合图7-11，抢占式调度内核的中断处理过程如下。

① 中断发生，但还未被CPU识别。原因可能是CPU还没执行完当前指令，或中断被内核或用户应用程序关闭了。

② CPU执行完当前指令并且中断打开，中断被响应。

③ CPU在其中断响应周期中获取中断向量，跳转到中断服务程序。

④ 中断服务程序保存CPU上下文（如寄存器的内容）。

⑤ 中断服务程序调用内核中断服务程序入口函数，并通知内核系统已进入中断处理。入口函数通常将中断嵌套层数加1，同时，如果内核提供了专门的中断栈，则进行中断栈的切换。

⑥ 执行用户中断服务程序。

⑦ 用户中断程序执行完成后，调用内核中断服务程序出口函数，通知内核系统退出中断。出口函数通常将中断嵌套层数减1。当嵌套层数减为0时，包括嵌套的中断在内的所有中断即可完成，如果内核提供了专门的中断栈，则进行中断栈的切换。出口函数的另一个功能是执行调度程序，判断是否需要进行任务切换。如果被中断的任务仍然是系统中优先级最高的就绪任务，系统将返回到被中断的任务继续执行（情况A），不需要任务切换（7）。如果被中断的任务已经不是系统中优先级最高的就绪任务，则内核将调度执行另一个任务（情况B），需要做任务切换（10）。

2. 中断延迟时间

中断延迟时间是指从中断发生到系统获知中断，并且开始执行中断服务程序所需要的最大滞后时间。

中断延迟时间受系统关中断时间的影响。实时系统在进入临界区代码段之前要关中断，执行完临界代码之后再开中断。关中断的时间越长，中断延迟就越长，并且可能引起中断丢失。中断延迟时间可以用下面的表达式表示。

视频

中断延迟时间 = 最大关中断时间 + 中断嵌套的时间 + 硬件开始处理中断到
开始执行 ISR 第一条指令之间的时间

其中，硬件开始处理中断到开始执行 ISR 第一条指令之间的时间由硬件决定；中断嵌套的时间与具体的应用有关，不同的应用可能同时发生的最大嵌套层数不同，每个 ISR 的执行时间不同。

由于中断是外部异步事件，不能确定何时会发生中断，且发生中断时系统处于开中断的状态还是处于关中断的状态也不确定。因此，在确定中断延迟时间时，要使用最坏情况下的关中断时间，即最大关中断时间。最大关中断时间取决于两方面的因素：内核关中断时间和应用关中断时间。关中断的最长时间应该是这两种关中断时间的最大值，即：

最大关中断时间 = MAX(MAX(内核关中断时间), MAX(应用关中断时间))

3. 中断响应时间

从内核的角度出发，中断响应时间是指从中断发生到开始执行用户中断服务程序的第一条指令之间的时间。注意：中断延迟时间与中断响应时间不同，前者指到中断服务程序的第一条指令，而后者指到用户的中断服务程序的第一条指令。

根据前面给出的中断时序图，对于前后台系统和采用非抢占式调度内核的系统，保存CPU上下文（主要是其内部寄存器的内容）以后立即执行用户的中断服务程序代码，其中断响应时间由下面的表达式给出：

$$中断响应时间 = 中断延迟 + 保存 CPU 内部寄存器的时间$$

对于采用抢占式调度内核的系统，处理中断时先要做一些处理，确保中断返回前调度程序能正常工作，即可能要先调用中断服务程序入口函数。抢占式调度内核的中断响应时间由下面的表达式给出：

$$中断响应时间（抢占式调度） = 中断延迟 + 保存 CPU 内部寄存器的时间 +$$
$$内核中断服务程序入口函数的执行时间$$

4. 中断恢复时间

中断恢复时间是用户中断服务程序结束后回到被中断代码之间的时间。对于采用抢占式调度内核的系统中发生任务切换的情况，中断恢复时间也指用户中断服务程序结束后到开始执行新任务代码之间的时间。

在前后台系统和采用非抢占式调度内核的系统中，中断恢复时间很简单，只包括恢复 CPU 上下文（主要是其内部寄存器的内容）的时间和执行中断返回指令的时间，由下面的表达式给出（在没有中断嵌套的情况下）：

$$中断恢复时间 = 恢复 CPU 内部寄存器的时间 + 执行中断返回指令的时间$$

对于采用抢占式调度内核的系统，中断的恢复要复杂一些。通常在用户的中断服务程序的末尾要调用内核中断服务程序出口函数。中断恢复时间可由下面的表达式给出：

$$中断恢复时间（抢占式调度） = 内核中断服务程序出口函数执行时间 + 恢复即将运行$$
$$任务的 CPU 内部寄存器的时间 + 执行中断返回指令的时间$$

5. 非屏蔽中断

前面讨论的中断时间性能指标都是针对可屏蔽中断而言的。在某些情况下，可能要求中断服务能够尽可能快地被执行。这时可以使用非屏蔽中断，绝大多数微处理器有非屏蔽中断功能。非屏蔽中断通常留做紧急处理用，或用于时间要求最苛刻的中断服务。下列表达式给出了如何确定非屏蔽中断的中断延迟时间、中断响应时间和中断恢复时间的方法。

$$中断延迟时间 = 指令执行时间中最长的时间 + 开始做非屏蔽中断服务的时间$$
$$中断响应时间 = 中断延迟时间 + 保存 CPU 寄存器的时间$$
$$中断恢复时间 = 恢复 CPU 寄存器的时间 + 执行中断返回指令的时间$$

在非屏蔽中断服务程序中不能使用内核提供的服务，非屏蔽中断是关不掉的，因而不能在非屏蔽中断中处理临界区代码。

6. 中断处理时间

用户的中断处理是由应用决定的，并不是内核的组成部分。虽然中断服务的处理时间应该尽可能短，但是对它并没有绝对的限制，根据应用的情况，中断服务需要多长时间就应该给它多长时间。在大多数情况下，中断服务程序应识别中断来源，从产生中断的设备中取得数据或状态，并通知真正处理该事件的那个任务。

当然，应该考虑到，通知一个任务所花的时间是否比处理这个事件本身所花的时间更多。在中断服务程序中通知一个任务进行事件处理可以采用内核提供的各种同步或通信机制，如信号量、消息队列等，这些机制的执行是需要一定时间的。如果事件处理所花的时间短于给任务发通知的时间，则应该考虑在中断服务程序中进行事件处理，并在这期间打开中断，以允许优先级更高的中断进入并优先得到服务。

7.2 时间管理

视频

在实时系统中，时钟具有非常重要的作用。通过时钟，应用和内核能够查询当前时间、定时地完成各项工作、报警、有限等待和睡眠等，是处理具有时间约束特性应用必不可少的内容。因此，实时内核需要提供对时钟进行管理的机制。

时间管理一般具有以下功能：① 维持日历时间；② 任务有限等待的计时；③ 软定时器的定时管理；④ 维持系统时间片轮转调度。

7.2.1 硬件时钟设备

视频

大多数嵌入式系统有两种时钟源：实时时钟（Real Time Clock，RTC）和定时器/计数器。

实时时钟一般靠电池供电，即使系统断电，也可以维持日期和时间。图 7-12 为三星 44B0X（ARM7）芯片中的 RTC 部分。

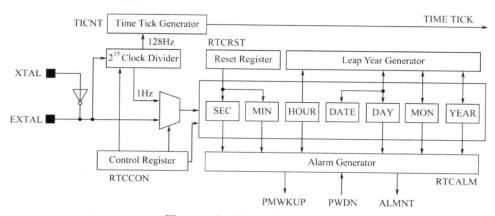

图 7-12 实时时钟硬件结构示例

图 7-12 所示的 RTC 具有以下特点：

① 在系统没有上电的情况下，可由后备电池供电。

② 可以通过 ARM 的 STRB/LDRB 操作获取 RTC，并以二进制编码的十进制数据格式向 CPU 提供 8 比特数据。数据包含秒、分、小时、日、月和年等内容。

③ 使用一个外部的 32.768KHz 的晶振。

④ 包括一个闰年产生器。

⑤ 提供告警中断或是从掉电模式中唤醒的告警功能。

⑥ 能够避免 2000 年问题（即千年虫问题）。

⑦ 独立的电源引脚。

⑧ 能够为实时内核的系统时钟提供毫秒级的时间中断。

⑨ 能够进行循环复位。

实时时钟独立于操作系统，所以也被称为硬件时钟，它为整个系统提供了一个计时标准。

另外，嵌入式微处理器通常还集成了多个定时器/计数器，实时内核需要一个定时器作为系统时钟（或称为 OS 时钟），并由实时内核控制系统时钟工作。一般情况下，系统时钟的最小粒度是由应用和操作系统的特点决定的。

视频

在不同的操作系统中，实时时钟与系统时钟是不同的。实时时钟与系统时钟之间的关系通常也被称为操作系统的时钟运作机制。一般来说，实时时钟是系统时钟的时间基准，实时内核通过读取实时时钟来初始化系统时钟，此后二者保持同步运行，共同维护系统时间。所以系统时钟并不是本质意义上的时钟，只有当系统运行起来以后才有效，并且由实时内核完全控制。

从硬件的角度来看，定时器和计数器的概念是可以互换的，其差别主要体现在硬件在特定应用中的使用情况。

图 7-13 为一个简单的定时器/计数器。该定时器包含一个可装入的 8 位计数寄存器、一个时钟输入信号和一个输出脉冲。通过软件可以把一个位于 0x00 和 0xFF 之间的初始数据转入到计数寄存器中。随后的每一个时钟输入信号都会导致该值被增加。当 8 位计数器溢出时，会产生输出脉冲。输出脉冲可以用来触发处理器上的一个中断，或在处理器能够读取的地方设置一个二进制位。输出脉冲是操作系统时钟的硬件基础，因为输出脉冲将送到中断控制器上，产生中断信号，触发时钟中断，由时钟中断服务程序维持操作系统时钟的正常工作。为了重启定时器，软件需要重新装入一个相同或不同的初始数据到计数寄存器中。

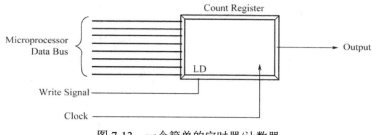

图 7-13　一个简单的定时器/计数器

如果计数器是增量计数器，则将从初始装入的数据开始，递增计数到 0xFF。减量计数器则从初始装入的数据开始，递减计数到 0x0。

在一个典型的计数器中，当初始数据被装入后，可以使用一定的方式来启动计数器。该方式通常是在一个控制寄存器中设置一个二进制位。并且，一个实际的计数器也需要为处理器提供一种通过数据总线读取计数寄存器当前值的方式。

如果希望定时器能够自动重新装入初始数据，则需要一个锁存寄存器，以保存处理器写入的计数数据。当处理器向锁存寄存器写入数据时，计数寄存器也被写入了该数据。定时器溢出时，定时器产生输出脉冲，然后自动把锁存寄存器中的数据重新装入到计数寄存器中。这样，由于锁存寄存器仍然拥有处理器写入的数据，计数器将从同样的初始数据重新开始进行计数。这样的定时器能够产生与时钟具有相同精度的规则性输出。输出脉冲产生的周期性中断可以用于实时内核需要的 tick，或为 UART 提供一个波特率时钟，或驱动需要规则脉冲的设备。

7.2.2　实时内核的时间管理

实时内核的时间管理以系统时钟为基础，系统时钟一般定义为整数或长整数，提供给应用程序所有和时间有关的服务。系统时钟是由定时/计数器产生的输出脉冲触发中断而产生的。输出脉冲的周期称为一个"时钟滴答"，也称为时标、tick。

tick 为系统的相对时间单位，也被称为系统的时基，来源于定时器的周期性中断，一次中断表示一个 tick。一个 tick 与具体时间的对应关系可在初始化定时器时设定，也就是说，tick 所对应的具体时间长度是可以调整的。一般来说，实时内核都提供了相应的调整机制，应用可以根据特定情况改变 tick 对应的时间长度。例如，可以使系统 5ms 产生一个 tick，也可以 10ms 产生一个 tick。tick 的大小决定了整个系统的时间粒度。

定时器的初始化工作主要包含以下内容：① 初始化定时器相关的寄存器；② 设置 tick 的间隔时间，使定时器每隔一个确定的时间产生一个时钟中断；③ 挂接系统时钟中断处理程序。

通常来说，实时内核提供以下主要与时间相关的管理：① 维持相对时间（时间单位为 tick）和日历时间；② 任务有限等待的计时；③ 定时功能；④ 时间片轮转调度的计时。

这些管理功能是通过 tick 处理程序来实现的，如图 7-14 所示。定时器发生中断后，执行系统时钟中断处理程序，并在中断处理程序中调用 tick 处理程序，实现系统中与时间和定时相关的操作。tick 处理程序作为实时内核的一部分，与具体的定时器/计数器硬件无关，由系统时钟中断处理程序调用，使实时内核具有对不同定时器/计数器硬件的适应性。

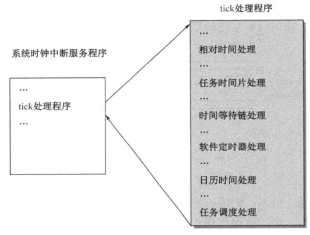

图 7-14　tick 处理程序

相对时间即系统时间，指相对于系统启动以来的时间，以 tick 为单位，每发生一个 tick，对系统的相对时间进行一次加 1 操作。实时内核根据 tick 对应的时间长度，可以把相对时间转换为以秒或毫秒为单位的其他时间格式，并可根据实时时钟获得日历时间。

如果对任务设置了时间片处理方式，则需要在 tick 处理程序中对当前正在运行的任务的已执行时间进行更新，使任务的已执行时间数值加 1。执行加 1 操作后，如果任务的已执行时间同任务的时间片相等，则表示任务使用完一个时间片的执行时间，需要结束当前任务的执行，设置调度标志，把当前任务放置到就绪链中。

时间等待链用来存放需要延迟处理的对象，产生 tick 后，需要对时间等待链中的对象的剩余等待时间值进行处理。对于时间等待的对象，通常被组织为差分链表的方式进行管理，以有效降低时间等待对象的管理开销。在时间差分链中，每个表项所包含的计时值并非当前时刻到表项激活时刻的绝对计数，而是该表项和先于它的所有表项的计数值之和。对于图 7-15 所示的差分链，在当前时刻，A 对象需要等待 3 个时间单位被激活，B 对象需要等待 5（3+2）个时间单位被激活，C 对象需要等待 10（3+2+5）个时间单位被激活，D 对象需要等待 14（3+2+5+4）个时间单位被激活。在当前时刻，如果有一个等待 7 个时间单位的对象 E 需要插入到队列中，由于 7-3-2=2，而 7-3-2-5=-3，因此 E 对象需要插入到差分链中介于对象 B 和对象 C 之间的位置，如图 7-16 所示。

图 7-15　差分时间链　　　　　　　　图 7-16　差分时间链（插入 E）

对于差分时间链，系统每接收到一个 tick，就修订链首对象的时间值。如果链表对象的时间单位为 tick，则每发生一个 tick，链首对象的时间值就减 1，当减为 0 时，链首对象即被激活，并从差分时间链中取下来，下一个对象又成为链首对象。

为了实现定时功能，实时内核需要提供软件定时器管理功能，应用程序可根据需要创建、使用软件定时器。软件定时器在创建时由用户提供定时值，当软件定时器的定时值减法计数为 0 时，触发定时器服务例程。用户可在此例程中完成自己需要的操作。因此，在 tick 处理程序中需要对软件定时器的定时值进行减 1 操作，并在定时值为 0 时触发挂接在该定时器上的服务例程。

软件定时器可用于实现"看门狗"。在应用的某个地方进行软件定时器的停止计时操作，确保定时器在系统正常运行的情况下不会到期，即不会触发定时器服务例程；如果某个时候系统进入了定时器服务例程，则表示使用停止计时操作的地方没有执行到，系统出现了错误。

如果需要进行任务的重调度，则 tick 处理程序需要调用调度程序进行任务调度处理，使需要执行的下一个任务获得对 CPU 的控制。

在时间方面，内核通常提供以下功能：

① 设置系统时间：使应用能够设置当前系统的日期和时间。日历时间的数据结构示意如图 7-17 所示。

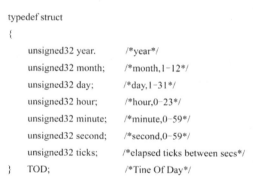

```
typedef struct
{
    unsigned32 year.        /*year*/
    unsigned32 month;       /*month,1-12*/
    unsigned32 day;         /*day,1-31*/
    unsigned32 hour;        /*hour,0-23*/
    unsigned32 minute;      /*minute,0-59*/
    unsigned32 second;      /*second,0-59*/
    unsigned32 ticks;       /*elapsed ticks between secs*/
} TOD;                      /*Tine Of Day*/
```

图 7-17　日历时间数据结构示意

② 获得系统时间：以日历时间、系统启动以来所经历的 tick 数等形式获得当前的系统时间。

③ 维护系统时基、处理定时事件：通过时钟中断，维持系统日志时间、任务延迟时间、超时、单调速率周期、实现时间片等内容。

在定时方面，内核通常提供以下功能：

① 创建软件定时器：分配一个定时器数据结构，创建一个软件定时器，并为这个定时器分配用户指定的名称。新创建的定时器没有被激活，且没有相应的定时器服务例程。软件定时器创建成功后，将为该定时器分配一个 ID 标识。图 7-18 为软件定时器数据结构示意。图中，class 表示所创建定时器的触发时间类型，可以是相对时间触发，也可以是绝对时间触发；state 表示定时器的当前状态，可以是活动状态、非活动状态或中间状态（如正在进行计时链表的插入操

```
typedef struct
{
    timer_class                    class;
    timer_state                    state;
    timer_time                     initial;
    timer_time                     timeRemain;
    timer_time                     startTime;
    timer_service_routine_entry    handler,
    void                           *usrData;
    attribute                      type;
    unsigned32                     repeatCount;
    unsigned32                     repeatRemain;
} timerInformation;
```

图 7-18 软件定时器数据结构示意

作）；interval 表示触发时间间隔；timeRemain 表示剩余的触发时间；startTime 表示自系统启动以来所经历的时间；handler 表示定时器需要触发的服务例程；usrData 表示需要触发的服务例程的参数；type 表示定时器的触发类型，可以是单次触发、多次触发或周期性触发；repeatCount 表示多次触发时重复触发的次数；repeatRemain 表示多次触发情况下的剩余触发次数。

② 启动软件定时器：使定时器在给定的时间过去后，触发定时器服务例程。对于软件定时器，通常可以指定是单次触发还是周期触发。在单次触发中，只触发执行一次挂接的定时服务例程；周期触发则可以在每次触发服务例程后，经过相同的时间间隔重新触发挂接在该定时器上的服务例程。

③ 使软件定时器停止计时：使指定的软件定时器停止工作。因此，对应的定时器服务例程不再被触发，除非定时器被重新激活。

④ 复位软件定时器：把定时器的定时值恢复到原来设定的值。

⑤ 删除软件定时器：用来删除一个软件定时器。如果定时器还在工作，则其自动停止。该定时器对应的数据结构被返回给系统。

7.3 内存管理

7.3.1 内存管理概念

不同实时内核所采用的内存管理方式不同，有的简单，有的复杂。实时内核所采用的内存管理方式与应用领域和硬件环境密切相关。在强实时应用领域，内存管理方法比较简单，甚至不提供内存管理功能。一些实时性要求不高，可靠性要求比较高，且系统比较复杂的应用在内存管理上就会相对复杂一些，可能需要实现对操作系统或任务的保护。

通常，嵌入式实时操作系统在内存管理方面需要考虑如下因素。

（1）快速而确定的内存管理

最快速和最确定的内存管理方式不使用内存管理。这意味着编程人员可以把整个获得的物理内存区域作为一个连续的内存块，并按照自己的需要进行自由使用。这种方法只适用于那些小型的嵌入式系统，系统中的任务比较少，且数量固定。通常的操作系统至少具有基本的内存管理方法，即提供内存分配与释放的系统调用。

（2）不使用虚拟存储技术

虚拟存储技术为用户提供一种不受物理存储器结构和容量限制的存储管理技术，是桌面操作系统为所有任务中使用有限物理内存的通常方法，每个任务从内存中获得一定数量的页面，当前不访问的页面将被置换，为需要页面的其他任务腾出空间。这种置换是一种具有不确定性的操作，置换需要访问磁盘等外存储器，而磁盘控制器为优化平均吞吐率，通常会进行具有不确定性的缓存操作：当任务需要使用当前被置换的页面中的代码和数据时，将不得不从磁盘中获取页面，而在内存中的其他页面又可能不得不需要先被置换。因此，在嵌入式实时操作系统中一般不使用虚拟存储技术，以避免页面置换带来的开销。

（3）内存保护

大多数传统的嵌入式操作系统依赖于平面内存模式，应用程序和系统程序能够对整个内存空间进行访问。平面内存模式比较简单，易于管理，性能也比较高，但通常只适用于程序简单、代码量小和实时性要求比较高的领域。在应用比较复杂、程序量比较大的情况下，为了保证整个系统的可靠性，需要对内存进行保护，防止应用程序破坏操作系统或其他应用程序的代码和数据。内存保护包含两个方面的内容：一是防止地址越界，每个应用程序都有自己独立的地址空间，当应用程序要访问某个内存单元时，由硬件检查该地址是否在限定的地址空间之内，只有在限定地址空间之内的内存单元访问才是合法的，否则需要进行地址越界处理；二是防止操作越权，对于允许多个应用程序共享的存储区域，每个应用程序都有自己的访问权限，如果一个应用程序对共享区域的访问违反了权限规定，则进行操作越权处理。

7.3.2　内存管理机制

在强实时系统中，为减少内存分配在时间上可能带来的不确定性，可采用静态分配的内存管理方式。在静态分配方式中，系统在启动前，所有的任务都获得所需要的所有内存，运行过程中将不会有新的内存请求。对于这种方式，不需要操作系统进行专门的内存管理操作，但系统使用内存的效率比较低下，只适用于那些强实时且应用比较简单、任务数量可以静态确定的系统。为此，大多数系统使用内存的动态分配方式。

动态内存的传统管理机制为堆，应用通过分配与释放操作来使用内存。在使用一段时间后，堆会带来碎片，内存被逐渐划分为位于已被使用区域之间的越来越小的空闲区域。在申请使用内存区域时，如果需要使用的内存区域的大小超过了最大可获得的分片大小，则操作系统内核可能会使任务停止运行，并等待以获得需要的内存。有的操作系统内核提供了垃圾回收功能，对内存堆进行重新排列，把碎片组织成为大的、连续可用内存空间。垃圾回收看上去是解决内存碎片的有效办法，但该方法可能在一个随机的时间使任务停止运行，垃圾回收的时间长短也不确定。使得该方法不适用于处理实时应用。在实时系统中，比较好的办法是提供灵活的内存分配机制，避免内存碎片的出现，而不是在出现内存碎片时进行回收。

固定大小存储区管理和可变大小存储区管理为动态内存的常用管理方法。固定大小存储区和可变大小存储区都指定了边界的一块地址连续的内存空间，固定大小存储区管理实现固定大小内存块的分配，可变大小存储区管理实现可变大小内存块的分配。应用根据需要从固定大小存储区或者可变大小存储区中获得一块内存空间，使用完后将该内存空间释放回相应的存储区。

1. 固定大小存储区管理

在固定大小存储区管理中，可供使用的一段连续的内存空间被称为一个分区，分区由大小固定的内存块构成，且分区的大小是内存块大小的整数倍数。一个大小为 512 字节的分区，内存块为 128 个字节，如图 7-19 所示。分区可采用的数据结构如图 7-20 所示。

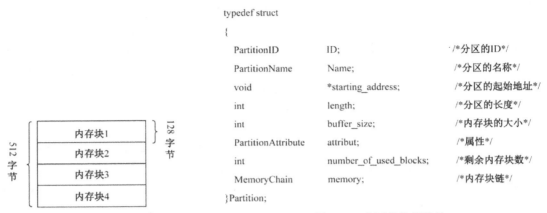

图 7-19　固定大小存储区示意　　　　　　　　　　图 7-20　分区的数据结构

在图 7-20 中，ID 表示分区的标识；starting_address 表示分区的起始地址；length 表示分区的存储单元的数量；buffer_size 表示分区中每个内存块的大小；attribute 表示分区的属性；number_of_used_blocks 表示分区中已使用内存块的数量；memory 为一个指针，指向分区中由空闲内存块组成的双向空闲内存块链表的头节点。空闲内存块链表的示意图如图 7-21 所示。

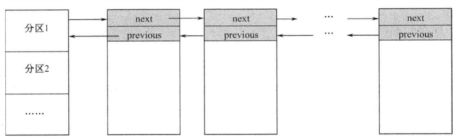

图 7-21　由分区管理的空闲内存块链表

分区的操作主要包含以下内容：① 创建分区；② 删除分区；③ 从分区得到内存块；④ 把内存块释放到分区中；⑤ 获取分区 ID；⑥ 获取当前创建的分区的数量；⑦ 获取当前所有分区的 ID；⑧ 获取分区信息。

创建分区时，根据分区和内存块的大小，把分区组织为一个空闲内存块构成的双向链表。如果创建分区成功，则返回分区的 ID，用于关于分区的其他操作。

需要使用分区中的内存块时，可以根据分区的 ID，从分区的空闲内存块链表中，按照空闲内存块链表的顺序进行内存块的分配。如果分区中没有空闲内存块，则调用者不会被阻塞，而是获得一个空指针，以确保申请内存调用的时间确定性。

删除分区用来释放分区所占据的存储空间。如果不再使用从分区中获得的内存块，则需要把该内存块释放给分区，将该内存块挂在空闲内存块链的链尾。

在固定大小存储区的管理方式中，如果内存块处于空闲状态，则将使用内存块中的几个字节作为控制结构，用来存放双向链接的前向指针和后向指针。在使用内存块时，内存块中原有的控制信息不再有效，其中的所有存储空间都可以被使用。因此，内存块的控制结构占用的内存空间不会影响该内存块实际可用的大小，即固定大小存储区管理的系统开销对用户的影响为零。另外，由于内存块的大小固定，不存在碎片的问题。

2．可变大小存储区管理

可变大小存储区管理为基于堆的管理方式。堆为一段连续的、大小可配置的内存空间，用来提供可变内存块的分配。可变内存块称为段，最小分配单位称为页，即段的大小是页的大小的整数倍。如果申请段的大小不是页的倍数，则实时内核会对段的大小进行调整，将其调整为页的倍数。例如，从页大小为 256 字节的堆中分配一个大小为 350 字节的段，实时内核实际分配的段大小为 512 字节。

堆的数据结构如图 7-22 所示。waitQueue 表示任务等待队列，如果任务从堆中申请段不能得到满足，则将被阻塞在堆的等待队列上；starting_address 表示堆在内存中的起始地址；length 表示堆的大小；page_size 表示页的大小；maximum_segment_size 表示堆中当前最大可用段的大小；attribute 表示堆的属性；number_of_used_blocks 表示已分配使用的内存块的数量；memory 表示空闲段链表。

```
typedef struct {
    HeapID            ID;                        /*堆的ID*/
    HeadName          name;                      /*堆的名称*/
    TaskQueue         waitQueue;                 /*等待队列*/
    void              *starting_address;         /*内存空间起始地址*/
    int               length;                    /*内存空间长度（字节）*/
    int               page_size;                 /*页长度（字节）*/
    int               maximum_segment_size;      /*最大可用段大小*/
    RegionAttribute   attribute;                 /*堆的属性*/
    int               mumber_of_used_blocks;     /*分配的块数*/
    HeapMemoryChain   memory;                    /*堆头控制结构*/
} Heap
```

图 7-22　堆的数据结构

堆的属性用来控制任务等待段的方式。任务等待段主要有以下方式：① 任务按先进先出顺序等待；② 任务按优先级顺序等待。

可变大小存储区中的空闲段通过双向链表链接起来，形成一个空闲段链。在创建堆时，只有一个空闲段，其大小为整个存储区的大小减去控制结构的内存开销。从存储区中分配段时，可依据首次适应算法，查看空闲链中是否存在合适的段。当把段释放回存储区时，该段将被挂在空闲段链的链尾，如果空闲链中有与该段相邻的段，则将其合并成一个更大的空闲段。该方法由于对申请的内存的大小做了一些限制，因此避免了内存碎片的产生。

堆的空闲段链如图 7-23 所示。段的控制块中设置了一个标志位，表示段被使用的情况。标志位为 1 表示该段正被使用，标志位为 0 表示该段空闲。

在固定大小存储区管理方式中，只有在空闲状态下，内存块才拥有控制信息。在可变大小存储区管理方式中，无论段空闲还是正在被使用，段的控制结构都始终存在。

堆的操作主要包含以下内容：① 创建堆；② 从堆中得到内存块；③ 释放内存块到堆中；④ 扩展堆；⑤ 获得已分配内存块的实际可用空间大小；⑥ 删除堆；⑦ 获得堆的 ID；⑧ 获得在堆上等待的任务数量；⑨ 获得等待任务的 ID 列表；⑩ 获得堆的数量；⑪ 获得堆的列表；⑫ 获得堆信息。

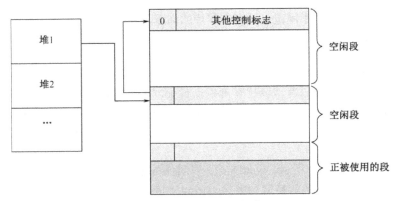

图 7-23　堆的空闲段链

创建堆操作用来根据指定的名称、起始地址、堆大小、页大小和属性创建一个具有可变大小存储区管理的堆，并在创建成功的情况下，返回堆的 ID，用于堆的其他操作。

堆创建成功后，可以从堆中获取指定大小的内存块。如果当前堆中没有满足要求的内存块可供使用，则调用者可以选择以下处理行为：不等待、有限时间等待、永久等待。

如果调用者选择不等待处理方式，在没有可供使用的内存块时，执行流程将立即返回调用程序。

在向堆中返回内存块时，将对内存块的相邻空闲内存块进行合并，形成一个更大的空闲内存块。此时，如果有任务等待获得内存块，则内核会检查是否能满足等待队列中第一个任务的请求。如果可以，能把该内存块分配给等待任务。这个过程会不断重复，直到等待队列上的任务的请求不能被满足。

在堆不能满足应用需要的情况下，还可以对堆的大小进行扩展。但通常要求扩展的存储空间与原有的堆相邻接，这样扩展后的堆仍然是一段连续的存储空间。

删除堆用来释放堆所占用的存储空间，但要求堆中没有内存块正处于被使用的状态。

3．内存保护

内存保护可通过硬件提供的 MMU 来实现。目前，大多数处理器集成了 MMU。这种在处理器内部实现 MMU 的方式，能够大幅度降低那些通过在处理器外部添加 MMU 模块的处理方式而存在的内存访问延迟。MMU 现在大都被设计作为处理器内部指令执行流水线的一部分，使得使用 MMU 不会降低系统性能，相反，如果系统软件不使用 MMU，则会导致处理器的性能降低。在某些情况下不使能 MMU，而跳过处理器的相应流水线，可能导致处理器的性能降低 80%左右。

MMU 通常具有如下功能：① 内存映射；② 检查逻辑地址是否在限定的地址范围内，防止页面地址越界；③ 检查对内存页面的访问是否违背特权信息，防止越权操作内存页面；④ 在必要的时候（页面地址越界或页面操作越权）产生异常。

内存映射把应用程序使用的地址集合（逻辑地址）翻译为实际的物理内存地址（物理地址），如图 7-24 所示。应用程序需要通过内存来存储以下内容：

图 7-24　通过 MMU 进行内存映射

① 指令代码（二进制机器指令）。

② 静态分配的数据（如静态变量、全局变量）。

③ 具有后进先出处理方式的栈或动态分配的数据（如动态变量和返回地址）。

④ 堆，用来存储数据，并可被编程人员分配和释放。

在 MMU 的处理方式下，上述属于应用程序的 4 个部分的空间被划分为大小相等的页面。大多数处理器的典型页面大小为 4KB，有些处理器也可能使用大于 4KB 的页面，但页面大小总是 2 的幂，以对发生在 MMU 中的地址映射行为流水线化。当页放置到物理内存时，页面将放置到页框架中。页框架是物理内存的一部分，具有与页面同样的大小，且开始地址为页面大小的整数倍。MMU 包含着能够把逻辑地址映射为物理地址的表，称为页表。基于页表的内存映射过程如图 7-25 所示。操作系统能够在需要的时候对这种映射关系进行改变，如应用程序对内存的需求发生变化或当应用程序被添加或删除的时候。在应用程序中的任务发生上下文切换时，操作系统也可能需要对映射关系进行改变。

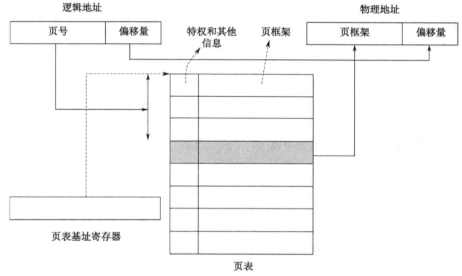

图 7-25　基于页表的内存映射过程

例如，一个系统具有 32 位的地址空间和 4 KB 的页面，32 位的地址空间由 20 位的页号和 12 位的页内偏移量构成。MMU 将检查 20 位的页号，并为该页面提供（根据 MMU 表进行映射）页框架地址。结合映射得到的页框架地址和 12 位的页内偏移量，即可得到实际的物理地址。具有流水线处理能力的处理器可为 MMU 映射分配一个流水线阶段，并用另一个阶段访问实际的内存。

每个内存页还具有一些特权和状态信息。MMU 提供二进制位来标识每个页面的特权或状态信息。这些二进制位用来确定页面中的内容是否：可被处理器指令使用（执行特权）；可写（写特权）；可读（读特权）；已被回写（脏位）；当前在物理内存中（有效位）。

另外，在操作系统的支持下，MMU 还提供了虚拟存储功能，即在任务所需的内存空间超过能够从系统中获得的物理内存空间的情况下，也能够得到正常运行。当需要的页面被添加到逻辑地址空间时，任务对内存页面的合法访问，将自动访问到物理内存。当该页面当前不在物理内存中时，将导致页面故障异常，然后操作系统负责从后援存储器（如硬盘或 Flash 存储设备）中获取需要的页面，并从产生页面故障的机器指令处重新执行。

在实际应用中，MMU 通常具有如下不同功能程度的使用方式。

（1）0 级，内存的平面使用模式

该模式中，没有使用 MMU，应用程序和系统程序能够对整个内存空间进行访问。采用该模式的系统比较简单、性能也比较高，适用于程序简单、代码量小和实时性要求比较高的领域。大多数传统的嵌入式操作系统采用了该模式。

（2）1 级，用来处理具有 MMU 和内存缓存的嵌入式处理器

由于大多数传统的嵌入式操作系统依赖于平面内存模式，为简化系统，1 级模式通常只是打开 MMU，并通过创建一个域（存保护的基本单位，每个域对应一个页表）的方式来使用内存，并对每次内存访问执行一些必要的地址转换操作。事实上，该模式仍然只是拥有 MMU 打开特性的平面内存模式。

（3）2 级，内存保护模式

该模式下，MMU 被打开，且创建了静态的域（应用程序的逻辑地址同应用程序在物理内存中的物理地址之间的映射关系在系统运行前就已经确定），以保护应用和操作系统在指针试图访问其他程序的地址空间时不会被非法操作。在该级别的内存保护模式下，通常使用消息传送机制，实现数据在被 MMU 保护起来的各个域间移动。

（4）3 级，虚拟内存使用模式

在该模式下，通过操作系统使用 CPU 提供的内存映射机制，内存页被动态地分配、释放或重新分配。从内存映射到基于磁盘的虚拟内存页的过程是透明的。

在 MMU 的上述 4 种使用模式中，0 级模式为大多数传统嵌入式实时操作系统的使用模式，同 1 级模式一样，都是内存的平面使用模式，不能实现内存的保护功能。2 级模式是目前大多数嵌入式实时操作系统采用的内存管理模式，既能实现内存保护功能，又能通过静态域的使用方式保证系统的实时特性。3 级模式用于比较复杂、程序量比较大并不要求实时性的应用领域。

图 7-26 为基于静态域的 MMU 使用方式，也称为一一对应的使用方式。在这种方式中，应用程序的逻辑地址同应用程序在物理内存中的物理地址相同，简化了内存管理的实现方式。

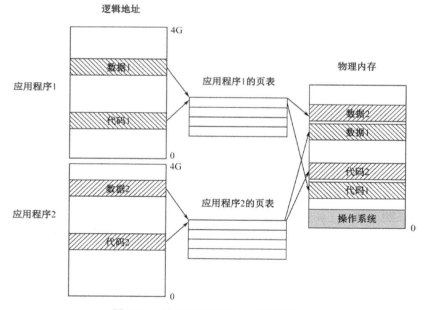

图 7-26　基于静态域的 MMU 使用方式

因此，在嵌入式实时操作系统中，MMU 通常被用来进行内存保护，实现操作系统与应用程序的隔离，以及应用程序和应用程序之间的隔离，这样可以防止应用程序破坏操作系统的代码、数据及应用程序对硬件的直接访问。对于应用程序来讲，也可以防止其他应用程序对自己的非法入侵，从而破坏应用程序自身的运行。

在内存保护方面，MMU 提供了以下措施。

① 防止地址越界。通过限长寄存器检查逻辑地址，确保应用程序只能访问逻辑地址空间所对应的、限定的物理地址空间，MMU 将在逻辑地址超越限长寄存器所限定的范围时产生异常。

② 防止操作越权。根据内存页面的特权信息控制应用程序对内存页面的访问，如果对内存页面的访问违背了内存页面的特权信息，则 MMU 将产生异常。

简单的 MMU 保护模式如图 7-27 所示。在这种模式中，应用程序之间要通信就只能通过操作系统提供的通信服务，如信号量、管道、消息、共享内存等，而不能直接访问彼此的地址空间。另外，MMU 通常提供了权限等级，不同的权限等级对硬件访问的权限不一样。操作系统一般运行在核心态，具有所有的特权，而应用一般运行在用户态，具有一般权限，以防止应用程序的故意破坏。

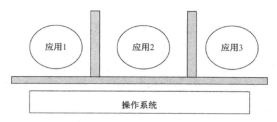

图 7-27　简单的 MMU 保护模式

图 7-28 为基于域的一种内存管理方式。域可以包含多个任务、内存页、系统对象（信号量、队列等）和各种共享区域等，代表了一个执行环境，是一个隔离的空间，与进程的概念类似。可以认为域是资源分配的单位，任务是内核调度的单位。在基于域的管理方式中，域是一个独立的空间，共享库、内核等部分代码和数据空间直接映射到域空间中，在每个域中都是独立的。

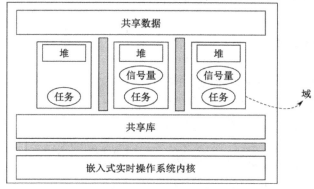

图 7-28　基于域的内存管理方式

图 7-28 所示的方法可实现如下功能。

① 应用和应用之间，应用和嵌入式实时操作系统内核之间通过域的方式进行了相互隔离，互不侵犯。

② 共享库（如文件系统、网络协议、图形用户接口等）采用非受限访问方式，以提高应用

的运行速度。但可能由于没有对共享库采用任何的保护机制，因此容易造成系统崩溃的现象。如果要实现全面的保护，则共享库应该通过域的方式进行管理，并按照客户—服务器的方式提供服务。

③ 嵌入式实时操作系统内核可通过自陷的机制提供服务。

④ 堆是域私有的，进一步提高了安全性。

7.4 I/O 管理

在通用计算机的操作系统中，I/O 管理采用层次结构的思想（如 4 个层次的结构—中断处理程序、设备驱动程序、与设备无关的操作系统软件、用户层软件），较低层的软件要使较高层的软件独立于硬件的特性，较高层软件则要向用户提供一个友好、清晰、规范的界面。在 I/O 管理的层次结构中，主要通过设备独立的 I/O 系统和设备驱动程序来共同完成 I/O 操作。设备驱动程序通过一组例程来提供比较低级的 I/O 功能，如把字节序列输入或输出到面向字符的设备中。高级协议（如面向字符设备的通信协议）则由与设备无关的 I/O 系统来实现。用户的 I/O 请求主要由设备驱动程序获得控制之前的 I/O 系统来进行处理。

I/O 管理的分层处理方式在实现驱动程序，以及确保不同设备具有相近的行为特性方面具有比较明显的优势，但也存在不足之处。在这种处理方式中，对于驱动程序的编写人员来说，实现一些 I/O 系统中没有提供的通信协议将是一件困难的事情。而在嵌入式系统中，由于提高设备吞吐率或设备本身不适用于采用标准的 I/O 处理模式时，经常需要另行编写设备通信协议，而不采用系统提供的标准通信协议。

在实时内核的 I/O 系统中，用户 I/O 请求在到达设备驱动程序之前，通常只进行非常少量的处理。事实上，实时内核的 I/O 系统的作用就像一个转换表，把用户对 I/O 的请求转换到相应的驱动程序例程中。这样，驱动程序就能够获得最原始的用户 I/O 请求，并对设备进行操作。

另外，为满足标准设备处理的需要，I/O 系统通常也提供一些高级的例程库，便于实现设备的标准通信协议。这样，I/O 系统既便于实现能够满足大多数设备要求的、标准的驱动程序，也能在需要的时候，方便地实现非标准的设备驱动程序，以满足实时性或其他特殊需要。

7.4.1 I/O **管理的功能**

I/O 管理在整个系统中的体系结构如图 7-29 所示。I/O 系统主要提供以下功能：① 管理设备驱动程序；② 实现设备命名；③ 向用户提供统一的调用。

管理设备驱动程序通过驱动程序地址表来实现。驱动程序地址表中存放了设备驱动程序的入口地址，可以通过此表实现对设备驱动的

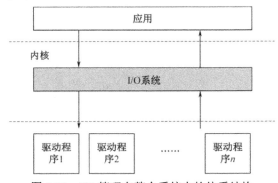

图 7-29 I/O 管理在整个系统中的体系结构

动态安装与卸载的管理。驱动程序地址表通常可以通过双向循环链表或数组的方式来实现。

应用层可以通过设备名来使用设备，I/O 系统和驱动程序内部则采用主/次设备号来操作设备。也就是用主设备号区别不同的驱动程序，由于一个驱动程序可能管理多个同类设备，所以驱动程序内部再用次设备号区别不同设备。例如，一个串行通信设备的驱动程序可以用来处理

多个独立串行通道，这些通道之间只存在参数方面的差异，如设备地址。为此，I/O 系统还需要提供将设备名映射到主/次设备号的方法。可以通过设备名表来实现设备名到主/次设备号的映射方法。有了设备名，通过设备名表即可得到设备的主/次设备号。

另外，应用层如果每次都通过设备名使用设备并不方便。为此，I/O 系统可采用文件描述符的机制简化这一过程。用户打开设备后获得该设备的文件描述符，以后对设备的操作都通过这个文件描述符来进行。

由此，I/O 系统可采用主/次设备号、设备名表和文件描述符等内容共同完成设备命名，即设备识别。

为便于 I/O 系统使用的统一性，通常要求 I/O 系统提供统一的调用接口，主要实现对设备的如下操作：设备初始化、打开设备、关闭设备、读设备、写设备、设备控制。

7.4.2 I/O 系统的实现考虑

I/O 系统主要通过文件描述符表、设备名表和驱动程序地址表实现 I/O 的管理功能。I/O 系统内部文件描述符、设备名和主设备号之间的层次关系如图 7-30 所示。

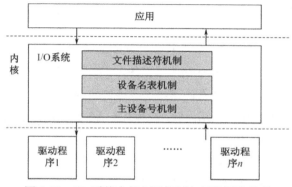

图 7-30　I/O 系统内部主要机制之间的层次关系

1. 主设备号

I/O 系统内部的最下层是主设备号机制，通过主设备号来区分不同的驱动程序。I/O 系统内部不使用次设备号，次设备号仅在驱动程序内部有用。

主设备号机制的实现主要体现在驱动程序地址表数据结构上，实现了 I/O 系统对驱动程序的统一管理。主设备号访问驱动程序地址表的索引，通过主设备号访问驱动程序地址表可以获得驱动程序提供的关于设备的 6 个标准操作的函数调用的入口地址。

若驱动程序地址表组织为数组的形式，则需要在 I/O 系统初始化时为驱动程序地址表分配存储空间，以容纳各个设备的驱动程序的入口地址。若驱动程序地址表组织为双向循环链表的形式，则在安装设备的时候动态分配容纳该设备驱动程序入口地址的存储空间。

在进行驱动程序的安装或卸载时，需要对驱动程序地址表中的相应内容进行修订。

驱动程序地址表的数据结构及其示意图分别如图 7-31 和图 7-32 所示。

2. 设备名表

设备名表中含有设备名、主设备号和次设备号等内容。设备名表完成设备名与主/次设备号之间的转换，所有要使用的设备（不论当前是打开的还是关闭的）都要在设备名表中注册上述

```
#define NUMBER_OF_DRIVERS        16       /*驱动程序的最大数量*/
struct DriverAddressTable
{
    DeviceDriverEntry    init;           /*驱动程序的xxx_init函数指针*/
    DeviceDriverEntry    open;           /*驱动程序的xxx_open函数指针*/
    DeviceDriverEntry    close;          /*驱动程序的xxx_close函数指针*/
    DeviceDriverEntry    read;           /*驱动程序的xxx_read函数指针*/
    DeviceDriverEntry    write;          /*驱动程序的xxx_write函数指针*/
    DeviceDriverEntry    control;        /*驱动程序的xxx_control函数指针*/
}DriverAddressTable[NUMBER_OF_DRIVERS];
```

图 7-31　驱动程序地址表的数据结构

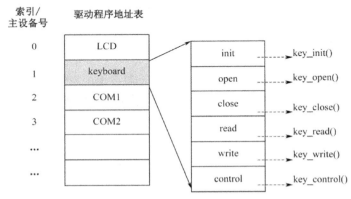

图 7-32　驱动程序地址表示意

内容，每个设备对应设备名表中的一项内容。设备名表的数据结构及数据分别如图 7-33 和表 7-1 所示。

```
/*设备的最大数量*/
#define NUMBER_OF_DEVICES 16

struct DeviceNameTable
{
    char  DeviceName[16];    /*设备名*/
    int   major,             /*主设备号*/
    int   minor,             /*次设备号*/
}DeviceNameTable[NUMBER_OF_DEVICES];
```

图 7-33　设备名表的数据结构

表 7-1　设备名表数据

设备名	主设备号	次设备号
LCD	0	0
keyboard	1	0
COM1	2	0
COM2	2	1
...	...	...
...	...	...

对于一个具体设备来说，其在设备名表中的内容在安装驱动程序的时候注册。在卸载驱动程序时，该驱动管理的设备在设备名表中的注册信息会被清除。如果有多个同类型设备需要使用相同的驱动程序，则需要使用相同的主设备号、不同的设备名和不同的次设备号在设备名表中进行注册。对于次设备号的作用，由驱动程序根据具体情况进行处理。

设备名表中含有主设备号，通过设备名查找设备名表即可得到其主设备号，用这个主设备号可以访问驱动程序地址表，并得到驱动程序信息。

至此，通过设备名表和主设备号机制已经可以实现用设备名对设备驱动程序的访问。但通过设备名调用驱动不是很方便，为此，还可以在设备名表和主设备号机制的基础上使用文件描述符的处理方式。

3．文件描述符

文件描述符机制需要使用文件描述符表。在文件描述符机制中，用户打开设备后为设备分配一个文件描述符，以后对设备的操作都通过这个文件描述符进行。在用户看来，文件描述符就是设备的句柄，通过文件描述符可以完成与设备相关的所有操作，不再通过设备名。由此，可把对设备的操作同对文件的操作统一起来。

文件描述符表维护着当前打开的设备的信息，其数据结构及其示意图分别如图 7-34 和图 7-35 所示。其中，包含了实现临界资源互斥访问的机制。

```
/*文件的最大数量*/
#define NUMBER_OF_FILES 16
typedef struct
{
        /*指向对应的DNT表项的指针*/
        struct DeviceNameTable    *pDNT;
        int size;          /*文件尺寸*/
        int offset;        /*从打开至今累计读写的字符数*/
        int flag;          /*标志位*/
        int sem;           /*信号量信息*/
}FileDescriptorTable[NUMBER_OF_FILES];
```

图 7-34　文件描述符表的数据结构

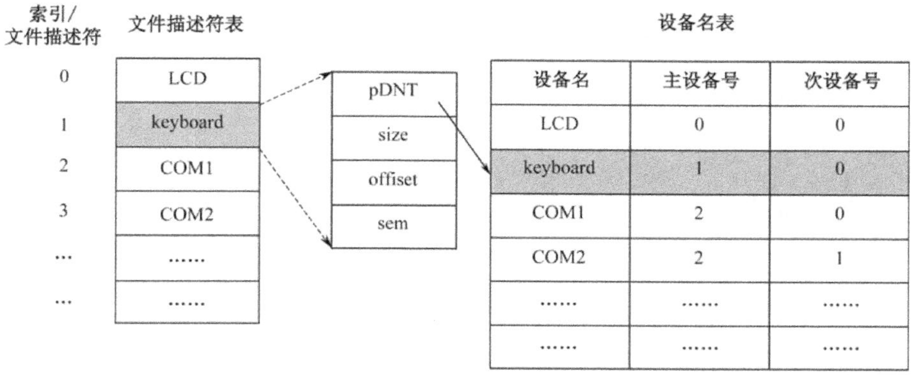

图 7-35　文件描述符表示意

文件描述符实际上是访问文件描述符表的索引，文件描述符表的每一项才是真正的文件描述符结构。用户第一次打开设备后获得该设备的文件描述符，以后对设备的操作都通过文件描述符进行。

用文件描述符访问文件描述符表会得到文件描述符结构，文件描述符结构中的域 pDNT 指向设备名表中的对应表项，再访问设备名表即可得到主设备号，用主设备号访问驱动程序地址表即可调用设备驱动程序提供的调用。

思考题 7

7.1 请阐述中断的概念。中断与自陷、异常之间在概念上有哪些联系与区别？

7.2 请描述中断处理的基本过程，以及编写中断服务程序时需要注意的事项。

7.3 请分别描述实时时钟和定时器/计数器。

7.4 请说明在系统时钟中断服务程序中，主要完成哪些工作。

7.5 请说明内存主要存放哪些内容，实时系统在进行内存管理时通常需要考虑哪些因素。

第8章 虚拟化技术

8.1 概述

前面的章节介绍了嵌入式软件系统的分类、运行流程、开发工具和嵌入式操作系统的工作机制，本章将要介绍当前在嵌入式系统中广泛应用的一类重要技术—虚拟化技术。

随着互联网技术的发展，虚拟化技术的扩展性和灵活性提高了网络资源的利用率。当前，虚拟化技术已被广泛应用到 IT 技术和网络技术的多方面，如服务器系统、存储系统、网络系统等。图 8-1 所示为在 VMware 虚拟化平台上为多个操作系统（可以是相同的，也可以是不同的操作系统）虚拟出相应硬件环境，使得多个操作系统及其上的应用程序可以在同一套硬件资源上并发执行，使得计算机硬件资源的分配和使用更合理、效率更高。虚拟化的实现过程包含两方面：一是将各类虚拟资源，如寄存器和存储器，映射到底层机器的真实资源中；二是使用真实机器上的指令或系统调用来执行虚拟机的指令或系统调用所定义的行为。

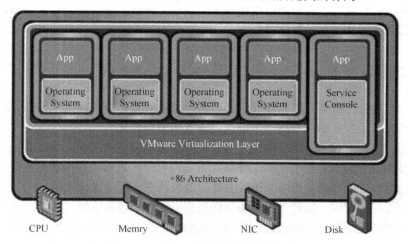

图 8-1 VMware 虚拟化层次架构示例

虚拟化技术由 IBM 公司于 20 世纪 60 年代首次提出，当时 IBM 的科学家在大型机上虚拟出了多个逻辑计算机，使得多个程序员能在同一个物理主机上同时工作，提高了计算机的使用率。虚拟化技术简单来说就是将虚拟环境中的资源及对它的操作映射到真实平台上的资源及对其资源的操作，由此可对真实机器进行有效地资源复制，使得其上具有多个互相隔离的虚拟物理环境，再在每个虚拟物理环境上运行相应的程序。每个独立的虚拟环境被称为虚拟机（Virtual Machines，VM）。运行在虚拟机环境上的软件称为客户机，底层平台称为主机。虚拟化技术能够创建和配置多个虚拟机，使其运行在一个主机平台上，并由虚拟机监控器（Virtual Machine Monitor，VMM）进行管理。VMM 应具有如下两个基本特征。

① VMM 应向上层程序提供一个与真实机器只在系统资源使用方式和时间分配方面有差异，而其他方面都相同的环境。由于多个虚拟机的存在，VMM 需要完全控制系统资源的分配

并适时在各虚拟机之间进行切换，使得每个虚拟机都好像自己独占系统资源，而感觉不到其他虚拟机的存在。

② VMM 应能完全控制系统资源，因此 VMM 需满足下面两个条件：一，不允许 VMM 上的虚拟机访问任何系统资源，除非 VMM 显式授权给该虚拟机；二，VMM 在某些条件下能够重新获取对已分配出去的系统资源的控制权。

对于需要高效执行的虚拟机，除需满足上面两个特征外，还需要尽量让虚拟处理器上的指令直接在真实处理器上运行，以减少运行在 VMM 上的程序的性能损失。

需要注意区分的是，虚拟机的概念与虚拟存储的概念并不一样。虚拟存储只是虚拟机的一部分组件，虚拟机通常包括其他虚拟组件，如虚拟处理器、虚拟外设等。另外，虚拟化也不同于抽象，因为虚拟化一般不需要简化或隐藏系统细节，而与真实系统的实现细节一致。例如，某些应用场景可能会需要由虚拟软件将磁盘阵列系统虚拟成多个小的虚拟磁盘，每个小虚拟磁盘都包含磁盘编号、逻辑磁道和扇区信息。对每个小虚拟磁盘的读写操作都会被映射到对真实磁盘系统的读写操作。

8.2 虚拟化技术分类

从操作系统上的进程和系统的角度而言，虚拟机可以分为进程级虚拟机和系统级虚拟机两大类。由于在一般情况下，进程级虚拟化技术主要在应用层实现，超出了本书的讨论范围，因此本书对进程级虚拟化技术只做简要介绍。

8.2.1 进程级虚拟机

从进程的角度看，机器有逻辑存储地址、用户级别的寄存器集和指令集提供给进程使用。进程级虚拟机仅对运行在操作系统之上的某个进程提供虚拟化功能，它模拟了用户级别的指令集和系统调用，从而取代了该进程的原始应用程序二进制接口（Application Binary Interface，ABI）。图 8-2 为进程级虚拟机的结构。在进程级虚拟机中，进程运行在虚拟软件之上，被称为客户机；主机包含底层硬件和操作系统；主机和虚拟软件一起形成虚拟机。

进程级虚拟机使用时一般是为了解决高级程序语言的平台移植性，使得操作系统和硬件特征对应用的移植影响降到最低。因此，进程级虚拟机的这种重要形式被称为高级语言虚拟机。图 8-3 给出了高级语言虚拟机的工作流程：首先，需要将用户编写的高级语言程序编译为中间代码，该中间代码是一种抽象的机器码；其次，在进程级虚拟机中，由解释器将该中间代码翻译成针对特定机器指令集和操作系统的二进制机器码，加载到内存中执行；最后，通过高级语言虚拟机的支持，用户所编写的高级语言程序可以在安装有高级语言虚拟机的任意平台上运行，将应用程序的移植开销转移到高级语言虚拟机在不同平台上的移植开销。

Sun 公司的 Java 虚拟机体系结构是目前广泛使用的高级语言虚拟机。Java 源程序经过 Java 编译器编译，生成 Class 文件，这是 Java 虚拟机的可执行文件，对应图 8-3 中的可移植中间代码，然后由 Java 解释器将 Class 文件翻译为实际机器指令。另外，在安卓平台上，Google 公司对 Java 虚拟机在编译方式、内存使用、堆栈使用等方面做了较多改进，形成了 Dalvik 虚拟机，广泛用于各类移动终端系统。

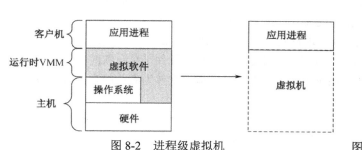 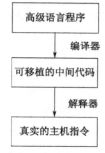

图 8-2　进程级虚拟机　　　　　　　　图 8-3　高级语言虚拟机的工作流程

8.2.2　系统级虚拟机

与进程级虚拟机不同的是，系统级虚拟机的 VMM 向上提供多个虚拟的系统硬件环境，每个虚拟环境上可以支持操作系统及其上的用户进程。它使得客户机可以获得授权来访问必要的虚拟硬件资源，如网络、I/O 等。注意，每个虚拟硬件资源不一定有真实的硬件资源与之对应。如果某个虚拟硬件资源有对应的真实硬件资源，则 VMM 需要考虑每个需要该资源的虚拟机之间的调度访问策略；如果没有对应的真实硬件资源，则 VMM 需要为虚拟机仿真该硬件资源的功能，以满足虚拟机对虚拟资源的要求。

1．系统级虚拟机概念

系统级虚拟机的兴起是为了在单个硬件平台上支持多个客户机操作系统环境，因为早期的大型计算设备价格非常昂贵，而用户往往需要运行不同的操作系统，使用系统级虚拟机的组合能达到这个目的。但随着后期硬件成本的显著降低，PC 越来越流行，人们对这种类型的虚拟机的关注度有所下降。例如，在早期的非智能手机上，一般只有一个处理器，它既用于基带信号处理，又需用于运行与用户交互的系统，因此，在这个唯一的处理器上需要使用系统级虚拟化技术以形成两个功能独立的虚拟机来实现两个不同软件系统对硬件资源的分时复用要求。而在现代的智能手机上，这两部分独立的软件系统已经分别运行在不同的处理器上：基带信号的处理程序运行在基带芯片上，与用户交互的系统运行在应用处理器上。现在系统级虚拟机重新获得人们极大关注的原因在于 VMM 能为其上并发运行的不同客户机提高安全的划分方法，将在不同客户机中运行的软件相互隔离。如果其中一台客户机崩溃或者安全性受到威胁，则 VMM 能够保证其他客户机系统不受到影响。

图 8-4 给出了系统级虚拟机的结构原理图，从图中可以看出虚拟化软件运行在硬件和操作系统之间，为操作系统虚拟出一个与真实硬件不同的硬件平台。在系统级虚拟机中，客户机包括了操作系统和用户进程，但主机仅包括硬件平台。

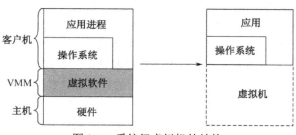

图 8-4　系统级虚拟机的结构

系统级虚拟机的实际结构层次有多种。图 8-5（a）给出了在同一个硬件平台上并发运行多个同类客户机（即基于相同的操作系统和硬件指令集）的结构示意图，VMM 提供了对硬件平台资源的复制和访问管理，并且周期性地控制多个客户机进行切换。在图 8-5（b）中，左边的客户机直接运行在 VMM 上，VMM 为该客户机虚拟出与真实硬件平台一致的硬件资源；右边的客户机运行在 VMM 上的第二层系统级虚拟软件上，该虚拟软件为右边的客户机虚拟出一个与真实硬件平台不同的硬件平台。

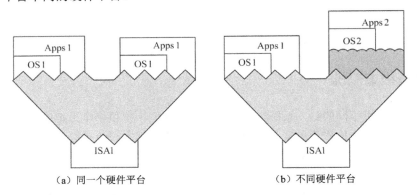

（a）同一个硬件平台　　　　　　　　（b）不同硬件平台

图 8-5　系统级虚拟机的多种结构层次

由于在系统级虚拟机中操作系统一般位于 VMM 之上，因此操作系统在 VMM 上的移植方式分为两种：完全虚拟化（Full Virtualization）和半虚拟化（Para Virtualization）。完全虚拟化是指不需要对客户机中的操作系统做任何修改，可在 VMM 提供的虚拟环境上直接运行，客户机本身并不知道自己运行在虚拟软件上；半虚拟化是指需要对客户机中的操作系统进行修改，使操作系统运行在低特权级上，客户机知道自己运行在虚拟软件上。例如，用户可以在 Vmware Workstation 上直接安装 Windows 或者 Linux 操作系统的镜像文件，这是完全虚拟化技术。半虚拟化技术的实例将在后面介绍。

2．系统级虚拟机的运行机制

如前所述，系统级虚拟机的 VMM 一方面向上提供多个虚拟的系统硬件环境，另一方面需完全控制其上每个客户机的执行。因此，系统级虚拟机需解决如下 3 个主要问题：① 资源的映射与仿真问题；② VMM 的控制管理问题；③ 客户机的状态管理问题。

（1）资源的映射与仿真问题

如前所述，每个虚拟硬件资源不一定有真实的硬件资源与之对应。如果有对应的真实硬件资源，则 VMM 允许具有权限的客户机以分时复用的方式访问该资源；如果没有对应的真实硬件资源，则 VMM 需要通过解释执行或二进制翻译等方式仿真该硬件资源的功能。

解释执行的一种简单实现是逐条分析源程序代码：先取一条源指令，再调用该条指令类型对应的解释程序。图 8-6 以 PowerPC 的指令为例说明了解释执行过程：循环体中的第一条语句（第 2 行）根据 PC 地址值读出指令的内容，第二条语句（第 3 行）取出该条指令的操作码，然后根据操作码的类型在 Switch 语句中调用相应的解释函数；在每个解释函数结束时更新 PC 的值，然后进行下一次循环。由此可看出，解释执行的效率非常低。

为了加快解释执行的效率，可采用二进制翻译的方法。它通过静态翻译或动态翻译，将源指令块翻译为目标指令块，并且将翻译后的目标块保存起来以便下次使用。

```
 1 while (!halt && !interrupt){
 2     inst=code[PC];
 3     opcode=extract(inst,31,6);
 4     switch(opcode){
 5     case LoadWordAndZero:LoadWordAndZero(inst);
 6     case ALU:ALU(inst);
 7     case Branch:Branch(inst);
 8         ...}
 9 }
10 Instruction function list
11
12 LoadWordAndZero(inst){
13     RT=extract(inst,25,5);
14     RA=extract(inst,20,5);
15     diaplacement=extract(inst,15,16);
16     if (RA==0) source=0;
17     else source=regs[RA];
18     address=source+displacement;
19     regs[RT]=(data[address])<<32)>>32;
20     PC=PC+4;
21 }
22 ALU(inst){
23     RT=extract(inst,25,5);
24     RA=extract(inst,20,5);
25     RB=extract(inst,15,5);
26     source1=regs[RA];
27     source2=regs[RB];
28     extended_opcode=extract(inst,10,10);
29     switch(extended_opcode){
30     case Add:Add(inst);
31     case AddCarrying :AddCarrying(inst);
32     case AddExtended:AddExtended(inst);
33         ...}
34     PC=PC+4;
35 }
```

图 8-6 解释 PowerPC 指令的实例代码

另外，对于不同类型的 I/O 设备，它们的映射方式不完全一样。对于某些设备，它们可能只服务于当前处于活跃状态的客户机，如鼠标、键盘和显示器等，那么 VMM 负责建立该客户机与该类设备的通信渠道；对于某些设备，如硬盘，VMM 很容易将其划分为多个小的虚拟盘，并提供给不同的客户机使用；对于某些设备，如网卡，需要以较细的时间粒度为多个客户机共享，因此 VMM 需要将客户机对自己的虚拟网卡访问请求转化为对物理网卡的访问请求。

（2）VMM 的控制管理问题

如 8.1 节所述，VMM 能完全控制系统资源的条件是，不允许 VMM 上虚拟机访问任何系统资源，除非 VMM 显式授权给该虚拟机；VMM 在某些条件下能够重新获取对已分配出去的系统资源的控制权。因此，一方面，VMM 需以系统的最高特权级运行；另一方面，需对客户机中的操作系统的运行流程做相应改变。对客户机中的操作系统运行流程进行改变包含如下两个方面的内容。

① 改变客户机中操作系统的资源访问流程。

在非系统级虚拟机系统中，由操作系统完全控制系统资源的分配和使用，如操作系统可以处理系统时钟 tick 中断，并更新相应任务的计时信息，使得任务在计时结束时进行相应的操作。

而在系统级虚拟机中，为了保证硬件资源分配的合理性，客户机中的操作系统不能直接改变系统资源的分配。例如，由 VMM 处理系统时钟中断，而不会由各客户机中的操作系统来直接处理它。VMM 处理系统时钟中断的处理流程包括更新客户机操作系统的计时信息、保存当前客户机的状态、选择并加载下一个被调度的客户机等工作。

② 改变客户机中特殊指令的响应流程。

在非虚拟机系统中，如果用户模式下的用户程序调用特权指令，则触发一个陷阱；而特权模式下的操作系统调用特权指令，不会触发陷阱。在系统级虚拟机中，需设法使客户机中的用户程序和操作系统只运行在用户模式下，如果在用户模式下调用了特权指令（不论是用户程序还是操作系统），则将触发陷阱，由 VMM 收回系统的控制权，如图 8-7 所示。VMM 的组成模块一般分为两个部分：调度器和一组解释程序。当因为调用了特权指令触发陷阱而进入 VMM 调度器时，由 VMM 调度器根据该特权指令的类型调用对应的解释程序解释该指令的功能。

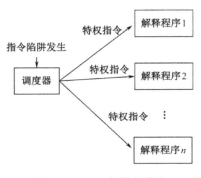

图 8-7　VMM 的执行流程

另外，系统中可能还存在一类不属于特权指令的特殊指令—资源依赖指令，包括那些试图改变系统资源配置的指令和运行结果依赖系统资源配置的指令。例如，改变分配给某程序的存储资源的指令属于资源依赖型指令。由于不允许客户机直接执行这两类指令，因此可以采用下面两种方法来处理：要么选用某款资源依赖指令均是特权指令的处理器，这样执行资源依赖指令时可自动产生陷阱，将控制权转移到VMM；要么由 VMM 解释执行不属于特权指令的资源依赖指令。如果是后者，则可能需要在运行客户机代码的每个模块之前，由 VMM 先扫描该模块代码一遍，找到所有的这类指令，用陷阱指令或者跳转到 VMM 的指令来进行替换，该过程与二进制翻译过程类似。

（3）客户机的状态管理问题

由于 VMM 在多个客户机之间进行切换控制，因此需要在合适的存储位置保存每个客户机的状态信息，方便 VMM 的访问。VMM 一般有如下两种方式访问和更新客户机的状态信息。

① 指针访问方式：VMM 通过指向客户机状态信息的指针访问保存在存储器中的当前活跃的客户机状态信息，如图 8-8（a）所示。该指针实际上指向的是存储活跃客户机寄存器上下文的存储单元。如果要进行同一个客户机内部的两个虚拟寄存器之间的信息传递，则 VMM 实际上在该客户机中代表两个虚拟寄存器的存储单元之间进行信息传递，因此该类操作具有较大的访存开销。但是，这类方式的优势在于能够支持客户机的虚拟硬件资源与真实硬件平台不一致的情况。

② 载入访问方式：如果客户机的虚拟硬件资源与真实硬件平台完全一致，那么可以采用效率更高的载入访问方式。在这种方式中，VMM 将当前激活的客户机的状态信息直接复制到真实硬件所对应的资源中，如图 8-8（b）所示，将激活的客户机中的寄存器值直接复制到处理器所对的真实寄存器中，在需要切换客户机时再把处理器中的寄存器值保存到旧的客户机的状态信息中。在这种情况下，如果要进行活跃客户机内部虚拟寄存器之间的信息传递，则只需运行寄存器间的 move 类指令。

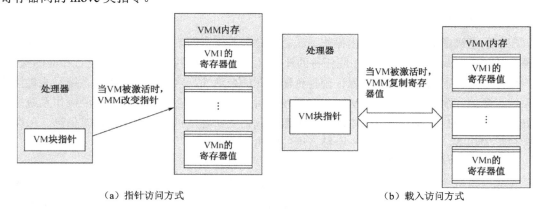

（a）指针访问方式　　　　　　　　　　　　　　（b）载入访问方式

图 8-8　VMM 访问客户机状态信息的方式

3. 系统级虚拟机的存储管理

在非系统级虚拟机系统中，操作系统负责维护每个进程的虚拟访问地址与真实物理存储器地址之间的映射关系，即页表。而在系统级虚拟机系统中，尽管每个客户机都维护自己的页表，但是每个客户机所看见的物理地址并不是真实的物理地址。因此我们把客户机页表中维护的目标地址称为间接物理地址，客户机地址转换的过程是将虚拟地址转换为间接物理地址的过程。每个客户机的间接物理地址转换到真实物理地址的转换关系由 VMM 维护。

图 8-9 给出了 VMM 及其上两个虚拟机的页表，由此可看出每个虚拟机上的不同程序的虚拟地址空间是相互独立的，并且虚拟机 1 和 2 的间接物理地址空间也是两个独立的地址空间。

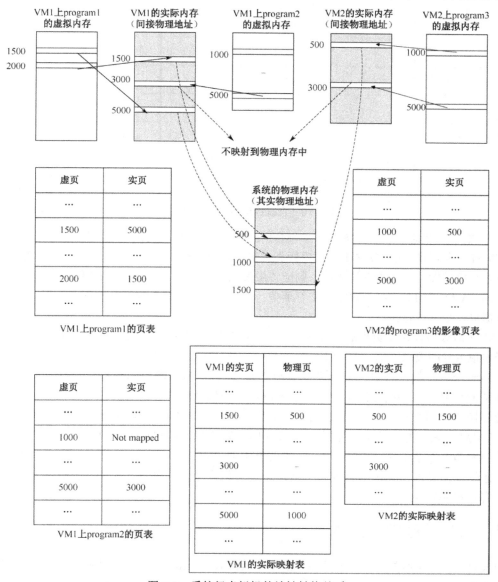

图 8-9　系统级虚拟机的地址转换关系

对于虚拟机 1，程序 1 的虚页号 1500 和 2000 分别被映射到间接物理地址的页号 5000 和 1500，程序 2 的虚页号 1000 无对应的间接物理地址页号。虚拟机 1 和 2 的间接物理地址空间与实际物理地址的转换关系保存在 VMM 的页表中：虚拟机 1 的间接物理地址页号 1500 和 5000 映射到真实物理地址页号 500 和 1000，但是间接物理地址页号 3000 所对应的页并未调入主存。

从此地址转换过程可知，在系统级虚拟机中，从虚拟地址到真实物理地址的转换需要两个阶段，其中每个阶段可能涉及多次访存的过程，这对于系统的性能影响非常大。一种更好的地址转换的实现方式是由 VMM 为每个客户机维护一个影子页表（Shadow Page Tables），每个影子页表项给出了该虚拟机的虚拟地址的页号与真实物理地址页号的映射关系，如图 8-10 所示，这样只需查一次虚拟机 1 的影子页表即可知虚拟机 1 的虚拟地址的页号 1500 映射到真实物理地址的页号 1000。为了实现这种方式，需要注意如下两方面。

虚页	实页		虚页	实页		虚页	实页
...	...		...	...		...	...
1500	1000		1000	–		1000	1500
2000	500		5000	–		5000	–
...	...		...	...		...	...

VM1上program1的影像页表　　　　VM1上program2的影像页表　　　　VM1上program3的影像页表

图 8-10　系统级虚拟机的影子页表

① 需要虚拟化页表指针寄存器：VMM 需要给每个客户机提供一个虚拟页表指针寄存器，当 VMM 准备切换新的客户机时，它更新真实的页表指针寄存器以指向新的客户机的影子页表。如果客户机试图访问该指针寄存器，则应该触发陷阱操作；如果客户机需要读取页表指针寄存器，则 VMM 返回其虚拟页表指针寄存器值；如果客户机要写页表指针寄存器，则 VMM 更新其虚拟页表指针寄存器值。

② VMM 应使影子页表的表项内容与客户机中的表项内容一致：如果客户机的页表中没有某个虚拟页号的表项，那么 VMM 不能在影子页表中有此虚拟页号的表项。

当一个客户机发现自己的某个虚页缺失时，即客户机页表中的虚页号没有对应的间接物理地址的页号，客户机会发出 I/O 请求来执行一个调页操作。在大部分处理器上，调页操作是特权操作，用户模式下会触发陷阱，将控制权交给 VMM。VMM 在更新相应的客户机页表、VMM 页表和影子页表之后将控制权返回给客户机，客户机继续执行。另一方面，即使客户机没有发现自己的虚页缺失，但其页表中的虚页并不一定都被映射到真实物理地址空间，这种情况下对 VMM 中页表的更新或对客户机影子页表的更新是由 VMM 完成，更新过程对客户机不可见。

8.3　微内核虚拟化技术

宏内核操作系统的内核包含了完整的操作系统服务，如文件系统、进程间通信、进程调度、内存管理、设备驱动程序等，如图 8-11（a）所示。典型的宏内核操作系统有 Linux 和 Windows。在宏内核系统中，应用程序运行在用户态，当其需要进行系统调用时，会通过处理器模式的切换进入到内核代码中；当内核服务完成后，进程回到用户态继续执行应用程序代码。因此，在一个系统功能调用过程中会涉及两次处理器模式切换。

微内核与宏内核不同，它是一种最小化的操作系统内核，其设计思想是内核本身不提供操作系统的相关服务，只提供最基本的机制，如进程间通信、地址空间管理和调度机制。操作系统的

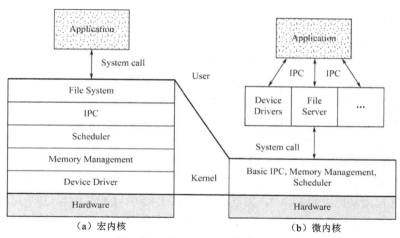

图 8-11　宏内核与微内核的对比

其他服务（如设备驱动、文件系统、网络服务等），均通过用户态的服务程序来实现。当普通的应用程序需要调用操作系统的相关服务时，需要先从用户态切换到内核态进入内核代码，然后从内核态切换到用户态调用服务例程，最后经过两次处理器模式切换返回调用者。如果该服务例程还需调用其他服务，则会进行额外的模式切换操作。因此，在一个系统功能调用过程中会至少涉及 4 次处理器模式切换，这也是处理器最耗时间的操作之一，若处理不当，对程序性能的影响会非常大。图 8-11 给出了宏内核与微内核的架构对比。

8.3.1　微内核的系统特征

① 微内核具有最小的可信计算基。可信计算基是指在计算机系统中直接关系到系统安全性的核心组件集合，若可信计算基存在问题，则会直接导致系统不安全。因此，可信基越小越容易保证其安全性。宏内核中包含了所有系统服务和驱动程序模块，内核规模远远大于微内核，这导致了宏内核的可信计算基也远远大于微内核的可信计算基。因此，在宏内核中，一旦某个系统服务或驱动程序发生错误，将可能导致整个系统的崩溃；而在微内核中仅留有基本的服务功能，降低了系统崩溃的概率。图 8-12 给出了 Linux 内核中错误的分布情况，从图中可以看出驱动程序错误是主要错误来源，而微内核自身没有驱动

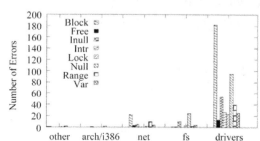

图 8-12　操作系统中的错误的分布情况

程序服务，所以微内核提高了可靠性。

② 微内核具有较好的隔离性。微内核上运行的某个线程的崩溃不会影响整个系统。而如上所述，在宏内核系统中，如果系统服务或驱动程序发生错误，则可能导致整个系统的崩溃。

8.3.2　微内核技术的起源和发展

20 世纪 80 年代，卡内基梅隆大学提出了 Mach 微内核操作系统，以尝试解决当时臃肿的 UNIX 系统在维护性、扩展性、可靠性和稳定性等方面的问题。Mach 主要通过裁剪 UNIX 操作

系统的内核规模，将 UNIX 内核的一些服务和功能放在内核外，把执行在特权级的内核代码规模压缩到最小，内核只提供基本的服务。但是遗憾的是，Mach 微内核的性能不够理想。德国计算机科学家 Jochen Liedtke 在 20 世纪 90 年代初期开始了对微内核的研究，他发现 Mach 微内核系统中的进程间通信（IPC）非常频繁，由于大量的服务在用户空间，系统为了完成某个功能必须频繁地与用户空间的服务进行通信，因而 Mach 的 IPC 性能较慢。因此，他开始设计和实现 L4 微内核以解决第一代微内核 Mach 的性能问题。为了突出性能，最开始的 L4 微内核 L4/x86 是使用 i386 汇编完全实现的，成功解决了微内核性能不佳的问题。经过多年发展，L4 微内核逐渐形成了一套标准的接口，其接口分为平台无关部分和平台相关部分。而平台相关部分与具体硬件体系结构关系紧密，保证在可移植的同时，尽可能利用硬件本身特性提高微内核性能。最新的 L4 API 已经从原生的 L4 V2，发展到 L4 V4、L4 X0、L4 X2/V4。基于第二代微内核 L4 的操作系统 L4 Linux 性能测评表明，L4 Linux 上的应用程序性能已经接近原生的 Linux 上的应用程序性能。第三代微内核在第二代微内核的基础上继续改进，更加强调资源访问的隔离和安全性。

在 L4 微内核的发展史上，产生过众多的分支，如 L4/MIPS、L4/Alpha、PikeOS 等。1999 年开发的 Hazelnut 微内核是早期的第二代微内核。该微内核使用 C++编写，它的出现证明了高性能的微内核也能用高级程序开发语言来实现。Pistachio 是其后继者，它更注重高性能和可移植性。在 Pistachio 出现以前，L4 微内核是和硬件平台紧密相关的。Pistachio 提供了平台无关的 API，并且仍然保持了高性能。Fiasco 是德国 TUD:OS 小组于 1998 年开始开发的第二代 L4 微内核系统。Fiasco 内核允许在任何时间被中断以实现低延迟中断，但这使得 Fiasco 的复杂性大大提高。2005 年，NICAT 受雇于高通公司开发出了 OKL4 微内核操作系统。它的出现使得 L4 正式商用化。2006 年，NICTA 开始开发 seL4，该分支以提供高度安全和可靠系统基础为目标。Codezero 是针对嵌入式系统的 L4 微内核操作系统，致力于虚拟化和原生 OS 服务的实现。它是基于 OkL4 开发的非开源分支。Fiasco.OC 是在 Fiasco 的基础上改进的第三代微内核，它具备实时功能，支持多核系统和硬件辅助虚拟化。NOVA 微内核操作系统致力于利用尽可能小的可信计算基来构建安全、高效的虚拟环境。各 L4 分支微内核操作系统所适用的 CPU、开发语言、许可证、开发机构等如图 8-13 和表 8-1 所示。

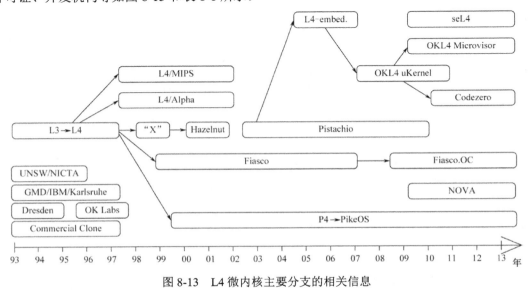

图 8-13　L4 微内核主要分支的相关信息

表 8-1   L4 家族树

名　称	CPU	开发语言	许可证	开发机构
Pistachio	IA64，PoserPC，Alpha，64bit MIPS	C++	BSD	L4KA at Uni KA，UNSW
Fiasco	i486 及以上，StrongARM，Linux	C++	GPL 或商业	TU Dresden
P4	x86，MIPS，PowerPC，ARM	C	商业	SYSGO AG
OKL4	x86，MIPS，ARM	C++	BSD 或商业	OK Labs
L4 for PPC	PowerPC 604e	C	不提供	Univ. of York
Hazelnut	Pentium 及以上，StrongARM	C++	GPL 或商业	L4KA at Uni KA
L4/MIPS	MIPS R4x00	C	GPL	UNSW
L4/Alpha	Alpha AXP 21264	汇编	GPL	TU Dresden，UNSW
L4/x86	i486	汇编		GMD，IBM Watson，Uni ka

8.3.3   L4 微内核技术

基于 L4 微内核的系统架构可以分为 3 个层次：内核、服务程序和应用程序。L4 只提供了 3 个最基本的内核功能：地址空间管理、线程调度和线程间通信机制。服务程序层则通过不同的服务程序灵活地实现了系统的各种功能，包括进程管理、文件服务、设备访问、网络连接、程序加载等。

1．L4 微内核的组成要素

（1）寄存器

L4 微内核实现了虚拟寄存器。虚拟寄存器提供了在微内核和用户线程之间交换数据的一种方式。虚拟寄存器属于单个线程，针对不同的处理器类型，它们可以被映射成真实寄存器或存储器单元。L4 中有三类虚拟寄存器：线程控制寄存器（Thread Control Registers，TCRs）、消息寄存器（Message Registers，MRs）和缓冲寄存器（Buffer Registers，BR）。虚拟寄存器只能直接访问，不能通过指针间接访问。L4 API 提供了特定的函数来访问这 3 类不同的寄存器。

内核接口页（Kernel-Interface Page，KIP）包括 API、内核版本、系统描述符、存储描述符和系统调用链接等信息，其格式布局如图 8-14 所示，右侧的数字表示相应字段相对于起始地址的偏移量。内核接口页是一个微内核对象，直接映射到每个地址空间，并且其地址在地址空间的生命周期中不能改变。它不能进行映射、赠予和取消映射等操作。

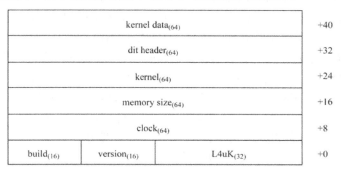

图 8-14   KIP 的格式

（2）地址空间

一个地址空间包含了一个线程能直接访问的所有数据，一般由虚拟存储器到物理存储器进行映射。图 8-15 给出了地址空间中虚拟存储器到物理存储器的映射关系。对于没有映射到物理存储器的虚拟存储器部分，线程不能直接访问。一个地址空间通常包含 4 个部分：代码区、数据区、堆区和堆栈区。代码区包括了程序代码；数据区包括了程序所使用的数据；堆区用于动态分配数据；堆栈区用于在执行过程中存储临时数据。其中，代码区和数据区是固定大小的，而堆区和堆栈区是随程序执行动态变化的。需注意的是，堆区通常向高地址增长，而堆栈区通常向低地址增长，如图 8-16 所示。L4 并未规定地址空间的特定布局形式，这通常由编译器和 L4 上运行的操作系统来决定。

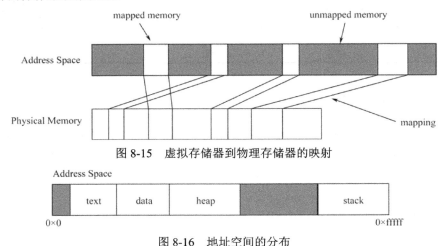

图 8-15　虚拟存储器到物理存储器的映射

图 8-16　地址空间的分布

（3）线程

线程是 L4 中的基本执行抽象。L4 线程是轻量级的，并且易于管理。轻量级的线程与快速 IPC 一起构成了 L4 的高效关键。每个线程都关联了一个特定的地址空间，但可能多个线程对应一个地址空间。任务是共享相同地址空间的线程集合。任务和地址空间两个概念经常混用。创建一个新任务就是创建了带一个线程的地址空间。L4 的观点是，线程不会消亡，只要它们的任务还存在。

每个线程都有自己的虚拟寄存器集，称为线程控制寄存器（TCR）。TCR 的值是静态保持的，直到被显式改变。TCR 用于保存当前线程的私有状态，如 IPC 的参数、调度信息、线程的标识符等。TCR 被保存在线程控制块 TCB 中。TCB 分为两个部分：一部分是用户 TCB（User TCB，UTCB），由线程直接访问；另一部分是内核 TCB（Kernel TCB，KTCB），仅能由内核来访问。编程人员仅现 UTCB 在无特别指明的情况下，TCB 默认指向 UTCB。

此外每个线程还关联了一个页错误处理线程和一个异常处理线程，分别用于缺页错误和处理该线程导致的其他异常。地址空间中的每个线程都有自己的堆栈。线程的堆栈地址在线程创建时必须显式说明。L4 还区分特权线程和非特权线程。如果一个线程所在地址空间里有其他线程在系统启动阶段由内核创建，则这个地址空间里的线程都是特权线程。一些系统调用必须由特权线程执行。线程可被创建为活跃和非活跃线程。非活跃线程不能被执行，但是可以被同一个地址空间的活跃线程激活。活跃线程被创建后可立刻执行。它要做的第一件事是执行等待它的页线程的一个消息的接收操作，因为该消息中有该线程的开始指令和堆栈指针。

每个线程都有自己唯一的标识符（Unique Identifier，UID）。每个线程事实上有两个标识符：一个全局标识符和一个局部标识符。全局标识符在任何地址空间中都是唯一的，局部标识符则只在自己的地址空间中有效。因此，在不同的地址空间中，相同的局部线程标识符可能指的是不同的线程。与线程不同，地址空间没有标识符。

线程调度功能负责对 L4 上运行的程序进行调度。在 L4 中并没有进程的概念，取而代之的是任务和线程的概念。一个任务可以包括多个线程，每个任务对应了一个地址空间，而线程则是 CPU 调度的基本单位。每个线程都有自己的时间片，其值可设为 0～MAX_TIMESLICE。此外，L4 还定义了 256 个不同的优先级，即 0～255，255 为最高优先级，0 为最低优先级。每个线程在任何时刻都有一个优先级，L4 的内建调度器使用了一个多级轮转调度队列，即每个优先级有一个就绪线程队列。调度器总是选择具有最高优先级的队列中的线程来执行。图 8-17 给出了 L4 就绪队列的一个例子，在该例中，调度器选择优先级为 254 的队列中的线程执行。如果改变线程的优先级，则会相应改变线程所在的就绪队列。

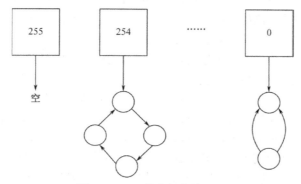

图 8-17　L4 的多级就绪队列

L4 的内核提供了完整的、基于静态优先级的线程调度机制，即当前线程执行完成或者耗尽运行时间片后，就绪队列中优先级最高的线程便占用 CPU，当有多个线程同时具有最高优先级时，它们会采用 Round-Robin 的方式轮流运行，共享 CPU 资源。除此之外，为了实现实时性，L4 还支持抢占式的强制调度机制，即当内核发现有比当前占据 CPU 的线程优先级更高的线程时，会主动进行强制调度，以满足更高优先级的线程的运行。

（4）IPC

L4 中的 IPC 机制是其核心之一，其本质是消息传递，它允许在不同地址空间中的线程通过发送消息来通信。IPC 可以用来在线程之间传递数据、存储管理（L4 将缺页错误转化为对用户级页错误处理线程的 IPC 消息）、异常处理（L4 将异常错误转化为对用户级异常处理线程的 IPC 消息）和中断处理（L4 将中断转化为对用户级中断处理线程的 IPC 消息）。可能的实现方式有：① 值传递，即内核在两个地址空间之间复制数据；② 引用传递，即字符串传递方式、映射和赠予方式。L4 的 IPC 是阻塞式通信。

IPC 的消息内容包含一个消息头（格式固定）和消息体（包括两个可选部分）。消息头也称消息标识，消息体的两个可选部分分别是无类型字段和类型字段。因此，消息的构成序列是消息头+无类型字段+类型字段。消息头的内容包括消息 label、消息标识 flag 和消息体的大小等，如图 8-18 所示。消息头的 label 字段[1]标示了消息的类别，但 L4 未规定消息的类别，因此如何解释该字段由编程者自己决定；消息头 flags 字段一般不使用，通常设置为 0；消息头 t 字段说明了类型字段的个数；消息头 u 字段说明了无类型字段的个数。无类型字段中的数据类型可为

---

① 在 64 位机器中，label 字段占 48 位；在 32 位机器中，label 字段占 16 位。

任何自定义类型，类型字段可以是 L4 定义的 3 个类型：L4_MapItem、L4_GrantItem 和 L4_StringItem，分别用来映射存储区域、赠予存储区域和复制字符串。L4_StringItem 字符串类型数据通过引用传递方式来转发字符串。

| label$_{(16/48)}$ | flags$_{(4)}$ | t$_{(6)}$ | u$_{(6)}$ |

图 8-18　L4 的消息头格式

IPC 消息通过使用消息寄存器来转发。每个线程都有 64 个消息寄存器，即 $MR_0 \sim MR_{63}$。每则消息可以使用全部或部分消息寄存器来转发无类型字段和类型字段。消息头的内容存放在 MR_0 中。消息寄存器是只读一次的虚拟寄存器，即一旦消息寄存器的值被读取了，其值变为无效，直到被写入新值。消息寄存器的实现在不同的硬件平台上的形式可能不同，可以是通用寄存器、存储器单元等方式。例如，在 MIPS 平台上，$MR_0 \sim MR_9$ 由硬件寄存器实现。

为了处理接收到的消息，接收者必须显式同意接收某种类型的消息。接收符用来说明当一个消息被接收时，哪一个类型字段被接收。如果接收符规定接收映射类型或赠予类型字段，它还需描述用于映射这段共享区域的接收者的地址空间；如果接收符规定接收字符串类型字段，则任何接收到的字符串被放置在缓冲寄存器中。缓冲寄存器保存其值直到被改变。缓冲寄存器可以采用通用寄存器、存储器单元等实现方式，每个线程有 34 个缓冲寄存器，即 $BR_0 \sim BR_{33}$。接收符总放在 BR_0 中。任何接收到的字符串类型数据从 BR_1 开始存放。

消息的发送和接收都通过 IPC 调用。IPC 是进程间通信和同步的基本操作。所有的消息都是同步非缓冲的：一个消息能从发送方转发到接收方当且仅当接收方进行了对应的 IPC 操作时。如果接收方未做该操作，发送方要么一直等待，要么等待到由发送方预先定义的时间计时结束。类似的，接收方也会被阻塞，直到消息被接收。此外，接收方必须提供必要的缓存，因此内核不会帮忙提供任何缓存。

一个简单的 IPC 可能包含一个可选的发送阶段和一个可选的接收阶段，是否包含发送阶段和接收阶段由 IPC 调用的参数决定。IPC 调用的参数还需包括超时参数。发送阶段、接收阶段、超时设置的不同组合形成了不同的 IPC 调用函数。例如，包含了发送阶段、接收阶段、无超时设置的方式实现了一个同步 IPC，发送者要接收到接收者的回复消息之后才能继续进行。又如，只包含了接收阶段和无超时设置的方式实现了一个等待消息的阻塞调用。

此外，L4 中允许指定一个线程作为某一中断的中断处理程序。一旦指定，该线程被阻塞等待来自该中断的消息。一旦中断产生，由内核进行捕获，

（5）家族和首领

家族（Clans）和首领（Chiefs）是 L4 实现任意安全策略的基本机制。任务的创建者被称为这个任务的首领，所有被此首领直接创建的任务组成了这个首领的家族。线程只能直接发送 IPC 消息到同一个家族内的其他线程（包括首领）中。如果需要发送给不在这个家族中的线程，则消息会被截获并转发给发送者的首领，再由首领按上述规则进行发送。此外，首领可以访问消息的每一部分，在继续转发之前可以检查和修改消息内容。在图 8-19 中，任务 T_2 是任务的 T_1 的首领，虚线箭头表示任务 T_1 中的线程想向任务 T_4 中的线程发送消息，但消息的实际转发路线如实线箭头所示。T_1 向 T_4 发送的消息会被 T_1 的首领 T_2 截获，T_2 想直接给 T_4 发消息但又会被 T_4 的首领 T_3 截获，最后才由 T_3 转发给 T_4。注意，由于进行了相应的处理，T_4 看起来是直接从 T_1

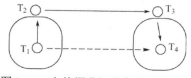

图 8-19　由首领进行消息的转发过程

获取消息的。

（6）地址映射和赠予

线程间的通信除了直接发送包含通信内容的消息之外，还可以发送 L4_MapItem 类型和 L4_GrantItem 类型的数据，并设置共享内存的区域。

① 当同一地址空间内部的两个线程进行通信时，最有效也最简单的方式就是使用共享内存。采用此方法时需注意资源的竞争，因此最好的办法是使用互斥访问的方式访问共享存储区。一旦共享内存区建立，线程就可以通过读写共享内存区来进行通信。但是 L4 并没有提供任何的互斥原语（如信号量），因此需要在用户级实现资源的互斥访问机制。当然，在同一地址空间内也可以使用 IPC 来进行通信，但这样使用的主要用途是线程同步。

② 当在不同地址空间中的两个线程进行通信时，使用共享内存和 IPC 都可以。IPC 方式要求线程向另一个线程发送消息，通常用于短消息通信和线程同步；而交换大量数据时需使用共享内存方式。注意，如果不同地址空间中的两个线程间进行通信时使用共享内存方式，则要求这两个线程都能访问这段相同的存储区。实现的方式是将一个线程的地址空间的一部分映射到另一个线程的地址空间中。

图 8-20 给出了将地址空间 A 的部分区域映射到地址空间 B 的示例。其中，A 中发起映射的线程被称为发起者（Mapper），B 中接收的线程被称为接收者（Mappee）。这样，地址空间 A 中的线程和地址空间 B 中的线程都能访问这段共享区域。但是需要注意的是，这段共享区域在地址空间 A 和 B 中有不同的虚拟地址（在地址空间 A 中的起始地址为 0x1000000，在地址空间 B 中的起始地址为 0x2001000）。共享区域映射通过 IPC 机制实现：发起者向接收者发送一个包含说明共享信息的消息，接收者必须显式同意接收该映射和说明将该共享区域映射到自己地址空间的什么位置。

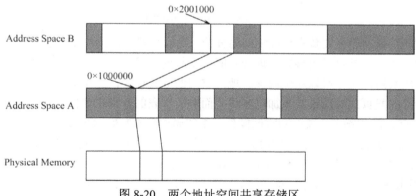

图 8-20　两个地址空间共享存储区

共享区域映射的发起者完全控制所有已映射出的存储器区域，并且可以随时撤销它的任何一个共享区域的映射。一旦一个共享区域被撤销，则该共享区域的接收者无法再访问该共享区域。在图 8-21 中，一旦撤销地址空间 A 到地址空间 B 的共享区域映射，地址空间 B 中的线程就不再能访问该共享区域。此外，共享区域映射的发起者还能决定接收者对映射区域的访问权限，其类别分为读权限、写权限和执行权限。注意，共享区域映射的发起者不能将自己本来就没有的权限赠予接收者，如在图 8-20 中，假如地址空间 A 的线程对于该共享区域没有写权限，则它不能赠予接收者对于该区域的写权限。

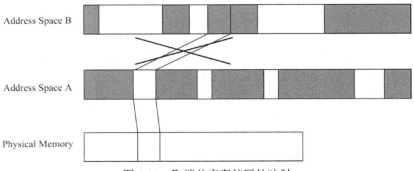

图 8-21　取消共享存储区的映射

也可将地址空间赠予其他地址空间。赠予与映射不同，因为一旦赠予成功，发起方就失去了对该地址空间的访问权。如在图 8-22 中，将地址空间 A 的部分区域赠予地址空间 B 之后，地址空间 A 失去了对该区域对应的物理存储器区域的访问权。赠予与映射的另一个不同点是，发起者不能撤销赠予。赠予和映射的相同点是，都是使用 L4 的 IPC 机制实现，并且接收方必须显式同意才能进行。

图 8-22　地址空间的赠予

地址空间管理功能主要负责地址空间的分配、映射及回收。L4 中对虚拟地址到物理地址的映射有两种方式：一是对于内核态的地址空间，系统使用线性地址偏移的方式来获得虚拟地址到物理地址的映射，这样可以加快内核态地址空间的寻址速度；二是对于用户态的地址空间，系统采用标准的段页式寻址模式来加以实现，而对于页表的查询也在内核中实现。此外，对于 L4 中地址空间之间的赠予、映射和收回操作，系统通过建立映射树来加以实现。这里要特别注意的是，L4 内核只提供地址空间的映射机制，内核并不对内存进行完全的管理，对内存的分配和管理是通过用户态的服务程序 Sigma0 和 Roottask 来完成的。

在 L4 中还有一个重要概念，即 fpage。为了创建一个 L4_MapItem 类型的数据，需先定义一个 fpage。fpage 是硬件页的一个泛化，表示虚拟地址空间的一个存储区域，包括起始地址、大小和访问位。与硬件页类似，fpage 也有大小限制：① 包含的字节数必须是 2 的整数次幂；② 至少 1024 字节；③ 大于或者等于最小的硬件页的大小。为了用 fpage 描述与其他线程共享的存储区域，fpage 必须被放入 L4_MapItem 字段并进行发送。接收到该消息后，由该 fpage 描述的内存区域被映射到接收者的地址空间。图 8-23 给出了 fpage 的内容说明：fpage 的起始地址是 b（但 fpage 只需存储 $b/1024$ 的值），大小为 2^s（记为 fpage(b, 2^s)），2^s 的值需大于或等于硬件的页大小且需与起始地址对齐；后面 3 个位 r、w 和 x 分别表示读、写和执行 3 个权限。图 8-24 给出了 fpage 的一个示例：根据第一个字段的值 8，可算出 fpage 指向的区域的起始地址是 $8 \times 2^{10} = 8192$，fpage 的大小为 $2^{12} = 4096$。

fpage(b,2^5)	$^{b/2^{10}}$(22/54)	^{5}(6)	0rwx

图 8-23　fpage 的位

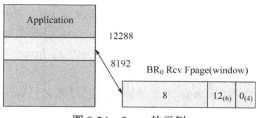

图 8-24　fpage 的示例

为了将由 fpage 说明的存储区域与其他线程共享，fpage 必须被放进一个 L4_MapItem 类型数据中并发送给其他线程。接收者接收到消息后，fpage 所描述的区域被映射到接收者的地址空间中。下面给出了定义 fpage 的示例代码。

```
L4_Fpage_t fpage;
void *addr = SHARED_REGION;
int size = PAGE_SIZE;

fpage = L4_Fpage(addr, size);
L4_Set_Rights(&fpage, L4_FullAccessible);
```

本例使用 L4_Fpage()创建了一个 fpage，两个参数分别是起始地址和大小。L4_Set_Rights()函数用于设置 fpage 的访问权限。

再创建一个 L4_MapItem 类型的数据 map（变量 base 的作用稍后解释）。

```
#define    RCVWIND         0x035000
#define    RCVWIND_SIZE    PAGE_SIZE

L4_Acceptor_t acceptor;
L4_Fpage_t rcv_fpage;

rcv_fpage = L4_Fpage(RCVWIND, RCVWIND_SIZE);
acceptor = L4_MapeGrantItems(rcv_fpage);
L4_Accept(acceptor);
L4_MapItem_t map;
L4_Word_t base;

base = (L4_Word_t)addr;
map = L4_MapItem(fpage, base);
```

一旦 L4_MapItem 被装入，即可发送消息。

接收者为了接收映射的地址区域，必须声明一个接收窗口（Receive Window），即接收方用于接收发送者映射的区域大小。接收窗口由将 fpage 内容放入接收符（BR$_0$）中来说明。

接收方接收窗口的地址和大小（RCVWIND 和 RCVWIND_SIZE）由程序员决定，但是由此会出现一个新的问题：当发送方映射出的 fpage 与接收方接收窗口的大小一致时，可以正常映射，但如果不一样大，又应该怎么处理呢？L4_MapItem(fpage, base)中的 base 变量就用于解决不同大小地址区域间的映射问题：假设发送者的 fpage 的参数为 fpage(b, 2^s)，接收者的 fpage（即接收窗口）的参数为 fpage(b', 2^t)，而 s 不等于 t ^{2}，则有如下情况。

---

① 由于发送者和接收者的 fpage 大小都是 2 的整数次幂，因此两者的大小为整数倍数关系。

① 若 s 小于 t，则接收者的 fpage 大小是发送者的 2^{t-s} 倍，此时应该将发送者的 fpage 映射到接收者的 2^{t-s} 个相同大小区域中的哪一个呢？应用发送者的 base 的[$t-1$, s]位的值+1 来决定选哪个区域。

图 8-25 给出了这样的一个实例。假设 $s=10$、$b=8192$、$t=12$、$b'=1024$，由此可看出接收窗口是发送者 fpage 大小的 $2^{12-10}=4$ 倍。再假设 $h=10272$，二进制表示为 0x2820，[11, 10]位的二进制值为 10，即十进制的 2，再加 1 等于 3。因此，将发送方的 fpage 映射到接收窗口的第三个与 fpage 等大的区域。

② 若 s 大于 t，则发送者的 fpage 大小是接收者窗口的 2^{s-t} 倍，此时应该将发送者的 fpage 中的哪一个区域映射到接收者的接收窗口中呢？选择的方式与上述情况类似，使用发送者的 base 的[$s-1$, t]位的值+1 来决定选择哪一个区域进行映射。

图 8-26 给出了这样的一个实例。假设 $s=12$，$b=8192$，$t=10$，$b'=1024$，由此可看出接收窗口是发送者 fpage 大小的 $2^{12-10}=4$ 倍。再假设 $h=10272$，二进制表示为 0x2820，[11, 10]位的二进制值为 10，即十进制的 2，再加 1 等于 3。因此将发送方的 fpage 中第三个与接收窗口等大的区域映射到接收窗口中。

赠予的地址关系与映射类似，在此不再赘述。

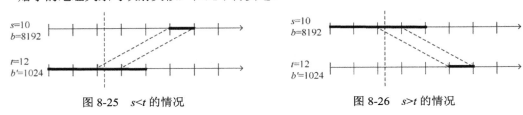

图 8-25 $s<t$ 的情况   图 8-26 $s>t$ 的情况

2. L4 微内核的重要 API

这里以 L4 X.2 版本为例，说明 L4 微内核的重要 API 及其功能。

（1）线程和地址空间

使用 L4_ThreadControl()函数创建新线程。调度 L4_ThreadControl()时必须说明线程 ID、地址空间描述符、调度器、pager 和指向 UTCB 的指针。一个线程可以被创建为活跃态或非活跃态，一个非活跃线程（其 pager 参数的值为 NIL）不能被调度运行。非活跃线程通过关联一个 pager 后变为活跃线程，需要做的第一件事是等待来自其 pager 的消息，该消息中包含其将要执行的代码的指令指针和堆栈指针。L4_ThreadControl()函数的例子如下。

```
int res;
/* 创建活跃线程 */
res = L4_ThreadControl(tid, space_specifier, scheduler, pager,
                                          (void *)utcb_location);
```

创建一个新的地址空间，必须先初始化地址空间，主要是设置合适的存储区域（包括 KIP 和 UTCB），调用接口函数 L4_SpaceControl()，再创建这个地址空间中的一个线程。

```
/* 初始化地址空间 */
res = L4_SpaceControl(task, 0, kip_area, utcb_area, L4_nilthread, &control);
```

（2）IPC

为了与另一个线程通信，必须要知道其 ID。但是，当一个线程刚变成活跃态时，它并不知道其他线程的 ID，因此不能发起通信。L4 提供的唯一一个能找到其他线程的函数是 L4_Pager()，它返回调用者所在线程的 pager 的线程 ID。寻找其他线程的方法如下：从其他线程接收一个线程 ID，从一个文件中读取线程 ID，记住其创建过的线程 ID（如在一个局部变量中保存子孙的线程 ID）。注意，σ_0 是系统的根 pager，用于初始化所有的系统资源，即它拥有对所有系统资源的所有权。在根线程中调用 L4_Pager() 将返回根 pager 的线程 ID。L4 也提供了 L4_Myself() 函数，以返回调用者自己的线程 ID。

① 消息的装填：在每则消息被装填之前，应该先调用 L4_MsgClear() 清空整条消息（消息的数据类型为 L4_Msg_t），然后调用 L4_Set_MsgLabel() 装填消息头的 label 字段。消息头的 flags 字段默认设置为 0，不需显式调用函数时设置其为 0。此外，消息头的 u 字段和 t 字段也不需显式设置，因为当类型数据和无类型数据被装填入消息时，它们的值将被自动算出并自动设置。

```
L4_Msg_t msg;
L4_MsgClear(&msg);
L4_Set_MsgLabel(&msg, LABEL);
```

消息体可以包含 0～63 个数据，对应消息寄存器 MR_1～MR_{63}。这些数据可以是无类型的，也可以是 L4_MapItem、L4_GrantItem 或 L4_StringItem 类型之一。在消息体中需先存放无类型字段，后存放类型字段。如下代码展示了如何把两个无类型数据 data1 和 data2 加入到消息中。

```
L4_Word_t data1, data2;
…
L4_MsgAppendWord(&msg, data1);
L4_MsgAppendWord(&msg, data2);
```

下面的代码展示了如何把 L4_MapItem 类型的数据 map 加入到消息中。

```
L4_MapItem_t map;
…
L4_MsgAppendMapItem(&msg, map);
```

在消息体中添加 L4_GrantItems 类型的数据和 L4_StringItems 类型的数据时，需分别调用 L4_MsgAppendGrantItem() 和 L4_MsgAppendStringItem() 函数。

注意，上面所提到的添加数据到消息体的函数都没有立即写入消息寄存器，而是先把消息头和消息体的内容保存到一个 L4_Msg_t 数据结构中，因此，在消息发送前，必须把消息从该数据结构读入消息寄存器，所调用的函数为 L4_MsgLoad(&msg)。

② 发送消息：一旦消息被读入消息寄存器便可发送，代码如下。

```
L4_ThreadId_t dest_tid;
L4_MsgTag_t tag;
…
tag = L4_Send(dest_tid);
```

L4_Send() 函数将目的线程的 ID 作为参数，并返回 L4_msgTag_t，用于判断是否有错误。它把装进消息寄存器的消息发送出去。注意，IPC 是阻塞型，这意味着 L4_Send() 调用将被阻塞，直到消息被接收方成功取走。

除了 L4_Send() 函数外，还有 3 种其他方式发送消息：第一种方式是调用 L4_Call() 函数，它发送一个消息并且等接收者的答复；第二种方式是调用 L4_Reply() 函数，它发送一个答复消息（即当发送者调用 L4_Call() 时）；第三种方式是调用 L4_ReplyWait()，它与 L4_Call() 函数类似，L4_Call() 函数由发送者调用，发送一个消息并等待接收者的答复，而 L4_Replywait() 由接收者调用，发送一个答复并且阻塞等待从任何线程发来的新消息。

例如，下面的代码中，通过 L4_Call() 函数，消息被发送到目的线程 dest_tid，然后发送者等待目的线程的答复。如果成功执行，则返回值包含答复消息的消息头，否则显示错误类型。

```
L4_ThreadId_t dest_tid;
```

```
    L4_MsgTag_t tag;
    ...
    tag = L4_Call(dest_tid);
```
又如，下面给出了 L4_Reply() 函数的调用方式，与 L4_Send() 函数类似。
```
    L4_ThreadId_t dest_tid;
    L4_MsgTag_t tag;
    ...
    tag = L4_Reply(dest_tid);
```
再如，下面的 L4_ReplyWait() 函数的第二个参数 src_tid 用于返回答复消息的发送者的线程 ID。这些 IPC 函数还有带超时时间参数的变形函数，在此不再一一列举。
```
    L4_ThreadId_t dest_tid;
    L4_ThreadId_t src_tid;
    L4_MsgTag_t tag;
    ...
    tag = L4_ReplyWait(dest_tid, &src_tid);
```
③ 接收消息：在线程接收任何消息之前，必须由它的接收符来说明它能接收的消息类型、接收窗口和字符串缓冲。前面已经介绍过，接收符是保存在 BR_0 中的。例如：
```
    L4_Accept(L4_UntypedWordsAcceptor);
```
这个函数调用说明调用线程愿意接收只包含无类型数据的消息，有类型数据不会被接收。
```
    L4_MsgTag_t tag;
    L4_ThreadId_t tid;
    ...
    tag = L4_Wait(&tid);
```
L4_Wait() 函数被用来接收一个消息。L4_Wait() 函数将阻塞调用者直到消息被接收到为止。消息的发送者的线程 ID 通过第一个参数返回，接收到的消息的消息头通过返回值传回。

与发送消息的函数类似，L4 也提供了其他方式来接收消息。上面介绍了 L4_Call() 和 L4_ReplyWait()，既包含发送阶段，又包含接收阶段。此外，L4_Receive() 函数还允许接收者等待来自特定线程的消息。该函数需要线程 ID 作为参数，并且阻塞调用者直到来自那个线程的消息被接收到为止，例如：
```
    L4_MsgTag_t tag;
    L4_ThreadId_t src_tid;
    ...
    tag = L4_Receive(src_tid);
```
这些 IPC 函数也有带超时时间参数的变形函数，在此不再一一列举。

当一个线程接收到消息后，它应该先查看消息的 label，确定消息的类别。下面给出了接收消息和抽取 label 的示例。
```
    L4_Msg_t msg;
    L4_MsgTag_t tag;
    L4_ThreadId_t tid;
    L4Word_t label;

    ...
    tag = L4_Wait(&tid);
    /* 从消息寄存器中抽取消息 */
    L4_MsgStore(tag, &msg);

    label = L4_Label(tag);
```

L4_MsgStore()函数将消息头从消息寄存器中复制到消息头的数据结构中，然后使用 L4_Label()将 label 信息抽取出来。一旦消息头被取出，接收者就知道了消息的内容和大小，即可继续抽取消息体。

例如，函数 L4_MsgWord()的第二个参数说明了要抽取的数据，0 表示第一个数据，1 表示第二个数据。以此类推，但要保证其值不超过 u 值。L4_MapItem 类型数据可以用如下方式被取出。

```
L4_Word_t t;
L4_MapItem_t map;

…
t = L4_TypedWords(tag);
/* 抽取第一个数据 */
L4_MsgGetMapItem(msg, 0, &map);
```

然后，抽取 L4_GrantItems 类型的数据和 L4_StringItems 类型的数据，并以相似的形式进行调用。

8.3.4　微内核虚拟化架构

L4 是微内核结构，其上任务运行模式为客户—服务器模式。如果 L4 微内核运行的是操作系统内核服务，那么操作系统内核服务应以任务形式存在，每个内核任务可包含多个服务线程。

如果 L4 上运行了多个不同操作系统内核服务，它们不能互相干扰。每个内核任务应该创建自己的应用客户任务，这样，内核任务就变成它的应用客户任务的首领。当客户线程通过库调用系统服务时，实际上是产生了给某内核服务线程的相应消息。该消息被它的首领截获，由首领选择是自己响应该服务请求还是转发给其他内核服务线程，如图 8-27 所示。

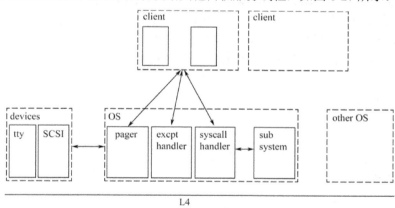

图 8-27　L4 的虚拟化架构

注意，内核任务也只是 L4 的用户级任务，因此可以被中断和调度。内核任务在被启动后，它将等待客户线程的服务请求。另外，对于客户任务的编写，也需使编程人员知道如何发送系统调用消息。

8.4　虚拟化产品实例

1．KVM

KVM（Kernel based Virtual Machine）是 Linux 内核上的虚拟化基础组件，支持完全虚拟化

的操作系统，属于 8.2 节所述的进程级虚拟机。因为 ARM 处理器前期不支持虚拟化功能，因此，KVM 使用了一个基于脚本的方法将操作系统内核的源代码自动修改为适合运行在虚拟机中的代码。KVM 的架构图如图 8-28 所示。

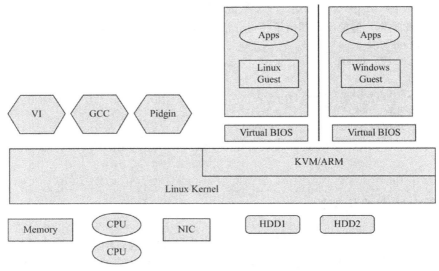

图 8-28　KVM 架构

2. Xen

Xen 是一个开源 VMM，属于系统级虚拟机，允许多个操作系统安全分享硬件。图 8-29 给出了 Xen 的基本架构，其实现了 vMemory、vCPU、事件通道、共享存储，还控制了 I/O 和虚拟机之间的配置关系。用户域（DomU）由 Dom0 启动，每个用户域可以运行不同的操作系统，如 Linux。Xen 已经被移植到基于 ARM 处理器的安全移动手机的软件架构上，结合访问控制和安全引导过程（用于检测在启动过程中虚拟机是否被更改）来保证移动手机的安全性。

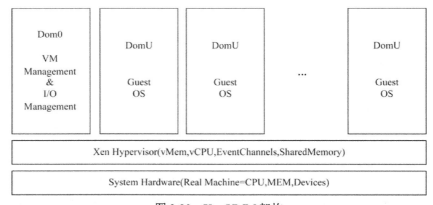

图 8-29　Xen VMM 架构

3. OKL4

OK Labs 是一个针对移动设备、消费电子和嵌入式系统的虚拟化软件提供商。它与业界主流厂商高通有紧密合作关系，其主打产品 OKL4 Microvisor 的出货量达到 12 亿部，包括几乎所有的 CDMA 手机。OKL4 也是系统级虚拟化技术，其架构如图 8-30 所示。由于 OKL4 的优异性能，虚拟化的开销在很多方面非常低，整体系统性能接近原生 Linux 的性能。

4. VMware

VMware 也被应用在移动设备上。2011 年，VMware 宣布 VMware Horizon Mobile Manager（VHMM）允许 Android 手机使用虚拟机技术来运行第二个 Android 实例，如图 8-31 所示。

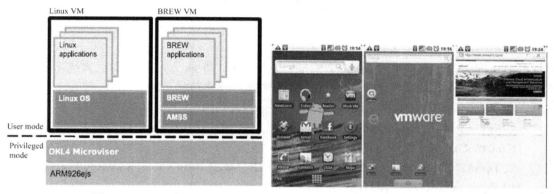

图 8-30　OKL4 架构　　　　　　图 8-31　VHMM 界面

VHMM 是一个进程级虚拟机。这样，在一台手机上可以有两个独立的虚拟手机，一个用于办公，另一个用于个人娱乐，通过点击"工作手机"图标来进行两者之间的切换，可将用户的工作环境和个人环境隔离开。此外，办公虚拟手机还可由公司的 IT 管理员进行远程控制，保证了办公虚拟手机不受个人虚拟手机中恶意软件的影响。如果手机丢失，则 IT 管理员可以远程擦除或者锁定手机。

5. Red Bend

Red Bend 使用了 VirtualLogix 公司的技术，后者可为 OEM 厂商、ODM 的服务提供商和系统集成商提供移动设备虚拟化解决方案。VirtualLogix 公司的系统级虚拟化技术已被广泛应用，它支持 ARM Cortex A7 和 A15 处理器，是系统级虚拟化技术。

思考题 8

8.1　进程级虚拟机与系统级虚拟机的区别有哪些？

8.2　结合前面章节讲述的中断过程，试阐述系统级虚拟机的时钟中断过程。

8.3　如果要虚拟出一个没有真实硬件资源对应的硬件资源，在设计时需注意哪些问题？

参 考 文 献

[1] [美]Andrew N.Sloss，[英]Dominic Symes，[美]Chris Wright．ARM 嵌入式系统开发——软件设计与优化．沈建华译．北京：北京航空航天大学出版社，2005.

[2] ARM Limited．AMBA Specification Rev2.0．1999.

[3] ARM Limited．ARM® Architecture Reference Manual ARMv7-A and ARMv7-R edition (ARM DDI 0406C), 2011.

[4] AUTOSAR GbR．Specification of Multi-Core OS Architecture V1.0.0 R4.0 Rev 1 [S/OL]． http://www.autosar.org/: AUTOSAR GbR, 2009.

[5] 陈丽蓉，李际炜，于喜龙，杨霞．嵌入式微处理器系统及应用．北京：清华大学出版社，2010.

[6] David Seal．ARM® Architecture Reference Manual．2nd Edition，Addison．Wesley，2000.

[7] 杜春雷．ARM 体系结构与编程．北京：清华大学出版社，2003.

[8] Freescale Semiconductor．E200z6 PowerPCTM Core Reference Manual．2004.

[9] 高鹏，陈咏恩．AMBA 总线及应用．半导体技术，2002，27(9).

[10] [美]Jean J. Labrosse．嵌入式实时操作系统 μC/OS-II（第二版）．邵贝贝等译．北京：北京航空航天大学出版社，2003.

[11] 刘乙成，周祖成，陈尚松．SoC 片上总线技术的研究．半导体技术，2003，28(2).

[12] [美]李(Li, Q.)等．嵌入式系统的实时概念．王安生译．北京：北京航空航天大学出版社，2004.

[13] 罗蕾．嵌入式实时操作系统及应用开发（第三版）．北京：北京航空航天大学出版社，2011.

[14] 马忠梅等．ARM 嵌入式微处理器体系结构．北京：北京航空航天大学出版社，2003.

[15] Michael Barr．C/C++嵌入式系统编程．于志宏译．北京：清华大学出版社，2001.

[16] MOTOROLA INC．Programming Environments Manual for 32-Bit Implementations of the PowerPC Architecture．2001.

[17] MOTOROLA INC．MPC750 RISC Microprocessor Family User's Manual．2001.

[18] Nuvoton Technology Corporation．NUC951ADN 32-bit ARM926EJ-S Based Microcontroller Product Data Sheet [Revision A5]．2012.

[19] [美]Randal E．Bryant, David O'Hallaron．深入理解计算机系统（修订版）．龚奕利，雷迎春译．北京：中国电力出版社，2004.

[20] 任哲等．ARM 体系结构及其嵌入式处理器．北京：北京航空航天大学出版社，2008.

[21] Renesas Technology．Renesas 32-Bit RISC Microcomputer SuperH RISC Engine Family SH-3/SH-3E/SH3-DSP Software Manual [Rev.4.00]．2006.

[22] Renesas Technology．Renesas 32-Bit RISC Microcomputer SuperH RISC Engine Family / SH7700 Series SH7709S Group Hardware Manual [Rev.5.00]．2003.

[23] 沈永林．SH3 高级单片机原理及应用．北京：清华大学出版社，1999.

[24] 探矽工作室. 嵌入式系统导论. 北京：中国铁道出版社，2005.

[25] The OSEK/VDX Group. OSEK/VDX Communication Version 3.0.3 [S/OL]. http://www.osek-vdx.org/: The OSEK/VDX Group，2004.

[26] The OSEK/VDX Group. OSEK/VDX Operating System specification Version 2.2.3 [S/OL]. http://www.osek-vdx.org/: The OSEK/VDX Group，2005.

[27] [美]Wayne Wolf. 嵌入式计算系统设计原理. 孙玉芳，梁彬，罗保国等译. 北京：机械工业出版社，2002.

[28] 文全刚. 汇编语言程序设计——基于 ARM 体系结构. 北京：北京航空航天大学出版社，2007.

[29] 吴学智，戚玉华，林海涛，刘波. 基于 ARM 的嵌入式系统设计与开发. 北京：人民邮电出版社，2007.

[30] Clifford W.Mercer. An Introduction to Real-Time Operating Systems：Scheduling Theory. School of Computer Science, Carnegie Mellon University. November，1992.

[31] Herman Bruyninckx, K.U.Leuven. Real-Time and Embedded Guide. Mechanical Engineering, Leuven, Belgium，2001.

[32] C.M.Krishma，Kang G. Shin. Real-Time Systems. Tsinghua University Press，2001.

[33] B.W.Lampson, D.D.Redell. Experiences with prcesses and monitors in Mesa. Commun. ACM, Vol.23, no.2, pp.105-117, Feb.1980.

[34] J.P.Lehoczky，L.Sha，J.K.Strosnider. Enhanced Aperiodic Responsiveness in A Hard Real- Time Environments. In Proceedings of 8th IEEE Real-Time Systems Symposium，pages 261-270，December 1987.

[35] C.L.Liu，James W.Layland. Scheduling Algorithms for Multiprogramming in a Hard Real-Time Environment. Journal of the ACM，1973.

[36] Lui Sha，Ragunathan Rajkumar，John P. Lehoczky. Priority Inheritance Protocols：An Approach to Real-time Synchronization. IEEE Transactions on Computers，Vol.39，No.9，September 1990.

[37] R.Rajkumar. Task Synchronization in Real-Time Systems. PhD thesis, Carnegie Mellon University，August 1989.

[38] R.Rajkumar. Synchronization in Real-Time Systems：A Priority Inheritance Approach. Kluwer Academic Publishers，1991.

[39] Ramamritham，K. J.A.Stankovic. Scheduling Algorithms and Operating Systems Support for Real-Time. Systems Proceedings of the IEEE，Vol.82，NO.1，January 1994.

[40] B.Sprunt, L. Sha，J.P.Lehoczky. Aperiodic Task Scheduling for Hard Real-Time Systems. The Journal of Real-Time Systems，1:27-60，1989.

[41] J.K.Strosnider，J.P.Lehoczky，L.Sha. The Deferrable Server Algorithm for Enhanced Aperiodic Responsiveness in Hard Real-Time Environments，IEEE Trans. on Computers，vol.44, no.1，pp.73-91，Jan.1995.

[42] Tindell K.，H.Hansson. Real Time Systems by Fixed Priority Scheduling.

[43] Technical report, Departament of computer systems, Uppsala University，1997.

[44] Wayne Wolf. 嵌入式计算系统设计原理. 机械工业出版社，2002.

[45] Carpenter J., Funk S., Holman P., Anderson J., Baruah S. A categorization of real-time multiprocessor scheduling problems and algorithms. In: Handbook on Scheduling Algorithms, Methods, and Models, pp.30-1-30-19. Chapman Hall/CRC, Boca, 2004.

[46] G.Gracioli. Real-Time Operating System Support for Multicore Applications. PhD thesis, Federal University of Santa Catarina, Florianópolis, Brazil, 2014.

[47] Y.Oh, S.H.Son. Tight performance bounds of heuristics for a real-time scheduling problem. Charlottesville, VA, USA, Tech.Rep., 1993.

[48] Paulo Manuel Baltarejo de Sousa. Real-Time Scheduling on Multi-core: Theory and Practice. PhD thesis, the Polytechnic Institute of Porto, 2013.

[49] Robert I.Davis, Alan Burns. A Survey of Hard Real- Time Scheduling for Multiprocessor Systems. ACM Computing Surveys, Vol.43, No.4, Article 35, Publication date October 2011.

[50] L.Sha, T.Abdelzaher, K-E.Arzen, A.Cervin, T.Baker, A.Burns, G.Buttazzo, M.Caccamo, J.Lehoczky, A.K.Mok. Real Time Scheduling Theory: A Historical Perspective. Real-Time Systems Journal, Vol 28, No 2/3, pp.101-155, 2004.

[51] O.U.P.Zapata and P.M.Alvarez. Edf and RM multiprocessor scheduling algorithms: survey and performance evaluation. Seccion de Computacion Av. IPN, 2508, 2005.

[52] Popek G J, Goldberg R P. Formal requirements for virtualizable third generation architec ture. Communications of the ACM, 17(7): 412~421, 1974.

[53] Smith J E, Nair R. 虚拟机：系统与进程的通用平台. 安虹，张昱，吴俊敏译. 北京：机械工业出版社，2009.

[54] Au A, Heiser G. L4 user manual v1.14. The Universitg of New South Wales, 1999.

[55] System Architecture Group. L4 experimental kernel reference manual vX.2. 2006.